Jetzt helfe ich mir selbst

Start-Schwierigkeiten

Dieser Wegweiser soll Ihnen helfen, bei streikendem Motor den Fehler einzukreisen. In Frage kommen fast immer nur zwei Störungsursachen: Glüh- oder Kraftstoffanlage. Der aussichtsreichste Weg: Von beiden Gruppen die Anfangsfrage beantworten und falls diese bejaht werden können, mit dem Wegweiser für die Vorglühanlage beginnen.

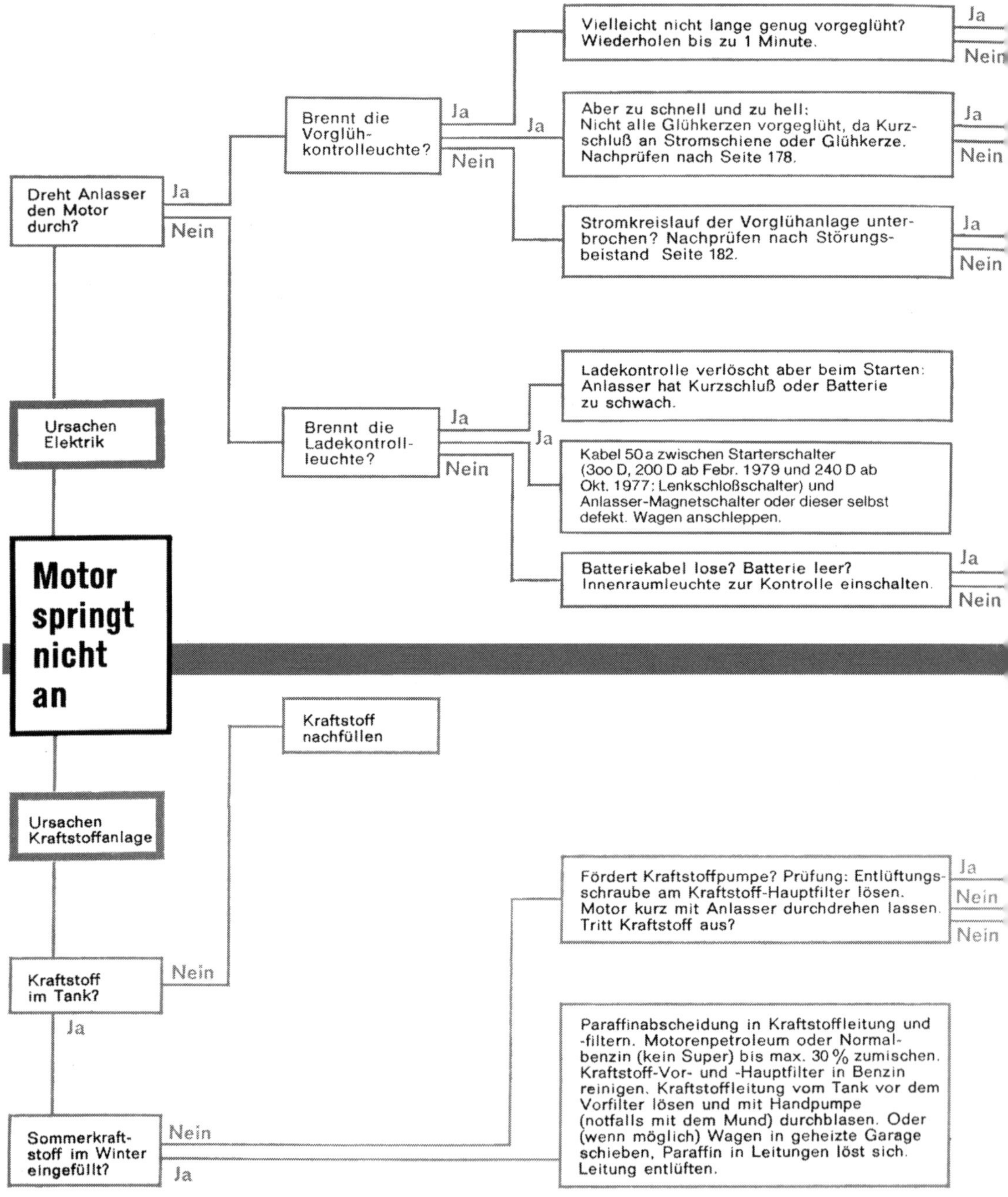

Entsprechend unserer Tabelle läßt sich der Motor auch bei Störungen, die während einer Fahrt auftreten, durchprüfen. Man beachte dabei die näheren Ausführungen zu den einzelnen Punkten in den betreffenden Kapiteln und die damit verbundenen speziellen Störungshilfen, die auf den rechts angegebenen Seiten zu finden sind.

Batterie baldigst auf Ladezustand prüfen.

Fehler in Kraftstoffanlage. Dort nach untenstehender Störungsfahrplanhälfte weitersuchen.

Kurzschluß an Stromschiene oder Glühkerze beseitigen.

Glühkerzen-Vorwiderstand ist durch Kurzschluß überbrückt. Motorstart trotzdem möglich. Fehler bald beheben lassen.

Schadhafte Glühkerze oder Stromschiene ersetzen oder leitend anschließen.

Kabel zum Starterschalter lose oder angebrochen, so daß der Strom nicht zum Vorglühen ausreicht.

Batteriekabel festklemmen. Bei leerer Batterie Wagen mit Starthilfekabel starten.

Lenkschloß oder Starterschalter defekt oder Kabel daran lose oder gebrochen. Mit Prüflampe nach Schaltplan in diesem Buch Stromweg nachprüfen.

Eingehende Störungstabellen finden Sie auf den Seiten:

14–15	Zu hoher Verbrauch
123	Kupplung
149	Bremsanlage
173	Batterie und Lichtmaschine
182	Starterschalter, Glühkerzen und Anlasser
186–187	Sicherungen

Pumpendruck ungenügend, Motor bekommt zu wenig Kraftstoff. Mit Handpumpe bei geschlossener Entlüftungsschraube am Hauptfilter pumpen, bis schnarrendes Geräusch das Öffnen des Überströmventils der E-Pumpe anzeigt. Neuer Startversuch. Springt Motor jetzt an?

- Ja: Bald Werkstatt aufsuchen und Förderdruck der Einspritzpumpe messen bzw. Pumpe instandsetzen lassen.
- Nein: Zu niedriger Kompressionsdruck, Kolben und Zylinder verschlissen oder Ventile undicht oder Zylinderkopfdichtung schadhaft bzw. Risse im Zylinderkopf.

Verstellhebel der Einspritzpumpe geht nicht auf Startmenge. Drahtzug von Starterschalter (300 D: Leerlaufversteller) überprüfen, ggfs. einstellen.

Kraftstoffleitung verstopft, Kraftstoff-Vor- oder -Hauptfilter verschmutzt?

- Ja: Gründlich reinigen, Leitungen durchblasen. Filter in Kraftstoff auswaschen oder ersetzen.
- Nein: Tankentlüftung (über der Hinterachse, unter dem Wagen erreichbar) verstopft oder abgeklemmt.

Dieter Korp

Mercedes-Benz

200 D / 220 D / 240 D / 300 D / 300 TD

1976 bis 1984

Jetzt helfe ich mir selbst

Unter Mitarbeit von
Wolfgang Schmarbeck

Motorbuch Verlag Stuttgart

Umschlagentwurf und Buchgestaltung: Peter Werner / Siegfried Horn
Titelbild: Wolfgang Schmarbeck

ISBN 3-87943-575-8

Auflage Nr. 111494

Manuskriptbearbeitung: Redaktion »Jetzt helfe ich mir selbst«.
Fotos: Daimler-Benz 4, Schmarbeck 109.
Zeichnungen: Bosch 1, Daimler-Benz 17, Schmarbeck 1, Archiv Verfasser 1.
Schaltpläne: Daimler-Benz.
Satz: Staib + Mayer, Vereinigte Druckereien, 70188 Stuttgart.
Druck: KN Digital Printforce GmbH, Schockenriedstr. 37, 70565 Stuttgart.
Printed in Germany.

Sie finden in diesem Buch

Seite

7 Vorwort – So bleibt Ihr Auto mobil

Ratschläge und Tips

9 Prüfen ohne Werkzeug – Fürsorge-Maßnahmen
17 Werkstatt und Reparaturen – Wechselbeziehung
24 Werkzeug und andere Hilfen – Praktische Einrichtungen
31 Abschleppen und Ziehen – Richtiger Zusammenhang

Die Karosserie

35 Karosserieteile – Solides Bauwerk
46 Wagenwäsche – Wasserkunst
49 Lackpflege – Kosmetikstunde
53 Winterschutz – Kühle Berechnung

Pflege nach Plan

64 Wartung – wann und was? – Der notwendigste Überblick
69 Schmieren – was und wie? – Gleitzeit
83 Schaubild Motorraum – Suchbild

Der Motor

84 Des Motors Innenleben – Kräftiger Herzschlag
97 Kühlung und Heizung – Wasserwirtschaft
106 Die Einspritzanlage – Düsenzeitalter

Seite

Antrieb und Fahrwerk

119 Die Kupplung – Verbindlichkeiten
124 Getriebe und Achsantrieb – Zahntechnik
128 Radaufhängung und Lenkung – Marschbereitschaft
138 Die Bremsen – Lebensversicherung
150 Räder und Reifen – Es geht rund

Die elektrische Anlage

161 Die Batterie – Stille Reserven
169 Lichtmaschine und Anlasser – Energiebündel
177 Die Vorglühanlage – Heißer Draht
183 Elektrische Leitungen und Sicherungen – Die Masse muß es bringen
188 Scheinwerfer und Leuchten – Gut belichtet
197 Signaleinrichtungen – Verständigungsbereit
201 Instrumente und Geräte – Dienstbare Geister

Dies und jenes

211 Technische Daten – Zählwerk
216 Änderungen in der Baureihe – Reifezeit
218 Stichwortverzeichnis – Wegweiser
220 Erläuterungen zu den Schaltplänen

Vorwort

So bleibt Ihr Auto mobil

Wie überall, steigen auch beim Autofahren die Kosten. Es ist daher ganz natürlich, daß jeder Autobesitzer überlegt, wo und wie er Geld sparen kann. Aber es ist ein Unterschied, ob man selbst die Wände tapeziert oder ob man an seinem Auto arbeitet. Hier muß nicht nur die eigene, sondern auch die allgemeine Sicherheit beachtet werden. Bestimmte Handgriffe und Arbeiten gehören daher in die fachlich geschulte Werkstatt.

Wer sich etwas mehr mit seinem Auto beschäftigen möchte, sei es, weil er Geld sparen will oder sei es, weil es ihm aus Freude an seinem Auto ganz einfach Spaß macht, der bekommt mit diesem Buch die richtige Anleitung in die Hände: Für das, was man selbst tun kann und für das, was er der Werkstatt überlassen muß. Ganz ohne Pflege und Wartung geht es bei keinem Auto, denn, wie man so schön sagt, »wartungsfrei ist nur die Erdachse«. Die Möglichkeiten für den Eigenpfleger sind aber größer als man denkt und sich im allgemeinen zutraut. Zu den Maßnahmen, die den Wert des Wagens, aber auch seine Fahrsicherheit erhalten, gehören nämlich auch Sichtprüfungen. Sie sind die erste und einfachste Stufe der Selbsthilfe. Weiterhin werden in diesem Buch praktische Handgriffe und Reparaturen beschrieben, letztere freilich vor allem aus dem Grund, um bei einer Auslandsreise bei einem Defekt oder Unfall markenfremdem Personal Unterstützung zu geben. Bei größeren Urlaubsfahrten beispielsweise sollte man daher das Buch unbedingt an Bord haben.

Das Buch dient ferner dazu, als eine Art stark erweiterte Betriebsanleitung das Wissen um die Funktionen seines Wagens zu vergrößern, was auch im Falle eines Werkstattbesuches nicht von Nachteil ist. Auch kann man sich mit etwas mehr Sachkunde besser auf die Prüfungen beim TÜV vorbereiten. Was dabei speziell zu beachten ist, wird erläutert.

Es wird nur wenig bekannt, daß nach Anlaufen der Serienfertigung eines neuen Modells noch viele Änderungen vorgenommen werden. Diese sind in unserem Buch als selbstverständliche Dienstleistung für unsere Leser berücksichtigt.

Mit diesem Band unserer Handbuchreihe werden die Diesel-Modelle der Anfang 1976 erschienenen Baureihe »123« berücksichtigt und beschrieben, nämlich die Typen 200 D, 220 D, 240 D und 300 D. Im Sommer 1980 ist noch der 300 Turbo Diesel dazugekommen. Bei diesen Autos wurde, wie es bei Daimler-Benz Tradition ist, nicht nur Wert auf fortschrittliche Technik, sondern auch auf maximale Wartungsfreundlichkeit gelegt. Das kommt speziell jenen Fahrern entgegen, die sich mit Geschick und Verantwortungsgefühl selbst mehr um ihr Auto kümmern möchten. Man kann dann seinen Wagen besser genießen, ihn aber auch leichter und günstiger verkaufen.

Für die auf den folgenden Seiten vermittelten Kenntnisse und Hinweise bedurfte es auch der Mithilfe vieler erfahrener und fachkundiger Leute. Unseren Dank ihnen dafür abzustatten, liegt uns besonders am Herzen.

Die Verfasser

Großes Fragezeichen: Warum springt der Motor nicht mehr an? Wo mag der Fehler zu suchen sein? Ratlosigkeit kann teuer werden, wenn der sonst so verläßliche Mercedes einmal wegen einer Kleinigkeit streikt. Abgesehen von dem Ärger, falls deswegen eine Verabredung nicht eingehalten werden kann. Ähnliches Mißgeschick, das die Wahrnehmung eines Termins oder auch nur einen Sonntagsausflug bedrohen würde, läßt sich mit diesem Handbuch gezielt aus der Welt schaffen.

Fürsorge-Maßnahmen

Ob man sein Auto täglich zur Fahrt an den Arbeitsplatz braucht oder nur gelegentlich benutzt – der Platz am Lenkrad wird in der Erwartung eingenommen, daß man das Ziel ganz selbstverständlich erreicht. Der hohe Stand der heutigen Technik unterstützt dieses Vertrauen. Doch ohne ein gewisses Maß an Fürsorge geht es kaum, will man nicht eines Tages von einer Werkstattrechnung überrascht werden, die sich mit etwas mehr Aufmerksamkeit hätte vermeiden lassen.
Für die Verkehrssicherheit und für die ständige Dienstbereitschaft Ihres Mercedes sind Sie selbst verantwortlich. Um die gute Funktion aller Teile am Auto überwachen zu können, ist es aber nicht erforderlich, daß Sie das Wissen eines Fachmannes besitzen. Etwas Beobachtungsgabe und gesunder Menschenverstand reichen aus, sich von der Zuverlässigkeit der Bauteile des Wagens zu überzeugen.
Sie gewinnen dabei zu Ihrem Wagen eine Vertrautheit, die in unerwarteter Notsituation dienlich sein kann. Auf die Hilfe anderer sollte man sich nämlich nicht immer verlassen, abgesehen davon, daß eigene Initiative billiger ist. Jeden fremden Handgriff muß man bezahlen, sogar das Einsetzen einer neuen Scheinwerferbirne. Schließlich werden Sie feststellen, daß Sie bei der Überwachung nicht immer Werkzeug oder einen Arbeitsanzug benötigen, beispielsweise bei den folgenden Sichtprüfungen.

Prüfen im Stand

Bei einer Probefahrt läßt sich der technische Zustand eines Autos am zuverlässigsten erkennen. Aber ein solches Examen beginnt schon, wenn der Wagen noch steht. Man kann es sich zur Angewohnheit machen, gelegentlich mit kritischem Blick um den Wagen herumzugehen.
Abweichungen im äußeren Zustand lassen sich bei Tageslicht am leichtesten entdecken:
- Beulen im Blech,
- Kratzer im Lack,
- Rostansatz,
- Zerbrochene Gläser der Leuchten,
- Abgefahrenes Reifenprofil.

Die Beleuchtungsanlage kann man zu jeder Tageszeit prüfen. Sind alle Lichtspender sauber? Schalten Sie der Reihe nach ein:
- Standlicht,
- Abblendlicht,
- Fernlicht,
- Nebelleuchten.

Funktionieren auch Rückleuchten, Bremsleuchten, Blinkleuchten?
Öffnen Sie die Motorhaube und kontrollieren Sie den Stand dieser Flüssigkeiten:
- Wasser im Scheibenwaschbehälter,

- Ölstand im Motor,
- Stand der Kühlflüssigkeit,
- Stand der Bremsflüssigkeit,
- Stand der Batterieflüssigkeit.

Im gleichen »Arbeitsgang« kann man sich davon überzeugen, ob die Spannung der Keilriemen stimmt und ob die Batteriepole sauber sind. Nähere Beschreibung erfolgt in den einzelnen Kapiteln.

Starten Sie jetzt den Motor und nehmen Sie Ihr Gehör zur Hilfe:

- Ungleichmäßiger Leerlauf?
- Ventilgeräusche?
- Sonstige, früher nicht wahrgenommene Geräusche?

Als nächstes sehen Sie sich den Standplatz des Wagens an. Frische Ölflecken? Wenn ja, woher? Und wie verhält es sich mit der Unterseite des Autos? Nutzen Sie zu dieser Betrachtung den nächsten Ölwechsel bei Ihrer Tankstelle, wenn der Mercedes über einer Grube oder auf einer Hebebühne steht. Wenn bis dahin aber noch längere Zeit vergeht, vergewissern Sie sich besser bald: Schieben Sie Packpapier, alte Zeitungen oder praktischer noch eine öfter verwendbare Kunststoffolie unter das Auto und kriechen Sie so weit wie möglich unter Ihren seitlich angehobenen (und sicher abgestützten) Wagen. Wie man das Auto anhebt und unterbaut, lesen Sie auf Seite 68. Schauen Sie in Ruhe und der Reihe nach an, ob Sie folgende Mängel entdecken:

- Öl am Kurbelgehäuse, Getriebe?
- Bremsleitungen verrostet?
- Anschlüsse der Bremsleitungen feucht?
- Unterbodenschutz angegriffen?
- Stoßdämpfer ölverschmiert?
- Auspuff durchgerostet?
- Rostansatz?

Diese Kontrollen »unten herum« sollten auch von der anderen Seite des Wagens vorgenommen werden. So können Sie mehr erkennen und gleichzeitig feststellen, ob alle freihängenden Räder etwa Spiel aufweisen.

Haben sich bei der Musterung irgendwelche Mängel ergeben, können Sie selber beurteilen, wie Sie Abhilfe schaffen wollen. Suchen Sie im Stichwortverzeichnis dieses Buches den entsprechenden Abschnitt und lesen Sie diesen durch. Welche Möglichkeiten der Eigenhilfe sich bieten oder wie eventuell die Werkstatt vorgehen würde, um einen Schaden zu beheben – die Beschreibung wird Sie zu dem für Sie günstigsten Entschluß führen. Der Sinn dieses Buches ist es ja, Sie mit Ratschlägen zu unterstützen, daß Sie in möglichst vollkommener und zugleich kostengünstigster Weise den Zustand Ihres Autos bewahren können.

Probefahrt

Pflegearbeit Nr. 45

Der eben beschriebenen Durchsicht folgt die Beobachtung, wie sich das Auto während der Fahrt verhält. Probefahrten, die in den Werkstätten nach Inspektionsdiensten und nach größeren Reparaturen vorgenommen werden, führen dort nicht immer zu echten Aufschlüssen. Zeitmangel im Betrieb und Verkehrsdichte vor dem Werkstattor verhindern oder verfälschen manchmal diese wichtige Kontrolle. Dem Fachmann in der Werkstatt bietet dann ein moderner Prüfstand ebenfalls aufschlußreiche Beobachtungsergebnisse.

Die eigene, mit Umsicht unternommene Probefahrt läßt rechtzeitig eventuelle Mängel erkennen und unterstützt die Verkehrssicherheit. Jedermann kann – je nach Erfahrung – eigene Methoden entwickeln, solche Probefahrten mit wirklichen Erkenntnissen über sein Auto zu beenden, ohne irgendwelchen Täuschungen zu unterliegen. Wir schlagen vor, die Reihenfolge der Kontrollen nach folgendem Schema einzuhalten: Lenkung – Fahrwerk – Bremsen – Motor – Kupplung – Getriebe – Elektrik.

■ Wagen fahren und ohne Gas rollen lassen. Hände vom Lenkrad. Der Wagen darf nicht einseitig wegziehen (die Straße darf nicht gewölbt sein, gilt auch für den Bremsversuch). Lenkung kurz anreißen und loslassen. Kommt der Wagen von selbst in die Geradeausstellung zurück? Stellt sich die Lenkung nach einer Kurve ohne Nachhilfe zurück? Kein zu großes Spiel in der Lenkung?

■ Rollt der Wagen leicht (Motor im Leerlauf, Schalthebel neutral) weiter? (Sonst schleifende Bremsbeläge oder zu schwergängige Räder.)

■ Bremsen: Siehe Abschnitt »Bremsen prüfen« auf Seite 138.

■ Dreht der betriebswarme Motor im Leerlauf ruhig und gleichmäßig? Auch nach strammer Fahrt? Sauberer Übergang und ruckfreies Beschleunigen beim Gasgeben? Gaswegnehmen aus höherer Geschwindigkeit: Unübliche Geräusche von Motor, Getriebe, Auspuff? Qualmt der Auspuff?

■ Trennt die Kupplung beim Schalten (kein Kratzen im Getriebe)? Rutscht sie beim scharfen Gasgeben gleich nach dem Schalten und bei entlastetem Kupplungspedal durch (Motor dreht hoch, ohne daß der Wagen schneller wird)? Bei Getriebeautomatik: Reagiert der Wagen in allen Fahrstufen in gewohnter Weise?

■ Lassen sich alle Gänge des mechanischen Getriebes im Stand und während der Fahrt ohne wesentlichen Widerstand einlegen? Schaltstufen des automatischen Getriebes gleichermaßen prüfen; funktioniert die Wählhebelanzeige?

■ Funktionieren alle Scheinwerfer, Leuchten und Kontrollampen? Arbeiten die Blinker richtig? Zeigen die Instrumente an? Funktionieren Scheibenwischer, Heizung, Belüftung und heizbare Heckscheibe?

Prüfen vor der TÜV-Kontrolle

Unsere Autos müssen alle zwei Jahre beim Technischen Überwachungsverein vorgeführt werden, damit die Verkehrssicherheit erhalten bleibt. Aus der farbigen Plakette auf dem hinteren polizeilichen Kennzeichenschild und aus dem entsprechenden Vermerk im Kraftfahrzeugschein ist der nächste Vorführtermin zu ersehen.

Der besonders bei älteren Wagen bisweilen mit Sorge erwarteten Kontrolle können Sie mit ruhigem Gewissen entgegensehen, wenn Sie Ihren Mercedes sachverständig, anhand dieses Buches, gepflegt haben. In Selbsthilfe oder durch die Werkstatt abgestellte Mängel beweisen dem Prüfer Ihr Verantwortungsgefühl. Bei einer eventuell doch noch bestehenden Beanstandung wird dann seine Beurteilung sachlicher ausfallen, als wenn er ein im ganzen verkommenes Fahr-

Gegenüber Rückleuchten mit glattflächiger Verglasung verschmutzen die zwischen den waagerechten Rippen liegenden Flächen dieser Leuchten beim Mercedes nicht so schnell. Bei sehr schlechter Witterung auf langer Fahrt sollte man trotzdem bei einem Tankstop für eine Reinigung sorgen, besonders natürlich für die Säuberung der Scheinwerfergläser, sofern keine Wisch-Wasch-Anlage eingebaut ist. Die Rückleuchten werden in einer automatischen Waschanlage nicht vollständig gereinigt und müssen anschließend noch manuell gesäubert werden.

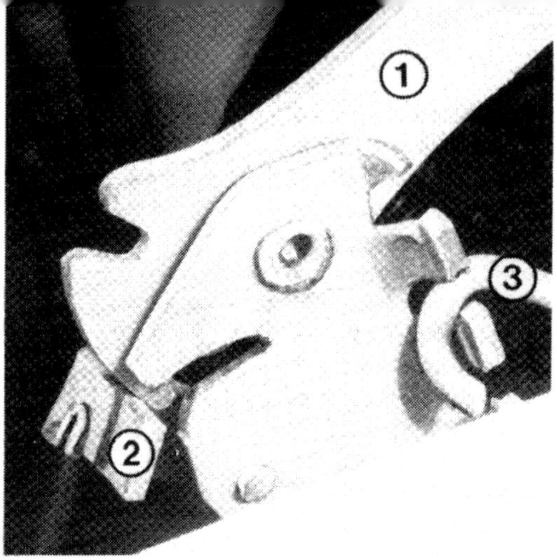

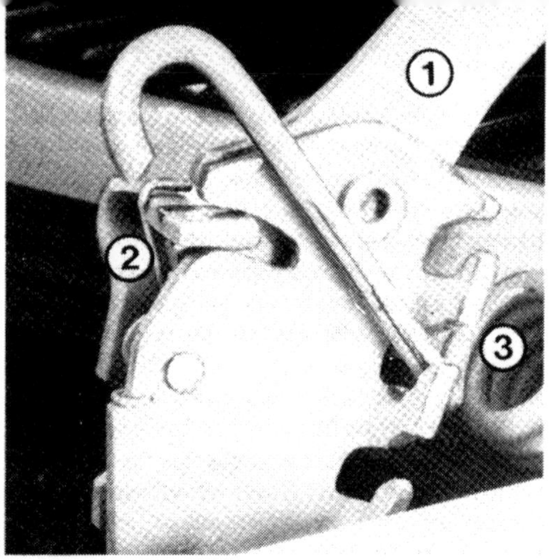

Die Motorhaube läßt sich aus der normalen Öffnungsstellung auch in eine 90°-Stellung bringen, zum Vorteil der optimalen Zugänglichkeit des Motorraums. Dazu ist an der linken Haubenstütze (1) der Sperrhebel (2) aus der Raste zu ziehen und die Motorhaube etwas nach oben zu drücken, damit der Sperrhebel nicht wieder einrastet. Dann wird an der rechten Haubenstütze der Sperrhebel ebenfalls aus der Raste gezogen und die Motorhaube nach oben gedrückt, bis der Sperrhebel der linken Haubenstütze in die 90°-Raste einklinkt (Bild rechts). Zum Schließen der Haube ist der Sperrhebel der linken Haubenstütze aus der Raste zu ziehen. Die Zugfedern (3) beider Seiten müssen in der Führung eingerastet sein.

zeug vor sich hätte. Deshalb sollte man auch die Wagenunterseite direkt vor der Fahrt zum TÜV gründlich reinigen lassen. Das bekommt man in jeder Tankstelle gemacht. Die Fahrwerkteile und die Bremsleitungen müssen für den Prüfer mühelos zu erkennen sein.

Es ist nicht verkehrt, wenn Sie vorher Ihren Wagen selbst eingehend unter die Lupe nehmen. Der Auspuff ist auf Durchrostung, die Reifen sind auf Profiltiefe zu prüfen. Nicht serienmäßige Anbauteile oder solche, für die weder eine ABE (Allgemeine Betriebserlaubnis) noch eine Werksfreigabe vorliegt – darunter können z. B. fremde Auspuffanlagen, Leichtmetallfelgen, »Sport«-Lenkräder fallen –, sind durch genehmigte Teile zu ersetzen. Alle Beleuchtungseinrichtungen am Auto haben zu funktionieren und die Scheinwerfer müssen richtig eingestellt sein, siehe Kapitel »Scheinwerfer und Leuchten«.

Wesentliche Beachtung wird bei der TÜV-Kontrolle den Teilen des Fahrwerks und der Wirkung der Bremsen geschenkt. Der Eigenpfleger ist nicht immer in der Lage, vorher zu objektiven Untersuchungsergebnissen zu kommen. Außerdem verlangen speziell die Lenkung und die Bremsanlage Sachverstand und Umsicht. Daher ist es ratsam, zur Klärung eventueller Fragen und zur Beseitigung von Mängeln die Werkstatt einzuschalten.

Man kann auch einer Werkstatt den Auftrag erteilen, den Wagen komplett für die TÜV-Kontrolle vorzubereiten. Aber das wird möglicherweise teuer. Solchen gerngesehenen Kunden könnte manche geschäftstüchtige Werkstatt Ersatzteil- und Reparaturkosten in Rechnung stellen, die mit dem Auftrag recht wenig zu tun haben.

Es gibt Autobesitzer, die führen erst einmal ihren gesäuberten und weitgehend selbst kontrollierten Wagen dem TÜV vor und erklären dabei, daß sie sich über eventuelle Mängel informieren wollen. Nach der Kontrolle überreicht der Prüfer einen schriftlichen Befund. Nach dem soll sich jetzt die Werkstatt richten, wenn man die Plakette noch nicht bekommen hat. Der ausdrückliche Hinweis, nur die vermerkten Mängel zu beheben, verhilft zu einer preislich angemessenen Instandsetzung. Kleinere Mängel wird man sogar selbst abstellen können. Danach führt man den Wagen ein zweites Mal dem TÜV vor und die detaillierte Werkstatt-Rechnung nimmt man mit. Trotz einer Nachgebühr, die sich in ihrer Höhe danach richtet, ob leichte oder erhebliche Mängel zu beseitigen waren, hat man mit diesem erneuten Besuch dennoch Geld gespart.

Und noch einige Tips: Die Untersuchung braucht nicht bei einer TÜV-Stelle am Wohnort zu erfolgen (man kann sich also eine solche aussuchen, bei der man sich mehr Entgegenkommen verspricht). Ungünstige Prüfzeiten sind die Tage vor den Ferien und vor den Feiertagen, allgemein jedoch das Frühjahr. Eine Anmeldung ist nicht immer möglich, doch man kann mit einzelnen Prüfstellen Termine vereinbaren.

Fingerzeig: *Nicht nur der TÜV, sondern auch der DEKRA (Deutscher Kraftfahrzeug-Überwachungsverein) und andere Organisationen sind berechtigt, die »TÜV-Prüfung« an Ihrem Wagen vorzunehmen – und das sogar in der Kfz-Werkstatt. Die Plakette erhalten Sie bei dieser Prüfung ebenfalls für zwei Jahre, doch muß der Wagen schon nach einem Jahr zu einer Zwischenuntersuchung vorgeführt werden.*

Der Kraftstoffverbrauch

Verkehrsverhältnisse, Belastung des Wagens und Witterungsverhältnisse beeinflussen den Verbrauch eines jeden Autos, ebenso wie die Fahrweise. Fallen diese Umstände insgesamt negativ aus, liegt der Verbrauch merklich höher als normal. Wie anschließend zu lesen ist, kann zu hoher Verbrauch natürlich auch andere Ursachen haben.

Neue DIN-Verbrauchsmessung

Die Verbrauchswerte werden seit 1979 unter drei unterschiedlichen Fahrbedingungen gemessen. Für den simulierten Stadtverkehr ist ein sogenannter Fahrzyklus vorgeschrieben, der aus 25 Einzelvorgängen besteht – u. a. Leerlauf, Beschleunigen, Schalten, Bremsen und verschiedene Geschwindigkeiten von 10, 15, 32, 35 und 50 km/h. Dann kommt eine Fahrt mit konstant 90 Stundenkilometern und eine weitere mit konstant 120 km/h.
Früher wurde der Verbrauch so gemessen: Das mit halber Nutzlast beladene Auto fährt gleichmäßig mit ¾ der Höchstgeschwindigkeit (höchstens jedoch mit 110 km/h) auf einer absolut ebenen Fahrbahn bei Windstille. Zu dem so erreichten Wert wurden noch 10 % »Sicherheitszuschlag« hinzuaddiert. Die Verbrauchswerte nach ECE-Norm für den Mercedes finden Sie auf Seite 212.

Praxiswerte

Allgemein muß man mit höheren Verbrauchswerten als mit der als »Normverbrauch« bezeichneten Angabe rechnen. Mit erhöhter Geschwindigkeit steigt auch der Verbrauch. Wäre es möglich, ständig ein bestimmtes Tempo einzuhalten, so sähe die Sache noch ganz gut aus. Aber derart ideal sind die Verkehrsbedingungen selten, und man muß abbremsen und wieder Gas geben, was den Konsum erhöht. Hier die Praxis-Verbrauchswerte:

200 D: 7,5 – 9 Liter/100 km,	240 D: 9,5 – 10 Liter/100 km,
220 D: 8 – 9,5 Liter/100 km,	300 D: 10 – 11 Liter/100 km.

Die Verbrauchsmessung

Regelmäßig den Tank vollfüllen lassen. Der Wagen muß an der Tankstelle waagerecht stehen. Bei jedem Tanken den Kilometerstand notieren. Die jeweils eingefüllte Menge wird durch die zurückgelegte Entfernung geteilt: Beispiel: km-Stand beim ersten Tanken 36 416, beim zweiten 36 797. Die Meßstrecke beträgt 381 km. 40 Liter wurden nachgefüllt. Demnach: 40 : 381 = 0,10499 Liter pro Kilometer oder rund 10,5 Liter auf 100 Kilometer.
Ein eindeutiges Verbrauchsbild erhält man aber erst, wenn über einen längeren Zeitraum hinweg die regelmäßig ermittelten Werte in ein an Tankstellen erhältliches Bordbuch eingetragen werden. Dann braucht man zwischendurch auch nicht immer vollzutanken, sondern addiert nur die getankten Mengen zwischen zwei Volltankungen (einschl. der letzten!) im Abstand von mindestens 1000 km.

Zu hoher Verbrauch

Ihr Freund, Kollege oder Nachbar behauptet vielleicht, daß sein Auto weniger als Ihr Mercedes verbraucht. Bei näherer Nachprüfung verschieben sich solche angeblichen Verbrauchswerte aber spürbar in Richtung der Tatsachen.

Die Verkehrsverhältnisse lassen es nur selten zu, bewußt sparsam zu fahren. Es ist nicht vertretbar, ein rollendes Verkehrshindernis zu sein.

Fahrerursachen

■ Die Gänge werden beim Beschleunigen zu weit ausgedreht. Besonders günstig ist der Verbrauch, wenn Sie zügig beschleunigen, aber früh hochschalten.
Oftmals wird geraten, den Motor nicht bei niedriger Drehzahl zu »quälen«. Diese Auffassung deckt sich nicht mit neueren Untersuchungs-Ergebnissen: Der Motor wird bei niedriger Drehzahl und hoher Last weniger beansprucht als bei hoher Drehzahl und Teillast. Eine bestimmte Leistung kann sowohl mit Teillast bei einer höheren als auch mit hoher Last bei einer niedrigeren Drehzahl erreicht werden. Bei Teillast ist jedoch der Verbrauch höher, denn ein Motor weist nahe der sogenannten Vollast-Kennlinie die günstigsten Verbrauchswerte auf.

■ »Bleifuß« fahren. Die Differenzgeschwindigkeit zwischen dauerndem Vollgas und leicht zurückgenommenem Gasfuß ist unerheblich. Der Benzinverbrauch sinkt bei besonnener Fahrweise jedoch spürbar. Eine Überlandfahrt mit einem Schnitt von 70 km/h läßt je nach Motortyp 1–1,7 Liter mehr Kraftstoff als bei einem Schnitt von 60 km/h verbrauchen.

Wagenursachen

■ Ein vollbesetzter Wagen oder Urlaubsgepäck kosten mehr Verbrauch. Man merke sich: 100 kg Zuladung erfordern ca. 0,5 – 1 l mehr Kraftstoff auf 100 km.

■ Zu niedriger Reifendruck erhöht den Rollwiderstand. Vor Autobahnfahrt Luftdruck prüfen, falls nötig, erhöhen; siehe Seite 150.

■ Zu knappes Radlagerspiel oder schleifende Bremsbeläge machen die Räder schwergängig. Die Feststellbremse muß richtig eingestellt sein.

■ Radeinstellung der Vorderräder stimmt nicht. Einseitige Abnutzung der Reifen und unsaubere Lenkeigenschaften lassen dies erkennen.

■ Reifenart beeinflußt den Verbrauch. Die ohnehin vorgeschriebenen Gürtelreifen verhelfen zur Sparsamkeit. Grobstollige Winterreifen erhöhen den Rollwiderstand und damit den Verbrauch.

Motorursachen

■ Ein neuer Motor braucht bei ungünstigen Fahrbedingungen etwa 5000 km, bis er die vorteilhaftesten Leistungs- und Verbrauchswerte erreicht.

■ Verschmutztes Luftfilter behindert eine optimale Zylinderfüllung.

■ Falsch eingestellte Einspritzpumpe oder undichtes Druckventil der Pumpe, dadurch nachlassende Leistung.

Andere Ursachen

■ Vorwiegend Stadtverkehr. Der Motor dreht häufig im Leerlauf. Notwendige Betriebstemperatur wird nicht erreicht. Starkes Beschleunigen nach Kreuzungen innerorts läßt sich meist nicht vermeiden, steigert aber den Verbrauch erheblich.

■ Niedrige Außentemperaturen lassen den Motor nicht warm werden. Schmierstoffe in Motor, Getriebe und Radlagern bleiben länger steif und leisten Widerstand.

■ Zu hoher Benzinanteil im Winter-Gemisch (siehe Seite 54), Normalkraftstoff hat einen geringeren Energieinhalt.

■ Schnee und Matsch, aber auch Kurven und schlechte Straßenoberflächen erhöhen den Rollwiderstand.

■ Gebirgsstrecken zwingen zum vielen Schalten und Beschleunigen. Winterlicher Stadtverkehr bietet vergleichbare Bedingungen und kann den Verbrauch bis auf 15 Liter ansteigen lassen.

Zusätze für Dieselkraftstoff

Über die Tauglichkeit von Dieselkraftstoff bei Kälte wird in dem Kapitel »Winterschutz« gesprochen. In der kalten Jahreszeit muß man in bestimmter Dosierung Normalkraftstoff oder Petroleum dem Dieselkraftstoff beimischen. Andere Zusätze (Additive), die eine bessere Verbrennung, Reinhaltung der Teile im Motor und Verschleißminderung oder Korrosionsschutz der Kraftstoffanlage versprechen, werden von Daimler-Benz nicht empfohlen. Sofern Motor und Einspritzpumpe regelmäßig gewartet werden, ist auch die Funktion dieser Aggregate einwandfrei und weitere Ausgaben sind nicht erforderlich. Für normale Betriebsbedingungen beim Personenwagen braucht Dieselkraftstoff nicht besonders »veredelt« zu werden. (Anders kann es sich beim erschwerten Lkw-Einsatz verhalten, auf den die meisten Dieselzusätze abgestimmt sind.)
Kraftstoffzusätze gehören zu den »gefährlichen Arbeitsstoffen«, sie sind sicher und für Kinder nicht erreichbar aufzubewahren. Bei drohender gesundheitlicher Schädigung durch solche Zusätze erteilt die Zentrale Beratungsstelle für Vergiftungserscheinungen in Berlin, Heubnerweg 6, Telefon (0 30) 3 07 30 31, Auskunft über mögliche Hilfe.
Motorenöl als Kraftstoffbeigabe ist strikt abzulehnen, da es zu Ablagerungen im Motor führt, auch die Düsennadeln verkleben dadurch.

Warnung vor Heizöl

Das gegenüber dem Dieselkraftstoff preisgünstige Heizöl ist eingefärbt, weil es als Kraftstoff verwendet werden kann.
Zum Schutz vor Mißbrauch werden Kontrollen durchgeführt, die man als Diesel-Fahrer immer wieder erwarten muß. Bei diesen Kontrollen unterwegs hält die Polizei den Wagen an, und zugleich anwesende Beamte der Zollverwaltung entnehmen dem Fahrzeugtank eine Probe. Sollte der Kraftstoff die für Heizöl typische Einfärbung aufweisen, findet sofort eine Untersuchung in dem bereitstehenden Laborwagen vom Zoll statt. Hier kann mit Sicherheit nachgewiesen werden, ob es sich bei der Probe um Heizöl oder um zufällig verfärbten Dieselkraftstoff handelt. Neben einer Bestrafung müssen »Heizölsünder« mit der Nachzahlung jenes Betrages rechnen, der dem Fiskus durch die untersagte Handlungsweise entgangen ist.

Die Höchstgeschwindigkeit

Die tatsächliche Höchstgeschwindigkeit eines Autos ist immer einmal von Interesse. In Autofahrergesprächen spielt die »Spitze« (gemeint ist die Spitzengeschwindigkeit) stets eine wichtige Rolle, aber kaum jemand berücksichtigt, daß sie in der Praxis nur selten erreicht wird. Nur sachliche Beobachtungen können Aufschluß über die wirklich erreichbare Höchstgeschwindigkeit vermitteln.
Als Diesel-Fahrer muß man nicht fürchten, daß die Tachometeranzeige im Mercedes über Gebühr schwindelt. Üblicherweise ist nämlich die auch bei anderen Fabrikaten anzutreffende Voreilung vergleichsweise gering: Im Durchschnitt werden bis zu 3 Prozent zuviel angezeigt. Das liegt erheblich unter der Toleranzgrenze, denn in den oberen beiden Dritteln des Anzeigebereichs darf ein Tachometer bis zu 7 Prozent zuviel anzeigen.
Die Tachometervoreilung hängt nicht immer mit einer »Fehlfunktion« des Instruments zusammen, sie kann auch auf äußeren Umständen basieren: Vor allem die Reifengröße und mit ihr der Abrollumfang sowie der Reifendruck haben auf die Geschwindigkeitsanzeige Einfluß, in geringerem Maße auch Fertigungstoleranzen innerhalb der mechanischen Übertragung der Anzeige. Die amtliche Tendenz, Geschwindigkeitsbegrenzungen immer mehr pauschal zu verfügen, läßt es ratsam erscheinen, sich von der Differenz zwischen tatsächlich gefahrener Geschwindigkeit und Anzeige zu überzeugen.
Die Voreilung läßt sich auf einer ebenen, mäßig befahrenen Autobahnstrecke

nachprüfen. Voraussetzungen: Beifahrer mit Stoppuhr, notfalls Armbanduhr mit Sekundenzeiger. Bei Vollgas die Zeit für einen Kilometer messen lassen. Die Tachonadel darf dabei während der Messung nicht mehr ansteigen, was einen kilometerlangen Anlauf bedingt (Fenster schließen). Die Höchstgeschwindigkeit wird bei Gegen- und Seitenwind nicht erreicht, und sie wird durch Rückenwind oder abgefahrene Reifen gleichfalls verfälscht.
Die Geschwindigkeit in Kilometer pro Stunden (3600 Sekunden) ergibt sich, wenn man 3600 durch die gestoppte Zahl (in Sekunden) dividiert.
Übrigens läßt sich ähnlich auch der Tacho eichen: 3600 geteilt durch die zwischen zwei Kilometer-Markierungen auf der Autobahn gestoppte Zeit, während man genau nach Tachometer ein bestimmtes Tempo fuhr. Beispielsweise 3600 : 38 sec = 95 km/h (Tacho zeigte 100 km/h).
Alle Mercedes-Diesel-Typen erreichen mindestens die vom Werk angegebenen Geschwindigkeiten, die in diesem Buch auf Seite 215 erwähnt sind. Daimler-Benz ist bei der Angabe von Höchstgeschwindigkeiten eher zurückhaltend. Gut eingefahrene Wagen bringen es gewöhnlich auf bis zu 4 km/h mehr als angeführt. Herstellungstoleranzen bei der Fertigung, Einfahrbedingungen und Alter des Wagens sind natürlich Kriterien, die sich auf die Spitzengeschwindigkeit auswirken können. Wenn man vollbeladen fährt, ist an die Höchstgeschwindigkeit sowieso nicht zu denken, sie verringert sich sogar um 10 km/h bis maximal 25 km/h, wenn sperrige Dachlast mitgeführt wird. Wagen mit automatischem Getriebe sind in der Regel um 5 km/h in der Spitze langsamer als das gleiche Modell mit Schaltgetriebe.

Wechselbeziehung

Man kann manches selbst reparieren, aber nicht alles – auch wenn man es wollte. Es gibt Arbeiten am Auto, die lassen sich ohne spezielle Werkzeuge und Meßinstrumente nicht ausführen und auch das geschulte Wissen, das bei vielen Instandsetzungen vorausgesetzt werden muß, fehlt dem Heimwerker meistens. Denken Sie nur an Bremsanlage und Lenkung: Die Verkehrssicherheit des Wagens zu erhalten ist das oberste Gebot.
Wer ein Auto besitzt, muß sich darüber im klaren sein, dann und wann die Hilfe der Werkstatt in Anspruch nehmen zu müssen. Damit Ihnen dieser Weg leichterfällt, sollten Sie vor dem Besuch dort einiges wissen.

Umgang mit der Werkstatt

Der Kauf eines neuen Wagens erweist sich immer dort am zweckmäßigsten, wo man als Kunde auch später noch solide bedient wird. Es lohnt sich daher, zuvor den Ruf des Betriebes zu erkunden, dem man sich anvertrauen möchte. Doch die beste Werkstatt kann nicht immer sofort alle Wünsche eines Kunden erfüllen. Dafür mögen mancherlei Gründe vorhanden sein. Ungeschicklichkeit des Autobesitzers oder Unkenntnis im Umgang mit Werkstätten können daneben Differenzen entstehen lassen, die das Verhältnis zum Werkstattpersonal trüben. Folgende Ratschläge sollen derartige Probleme entschärfen:

- Wartungsdienste und voraussehbare Reparaturen möglichst rechtzeitig persönlich oder telefonisch anmelden und Termin vereinbaren:
- Möglichst morgens zwischen 7 und 8 Uhr vorfahren; dann werden die Arbeiten für den Tag eingeteilt. Notfalls den Wagen am Vorabend hinbringen. Falls Sie zeitlich nicht unter Druck stehen oder Sonderwünsche haben, hat man an der Reparaturannahme aber nach 10 Uhr mehr Ruhe für eine Unterhaltung.
- Wagen möglichst nicht kurz vor Feiertagen oder großen Schulferien in die Werkstatt bringen – man ist dann oft überlastet.
- Ganz klaren Reparaturauftrag geben (dieses Buch soll dazu helfen). Zum Beispiel Ölwechsel: ja oder nein? Wollen Sie das teuerste Öl? Es wird oft ungefragt beim Ölwechsel aufgefüllt.
- Schriftlichen Kostenvoranschlag ausstellen lassen (er ist drei Wochen für die Werkstatt verbindlich). Wird ein schriftlich zugesagter Termin um mehr als 24 Stunden überzogen, muß die Werkstatt ein gleichwertiges Ersatzfahrzeug stellen oder 80 % der Mietwagenkosten tragen.
- Kleinere Werkstätten fern der Großstadt haben oft mehr Zeit und arbeiten preiswerter, sind aber mit Ersatzteilen nicht so eingedeckt wie größere Betriebe.
- Ausgetauschte oder ersetzte Teile wandern auf den Schrotthaufen (Rückgabe-Austauschteile natürlich ausgenommen). Lassen Sie auf dem Auftrag vermerken, daß man die defekten Teile in den Kofferraum legt oder zur Hand hält. Dadurch haben Sie eine gewisse Kontrolle über die Werkstattarbeit.
- Wenn Sie anderer Meinung als die Leute von der Werkstatt sind, suchen Sie nicht durch Streit Ihr vermeintliches Recht zu erzwingen, sondern sprechen Sie

sachlich und ruhig mit dem zuständigen Mann. Lassen Sie sich seine Gründe so erklären, daß Sie sie als Laie verstehen können.

■ Ein nettes Wort hellt auch verärgerte ölige Gesichter wieder auf; eine freundliche Stimmung der Leute, die an Ihrem Wagen arbeiten, überträgt sich auf die Qualität ihrer Arbeit.

■ Bei Uneinigkeiten mit der Werkstatt wende man sich an eine der über die BRD verteilten Schiedsstellen. Ein Anschriftenverzeichnis ist vom Zentralverband des Kraftfahrzeughandwerks, Franz-Lohe-Straße 21, 5300 Bonn 1, von der Kfz-Innung, von der Handwerkskammer, von den Automobilklubs oder von der DAT erhältlich. Die Schiedsstellen können aber nur bei den Betrieben etwas ausrichten, die auch der Innung angehören, erkennbar am weißen Schild »Meisterbetrieb des Kfz-Handwerks«.

■ Bei Reparaturen haben Sie Garantieansprüche, wenn die Arbeit unsachlich erledigt wurde oder sich ein Materialfehler herausstellt. Branchenüblich für die Werkstätten ist eine Reparaturgarantie von 6 Monaten. Bei der Nachreparatur haben Sie dann allenfalls das zu bezahlen, was sich als zusätzlich erforderliche Instandsetzung herausstellt, aber nicht mehr den ganzen Reparaturumfang! Bei grober Fahrlässigkeit der Werkstatt haben Sie sogar Anspruch auf Schadenersatz, falls Ihnen etwa kurz nach Verlassen der Werkstatt ein nachlässig montiertes Rad verlorengeht und dadurch ein Unfall passiert.

■ Bei Abnahme des reparierten Wagens sollten Sie noch auf dem Werkstatthof möglichst viele Funktionen Ihres Wagens überprüfen und auch versuchen, ein kleines Stück hin und her zu fahren. Solange Sie noch im Bereich der Werkstatt sind, lassen sich Beanstandungen besser und überzeugender anbringen.

Schadenersatz

Das im April 1977 in Kraft getretene Verbraucherschutzgesetz bietet neben besseren Rechten des Käufers bei der Neuanschaffung auch eine klarere Regelung der Garantieansprüche bei Mängeln innerhalb der Garantiezeit. So sind alle Garantiearbeiten einschließlich Lohn und Teile kostenlos. Eventuell notwendige Inspektionsarbeiten nach einer Garantiereparatur erfolgen gratis. Zur Bedingung wird allerdings gemacht, daß nach einer Panne wegen eines Garantiefehlers die nächstgelegene Vertragswerkstatt des Autoherstellers anzurufen ist, um mit ihr Absprachen bezüglich der Schadensbehebung zu treffen.

Falls das wiederhergestellte Auto noch weiterhin Mängel aufweist, kann der Käufer von der Firma, bei der er den Wagen gekauft hatte, sein Geld zurückverlangen oder eine Reduzierung des Kaufpreises fordern. Freilich muß er der Werkstatt zubilligen, daß diese sich – eventuell mehrmals – um die Beseitigung des Fehlers bemüht.

Man kann aber ausgesprochenes Pech haben und in einen Unfall verwickelt werden, weil ein Teil am Wagen seinen Dienst versagte. Dieses und die beschädigten Teile am eigenen Wagen werden ersetzt; für den angerichteten Schaden kommt weiterhin die Haftpflichtversicherung auf. Anderweitig entstehende Kosten (Unterbrechung der Geschäfts- oder Urlaubsreise) kann man jedoch vom Hersteller nicht zurückverlangen. Auch wenn der Wagen infolge einer mangelhaften Reparatur liegenblieb: Die dann fälligen Abschleppkosten zur Vertragswerkstatt werden ersetzt.

Reparaturkosten

Die am häufigsten gestellte Frage in der Werkstatt lautet: »Was kostet das?« Drei Arten der Beantwortung sind dann möglich:

■ Der Reparaturannehmer oder Meister schätzt über den Daumen. Die hierbei genannte Zahl ist völlig unverbindlich, und der tatsächliche Rechnungsbetrag kann wesentlich höher ausfallen.

In der Bedienungsanleitung zum Mercedes findet man vieles, was man über sein Auto wissen möchte, nicht oder nur unvollständig beschrieben. Es liegt natürlich auch nicht im Sinn einer solchen Betriebsanleitung, daß der Autobesitzer darin Anleitungen für Reparaturarbeiten erhält. Aber selbst dann, wenn man nur einfache Wartungsdienste selbst ausführen oder kontrollieren möchte, hilft die Bedienungsanleitung oft nicht weiter. Diese Lücke schließt das vorliegende Buch und hilft dabei, das Auto betriebssicher zu halten.

■ Der genaue Zeitaufwand einer Routinereparatur wird aus dem nachfolgend genannten Arbeitspositionsbuch herausgesucht und im Auftragsformular – von dem Sie eine Kopie erhalten müssen – neben der jeweiligen Reparatur aufgeführt. Diese Methode hat sich in der Praxis eingebürgert, und die Preise sind für die Werkstatt verbindlich, sofern sich keine Zusatzarbeiten ergeben.

■ Ein verbindlicher, schriftlicher Kostenvoranschlag lohnt sich nur bei umfangreichen Reparaturen. Wir denken dabei an einen Unfallschaden oder die Beseitigung von Durchrostungen. Der Meister schaut sich den Wagen dazu genau an und sucht die Preise für die Arbeiten und Ersatzteile heraus. Diesen Zeitaufwand darf die Werkstatt nur nach Vereinbarung in Rechnung stellen.
Ein derartiger Kostenvoranschlag kann bei einem Schadensfall auch als Nachweis gegenüber der Versicherung gelten.

Überschreiten des Kostenvoranschlags

■ Nach den Kfz-Reparaturbedingungen dürfen die Reparaturkosten ohne Rückfrage beim Besitzer auch um 15–20 % höher ausfallen. Sind entsprechende Überschreitungen der bei Auftragserteilung festgehaltenen Zirka-Preise zu erwarten, muß die Werkstatt den Kunden hierüber vorab unterrichten. Lediglich wenn die Verkehrssicherheit des Fahrzeugs auf dem Spiel steht, kann die Werkstatt den Rahmen des Kostenvoranschlags überschreiten, In jedem Fall empfiehlt es sich, am Reparaturtag telefonisch erreichbar zu sein, um bei der Fahrzeugabholung keine Überraschung zu erleben.

■ Der schriftlich erstellte und verbindliche Kostenvoranschlag darf keinesfalls überschritten werden. Hier muß der Wagenbesitzer in jedem Fall gefragt werden, ob er Zusatzarbeiten und damit einem höheren Preis zustimmt.

Fingerzeig: *Bei Reparaturen an der Karosserie, sei es das Ausbügeln eines Unfallschadens oder der Ersatz durchgerosteter Bleche, können die Kosten schnell den Zeitwert des Fahrzeugs überschreiten. Für derartige Arbeiten ist deshalb ein verbindlicher Kostenvoranschlag unerläßlich. Will sich Ihre Werkstatt darauf nicht einlassen, sollten Sie sich nach einem anderen Reparateur umsehen.*

Werkstattkosten

Preise, Löhne und Gehälter klettern ständig, was sich auf den Stundenlohn in Reparaturwerkstätten niederschlägt. Werkstattpreise setzen sich nur zu einem

Drittel aus dem Arbeitslohn des Mechanikers und zu knapp einem Viertel aus Lohnanteilen und Gehältern für die Beschäftigten in dem Betrieb zusammen, der Rest errechnet sich aus festen Kosten (Miete, Strom, Heizung usw.), Buchhaltung, Porto, Telefon, Abschreibungen, Steuern, Versicherungen und aus genau 10 % gesetzlich vorgeschriebenen sozialen Aufwendungen.
Die so von Werkstatt zu Werkstatt differierenden Arbeitskosten kommen zu den Ersatzteil- und Materialkosten hinzu und es besteht eine Basis für die Kalkulation der Reparaturpreise. Daimler-Benz hat für alle häufiger vorkommenden Werkstattarbeiten sogenannte »Arbeitswerte« in einem Katalog (»Arbeits-Positionsbuch«) festgelegt. Ein solcher Arbeitswert entspricht etwa 10 Minuten Arbeitszeit, d. h. eine Reparatur, für die 6 Arbeitswerte ermittelt wurden, soll von einer ordentlichen Werkstatt in einer Stunde erledigt sein. Wenn sie länger braucht, ist es ihr Schaden und umgekehrt ihr Gewinn. Insofern ist die Reparaturberechnung (anscheinend) überall gleich.
Schon seit 1973 wird man über das Kostengefüge mit Hilfe der Preisauszeichnung orientiert. Alle Handwerksbetriebe müssen über die am häufigsten vorkommenden Arbeiten eine Preisliste in ihren Geschäftsräumen offen liegen haben.
Man kann sich also ohne viel Fragerei über gewisse Kosten ein vergleichendes Bild machen, und die Entscheidung, welchen Betrieb man aufsuchen will, fällt leichter. Wo allerdings qualitativ besser gearbeitet wird, das lassen solche Preisauszeichnungen offen.

Unterschiede bei Preisen und Reparaturen

Aus dem lokalen Sitz der Werkstätten ergeben sich erhebliche Preisunterschiede, und allein innerhalb einer Großstadt kann man Preisschwankungen um 20 % feststellen. Wesentlich billiger ist es in kleinen Städten und auf dem Land. Fallen am Auto größere Arbeiten an, so lohnt es sich immer, auf das Land zu gehen, wo wegen geringerer Unkosten weniger Geld gefordert wird.
Überhöhte Rechnungen werden sich nicht immer ausschließen lassen, aber in der Regel ist das Kraftfahrzeughandwerk um Seriosität bemüht. Die sinkende Inanspruchnahme der Werkstätten in den letzten Jahren, deren Gründe in der allgemeinen finanziellen Belastung des Autobesitzers zu suchen sind, führten dazu, daß auch Werkstätten um ihre Kundschaft werben. Unwägbarkeiten bestehen natürlich kaum bei der Werkstatt, zu der man einen guten Kontakt unterhält.

Ersatz- und Austauschteile

Es müssen nicht in jedem Falle neue Teile sein, die Sie bei fälligen Reparaturen in Ihren Mercedes einbauen lassen. Denn Daimler-Benz hat für verschiedene Teile, die erfahrungsgemäß nicht das ganze Autoleben aushalten, aber vom Werk wieder »generalüberholt« werden können, ein besonderes Austauschteile-Programm bereit.
Mit dem Austauschmotor erhält man bei Daimler-Benz übrigens ein komplettes Stück, an dem auch alle Zusatzaggregate, wie Wasserpumpe, Lichtmaschine, Anlasser, Einspritzpumpe usw., überholt bzw. erneuert wurden. Das ist nicht bei allen Automarken üblich. Dort müssen entweder die alten Anbauteile des seitherigen Motors »umgerüstet« werden, was entsprechendes Geld kostet, oder diese sind ebenfalls durch Austauschteile zu ersetzen, was noch mehr Geld kostet.
Die technische Entwicklung läßt auch bei den Mercedes-Wagen Änderungen in der Serie eintreten, die im Einzelfall bei der Ersatzteilbeschaffung beachtet werden müssen.
Auch in den Kundendienstwerkstätten von Bosch sind Austauschaggregate er-

hältlich. Man spart rund 40 % des Neupreises z. B. für die Einspritzpumpe, und ähnlich günstig sind Lichtmaschine und Anlasser zu haben.
Hüten Sie sich davor, fremde Teile in Ihr Auto einzubauen, die von Daimler-Benz für Ihr Auto nicht vorgesehen sind. Eine Ausnahme macht die elektrische Ausrüstung, die durch Teile verschiedener Hersteller ersetzt oder ergänzt werden kann.
Gebrauchte, gut erhaltene Teile kann man recht preisgünstig vom seriös geführten Autofriedhof erstehen. Sie werden auch von Autowerkstätten, wenn mitgebracht, eingebaut, doch erstreckt sich auf sie natürlich keinerlei Garantie.

Mercedes-Benz-Notdienst

Bei Daimler-Benz besteht ein Notdienst, der durchgehend in Notfällen Hilfe leistet. Über die »Zentrale Leitstelle für den Reparatur-Notdienst« in Stuttgart-Untertürkheim erfährt man unter der Rufnummer 0130/5005 kostenlos, welche Werkstatt in der Nähe Bereitschaftsdienst hat.
Ein solches Notdienst-System existiert auch im Ausland. Hier folgen diese europäischen Stützpunkte:

Land		Vorwahl/Rufnummer	Land		Vorwahl/Rufnummer
A	Österreich	06 07 11 / 54 11 54	I	Italien	06 / 8 16 33 33 16 78-6 10 63[4]
B	Belgien	02 / 7 20 05 13	IRL	Irland	18 00 20 32 03[4]
CH	Schweiz	0 46 / 05 22 22[1]	L	Luxemburg	45 54 13
DK	Dänemark	42 / 26 33 55[2] 42 / 26 33 50[3]	N	Norwegen	02 / 70 37 00[2] 0 94-2 58 40[3]
E	Spanien	91 / 4 31 95 96[2] 91 / 4 41 41 77[3]	NL	Niederlande	0 30 / 43 50 00
F	Frankreich	88 72 00 94	P	Portugal	01 / 33 21 83[2] 01 / 6 76 45 25 89[3]
GB	Groß-Britannien	08 00 80 06 33[4]	S	Schweden	0 20 / 79 00 01[1]
GR	Griechenland	01 / 3 47 11 37	SF	Finnland	94 00 / 42 09 35

[1] Zum Ortstarif innerhalb des Landes
[2] Diese Telefon-Nummer gilt werktags von 8.00 bis 17.00 Uhr
[3] Nach Dienstschluß, an Wochenenden und Feiertagen
[4] Kostenlos

Die Kunst der Spezialisten

Mercedes-Benz-Werkstätten sind selbstverständlich für alle an Ihrem Wagen einmal anfallenden Arbeiten zuständig. Aber es gibt Spezialbetriebe, die können bisweilen gezielter helfen.
Das trifft besonders auf Elektrowerkstätten zu, wobei den Bosch-Diensten eine besondere Bedeutung zukommt. Diese im ganzen Bundesgebiet anzutreffenden Vertretungen können nicht nur Ersatzteile wie Glühkerzen und Glühlampen liefern, sie nehmen auch Reparaturen an der Einspritzpumpe vor und sie verfügen über Motor-Testgeräte und über Fachkräfte, die mit Einstellarbeiten am Motor vertraut sind. Ein Adressenverzeichnis dieser Betriebe erhält man bei Robert Bosch GmbH, Robert-Bosch-Platz 1, 7016 Gerlingen-Schillerhöhe.
Vielleicht sind auch einmal Ausbesserungen oder Erneuerungen anderer Art vonnöten. Eine Karosserie- oder Reifenwerkstatt, eine Autolackiererei oder -polsterei schaut nicht auf das Markenzeichen, das der Wagen trägt. Auf ihrem Spezialgebiet sind solche Betriebe mit jedem Wagen vertraut und können zumeist besondere Wünsche leichter erfüllen.

Auch Tankstellen können helfen

Gut ist der Kontakt zu einer seriösen Stamm-Tankstelle. Man findet bald heraus, wo man korrekt, schnell und entgegenkommend bedient wird. An einer solchen modernen Tankstelle, wo man mehr als nur Kraftstoff erhält, ist man gut aufgehoben. Dort stehen Geräte zum Ölwechsel, zur Reifen- und Batteriepflege zur Verfügung. Nach längerer Bekanntschaft mit dem Personal darf man derartige Einrichtungen vielleicht sogar selbst bedienen. An ausgewählten Tankstellen

verschiedener Marken finden sich außerdem Prüfgeräte, mit denen sich Einstellarbeiten im Handumdrehen vornehmen lassen.
Eine Tankstelle ist allerdings kein Reparaturbetrieb, deshalb lehnt ein gewissenhafter Tankstellenhalter jene Aufträge ab, die über den Bereich seiner Aufgaben hinausgehen.
Aber unterwegs wird man an Tankstellen nicht mehr so wie früher umsorgt. Meistens muß man sich um kleinere Kontrollen, die das Tankstellenrepertoire betreffen, selbst kümmern.
Das gilt besonders an Selbstbedienungstankstellen, von denen es auch zunehmend solche mit Diesel-Zapfsäulen gibt. Hier sitzt der Tankwart nur noch an der Kasse, und Motorölstand, Kühlmittelstand, Batteriesäurestand und Scheibenwaschwasservorrat sollte man der eigenen Sicherheit wegen dann selbst kontrollieren. Auch Windschutzscheibe und die Gläser der Leuchten am Wagen reinigt man hier, wenn nötig, mit Hilfe der in der Regel irgendwo herumstehenden Reinigungsgeräte aus eigener Initiative.

Eigene Geschicklichkeit wird belohnt

Handwerkliche Fähigkeiten, die man sich durch eigene Erfahrungen beigebracht hat, kann einem niemand streitig machen. Keiner hindert Sie daran, Reparaturen am Auto selbst auszuführen.
Diesen Standpunkt muß man auch manchmal Versicherungen gegenüber vertreten. Wurde etwa das Auto durch einen unverschuldeten Unfall beschädigt, muß der Schädiger bzw. dessen Versicherung dem Eigentümer die Kosten für die von ihm selbst durchgeführte Reparatur in voller Höhe ersetzen. Maßgeblich für die Erstattung ist der Kostensatz, der in einer gewerblichen Werkstatt angefallen wäre. Der Anspruch umfaßt auch die Mehrwertsteuer. Einen derartigen Grundsatz stellte der Bundesgerichtshof im Urteil VI ZR 46/72 auf.
Erfahrene Autopraktiker – von denen es viele auch in anderen Berufen außerhalb des Kraftfahrzeughandwerks gibt – können sich natürlich noch mehr selbst helfen. Dazu muß allerdings der Werkzeugschrank schon recht gut ausgestattet sein. Unser Buch ist auch auf diese »Hohe Schule« der Eigenhilfe abgestimmt, wobei nicht vergessen wird, was Sache der Werkstatt bleiben muß. In erster Linie denken wir dabei an Bremsanlage und Lenkung, also an die für die Verkehrssicherheit des Fahrzeugs verantwortlichen Teile.

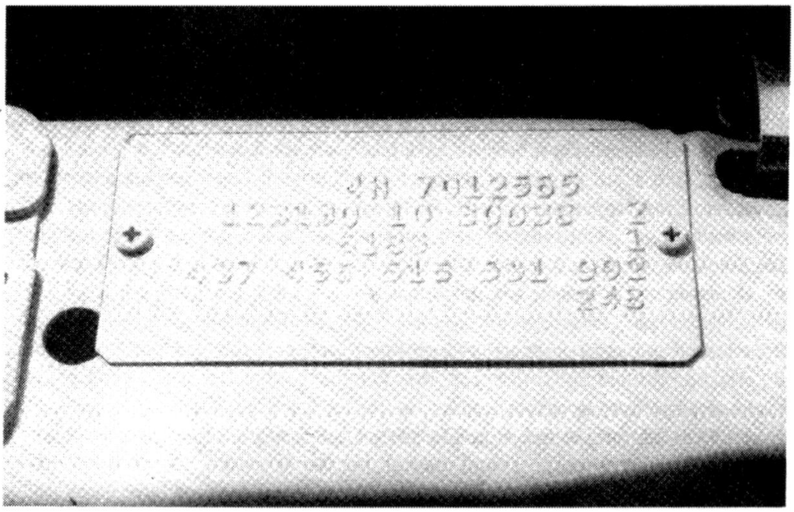

Auf der Traverse vor dem Kühler ist das gezeigte Schild mit der Karosserie-Nummer und der Lackierungs-Nummer befestigt. Links davon befindet sich das Typschild. Die Fahrgestell-Nummer ist auf einem Schild an der hinteren Motorraumwand zu finden, und die Motor-Nummer sitzt am Motor links. Fahrgestell- und Motor-Nummer sind wichtig bei der Bestellung von Ersatzteilen.

Selbsthilfe in der Mietwerkstatt

Steht Ihnen zu Hause oder im Bekanntenkreis kein geeigneter Platz zum Autobasteln zur Verfügung oder müßte im Winter bei Eiseskälte im Freien geschraubt werden, können Sie sich auch in einer Werkstatt einquartieren. Dort ist die Halle winters beheizt und es gibt Hebebühnen, Gruben und teilweise auch Spezialwerkzeug. Mit freien Plätzen in der Mietwerkstatt ist unter der Woche eher zu rechnen als am Wochenende, wenn alle Autobastler zum Werkzeug greifen. Die Rechnung muß auch in der Mietwerkstatt stimmen, und deshalb müssen Sie Ihre Zeit scharf kalkulieren. Nur wenn die Arbeit flott von der Hand geht oder sogar ein Helfer mitarbeitet, lohnt sich die Eigenarbeit. Wenn Sie eine umfangreiche Reparatur erstmals selbst ausführen, kann das Experiment durch die Summe der angesammelten Stunden teurer werden als der Arbeitspreis in der Fachwerkstatt.
Mietwerkstätten existieren in kleineren Orten oft ziemlich im Verborgenen und haben auch bisweilen nur ein kurzes Leben. Achten Sie deshalb bei der Suche auf entsprechende Anzeigen im Autoteil der Tageszeitung bzw. in Anzeigenblättern, oder fragen Sie andere Autobastler.

Praktische Einrichtungen

Mit schlechtem Werkzeug kann auch ein geübter Handwerker nicht richtig arbeiten. Daran sollten Sie denken, wenn Sie vorhaben, an Ihrem Mercedes dann und wann Wartungsarbeiten oder kleinere Reparaturarbeiten selbst zu erledigen. Es kann aber auch unterwegs einmal vorkommen, daß einige Handgriffe nötig werden, die sich ohne das passende Werkzeug nicht ausführen lassen. Der fehlende Schraubenschlüssel zwingt Sie dann vielleicht, das Vielfache der Kosten bezahlen zu müssen, die dieser Schlüssel wert ist.
Was Sie im Umgang mit Ihrem Mercedes an Werkzeug vordringlich brauchen und eventuell erst anschaffen müssen, das sagt Ihnen dieses Kapitel. Das trifft gleichermaßen für andere Hilfsmittel zu, die man gelegentlich benötigt, wenn man sich mit seinem Auto näher beschäftigt.

Bedeutung der Größenangaben

In Deutschland werden Maschinenteile und Werkzeuge wie in den meisten europäischen Ländern nach dem metrischen Maßsystem gemessen. Wahrscheinlich wissen Sie, daß es Wagen gibt (vor allem englische und amerikanische), bei denen man mit unserem Werkzeug nicht viel ausrichten kann, weil in jenen Ländern bislang ein Maßsystem in Zoll üblich war. Die Bedeutung dieses im ersten Augenblick vielleicht unerheblich erscheinenden Unterschiedes liegt für Sie als Mercedes-Besitzer einfach darin, daß Sie keine »englischen« Schraubenschlüssel verwenden dürfen, die nicht genau auf die Schrauben passen. Man beschädigt mit ihnen nur die Flanken von Schraubenköpfen und Muttern, und richtig passende Schraubenschlüssel lassen sich danach nicht mehr effektvoll ansetzen.
Bei Schrauben mit Sechskantkopf und bei deren Muttern mißt man den Abstand der sich gegenüberliegenden Flanken in Millimeter oder Zoll und schreibt auf den passenden Schraubenschlüssel die entsprechende Schlüsselweite (Kurzbezeichnung SW). Ein Doppelgabelschlüssel – man nennt ihn auch vielfach Maulschlüssel – mit der Bezeichnung 13 × 14 hat also eine Gabel für eine 13 mm und am anderen Ende für eine 14 mm breite Schraube oder Mutter.

Welches Werkzeug zu welchem Zweck?

Schrauben und Muttern am Mercedes sind wie bei anderen Fabrikaten in verschiedenen Größen vorhanden, und die vier in der Bordwerkzeugtasche mitgelieferten Doppelgabelschlüssel helfen nur zu Handgriffen an einigen Teilen des Wagens. Viele der Schrauben sind ohne Umstände zu betätigen, andere weniger bequem, weil sie an schlecht zugänglicher Stelle sitzen. Davon hängt es ab, ob Maul- oder Ringschlüssel vernünftiger sind oder ob etwa Rohrsteckschlüssel verlangt werden. Ringschlüssel sind den Maul-(Gabel-)schlüsseln vorzuziehen, weil sie auf alle sechs Kanten einer Schraube gleichmäßigen Druck ausüben und dadurch wirkungsvoller und öfter umgesetzt werden können. Rohrschlüssel erfüllen diesen Zweck auch, sie werden auf tiefsitzenden Schrauben angesetzt. Ringschlüssel sollen hochgekröpft und nicht zu lang sein, um auch bei engem

Raum mit ihnen hantieren zu können. Bei Bedarf verlängert man sie (und vergrößert dadurch die Hebelwirkung), indem man ein zweites Werkzeug durch die Ringöffnung des anderen Schlüsselendes hindurchsteckt. Auch Gabelschlüssel kann man verlängern, indem man in die hintere, nicht benutzte Gabel des zu bedienenden Schlüssels einen zweiten Gabelschlüssel nahezu gleicher Größe einhakt und dann dieses Verlängerungswerkzeug in der zu drehenden Ebene bewegt. Bei dem Notbehelf muß man allerdings aufpassen, daß man mit dem zweiten Schlüssel nicht abrutscht und sich verletzt.
Schließlich gibt es noch Inbusschlüssel. Das sind gewöhnlich Stahlstäbe mit Außensechskant, auf ungleichmäßiger Länge im rechten Winkel gebogen. Beide Enden lassen sich in einen Schraubenkopf mit Innensechskant ansetzen.
Lassen wir einige Beispiele der unterschiedlichen Schraubengrößen am Mercedes der Größe nach folgen:
Einen Inbusschlüssel SW 5 braucht man zum Drehen der Einstellschraube am Lenkgetriebe (zuvor muß die Gegenmutter SW 19 gelöst sein). Gabel- oder Ringschlüssel mit der Weite 8 mm werden für einige Befestigungen von Karosserieteilen wie Kühlermaske, Lehne der hinteren Sitzbank und Verglasung der Rückleuchten (nicht bei deren Lampenwechsel) benötigt, aber auch für die Mutter an einer Glühkerze zum Halt der Stromschiene. Weitere Karosserieteile sind mit Sechskantschrauben SW 10 befestigt, so die vorderen Kotflügel, die Scharniere von Motorraum- und Kofferraumhaube, die Kofferraumschließe, die Sitzschienen eines Vordersitzes vorn, der Deckel des Luftfilters beim 300 D. Mit einem Gabelschlüssel der nächsten Größe SW 11 bedient man die Einstellschrauben der Scheinwerfer.
13 Millimeter ist das Maß einer ganzen Reihe von Schrauben, etwa an den Batterieklemmen und Türscharnieren, am Ölfilterdeckel, an der Zylinderkopfhaube und an den Spurstangen, auch die Entlüftungsschraube für den Kühlkreislauf und die Ölablaßschraube der Ölwanne haben diese Größe. Für die Ölfüllung im Hinterachsgetriebe ist freilich ein Inbusschlüssel SW 14 nötig. Die Kontrollschraube an der Einspritzpumpe wie auch die Einstellmuttern der Ventile verlangen nach einem Gabelschlüssel SW 14. Der Bremslichtschalter läßt sich mittels Gabelschlüssel SW 17 herausdrehen, aber für die Befestigungen der Stoßfänger eignet sich besser ein Ringschlüssel dieser Abmessung (seitliche Gum-

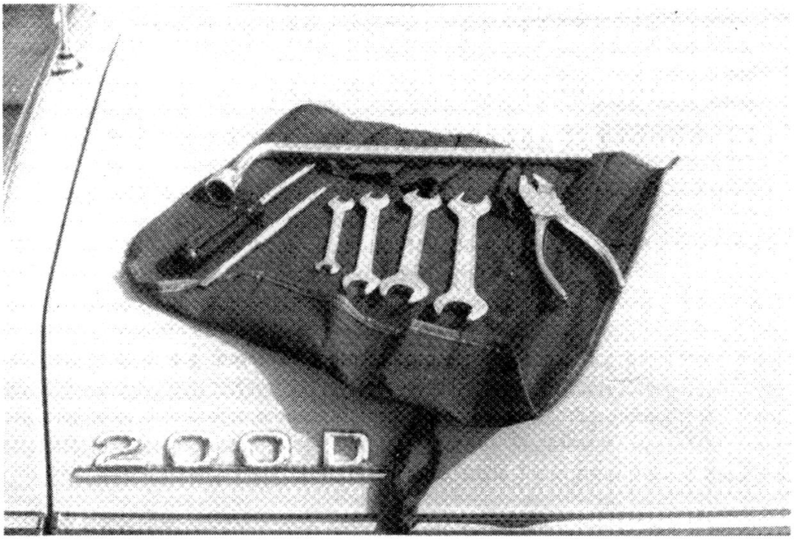

Das erfreulich reichhaltige Bordwerkzeug, das der Mercedes vom Werk mit auf den Weg bekommt, ist nur für Notfälle bestimmt. Es ist auch nicht beabsichtigt, daß man mit diesem Besitz auf Werkstätten verzichtet. Wer aber an seinem Diesel selbst Hand anlegen möchte, sollte auf diesen Seiten einmal überprüfen, welche Werkzeuge und Hilfsmittel ihm bei seinen Bemühungen von Nutzen sein können.

miabdeckungen: SW 10). Wenn man eine Glühkerze wechseln will, muß man einen kurzen Steckschlüssel oder einen Ringschlüssel SW 21 haben. Bei der Riemenscheibe der Lenkhilfe und zum Patronenwechsel des Kraftstoffilters kommt man ohne 22-mm-Schlüssel nicht zum Zuge, und der Ölkühler besitzt Anschlüsse mit der respektablen Abmessung von 27 mm.
In Ergänzung der beiden Schraubendreher-Einsteckklingen mit Griff im Bordwerkzeug sollte man sich noch einen kräftigen Schraubenzieher für Querschlitzschrauben zulegen. Den sogenannten Vergaser-Schraubenzieher, kurz und mit dickem Handgriff, braucht man oft für beengt sitzende oder für widerspenstige Schrauben, da er kräftig zu greifen ist. In gleicher Form gibt es ihn auch für Kreuzschlitzschrauben. Rohrzange, Kombizange (mit isoliertem Griff) und der Seitenschneider zum Abschneiden von Kabeln dienen als allgemeine Hilfswerkzeuge, ebenso Hammer, Meißel, Körner, Durchschläger und die feinen Feilen in verschiedenen Ausführungen. Die Fühlerblattlehre wird zum Messen des Ventilspiels gebraucht.

Empfehlenswerte Grundausrüstung

Nach diesen Überlegungen ist es einfach, eine Liste der notwendigen und richtigen Werkzeuge aufzustellen. Qualität sollte bei der Anschaffung vordringlich berücksichtigt werden, obwohl gutes Werkzeug nicht billig ist. Als Heimwerker ist man schnell am Ende seiner Kunst, wenn nur schlechte Schraubenschlüssel und verbogene Schraubenzieher zur Verfügung stehen.
Die Werkzeug-Empfehlung lautet somit:
3 Doppel-Gabelschlüssel SW 10 × 11, 13 × 14, 17 × 19
6 Gabel-Ringschlüssel SW 8, 10, 13, 17, 21, 22
1 Rohrsteckschlüssel SW 8 × 10
2 Innensechskantschlüssel SW 5, 14
1 Kerzenschlüssel, kurz, SW 21
2 Schraubenzieher Größe 2 und 8, für Querschlitzschrauben
2 Schraubenzieher für Kreuzschlitzschrauben, verschiedene Größen
1 Schraubenzieher, kurze Form, für Querschlitzschrauben
1 Rohrzange, 240 mm lang
1 Kombizange, isolierter Griff
1 Seitenschneider
1 Schlosserhammer, 300 Gramm
1 Fühlerblattlehre
1 Flachmeißel
1 Körner
1 Durchschläger, 3 mm
1 Schlüsselfeile, flach
1 Radkreuzschlüssel.

Ergänzung nach Wunsch

Natürlich kann man die Werkzeugausrüstung noch vervollständigen, wenn sich der Umgang mit dem Auto intensiver gestaltet. So führt die Ergänzung des Ringschlüssel-Sortiments zu mehr Freude bei der Arbeit. Noch universaler lassen sich Steckschlüssel mit Sechskant-Einsätzen (sogenannte »Nüsse«) handhaben. In Verbindung mit einer vielzahnigen Knarre kann man sie vielseitig versetzen und bei geringem Bewegungsraum über ein dazugehöriges Gelenkstück abgewinkelt bewegen. Zu solch einem Schlüsselsortiment gehören Gelenkgriff mit verschiebbarem Querhebel, Verlängerungsstücke und eine Knarre (Hebel mit Drehsperre, den man nicht abzusetzen braucht); alle Teile besitzen Vierkant-Steckverbindungen.
Zugleich sollen die praktischen Vorsatzgeräte erwähnt sein, die sich mit weni-

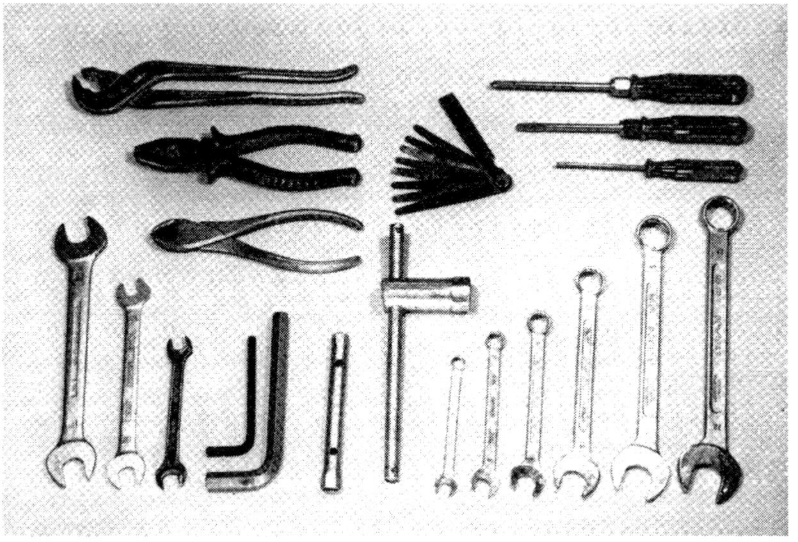

Auf den Seiten dieses Kapitels ist aufgezählt, welches Werkzeug man beim Umgang mit seinem Diesel gebrauchen kann. Das Bild zeigt als Beispiel eine Zusammenstellung empfehlenswerter Werkzeuge und enthält Doppelgabelschlüssel, Ringgabelschlüssel, Rohrschlüssel, Inbusschlüssel (für Innensechskantschrauben) sowie Schraubendreher verschiedener Größen. Ferner können Rohrzange, Kombizange (mit isoliertem Griff) und Seitenschneider nützlich sein. Die Fühlblattlehre wird bei der Kontrolle des Ventilspiels benötigt.

gen Handgriffen an eine dazu vorgesehene Bohrmaschine koppeln lassen. Mit solchen Geräten – etwa von Bosch – kann man schleifen, polieren, Karosserieblech sägen, aber auch – mit zusätzlicher Hilfe eines kleinen Kompressors – Luft in die Reifen pumpen.

Pflegen Sie Ihr Werkzeug und benutzen Sie es richtig. Ein jedes Werkzeug ist für einen bestimmten Zweck geschaffen. Wenn man mit der Zange einer Schraube oder Mutter zu Leibe rückt, hat man vielleicht die Mutter gelöst, aber die Kanten der Zange haben die Ecken und Flanken der Befestigung derart beschädigt, daß später jeder Schraubenschlüssel abgleiten muß. Eine Zange ist zum Halten da; nur mit der Rohrzange darf, ihrem Namen gemäß, an Rohren und Wellen gedreht werden.

Schraubenzieher sollen eine gerade, aber nicht scharf geschliffene Klingenspitze haben, damit sie im Schraubenschlitz festen Halt findet, sich nicht herausdreht und den Schraubenkopf beschädigt. Ein Schraubenzieher ist kein Meißel.

Mit einem Schleifstein kann man manches Werkzeug einsatzbereit halten, z. B. stumpfe Meißel schärfen, und er eignet sich auch zum Bearbeiten mancher Werkstücke.

Verschmutztes Werkzeug ist nach Gebrauch bald zu reinigen und leicht einzuölen, damit es durch Rost nicht unansehnlich wird. Man weiß ja nie, ob man es gleich in den nächsten Tagen wieder braucht. Zusätzliches Werkzeug, das man unterwegs im Wagen dabei haben will, wird in alte Leinentücher gewickelt, und der Gummiring eines Einmachglases hält dieses Bündel zusammen.

Hilfsmittel für die Wagenpflege

Verschiedene Hilfsgeräte, die in der Werkzeug-Grundausstattung nicht fehlen dürfen, müssen Sie sich noch zusätzlich anschaffen. Immer wieder dienliche Hilfen sind folgende:

- Ölspritzkännchen,
- Reifendruckprüfer,
- Prüflampe,
- Fensterleder 1. Qualität,
- Autoschwamm oder Waschhandschuh,
- Waschbürste mit Stiel,
- Waschpinsel ohne Metallfassung.

Für den Werterhalt der Autos steht eine Unzahl von Pasten und Tinkturen zur Verfügung. Es ist nicht ganz leicht, das für einen jeweiligen Zweck wirkungsvollste und schonendste Mittel herauszufinden. In diesem Buch erhalten Sie dazu viele wertvolle Ratschläge, und wie die flüssigen Hilfen im einzelnen angewendet werden sollen, ist in den Kapiteln »Wagenwäsche«, »Lackpflege« und »Winterschutz« beschrieben.

In den diesbezüglichen Kapiteln dieses Buches ist erwähnt, wann man diese Hilfsmittel einsetzt.

Flüssige Hilfen

Rostlöser und Isolierspray

Als Rostlöser für festgerostete Schrauben haben sich beispielsweise »Caramba Super«, »LM Liqui Multi« von Liqui Moly oder »Multigliss« von Molykote sehr bewährt. Man muß nur ein wenig Geduld haben und die Flüssigkeiten lange genug einwirken lassen. Anders ist das bei sogenannten Schnellrostlösern, wie »Caramba Rasant« oder »mo Schnellrostlöser« von Teroson. Nach dem Einsprühen kann die festsitzende Schraube bzw. Mutter gleich losgedreht werden, ggf. zwischendurch nachsprühen.
Mit diesen Rostlösern verwandt durch ihre außerordentliche Kriechfähigkeit in engste Ritzen und feinste Poren sind die sogenannten »Isolier-Sprays«. Vielfach sind die Rostlöser zugleich solche Isoliersprays, die bei Feuchtigkeit in der Autoelektrik den feinen Wasserfilm unterwandern, vom blanken Metall »abheben« und dadurch verhindern, daß Batteriestrom über den leitenden Wasserfilm als Kurzschluß oder »Kriechstrom« abgeleitet wird. Zu den bereits genannten Rostlösern wären als Spezial-Isoliersprays beispielsweise zu nennen »Aral Intact« oder »4 × Silikon-Spray« von Molykote.
Die Vielseitigkeit dieser Sprays erweist sich auch an den Türschlössern des Autos: Sie halten das Schloß als Schmiermittel leichtgängig und verhindern im Winter durch ihre Feuchtigkeitsverdrängung das Einfrieren.

Kaltreiniger und Korrosionsschutzwachs

Der Motorraum des Mercedes ist im Lauf der Zeit vom Straßendreck gezeichnet. Auch können die Motorteile ölverschmiert sein. Dagegen helfen sogenannte Kaltreiniger (etwa der »Spezialreiniger« von Aral). Damit werden die Teile eingestrichen oder eingesprüht; nach einigen Minuten kann man mit einem Pinsel den Schmutz abwaschen und anschließend mit Wasser – oder besser noch – mit einem Dampfstrahlgerät abspritzen. Manche Tankstellen bieten Dampfstrahlgeräte mit Münzeinwurf zur Selbstbedienung für ihre Kunden an. Aus Gründen des Umweltschutzes darf die Motorwäsche ohnehin nur über einem Wasserablauf mit Ölabscheider wie ihn Tankstellen und Werkstätten besitzen, geschehen.
Nach der Wäsche sollten Motorraum und Aggregate mit einem Korrosionsschutzwachs eingesprüht werden.

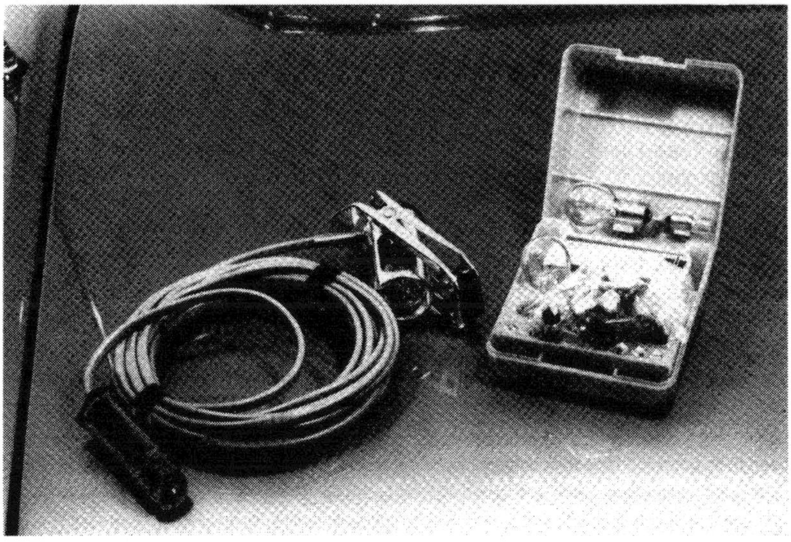

Es gibt Glühbirnen und Sicherungen als Reservevorrat, untergebracht in einem handlichen Kästchen. Da man nie weiß, wann eine Lampe oder eine Sicherung durchbrennt, sollte man auf eine solche Eventualität stets vorbereitet sein. Der im Wagen mitgeführte Ersatz muß natürlich rechtzeitig ergänzt werden, wenn man ihn einmal hatte in Anspruch nehmen müssen.
Sehr praktisch ist auch die handliche Lampe, die man bei einem Defekt irgendwo am Auto anklemmen kann und die bei Dunkelheit die Arbeit erleichtert.

Spezial-Schmierstoffe

■ Haushaltsöl in kleinen Spritzkännchen ist dünnflüssiges Universalöl, das man überall verwenden kann, wo keine besonderen Schmieransprüche bestehen. Aber es hält Motorwärme aus, ist also beispielsweise zur Schmierung des Motorhaubenschlosses geeignet.

■ Graphitöl enthält den »Festschmierstoff« Graphit, der die Schmierkraft des Öls erhöht. Besonders gut ist die Graphitöl-Sprühdose von BP, die einen meterweiten nadelfeinen Ölstrahl versprüht und dadurch vor allem für schwer erreichbare Schmierstellen sehr geeignet ist.

■ Schmierstoff-Suspensionen liegen an der Grenze zwischen Öl und Fett und sind für seltener beanspruchte Gleitflächen (z. B. Sitzschienen, Heizungshebel) sehr vorteilhaft. Nach dem Auftragen bilden sie auf der behandelten Gleitfläche einen wachsähnlichen Schmierfilm, der auch gegen Rost schützt und erst bei Druckbeanspruchung flüssig wird (z. B. »MO-Gleitspray« von Teroson, »Paste U-n« von Molykote oder »LM Schmierfix« von Liqui Moly).

■ Heiß-Schrauben-Compound ist eigentlich für Verschraubungen an Dampfmaschinen und Turbinen gedacht, aber es ist auch einer der segensreichsten Sonderschmierstoffe für den Autobastler. Wir möchten es nicht mehr missen, denn eine einmal damit eingeriebene Verschraubung rostet nie mehr und läßt sich auch nach Jahren wieder ohne weiteres lösen. Das gilt vor allem für Zündkerzengewinde, Auspuffrohr-Verschraubungen und Stoßdämpferhalterungen, mit denen man andernfalls so viel Ärger hat. Diese kupferfarbene Spezialpaste gibt es in kleinen Tuben von Molykote und von Liqui Moly. Die Paste ist hitzefest bis über 1000° C!

■ Säureschutzfett, auch Polfett genannt, ist ein gegen elektrische Ströme, Säure und Feuchtigkeit isolierender Spezialschmierstoff, der vor allem die Batteriepole sauber hält. Konkurrenzlos ist hierbei das Säureschutzfett »Ft 40 v 1« von Bosch.

Hilfsmittel für unterwegs

Manch einer hat in seinem Auto weder einen Reservekanister noch ein brauchbares Ersatzrad. Andere dagegen schleppen in ihrem Wagen dauernd ein ganzes Arsenal von Werkzeugen mit sich herum. Der goldene Mittelweg ist auch hier richtig. Was man mitnehmen sollte, sei hier genannt; vielleicht dient es mit dazu, anderen hilflosen Autofahrern unterwegs zu helfen:

- Reservekanister,
- Abschleppseil,
- Ersatzglühlampen,
- Sicherungen,
- Rolle Draht,
- Klebeband, Tesa-Film,
- 2 m Elektrokabel,
- 1–2 m benzinfesten Schlauch,
- Alleskleber (UHU-Plus),
- Brettchen zum Unterlegen für Wagenheber,
- Ersatzkeilriemen,
- Starthilfekabel.

Dazu sollte man wissen, daß man auch auf der Autobahn (am äußersten rechten Fahrbahnrand) anhalten darf, um einen in Not geratenen anderen Autofahrer hilfreich zu unterstützen.

Ersatzteile bei Auslandsreisen

Selbstverständlich ist der Mercedes-Service auch im Ausland vertreten, sogar in den Ostblockstaaten. Aber es beruhigt trotzdem, wenn man fern der Heimat einige Dinge bei sich hat, die man vielleicht gebrauchen kann. Neben sinnvoll ausgewähltem Werkzeug und den schon genannten Hilfen wird man noch folgende Teile in Lappen wickeln und im Kofferraum unterbringen:

- Glühkerzen,
- Kühlwasserschlauchstücke, Schlauchbinder,
- 1 Kraftstoff-Vorfilter
- 1 Reserveschlauch für Reifen,
- 2 Reifenmontierhebel,
- Flickzeug für Autoschläuche,
- kräftige Fußluftpumpe,
- einige Muttern, Schrauben und Sicherungsringe gängiger Größen.

Außerdem kann man in Verlegenheit kommen und zusätzlich gebrauchen:

- Motoröl, Menge je nach geplanter Fahrstrecke,
- Flasche mit destilliertem Wasser (Ostblockstaaten) für Batterie,
- Handwaschpaste,
- Handlampe.

Alle Ersatzteile besitzen genaue Bezeichnungen mit Nummern, die zumeist auf den Originalteilen am Mercedes vermerkt sind. Allerdings ist bei Neukauf zu überprüfen, ob dieses oder jenes Ersatzteil eine Veränderung erfahren hat, was durch technische Weiterentwicklung möglich ist.

Richtiger Zusammenhang

Unverhofft kann sich bei jedem Auto bei einem Defekt unterwegs herausstellen, daß nur noch Abschleppen übrigbleibt. Als Nothilfe ist dann hoffentlich ein Abschleppseil im Kofferraum. Sonst kommt vor den Kosten der Reparatur noch der Preis eines Abschleppdienstes, und solche Unternehmen sind gewiß keine barmherzigen Samariter. Wer jedoch am Straßenrand neben seinem Auto mit einem Abschleppseil winkt, darf berechtigt hoffen, von einem kameradschaftlichen Autofahrer ins Schlepp genommen zu werden, wofür man sich anschließend angemessen revanchieren kann.

Das eigene Seil

Mit ihrem Leergewicht von rund 1375 kg bis 1610 kg bieten die in diesem Buch beschriebenen Autos einigen Widerstand, wenn es einmal ans Abschleppen gehen soll. Man braucht dann immerhin ein Seil strapazierfähiger Qualität. Die vom Handel angebotenen Abschleppseile sind nicht in jedem Fall für Ihr Auto zu empfehlen. Sollten Sie daneben einmal als Kavalier auftreten und einen Straßenkreuzer aus dem Graben ziehen wollen, so steht das durchaus in der Kraft eines jeden Mercedes-Diesel, hängt aber von der Stärke des verwendeten Seils ab.
Die vorhandenen Ösen vorn und hinten sind auch für relativ dicke Seile geeignet. Man muß also beim Kauf der hier nachfolgend genannten Arten von Seilen deren Durchmesser nicht unbedingt berücksichtigen.
Perlon, Hanf und Stahl sind die Materialien von Abschleppseilen; jede Sorte hat ihre Vor- und Nachteile. Perlonseile dehnen sich beim Schleppen und verhüten dadurch das beim Losfahren so lästige Anrucken. Aber Perlon ist hitze- und scheuerempfindlich: Karosseriekanten, Stoßstangen und ein heißer Auspuff machen ein solches Seil rasch wertlos, sofern es keine verschiebbaren Ledermanschetten hat. Haltbarer, preiswerter, aber auch dicker, sind Hanfseile. Ein Seil aus Stahl ist spröde zu handhaben, und weil es überhaupt nicht nachgiebig ist, muß es unbedingt einen Ruckdämpfer besitzen. Das ist eine Schraubenfeder oder ein Gummistück, das aus der Seilmitte eine dehnbare Schlaufe bildet. Stahlseile lassen sich naturgemäß am stärksten strapazieren.
Die für Neulinge meist verwirrende Eigenschaft aller Seile, bei verlangsamender Fahrt des Zugwagens den Abstand zwischen dem Gespann geringer werden zu lassen, kann eigentlich nur durch eine Schleppstange beseitigt werden. Diese starre Verbindung zwischen beiden Fahrzeugen hat noch einen weiteren Vorzug: Wenn der Mercedes abgeschleppt werden muß, brauchen Sie etwa die doppelte Fußkraft am Bremspedal, denn ohne laufenden Motor wird auch kein Unterdruck für den Bremskraftverstärker aufgebaut. Während normalerweise der Geschleppte den Schleppenden mit abbremsen muß, kann mit einer Schleppstange auch der Abschlepper sein Anhängsel mitbremsen.
Ab Baujahr Juli 1976 ist in den vorhandenen Abschleppösen eine Schleppstange gut anzubringen, vorher war die vordere Öse durch ihre Anbringung gewissermaßen stangenuntauglich.

Im Schlepptau

Zum Schleppen des Diesel darf das Seil nur an dem Zughaken angebracht werden, der sich am Vorbau rechts unterhalb des Stoßfängers befindet. Die Befestigung eines handelsüblichen Seils bereitet keinerlei Schwierigkeiten. Bei einem Seil mit großdimensioniertem Verschluß muß man eine Schlaufe des Seils durch die Öse am Wagen zwängen und das andere Seilende durch diese Schlaufe ziehen.

Eventuelle Versuche, Teile der Radaufhängung als Anknüpfungspunkt für ein Schleppseil zu verwenden, führen unweigerlich zu kostspieligen Schäden. Es ist eindringlich davor zu warnen, das Auto an anderen Stellen als an der vorgesehenen zu schleppen.

Es ist Vorschrift, das Seil zwischen beiden Wagen mit einer roten Fahne zu markieren. Die Warnblinkanlage muß nach neuer StVO während der Schleppfahrt eingeschaltet sein. Noch besser: Zusätzlich Warndreieck ins Rückfenster stellen.

Sich abschleppen lassen ist kein Kinderspiel. Vorsichtige Fahrweise des Ziehenden ist die Grundbedingung der Rücksichtnahme auf sein Anhängsel. Im geschleppten Wagen muß man die Verkehrssituation vor dem Zugwagen beobachten und beinahe vorausahnen: Sie müssen eher bremsen als Ihr Helfer vorn, damit das Seil immer straff bleibt, ihn also praktisch mitbremsen. Jedes Anfahren mit lockerem, über die Straße schleifendem Seil beansprucht die Haltepunkte des Seils an beiden Wagen, denn der Vordermann kann es meist nicht sehen, wenn die Verbindung zu seinem Anhänger nicht stramm spannt. Zieht er dann wieder los, gibt es einen gewaltigen Ruck durch beide Autos.

Um an dem fremden Schleppwagen vorbei gute Sicht voraus zu haben, wird das Seil an diesem möglichst links angeknüpft. So kann die Zugmaschine scharf rechts fahren und der Geschleppte lenkt leicht versetzt zur Fahrbahnmitte hin. Die hinter diesem Geleitzug fahrenden Verkehrsteilnehmer müssen sehen können, wann Sie bremsen. Die Bremsleuchten können aber nur bei eingeschaltetem Lenkschloß brennen. Natürlich muß das Lenkschloß in Stellung »1« geöffnet sein. In dieser Stellung lassen sich auch die Lichthupe (für Signale an den ziehenden Wagen) sowie Scheibenwischer und -wascher betätigen.

Abschleppen des Diesel mit Getriebeautomatik

Bei vorhandener Getriebeautomatik darf nur in der Wählhebelstellung »N« abgeschleppt werden. Dabei soll die Geschwindigkeit von 50 km/h nicht überschritten werden, sonst ist im Getriebe der »Leerlauf« zu hoch. Die Schleppstrecke sollte auch nicht mehr als 120 Kilometer betragen. Früher war bei Mercedes diese Wegstrecke – wie heute auch noch bei anderen Autos – enger begrenzt; die Daimler-Benz-Automatik bietet hier jedoch einen größeren Spielraum. Sollte das Ziel weiter entfernt sein oder durch einen Schaden ist aus der Getriebeautomatik Öl ausgelaufen, dann muß das Auto bei angehobener Hinterachse und mit in Geradeausstellung fixierten Vorderrädern rückwärts abgeschleppt werden. Das ist nur einem Abschleppdienst möglich und bei Fahruntüchtigkeit des Wagens durch Unfall ohnehin nicht zu umgehen. Es sei denn, man trennt die Verbindung zwischen der Kardanwelle und Hinterachse und zieht dann das Auto in normaler Fahrtrichtung.

Fingerzeig: *Die Bremskraftunterstützung funktioniert nur bei laufendem Motor. Zum Abbremsen des geschleppten Wagens ist ein wesentlich höherer Pedaldruck nötig. Desgleichen hat dann die Lenkung keine Servo-Unterstützung.*

Einen anderen abschleppen

Hinten verfügt der Mercedes über eine ähnliche Öse wie vorn. Falls sich am Wagen eine Anhängerkupplung befindet, so kann dort auch eine Schleppstange befestigt werden.

Hoffentlich beherrscht jener, dem Sie helfen wollen, die primitivsten Regeln der Abschleppkunst. Verabreden Sie mit ihm Handzeichen und Lichtsignale und denken Sie daran: Er muß bremsen. Bei einer Notbremsung müssen Sie versuchen, aus der alten Fahrspur herauszukommen. Dann reicht vielleicht noch der Bremsweg des Hintermannes, daß er nicht auf Sie auffährt, sondern noch etwas an Ihrem Wagen vorbeilenken kann.
Wenn möglich, läßt man die Beifahrer des abzuschleppenden Fahrzeuges in den Zugwagen umsteigen, weil dann das Anhängegewicht niedriger ist.

Abschleppen nach Gesetz

Das Abschleppen ist eine Notmaßnahme. Der aus eigener Kraft nicht fahrfähige Wagen darf nur bis zur nächsten Werkstatt oder bis an den nahen Heimatort gebracht werden. Die Autobahn ist bei der nächsten Abfahrt zu verlassen. Eine Genehmigung zum Abschleppen eines fahruntüchtigen Wagens ist nicht erforderlich, auch nicht für das Schleppen eines Schrottwagens zum Autofriedhof.
Der Lenker des im Schlepp befindlichen fahruntüchtigen Autos, das in diesem Fall auch nicht vorschriftsmäßig ausgerüstet sein muß (Mängel an Beleuchtung, Bremsen) benötigt keinen Führerschein. Dagegen muß der Lenker eines betriebsfähigen Wagens im Schlepptau im Besitz des für dieses Fahrzeug zutreffenden Führerscheins sein. Das gilt besonders beim Anschleppen, etwa bei leerer Batterie.

Anschleppen bei Getriebeautomatik

Allgemeine Hinweise zum Notstart des Mercedes-Diesel, wenn etwa die Batterie zu schwach zum Durchdrehen des Anlassers ist, sind auf Seite 166 enthalten. Hier seien zusätzliche Hinweise gegeben, falls es sich um einen Wagen mit automatischem Getriebe handelt, der in Gang gebracht werden soll. Das ist nämlich beim Mercedes im Gegensatz zu anderen Fabrikaten mit Getriebeautomatik möglich. Selbstverständlich trifft das Nachstehende sinngemäß auch für Wagen mit mechanischem Getriebe zu.
Zunächst braucht man ein längeres Seil als nur zum Abschleppen, damit der anspringende Motor den Wagen nicht auf den Vordermann treibt, denn es muß eine Geschwindigkeit bis zu 50 km/h gefahren werden. Praktischerweise sollte man deshalb zwei handelsübliche Seile zusammenknüpfen. Wenn die Seilenden an beiden Wagen befestigt sind, läuft dann das Anschleppen wie folgt ab:
Wählhebel in Stellung »N« bringen. Bei den Modellen 200 D, 220 D und 240 D den Vorglüh-Anlaßschalter, beim 300 D den Leerlaufversteller links herum (entgegen Uhrzeigersinn) bis zum Anschlag drehen. Glühkerzen vorglühen wie üblich (Lade- und Vorglühkontrolleuchte sollen aufleuchten). Nun kann dem Schleppfahrer das Zeichen zum Anfahren gegeben werden. Wenn das Getriebe sehr kalt ist, etwa im Winter, soll mit 30 km/h gezogen werden, und bei warmem Getriebe soll die Geschwindigkeit 50 km/h betragen. Das betreffende Tempo muß etwa 2 Minuten eingehalten werden. Das ist nötig, damit sich der erforderliche Öldruck in der Automatik aufbaut.
Glaubt man, der Augenblick des Motoranwerfens sei gekommen, ist der Wählhebel bei den kleinen Typen in Stellung »L«, beim 300 D in Stellung »S« zu bringen. Sofort, wenn der Motor anspringt, muß der Wählhebel wieder in die Leergangstellung »N« gerückt werden. Der Motor muß nach einigen Sekunden angesprungen sein, sonst besteht das Risiko eines Getriebeschadens, also auch in diesem Fall den Wählhebel nach »N«.
Wenn der Motor läuft, macht man dem Schleppfahrer ein vorher vereinbartes Zeichen und bremst den Wagen sanft ab. Der Motor muß wenigstens für drei Minuten im Leerlauf drehen, bevor die beabsichtigte Fahrt beginnt. Diese Maßnahme ist nötig, weil der bei der Lenkschloßstellung »2« einsetzende Vorglühvor-

gang beim Anspringen des Motors nicht sofort unterbrochen, sondern erst während dem nach dem Anschleppen folgenden Leerlauf beendet wird.

Anhängerbetrieb

Haben Sie vor, an Ihrem Mercedes einen Anhänger mitzuziehen? Zunächst muß der Wagen eine vom TÜV zugelassene und in die Fahrzeugpapiere eingetragene Anhängerkupplung haben. Eine solche ist bereits ab Werk verfügbar oder kann nachträglich angebaut werden. Dann ist zu beachten, daß die Anhängelast normalerweise 1200 kg für einen gebremsten Anhänger nicht überschreiten darf. Unter bestimmten Bedingungen kann auf Antrag bei Daimler-Benz in Stuttgart, Abteilung ZKD (Zentralkundendienst), eine schriftliche Genehmigung zum nachträglichen Anbau einer Anhängevorrichtung für eine Anhängelast bis maximal 1900 kg eingeholt werden. Solche nachträglich zu montierenden Kupplungen sind mit starrem und abnehmbaren Kugelhals erhältlich.
Auch die Firma Peka Fahrzeugbau, 7500 Karlsruhe 21, hat zum nachträglichen Einbau eine Kupplungskugel mit Halterung sowie die notwendigen elektrischen Zubehörteile für die Anhängevorrichtung (mit Warnblinkanlage) im Lieferprogramm.
Es ist nicht ratsam, die erlaubte Anhängelast vollständig auszunutzen. Der Wagen dankt es Ihnen, weil er auf der Urlaubstour über Pässe und bei Sommerhitze sowieso schon ungewöhnlichen Beanspruchungen ausgesetzt ist. Wenn ein größerer Wohnwagen zu ziehen ist, lohnt sich der Einbau der auf Seite 137 erwähnten Niveauregulierung, die das Wagenheck durch die Deichsellast nicht absinken läßt.

Solides Bauwerk

Die Typenreihe 123 erhielt einen völlig neuen Aufbau. Bei der Entwicklung standen die Forderungen nach Sicherheit und Reparaturfreundlichkeit im Vordergrund. Dazu muß man wissen, daß Daimler-Benz über reiche Erkenntnisse der Sicherheitsforschung verfügt, die im Mercedes realisiert und mit der bekannten Verarbeitungsqualität vereint sind. Wenn man also nicht gerade einen Unfall hatte, wird die Karosserie kaum Sorgen machen.

Passive Sicherheit

Heutige Personenwagen besitzen kein eigentliches Fahrgestell oder »Chassis« mehr, vielmehr muß die nötige Stabilität in den Aufbau »hineinkonstruiert« werden. Die also selbsttragende Karosserie muß außerdem zum Schutz der Insassen eine unterschiedlich verformbare Struktur aufweisen, damit Überlebensraum im Falle eines Zusammenstoßes erhalten bleibt. Eine wichtige Bedeutung hat die »Knautschzone« vorn und hinten am Auto, die sich bei einem Unfall in exakt berechneter Weise zusammendrücken läßt, während die Fahrgastzelle weitgehend unverformt bleiben soll.

Der Mercedes ab Baujahr 1976 besitzt eine Vorderachse ohne Fahrschemel (Vorderachsrahmen, an dem Motor und Radaufhängung montiert waren), wodurch gerade Längsträger für den Vorbau (mit eingeprägten Sicken als vorgesehene Knickstellen) möglich wurden. Für die Profile des Dachrahmens sowie der Vorderwand-, Mittel- und Hecksäulen wurden geschlossene Querschnitte zur Einsparung besonderer Überrollbügel gewählt. Desgleichen hat man Maßnahmen zur Verbesserung der Seitensteifigkeit und der Verformbarkeit der Heckzone getroffen.

Was ist demontierbar?

Die einzelnen Teile der Karosserie sind durch verschiedenartige Schweißtechniken miteinander verbunden. Eine solche, der Festigkeit dienende Bauweise fordert allerdings ihren Tribut, denn bei Blechschäden muß man auf kostspielige Schweißarbeit gefaßt sein.

Ohne übermäßigen Aufwand lassen sich die Türen, die beiden Hauben, die Fenster, das Kühlerschutzgitter, die Scheinwerfer und die Stoßstangen ausbauen. Um fachmännisches Wissen kommt man aber oft nicht herum: Allein der Abbau einer Tür konfrontiert oft mit der Pneumatik der Zentralverriegelung (Sonderausstattung) und je nach Ausführung auch mit der Elektrik für die Fensterheber. Ähnlich verhält es sich mit den vorderen Kotflügeln, die – obwohl geschraubt – keine Studienobjekte für Feierabendbasteleien sind. Auch nach leichteren Kollisionen wird man eine Werkstatt in Anspruch nehmen müssen. Bei größeren Schäden sind ohnehin Spezialwerkzeuge und besondere Meßgeräte nötig.

Klappergeräusche

Manchmal klappert oder rasselt es im Auto ohne erkennbare Ursache. Das kommt sogar bei neuen Autos vor, wenn eine bei der Montage vergessene Schraube oder Scheibe hinter der Verkleidung herumrollt oder weil ein unbefe-

stigtes Kabel ans Blech schlägt. Mit Sicherheit weiß man dann selten, wo es überhaupt klappert, weil die Karosserie als Resonanzkörper die Akustik fortpflanzt. Dann sind in der Geräuschgegend eventuell freihängende Kabel in ihre Halterung zu drücken oder mit Klebeband zu befestigen. Rasselt etwas herum, ist es vermutlich eine Schraube oder Mutter.
Versuchsweise kann man gegen Quietschgeräusche angehen, indem man die in der Störgegend erreichbaren gegeneinander scheuernden Teile mit Glyzerin einreibt oder beträufelt. Öl ist in diesem Fall nicht immer ratsam, denn oft sind Gummiteile an der Quietscherei mitbeteiligt, die gegen Fett allergisch sind. Ältere Wagen leiden vielleicht an klappernden Hauben oder Türen – das liegt dann an falscher Einstellung dieser Bauteile oder an einem unsachlich beseitigten Unfallschaden.

Die Motorhaube

Beim Mercedes läßt sich die Motorhaube von vorn nach rückwärts aufstellen. Als Sicherheit gegen unbeabsichtigtes Öffnen während der Fahrt ist eine Verriegelung mit einem zusätzlichen Sicherungshaken vorhanden. Für bequemeres Hantieren im Motorraum ist eine Möglichkeit geschaffen, die Haube aus der bis zum ersten Anschlag geöffneten Stellung völlig senkrecht aufzustellen (dazu zunächst an der linken Haubenstütze die Sperre ausrasten, Haube etwas anheben und dann die Sperre der rechten Stütze ausklinken).
Die Motorhaube kann zur Beseitigung eines Schadens ausgebaut werden. In diesem Fall stellt man sie, wie beschrieben, senkrecht und deckt das Mittelstück vor der Windschutzscheibe mit Tüchern ab. An der linken Haubenstütze wird der Schlauch der Scheibenwaschanlage von der Klammer befreit, außerdem muß der Schlauch am T-Verteiler an der Haube abgezogen werden. Mittels passender Stange stützt man die Haube im Motorraum ab. An beiden Scharnierhebeln werden je zwei Sechskant-Befestigungsschrauben herausgedreht. Zum Ausbau der Haubenstütze muß man die Zugfeder aushängen und an der Seitenwand das Sicherungsblech von dem Gelenkbolzen abziehen. Der Niet am »Knie« der Haubenstütze muß mit einem 11-mm-Bohrer von außen ausgebohrt werden. Dieser Niet wird beim Einbau durch eine Schraube mit Mutter unter Verwendung der vorhandenen Scheibe (zwischen Scharnierbügel und Haubenstütze einsetzen) ersetzt.
Die Befestigungsschrauben am Scharnier sind erst nach Ausrichten der Motorhaube festzuziehen: Die Langlöcher erlauben eine Einstellung in Längsrichtung. Die beiden Anschlagpuffer vorn an der Haube lassen sich so einstellen, daß die Haubenunterkannte zur Unterkante der Kotflügel (direkt oberhalb der Scheinwerfer) stufenlos fluchtet – dabei ergibt sich die »Peilkante« zwischen der Oberfläche der Haube und der Kotflügel. Zum Einstellen muß man die Kontermutter SW 10 lockern und den Puffer entsprechend drehen und danach die Mutter wieder festziehen. Diese Puffer sollen so eingestellt sein, daß zum Schließen der Haube eine Kraft von ca. 50 kp nötig ist, andernfalls kann die Haube bei höherer Geschwindigkeit flattern.

Die Kofferraumhaube

Bevor der Heckdeckel ausgebaut werden soll, sind die beiden Kennzeichenleuchten herauszunehmen und von ihren Kabelverbindungen zu trennen. Außerdem ist die Kofferraumleuchte mit Schalter auszubauen, das zugehörige Kabel clipst man aus und zieht es aus dem Hohlraum des Deckels hervor. Zum Vermeiden von Beschädigungen bei der Demontage sind unter beiden vorderen Ecken des Heckdeckels Lappen unterzulegen. Dann können die beiden Schrauben SW 10 an jedem Scharnier herausgedreht werden und der Heckdeckel läßt sich abnehmen.

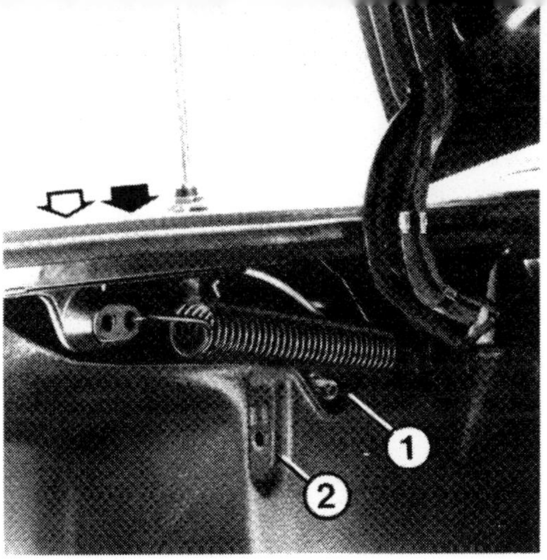

Die gezeigte Feder hält die geöffnete Kofferhaube in ihrer Stellung fest. Wenn die Feder ermüdet ist, muß ihr Ende in der Rastenleiste entsprechend versetzt eingehängt werden. Es stehen jedoch nur zwei Ösen zur Verfügung, und wenn bereits die zweite in Anspruch genommen werden mußte (weißer Pfeil), ist eine neue Feder einzubauen.
Bei einer Störung am elektrisch betriebenen Schiebedach kann dieses per Hand bewegt werden. Mittels Rohrschlüssel ist dann die Mitnehmerscheibe (1) am Antriebsmotor zu drehen, nachdem das bei (2) sitzende Verbindungsstück auf die Mitnehmerscheibe gesteckt wurde.

Wie bei der Motorhaube, sind auch hier Einstellmöglichkeiten gegeben. Bei nur locker eingedrehten Schrauben am Scharnier kann man den Heckdeckel seitlich verschieben, nach gleichmäßiger Seitenausrichtung werden die Schrauben festgezogen. Das Schloßunterteil (auf der Rückwand des Kofferraumes) ist nach Lockern der beiden Befestigungsschrauben ebenfalls verschiebbar. Am Schloßoberteil, das an der Unterkante des Heckdeckels befestigt ist, muß man eventuell durch Unterlegen von Distanzscheiben eine Übereinstimmung zum Unterteil herstellen.
Am Scharnierbügel sitzt eine Schraubenfeder zum Hochhalten der geöffneten Kofferraumhaube. Im Laufe der Zeit kann ihre Federkraft ermüden; durch Einhängen des hinteren Federendes in das nächste Loch der Halterung wird die Federspannung wieder vergrößert.

Die Stoßfänger

Die Stoßfänger, auch als Stoßstangen bezeichnet, sind aus einem Stück gefertigt und besitzen in ihrer gesamten Länge eine Gummiauflage. Zum Lösen der Befestigungsschrauben braucht man nur einen Schraubenschlüssel. Der vordere Stoßfänger ist lediglich an zwei Haltern mit je einem Bolzen mit Mutter SW 17 befestigt. Nach Abschrauben dieser Muttern läßt sich der Stoßfänger nach vorn herausziehen. Die seitlich um den Kotflügel herumgeführten Abdekkungen sind am Karosserieblech an drei Stellen mit Schrauben SW 10 angebracht, und man braucht sie beim Stoßstangentausch nicht abzubauen. Diese Gummiteile müssen in ihren Führungen beim Einbau eines neuen Stoßfängers mit Seifenwasser oder Glyzerin benetzt werden, damit sie den Kanten des Stoßfängers keinen Widerstand entgegensetzen.
Der hintere Stoßfänger besitzt zwei gegabelte Halterungen mit je zwei Muttern SW 17. Aus- und Einbau erfolgen wie beim vorderen Stoßfänger. Um die äußeren seitlichen Gummiabdeckungen zu entfernen, muß man die Trennwand hinter dem Tank (4 Schrauben) und die Verkleidung im Kofferraum lösen, und danach gelangt man an jeweils zwei Schrauben SW 10, mit denen eine Abdeckung befestigt ist.

Die Türen

Muß eine beschädigte Tür zur Reparatur ausgebaut werden, so kann das wegen der Anlage für die Zentralverriegelung eine Sache der Werkstatt sein. Dort entfernt man die Innenverkleidung der Tür, wie nachstehend beschrieben, um die in der Tür noch verwertbaren Teile zu prüfen oder gegebenenfalls auszubauen. Der Türhalter – ein Öffnungsbegrenzer – wird demontiert, indem man die Sicherung an seinem Bolzen entfernt und dann die beiden Schrauben außen an der Tür und

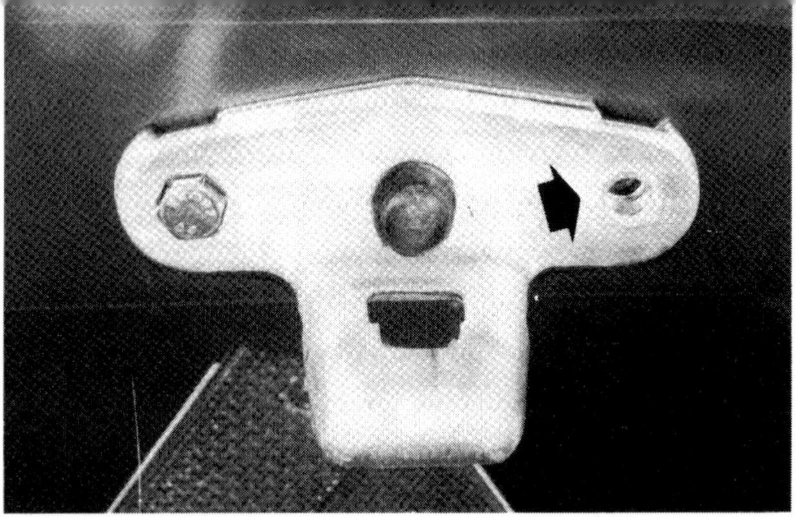

Die Schloßfalle am Heckdeckel ist mit zwei Schrauben SW 10 befestigt. Sollte der Kofferraumdeckel nicht richtig schließen, dann sind die beiden Schrauben etwas zu lockern und die Falle ist entsprechend zu verschieben. Dann werden die Schrauben wieder festgezogen.

eine Mutter am Innenblech herausdreht. Nach Lösen der Scharnierschrauben kann die Tür abgehoben werden.

Türen justieren

Die an der Mittelsäule (auch »B-Säule« genannt) sitzende Schließöse kann man bei schlecht schließender oder klappernder Tür versetzen. Dazu muß man die vier Schrauben mit einem Innensechskantschlüssel SW 5 lockern, sodann ist die Schließöse seitlich und in der Höhe verstellbar. Eventuell kann es auch nötig sein, den Abstand von der Säule durch Hinzufügen oder Entfernen dafür vorgesehener Platten zu korrigieren.

Wenn eine frisch eingebaute Tür nicht mit der Seitenwand der Karosserie fluchtet, müssen die Scharnierschrauben etwas gelockert und in ihren Bohrungen so weit verschoben werden, bis die geschlossene Tür fluchtet. Dieses Heimwerker-Justieren wird allerdings nicht ausreichen, wenn beispielsweise die Tür beim Öffnen auf den Bürgersteig gerammt oder durch Anprall gestaucht wurde und verkantet im Türausschnitt sitzt. In dem Fall sind spezielle Richtwerkzeuge einer erfahrenen Werkstatt notwendig. Anschließend muß die Türschloßeinstellung überprüft werden.

Türabdichtungen reinigen

Pflegearbeit Nr. 42

Gummiabrieb und Verschmutzungen der Türabdichtungen sind im Laufe der Zeit unvermeidlich. Etwa einmal im Jahr muß man daher etwas einfache Pflege walten lassen, die zudem das lästige Anfrieren der Dichtgummis im Winter verhindert.

Nach der Wagenwäsche reibt man die getrockneten Abdichtungen der Türen und auch des Heckdeckels mit einem in Glyzerin getränkten Lappen sorgfältig ab (Glyzerin erhält man in der Drogerie für wenige Pfennige). In keinem Fall darf irgendein Plastikreiniger verwendet werden, und natürlich ist Benzin oder Öl ebenso Gift für Gummi. Talkum, wie man es manchmal für Türabdichtungen empfiehlt, behält nicht lange seine Wirkung, da es bei Nässe rasch abgewaschen wird.

Türverkleidung ausbauen

Vor Arbeiten an der eingebauten Tür muß gewöhnlich die Innenverkleidung abgenommen werden. Das ist natürlich auch nötig, bevor die Tür mit Zentralverriegelung und elektrischen Fensterhebern ausgebaut werden muß.

Zunächst dreht man den Knopf der Innenverriegelung ab. Zum Abnehmen der Fensterkurbel ist die Verkleidung auf dem Kurbelarm an der Seite des Kurbelkopfes etwas abzuheben, dann läßt er sich in Richtung Knopf aus dem Ende der Achse des Kurbelapparates abziehen: Die Fensterkurbel kann zusammen mit der Distanzscheibe entnommen werden. An der verchromten Einfassung des Türschlosses werden zwei Kreuzschlitzschrauben herausgedreht. Die Armlehne ist an ihrer Unterseite ebenfalls mit zwei Kreuzschlitzschrauben befestigt. Am inneren Türöffnergriff wird die schwarze Kunststoffeinlage mit einem Schraubenzieher seitlich herausgehebelt und die darunter befindliche Kreuzschlitzschraube zum Halt der Metallmulde abgeschraubt. Den Griff braucht man nicht abzuschrauben. An den Fondtüren muß zusätzlich der Aschenbecher entnommen werden: Mit einem Schraubenzieher wird der untere Haltenocken am Gehäuse aus der Türverkleidung gedrückt, dann das Gehäuse von unten nach oben herausheben.

Danach ist es möglich, die mittels Klammern an den Seiten und unten auf dem Türinnenblech festgedrückte Verkleidung abzudrücken. Dazu bedient man sich eines breiten Schraubenziehers, den man zwischen Verkleidung und Türblech schiebt und in der Nähe der Klammern als Hebel benutzt. Um den Lack der Tür nicht zu zerkratzen, hält man gegen das Türblech noch ein Stückchen Karton als Schutz.

Die gesamte Verkleidung wird sodann zusammen mit der inneren Gummileiste zur Abdichtung des Fensters nach oben gedrückt. Man kann dabei auch – bei heruntergekurbeltem Fenster – von außen mit einem Holzkeil den Türbelag aus den oberen Halteklammern herausdrücken. Die somit auch oben gelöste Türverkleidung muß bei den Vordertüren noch nach vorn verschoben werden, bis man den Haken in Höhe des Ablagefaches von oben aus dem Türblech ausgehängt hat. Bei der Fondtür befindet sich statt dessen im Bereich des Aschenbechers noch eine Klammer.

Zum Schutz gegen eventuell eindringende Nässe ist über den Türinnenblech noch eine Regenabweisfolie mit Klebemasse befestigt. Sie läßt sich abziehen und später mit der weiterhin vorhandenen Klebemasse wieder befestigen; man kann die Folie auch am gesamten Umfang mit selbstklebendem Band befestigen. Wenn sie zerrissen ist, muß man eine Kunststoffolie zurechtschneiden und anbringen.

Der Einbau der Türverkleidung geschieht in umgekehrter Reihenfolge wie der Ausbau. Beim Einhängen des Hakens an den Vordertüren, was von oben nach unten geschieht, muß man zugleich die Klammern der oberen Abschlußleiste am Fensterrand einhängen und die Gummileiste nach unten drücken.

Weitere Arbeiten sind nur sinnvoll, wenn man die möglicherweise nötigen Ersatzteile zur Hand hat. Aber man kann sich über eventuelle Störungen durch Augenschein informieren und der Werkstatt einen gezielten Auftrag erteilen.

Immerhin ist es möglich, z. B. den Fensterheber selbst auszubauen. Vordertür:

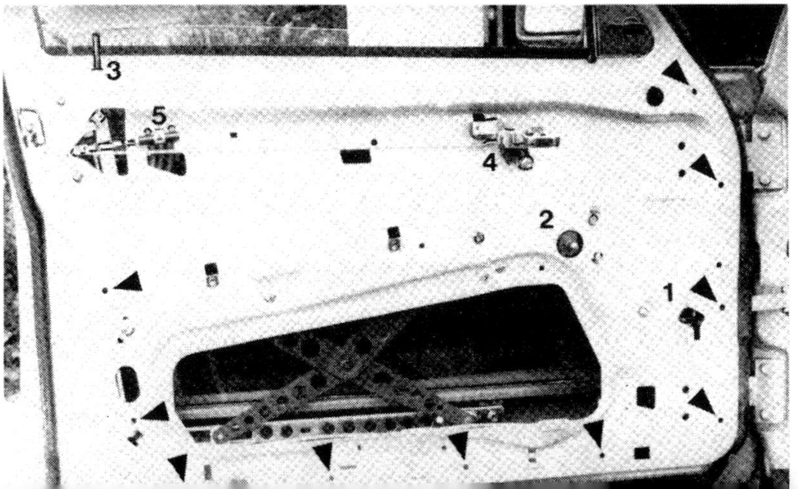

Die linke Vordertür mit abgenommener Innenverkleidung. Hierzu wurde die Armlehne abgeschraubt, der Griff von der Fensterkurbelwelle abgenommen, die Kunststoffschale aus der Türgriffumrandung abgehebelt und die Umrandung abgeschraubt. Bei -2- ist die Welle der Fensterkurbel zu erkennen und bei -4- der innere Türgriff mit der Bedienungsstange zum Schloß, die bei -3- zu sehen ist. Mit den kleinen Pfeilen werden die Löcher für die Klammern der Verkleidung angezeigt.
Bei -1- befindet sich die Öffnung für den Haken der Verkleidung, die für zusätzlichen Halt sorgt. Beim Einbau der Verkleidung läßt sich der Haken dort nur mit einiger Mühe einhängen, da zugleich auch die obere Kante der Verkleidung ihren Platz finden muß.
Bei -5-: Unterdruckschalter der Zentralverriegelung.

Die Griffschale (1) des Türöffners ist in dem Metallrahmen (2) seitlich eingehakt und läßt sich, da etwas biegsam, ohne Schwierigkeit entnehmen. Der Rahmen (2) ist mit einer Schraube befestigt. Vor dem Ausbau der Türinnenverkleidung ist beim Fensterheber mit Handkurbel die Fensterkurbel abzubauen. Dazu die Platte (3) auf dem Kurbelarm (4) verschieben und abheben, dann läßt sich die Kurbel und die Scheibe (5) entnehmen. Die Fensterkurbel ist 1982 in ihrer Form geändert worden.

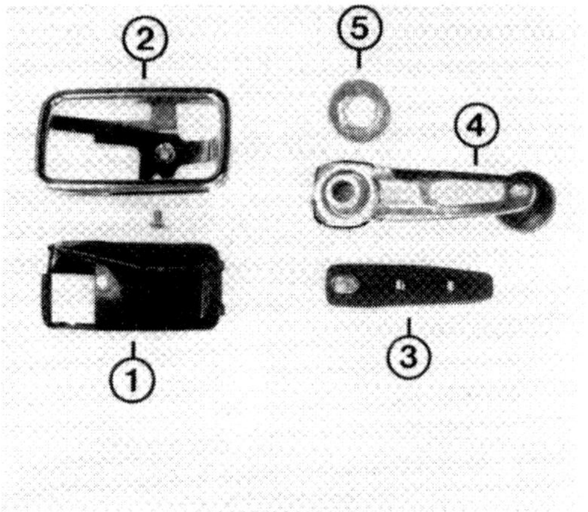

Sicherungsklammern vorn und hinten an den Hebelarmen abdrücken, Fenster hochkurbeln, mittels Keil festklemmen, Fensterhebelarm aus der Hebeschiene herausziehen, sechs Schrauben zur Befestigung des Fensterhebers am Innenblech herausdrehen und Fensterheber durch die Montageöffnung herausnehmen. Fondtür: Zwei Schrauben an der Fensterhebeschiene herausdrehen, Fenster nach oben drücken und mit Keil arretieren, vier Schrauben des Fensterhebers herausdrehen und diesen aus dem Montageloch entnehmen. Diese neuen Zweiarm-Fensterheber gewährleisten eine einwandfreie Führung der Seitenscheiben, deshalb sind keine Störungen zu erwarten; allerdings muß die Werkstatt nach einer Demontage eine sorgfältige Einstellung vornehmen.

Wenn das Kurbelfenster an der Fahrertür – etwa nach einem Diebstahlversuch – ersetzt werden muß, ist zunächst der Fensterheber auszubauen. Die Schrauben an beiden Enden der Fensterschiene werden herausgedreht. Beide Abdichtschienen – innen und außen – sind auszubauen, dazu die Klammern nach oben herausdrücken. Das Kurbelfenster wird hinten angehoben, nach vorn gekippt und aus dem Türschacht herausgezogen. Beim Einbau wird das neue Fenster in die Laufschiene eingesetzt und die Fensterhebeschiene wird mit ihren Gleitbacken von unten in die Halteschiene eingeführt und festgeschraubt.

Die elektrischen Fensterheber kommen im Kapitel »Instrumente und Geräte« zur Sprache.

Die Zentralverriegelung

Für den Betrieb von Unterdruckanlagen steht beim Mercedes mit Dieselmotor wegen dessen ungenügenden Unterdruckaufkommens eine besondere Pumpe zur Verfügung. (Bei Vergaser-Motoren kann der Unterdruck am Saugrohr abgenommen werden). Die Weiterführung des Unterdruckes geschieht über Leitungen aus Polyamid, ein formstabiles Material, das sich nur geringfügig biegen läßt. Für enge Biegungen benutzt man Gummielemente, für Abzweigungen dienen T-oder Y-Stücke. Rückschlagventile halten den Unterdruck in dem System für eine Weile aufrecht; nachdem der Motor abgestellt wurde, läßt sich die Zentralverriegelung noch einige Male betätigen, bis der Vorratsbehälter geleert ist. Arbeitselemente setzen den Differenzdruck zwischen Druck- und Unterdruckseite in Bewegung um.

An der Tür wirkt sich dieses System wie folgt aus: Wenn Türsicherungsknopf von innen oder Türschloß von außen betätigt wurden, bewegt sich zugleich im Unterdruckschalter ein Steuerschieber entsprechend mit. Das löst in der betreffenden Kammer des Arbeitselementes die Unterdruckbeeinflussung aus, während die andere Kammer belüftet wird. Durch den entstehenden Differenzdruck

erfolgt eine Umkehrung der Arbeitsrichtung, wobei sich dieser Druck über Leitungen zu den Verriegelungseinrichtungen der anderen Türen, des Kofferraumdeckels und der Klappe des Tankeinfüllstutzens fortpflanzt: Die Schaltstangen werden pneumatisch mitbetätigt.

Damit aber bei Nichtfunktionieren der Anlage die sonst übliche Bedienungsmöglichkeit erhalten bleibt, ist die mechanische Betätigung der Unterdruckbetätigung sozusagen übergeordnet. Das wird an der Schaltstange des Türsicherungsknopfes dadurch erreicht, daß dort ein Schnappfedermechanismus eingebaut ist, der die mechanische Entriegelung trotz eingeschalteter Zentralverriegelung zuläßt.

Beim nächsten zentralen Entriegeln (durch Unterdruck) rastet der Mechanismus durch die Schnappfeder selbsttätig zurück in seine Ausgangslage.

Undichtigkeit der Anlage, die sich durch raschen Unterdruckverlust bemerkbar macht, kann in der Werkstatt mit einem besonderen Prüfgerät ermittelt werden. Ohne Unterdruck-Vorratsbehälter ist eine Undichtigkeit der Anlage von 6 mbar/min bei 400 mbar Unterdruck zulässig. Die Verbindungsstücke müssen auf den Leitungen auf eine Länge von ca. 12 mm aufgesteckt sein. Wie bei elektrischen Leitungen bieten unterschiedliche Farben einen Hinweis auf den Charakter der Unterdruckleitungen: Saugleitungen zum Verteiler sind grau-gelb, Verriegelungsleitungen sind gelb-rot gefärbt und Entriegelungsleitungen gelbgrün.

Funktionsunwillig gewordene Unterdruckschalter und -elemente müssen in der Mercedes-Werkstatt ausgewechselt werden.

Die Unterdruckschalter an Türen, Heckdeckel und Tankdeckel sind mit drei Unterdruckleitungen verbunden.
Links an der linken Tür: Am Unterdruckschalter (schwarzer Pfeil) in der Mitte angeschlossen ist die Saugleitung, oben und unten angeschlossen die Leitungen zur Ver- und Entriegelung.
Rechts: Tankdeckel-Verriegelung bei den T-Modellen.

Links: Bei klappernder oder nicht flächenglatt sitzender Tür sind die vier Schrauben der Türschloßöse zu lösen und die Falle wird so verschoben, daß nach Wiederfestdrehen der Schrauben das Türschloß »satt« einrastet.
Rechts: Gleiches gilt für die seitlichen Fallen der Hecktür bei den T-Modellen.

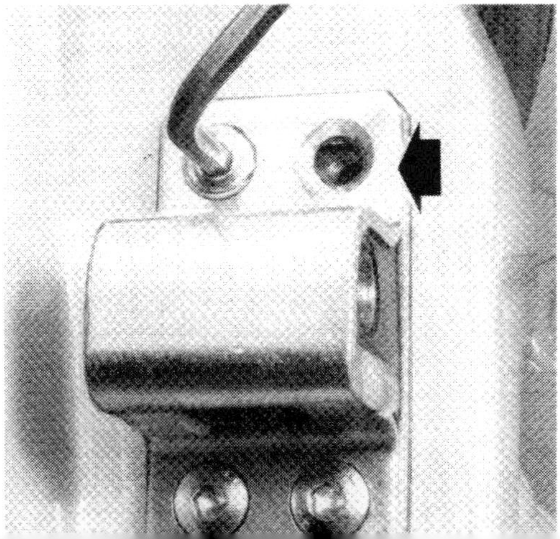

Front- und Heckscheibe

Das Einsetzen einer neuen Windschutz- oder Heckscheibe erfordert viel Geschicklichkeit und eine zweite Hilfskraft. Lassen Sie die Hände davon, denn ohne entsprechende Übung gelingt diese Arbeit nicht. Die Scheiben sind teurer als die Montage in der Werkstatt, und wenn sie dem Mann in der Werkstatt zerbrechen, muß er dafür aufkommen. Nach dem Einbau einer Windschutz- oder Heckscheibe muß Dichtungsmasse (auch: »MB-Scheibendichtmittel«) mit einer besonderen Druckpresse zwischen Gummifassung und Karosserierand gedrückt werden. Das kann auch nötig sein, wenn das Regenwasser am Rand der Windschutzscheibe ins Innere dringt.

Die Scheibe der Heckklappe

Für die Scheibe der Heckklappe bei den T-Modellen wurde werkseitig ein Dichtmittel verwendet, das bei der Alterung brüchig wird. Durch diese Risse dringt Wasser und wandert in der Tür nach unten, und dann kann an der Hecktür-Unterkante Rost auftreten. Nur rechtzeitige Abhilfe durch sorgfältiges Ausbessern der Scheibendichtung dürfte in diesem Fall die fünfte Tür retten.

Das Schiebedach

Das auf Wunsch vorhandene Schiebedach hat entweder eine manuelle oder eine elektrische Bedienung. Beide Arten brauchen nicht besonders gewartet zu werden, aber es kann immerhin vorkommen, daß der elektrische Antrieb gestört ist. In dem Fall öffnet man den Heckdeckel, unter dessen Spannfeder an der linken Innenwand ein Verbindungsstück zum Betätigen mittels Kerzenschlüssel eingehängt ist. Man setzt das Verbindungsstück auf die ebenfalls unter der Spannfeder herausragende Mitnehmerscheibe, die eine direkte Verbindung zum Antriebsmotor für das Schiebedach darstellt. Das aufgesetzte Verbindungsstück wird mittels passendem Steckschlüssel gedreht, wobei Drehen im Uhrzeigersinn Schließen des Daches bedeutet.

Das mechanische Dach

Zunächst aber einiges zum mechanischen Schiebedach. Wenn es ausgebaut werden soll, muß man es entriegeln und den Verschlußhebel sowie die Griffmulde ausbauen. Dach dreiviertel öffnen und den Schiebedachhimmel vorn aushängen und nach oben herausziehen. Wenn man dann das Dach völlig zurückschiebt und beide Gleitschienen abgeschraubt hat, läßt es sich nach oben herausnehmen. Vor dem Einbau müssen die Gleitbacken und die Gleitschienen (bis zum hinteren Ende, Pinsel mit Verlängerung benutzen) gereinigt und dann eingefettet werden.

Damit keine Windgeräusche oder Undichtigkeiten auftreten, muß dafür gesorgt sein, daß die Vorderkante des Schiebedaches bis zu 1 mm tiefer und die hintere Kante bis zu 1 mm höher als die Oberfläche des festen Daches liegt. Das läßt sich durch Einstellen der Gleitbacken erreichen. Bei ausgebautem Dachhimmel werden die Befestigungsschrauben an den Gleitwinkeln gelockert und die Winkel bis zum seitlichen Anliegen der Gleitbacken nach innen gedrückt. Das Schiebedach muß danach genau in Ausschnittmitte sitzen, aber sich auch leicht schieben lassen. Durch Lösen der Mutter am Halter der Bremsstange läßt sich das Schiebedach zum Anliegen an der Vorderkante bringen. Bei halb geöffnetem Dach kann man durch Einstellung der Schrauben an den Bremsstangen erreichen, daß sich das Dach in jeder Stellung arretieren läßt.

Hinter der ersten Befestigungsschraube der Gleitschiene befindet sich die Schraube zur Höheneinstellung vorn. Vor der Einstellung muß man alle Befestigungsschrauben beider Schienen lockerdrehen. Für die hintere Einstellung sind zu beiden Seiten die Schrauben vorgesehen, die bei zurückgeschobenem Dach – ebenfalls von oben – am Ende des seitlichen Dachausschnittes erreichbar sind.

Das elektrische Dach

Bei dem elektrisch betätigten Dach ist nur die Einstellung vorn mit der des mechanischen Daches identisch. Zur Einstellung hinten muß bei geschlossenem Dach die Unterlage unter dem Hubwinkel entsprechend gedreht werden, nachdem man die Befestigungsmutter der Platte gelockert hat, anschließend ist sie wieder anzuziehen.
Zwischen Antriebsmotor (im Kofferaum links hinter der Verkleidung) und dem Dach dient ein sogenannter Teleflexzug als Mittler, das ist eine Drahtspirale in einem Führungsrohr. Bei ausgebautem Schiebedach und Schalterstellung in Richtung »schließen« muß der Motor den Zug ganz nach vorn herauslaufen lassen. Tut er das nicht und läßt er sich auch mit der Notkurbel nicht bewegen, kann die Werkstatt versuchen, durch Drehen im Uhrzeigersinn des Zuges an der Führungsöffnung am Dach und durch gleichzeitiges Ziehen den Zug aus dem Rohr herauszubekommen. Es darf nicht weitergedreht werden, wenn der Kraftaufwand zu groß wird, da dies ein Anzeichen dafür ist, daß sich der Zug verspannt. Dann muß entweder das Getriebe des elektrischen Antriebs zerlegt oder das gesamte Teleflexrohr ausgebaut werden.
Bei Störungen ist grundsätzlich bei laufendem Fahrzeugmotor der elektrische Teil der Anlage zu prüfen: Schiebedachschalter in beiden Richtungen betätigen und an der Gummikupplung zwischen Antriebsmotor und Getriebe (im Kofferraum links hinter der Verkleidung) feststellen, ob sich der Motor nach links oder rechts drehen will. (Ein Überlastungsschutz – Thermoschalter – unterbricht bei Überlastung die Stromzufuhr. Daher sollte man auch nach mehrmaliger Betätigung des intakten Schiebedaches den Motor abkühlen lassen.) Wenn eine Verwindung zu spüren ist, muß der Fehler im mechanischen Bereich gesucht werden.
Sollte sich die Gummikupplung nicht bewegen und die zuständige Sicherung ist in Ordnung, kann der Betätigungsschalter defekt sein (austauschen). Ob der Motor defekt ist, muß eine Werkstatt feststellen. Es kann auch vorkommen, daß die Gummikupplung schnell durchdreht, dann ist die Rutschkupplung am Getriebe neu einzustellen. Führungsmutter an der Notkurbelbetätigung lösen, mittels Schraubenzieher die Achse anhalten und Kontermutter weiter anziehen.

Die Sitze

Alle Sitze lassen sich ausbauen. Das kann zu Reparaturen am Sitzbezug nötig werden, aber auch bei Grenzkontrollen ist es manchmal wichtig, zu wissen, wie man etwa hintere Sitzbank und Rücklehne aus dem Wagen nimmt.
Beim Vordersitz mit Sitzhöhenverstellung wird der Sitz in die obere Stellung gebracht und nach vorn geschoben. Zugfeder aushängen, dazu ein hakenförmiges Werkzeug benutzen. Seitliche Schraube an der Gleitschiene herausdrehen und

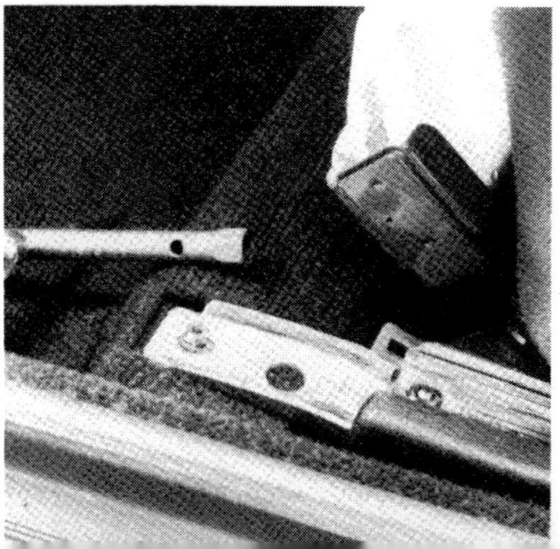

Die Sitzschiene des Vordersitzes ist vorne mit einer Mutter SW 10 befestigt, die sich mittels Rohrschlüssel abschrauben läßt. Zum weiteren Ausbau siehe auch das Bild der nächsten Seite.

Gleitschiene aus dem Sitzbeschlag ziehen. An beiden Sitzführungsschienen die beiden hinteren Schrauben herausdrehen. Bei Wagen ohne Höhenverstellung muß noch eine Schraube seitlich im Träger der Sitzschiene herausgeschraubt werden (Rohrschlüssel). Nach Absenken der Höhenverstellung den Sitz nach hinten schieben und die Schrauben vorn an der Sitzschiene herausdrehen. Danach kann man den Sitz herausheben. Zum Einbau muß man die Führungsschiene nach vorn schieben und die Zugfeder mit einem Gummiring provisorisch einhängen.

Die hintere Sitzbank läßt sich hochheben, wenn man die beiden roten Sicherungshaken an der unteren Sitzbankkante nach hinten drückt. Die Mittelarmlehne darf dabei nicht ausgeklappt sein. Beim Einsetzen wird die Bank einfach in die ihr bestimmte Position gedrückt.

Bei ausgebauter Sitzbank kann man auch die Rückenlehne demontieren. An beiden Seiten unterhalb der Lehne sowie unter der herausgezogenen Mittelarmlehne ist je eine Schraube SW 8 herauszudrehen. Danach wird die Fondlehne nach oben aus den Blechschlaufen an der hinteren Ablage gedrückt. Beim Einbau muß die Lehne in diesen drei Laschen wieder gut eingehängt werden.

Sauberkeit im Innenraum

Die Wohnlichkeit des fahrbahren Raumes wird durch Unachtsamkeit schnell verdorben. Verschmutzungen aber lassen sich oft nicht vermeiden, besonders wenn die Witterung entsprechend schlecht ist. Wenn dann wieder die Sonne lacht, kann man ein wenig »Hausputz« halten.

Zuerst werden alle Polster und dann die Teppichböden abgebürstet und, wenn möglich, abgesaugt. Für die Stoffbezüge der Sitze gibt es geeignete Schaumreiniger, womit man den grau gewordenen Farben oder auch vorhandenen Flecken zu Leibe rückt. Scharfe Reinigungsmittel sind zu vermeiden, es sei denn, sehr grobe Verschmutzungen sind zu entfernen. Sollte man bei dieser Gelegenheit die Sitze ausgebaut haben, kann man jetzt kontrollieren, ob die Nähte der Polsterung nicht beginnen aufzureißen. Eine helfende Frauenhand ist sicher zugegen, die sich derart ankündigenden Schäden annimmt und mit einigen Nadelstichen wieder Halt dorthin bringt.

Nach längerer Benutzung von Velourpolstern können bei feuchter Wärme Druckstellen auftreten. Man reibt diese Polster mit einer angefeuchteten Bürste vorsichtig auf oder behandelt sie mit Trockenschaum. Die feuchten Polster müssen vor der nächsten Benutzung völlig ausgetrocknet sein und sollten mit einer weichen Bürste nochmals leicht aufgerauht werden. Für die Behandlung der Velourpolster ist speziell eine Dampfbürste geeignet, z. B. »Dressfit« von Rowenta. Für Lederpolster gibt es geeignete Lederpflegemittel.

Hinten ist die Sitzschiene des Vordersitzes mit einer Kreuzschlitzschraube befestigt. Unterhalb dieser befindet sich die Sitzbefestigung am Längsträger durch eine Mutter SW 10.

Im Innenraum verwendet man auf keinen Fall Benzin oder Fleckenwasser, denn damit lösen sich viele Kunststoffarten auf, so daß es nicht mehr reparierbare Flecken und Schäden gibt. Statt dessen versucht man es erst einmal mit einem feuchten Schwamm und etwas Seifenschaum oder mit einer erwärmten, schwachen Geschirrspülmittel-Lösung. Damit kann man auch das Lenkrad und den Schalthebel säubern. Sicherheitsgurte sind ebenfalls nur mit Wasser und Seife von Flecken zu befreien, starke Reinigungsmittel sind für das Gurtmaterial schädlich.

Die Sicherheitsgurte

Die ab Werk gelieferten Automatikgurte entsprechen der Europanorm. Derartige Gurte bieten etwa 10 Jahre lang Sicherheit. Ob ein Gurt nach einem Unfall ausgetauscht werden muß, richtet sich nach der Wucht des Aufpralls, wie stark er also gedehnt wurde, und man sollte sich dann von einer Werkstatt beraten lassen. Wenn danach der Fahrersitz klemmt und sich nicht mehr vor- oder zurückstellen läßt, muß der Gurt ersetzt werden. Die Gurte sind unten am Sitz befestigt, dadurch ergibt sich eine gleiche Gurtlage auch bei verstelltem Sitz. Sitz und Gurt sind sozusagen eine Einheit, die nach Aufprall ab einer gewissen Stärke nicht mehr funktionsfähig ist.
Wenn ein Automatikgurt sich nur schlecht oder überhaupt nicht aufrollt, ist folgendes zu prüfen: Gurtband verdreht? Umlenkbeschlag am Türholm verklemmt? Scheuert Gurtband an einer Führung oder an der Aufrollautomatik? Automat locker? Achswelle schwergängig? In keinem Fall darf der Automat geöffnet werden und natürlich soll man auch die Lagerstellen des Gurtbandes nicht ölen. Bei irgendwelchen Mängeln an der Automatik muß der Gurt ausgetauscht werden.

Wasserkunst

Unterschiedliche Witterungsbedingungen strapazieren das Äußere des Wagens, und daneben kann der Lack noch von Industrieabgasen, Auftausalzen oder Teerspritzern angegriffen werden – um nur einige solcher schädlichen Einflüsse zu nennen.

Wie man sein Auto vor derartigen Angriffen behütet, das ist im Kapitel »Lackpflege« sowie in einigen Abschnitten des Kapitels »Winterschutz« beschrieben. Vorbereitende Maßnahme dazu ist die Wagenwäsche, die gleichermaßen ein Bemühen um Vorsorge darstellen soll. Das Waschen des Autos ist sicher die häufigste Beschäftigung von Autobesitzern beim Umgang mit ihrem Fahrzeug, doch es werden bei dieser scheinbar einfachen Tätigkeit auch die meisten Fehler gemacht. Das ernsteste Übel: Zu häufiges, beispielsweise wöchentliches, Waschen, besonders durch automatische Waschanlagen. Es läßt den Lack früher stumpf werden.

Waschen zur rechten Zeit

Als schlimmster Fehler ist das Wagenwaschen im strahlenden Sonnenschein zu verurteilen. So schnell, wie das Wasser durch Sonnenstrahlen verdunstet, könnte man es gar nicht trockenwischen. Zurück bleiben Kalk- und Wasserflecken. Gleichzeitig kommt es zu Verfärbungen des Lackes, denn Wassertropfen wirken in der Sonne wie ein Brennglas. Solche Flecken im Lack lassen sich manchmal durch Polieren entfernen, aber dem Lack bekommt das auch nicht gut (siehe nächstes Kapitel).

Ähnlich verkehrt ist es, den Wagen draußen bei Temperaturen um Null Grad zu waschen, ohne ihn anschließend einstellen zu können. Das Wasser verkriecht sich hinter Zierleisten und Karosseriespalten, wo es nicht trocknet. Ist plötzlich der Gefrierpunkt unterschritten, gebärdet sich das zu Eis gewordene Wasser unheilvoll, denn Eis braucht mehr Platz als Wasser. Den so unterwanderten Karosserieteilen bekommt jene zerstörerische Kraft nicht gut. Das beginnt schon mit dem Angriff auf sonst harmlose Lackschäden, die sich unter der frostigen Einwirkung in ärgerliche Reparaturfälle verwandeln.

Niemand soll aber deshalb während der Winterzeit dauernd mit einem schmutzigen Auto durch die Lande ziehen. Gerade dann, wenn die Zeit der Auftausalze eingetreten ist, muß man dem Auto regelmäßig einen gründlichen Badetag gönnen. Jene Salze, die dem Verkehrsfluß bei Schnee und Eis dienen sollen, haben die Eigenschaft, an den Fahrzeugen anzutrocknen und Feuchtigkeit anzuziehen. Dabei greifen sie das Metall an und fördern die Rostbildung. Wenn man nach der Reinigung im Winter für einen geschützten Ort sorgt, wo der Wagen gut trocknen kann, so wird er kaum Schaden nehmen.

Viel Wasser

Zum Waschen braucht man sehr viel Wasser. Hat man nicht genügend Wasser zur Verfügung, unterläßt man besser die Prozedur.

Das Wasser muß Zeit haben, den Schmutz aufzuweichen. Je mehr Wasser

nachfließt, desto besser können Straßenstaub, Schmutz und anhaftende Chemikalien aufgeweicht werden. Nur mit genügend Wasser ist man in der Lage, die gröbsten Verunreinigungen wegzuschwemmen, sonst entstehen durch die Schmutzpartikel Kratzer im Lack. Zum Waschen genügt durchaus klares Wasser ohne jegliche Zusätze.
Reibt man dagegen den Schmutz mit wenig Wasser weg, werden zugleich Staub- und Sandkörnchen über den Lack geschmirgelt, die seine Oberfläche aufreißen und ihn schließlich zerstören. Anfangs wird noch kaum sichtbar, was sich nach einer Reihe solcher Torturen offenbart: Bei schräg auffallendem Licht erkennt man in Streifen und Kreisen verlaufende Schleifspuren, Beweis für eine angegriffene Lackoberfläche.

Mit Schlauch oder Eimer

Aus dem eben Gesagten geht hervor, daß es eigentlich am vorteilhaftesten (und zugleich bequemsten) ist, die Wagenwäsche mittels Schlauch auszuführen. Nur so kann man die nötige Menge Wasser herbeischaffen. Aber Vorsicht, daß der Wasserstrahl nicht zu hart aus dem Schlauch geschossen kommt. Sonst würde der Lack ebenfalls strapaziert und von dem gleichzeitig angepreßten Schmutz zerkratzt werden.
Sollte kein Wasseranschluß vorhanden sein, der die Benutzung eines Schlauches gestattet, muß das Naß in Eimern herangeschafft werden. Zwei Eimer sind besser als einer, weil das Wasser sehr schnell verschmutzt und stets rechtzeitig gewechselt werden muß, wenn es trübe wird. Wasser läßt sich sparen, wenn man Schwamm und Leder nur in dem einen Eimer auswäscht und das Wasser des anderen Eimers lediglich für den Wagen gebraucht. Der Schwamm muß sich stets vollsaugen können und man darf damit nicht zu energisch auf der Karosserie herumwischen. Festsitzenden Dreck an Stoßfängern, Felgen und Radkästen kann man mit einer kräftigen Bürste entfernen.
Nicht allen Autofahrern steht ein Grundstück zur Wagenwäsche zur Verfügung. Wo es nicht generell verboten ist, darf man sein Auto auf der Straße sogar am Sonntag waschen, wenn das ohne besonderen Lärm geschieht. So urteilte das Oberlandesgericht Stuttgart (3 Ss 645/76).

Automatische Waschanlagen

Neuer Lack ist noch weich und gering widerstandsfähig. Er sollte am besten nur mit klarem Wasser, ohne irgendwelche Reinigungsmittel, behandelt werden. Automatische Waschanlagen sind möglichst vom jungen Lack fernzuhalten, auch wenn sie noch so bequem sind.
Während der Wäsche in einer automatischen Waschanlage ergießen sich etwa 250 Liter Wasser über das Auto. Die rotierenden Waschbürsten sind zwar ziem-

Die Vorderseite des Kühlers ist nicht bei allen Autos so bequem zugänglich. Daher fällt es hier auch nicht schwer, Verschmutzungen – vor allem durch tote Insekten – zu beseitigen. Bei einer Wagenwäsche mit Schlauch kann man den Wasserstrahl zusätzlich von hinten nach vorn durch die Kühlerlamellen schicken.

lich elastisch, doch der Automat behandelt das verschmutzte Kraftfahrzeug ohne Gefühl. Die Zeit ist zu kurz, um den Schmutz weichen zu lassen, besonders wenn am Wochenende viele Wagen auf Abfertigung warten. Das beigemischte »konservierende« Wachs verhilft dann eher zum schnelleren Trocknen nach der Wäsche. Deshalb sollte ein frisch lackierter Wagen von solchen Prozeduren verschont bleiben. Wenn der Lack nach zwei bis drei Monaten ausgehärtet ist, sind die genannten Bedenken bei einer modern eingerichteten Waschanlage nicht mehr am Platze.
Manchmal werden billige und scharfe Auto-Shampoos benutzt, da es schnell gehen soll und nicht viel kosten darf. Das bekommt dem Lack auf die Dauer nicht gut. Bei häufiger Benutzung von Schnellwaschstraßen empfiehlt sich eine konservierende Lackpflege.
Nach der Wäsche kontrolliere man die Antenne, wenn sie nicht eingezogen war. Möglicherweise angebrachte Zusatzscheinwerfer haben bisweilen ebenfalls ihre ursprüngliche Einstellung verloren. Die Vertiefungen in den Heckleuchten des Mercedes sind meistens nachzureinigen.

Motorwäsche mit Vorsicht

Der Motor ist nicht total von der Außenwelt abgeschlossen und somit bleibt auch er nicht von Staub und Straßenmatsch verschont. Mit Öl und Fett vermischt bilden sich mit der Zeit fest anhaftende Krusten. Die ölige Schicht läßt sich mit klarem Wasser nicht entfernen. Bedenken Sie: Unterwegs kann einmal ein kleiner Handgriff nötig werden und Sie müssen im weißen Hemd in der Schmiere hantieren. Wie man den Motor »umweltfreundlich« wäscht, steht auf Seite 28.

Reifen waschen

Wenn beim Wechseln der Jahreszeiten auch die Sommer- gegen die Winterreifen ausgetauscht werden, sollte man die zu lagernden Reifen säubern. Dabei ist zu beachten, daß zur Reinigung keine Lösungsmittel verwendet werden dürfen. Bei der Reifenherstellung wird der Gummimischung der Reifenflanken eine wachsähnliche Substanz beigemischt, die während des gesamten Reifenlebens an die Oberfläche dringt und dort eine Schutzschicht gegen das früher bei Gummi häufige Verwittern (durch Ozon und Licht) bildet. Nach Entfernen dieser Wachsschicht altert der Gummi vorzeitig. Daher ist auch zum Säubern der Reifen ausschließlich viel Wasser zu gebrauchen, wobei eine Bürste hilft.
Auf Seite 155 ist außerdem noch einiges gesagt, was man bezüglich der Reinigung der Räder wissen sollte.

Kosmetikstunde

Mit unsachgemäßer Behandlung und durch falsche Pflegemittel kann man dem Autolack allerlei Unheil zufügen. Das fängt schon damit an, daß mancher frischgebackene Autobesitzer seine neue Errungenschaft regelmäßig am Wochenende mit einem Waschmittel aus dem Haushalt einschäumt.
Zurückhaltung ist besonders nötig, solange der Wagen noch jung und sein Lack neu ist. Nahezu jedes Pflegemittel wirkt dann schädigend. Dem später auf natürliche Weise gealterten Lack kann man zu neuer Frische verhelfen, wenn man die nachfolgend erwähnten strengen Maßstäbe an die Mittel anlegt, die man anwenden möchte. Jeder Gebrauch solcher Pasten oder Tinkturen sollte unterbleiben, wenn man sich über ihre Eigenschaften nicht genau orientiert hat.

Den Lack behüten

Der Lack muß gewaltige Ansprüche aushalten. Temperaturwechsel, Schmutz und Hagelkörner, »gesalzener« Schneematsch und Sonnenglut sollen nicht die geringsten Spuren hinterlassen. Kein Lack macht solche Strapazen auf die Dauer mit.
Im Laufe des Autolebens verliert der Lack seine Elastizität, seine Poren erweitern sich, Feuchtigkeit und chemische Ablagerungen dringen in die Farbschicht und zermürben sie von innen. Auf diese Weise altert der Lack. Der in den heute üblichen Lacksorten enthaltene Weichmacher, der für die Elastizität zuständig ist, verflüchtigt sich allmählich und die einzelnen Farbkörnchen liegen nicht mehr eingebettet im Lack, sondern stehen – mikroskopisch sichtbar – spröde ab. Der Lack hat seinen Glanz verloren.
Erst dann, wenn die Lackoberfläche nach der Wäsche mit klarem Wasser stumpf bleibt, sollte die eigentliche Lackpflege einsetzen. Die Pflegemittel, die man jetzt braucht, müssen mit Überlegung ausgesucht und angewendet werden. Die dauernde Benutzung eines Poliermittels bedeutet, daß eines Tages die Lackschicht unweigerlich verschwunden ist.
Je sparsamer man mit Pflegemitteln umgeht, um so länger hat man an dem Lack seines Autos Freude. Nur das Mittel, das gerade noch die erstrebte Wirkung zeigt, bedeutet Schonung des Lackes und echte Bewahrung seines Glanzes. Die MB-Pflegemittel bieten hierfür zweifellos Gewähr.

Lackpflege stufenweise

Mit welchem Lackpflegemittel man das Auto behandeln soll, hat sich nach dem Zustand und dem Alter des Lackes zu richten. Die Güte eines solchen Mittels ist allein nicht von Ausschlag.

■ **Auto-Shampoo.** Nicht zu jeder Wagenwäsche benutzen, da fettlösend und Auslaugen des Lackes möglich.

■ **Waschkonservierer und Waschpolitur.** Zuerst mit klarem Wasser waschen, danach Konservierer anwenden und mit Watte nachpolieren. Häufige Anwendung führt zu einer schmierigen Wachsschicht, die mit mildem Lackreiniger entfernt werden kann.

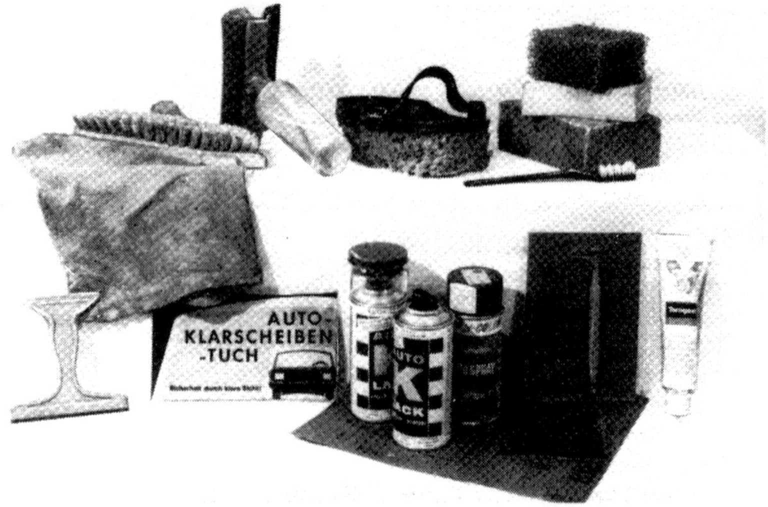

In der oberen Reihe dieses Bildes wird noch einmal gezeigt, welche Utensilien man zum Waschen des Autos braucht: Fensterleder, Wurzelbürste (für die Räder), Scheibenreiniger mit Wasserbehälter für unterwegs, Handschwamm, drei Viskoseschwämme, verschiedenartiger Struktur (gibt es bisweilen als Werbegeschenke beim Kauf anderer Waren im Autoladen), alte Zahnbürste zum Reinigen schlecht zugänglicher Stellen am Wagen. In der unteren Reihe steht links ein Scheibenkratzer für vereiste Scheiben, das Klarsichttuch nimmt man bei beschlagenen Innenscheiben. Zur Ausbesserung kleinerer Lackschäden dienen Schleifpapier, Rostradierer und der Inhalt von Lacksprühdosen. Handwaschpaste entfernt schließlich die Spuren der Arbeit von der Haut.

■ **Spezialwaschmittel.** Dient zur Beseitigung von Flugrost und Zementstaub. Soll nur verwendet werden, wenn sehr viel fließendes Wasser zur Verfügung steht. Nie in der Sonne benutzen! Anschließend den Lack konservieren.

■ **Lackkonservierungsmittel.** Schutz für gesunden Lack über geraume Zeit. Probe machen: Wenn beim Blankreiben an der Watte Farbe zurückbleibt, handelt es sich um Poliermittel mit lacklösenden Bestandteilen.

■ **Lackpolitur.** Soll bei mattem Lack mit noch gesunder Grundsubstanz neuen Glanz schaffen und die Farbe auffrischen. Der in der Politur enthaltene Konservierer bietet zugleich für eine gewisse Zeit Wetterschutz.

■ **Schleifpolitur.** Politur nur bei stark verwittertem Lack und sehr sparsam gebrauchen. Greift die Lackschicht an. Praktisch zum Wegpolieren von Schrammen nach Streifberührung mit fremdem Fahrzeug. Anschließend unbedingt mit Konservierer nachbehandeln.

■ **Poliermaschine.** Erlaubt keine »gefühlsmäßige« Behandlung des Lackes und kann Kratzer hinterlassen. Manuelle Bearbeitung ist vorzuziehen.

Haushaltspülmittel sind Gift für den Lack

Keinesfalls darf die Außenhaut des Wagens mit den bekannten (und im Haus sicher bewährten) Spülmitteln in Berührung kommen – auch nicht in verdünnter Form und wenn die Werbung Wunderwirkung verspricht. Den Lack des Autos laugen sie aus und zermürben ihn bis auf den Grund. Bei Gegenständen mit strukturell undurchlässigen Oberflächen, wie Gläser und Kacheln, können die alles reinigenden Flüssigkeiten keinen Schaden anrichten – der stets poröse Autolack wird von ihnen erbarmungslos angegriffen.

Lackfarbe ermitteln

Zum Lackieren wie auch zum Ausbessern kleinerer Lackschäden muß man den richtigen Lacktyp besorgen. Das ist nicht so einfach, denn nur durch Farbvergleich kann man den passenden Ton kaum herausfinden.
In der Serie werden die Wagen mit Kunstharz-Einbrennlack lackiert und in der Reparatur mit 2-K-Acryllack (Zweikomponentenlack). Grundsätzlich ist am Mercedes der Farbton auf einem Schild durch eine Lackierungsnummer bezeichnet. Dieses Schild ist auf der Traverse vor dem Kühler befestigt, und es trägt zugleich die Karosserienummer. Das Werk bezieht die Lacke von Glasurit (G) und Herberts (H). Von diesen und anderen Herstellern gibt es Lacke mit der jeweils gleichen Kennummer. Diese Nummern sind auf den Etiketten der Farbtöpfe und auch auf Farbsprühdosen und auf den Lackstiften von Daimler-Benz vermerkt und sie stimmen sogar bei Lacken unterschiedlicher Basis (Kunstharz, Nitro) überein. Dabei muß man wissen, daß eine Nitrolackierung mit Kunstharzlack

ausgebessert werden kann, nicht aber umgekehrt, weil die Nitrokonsistenz lösend wirkt.
Unter Angabe der Fahrgestellnummer kann man bei Daimler-Benz den Farbton erfragen, falls sich kein Hinweis dazu findet. Läßt sich die rechte Farbe überhaupt nicht ermitteln – etwa bei einem gebrauchten, nachlackierten Wagen –, muß man die Hilfe eines Fachmannes im Farbengeschäft in Anspruch nehmen. Am sichersten ist ein Sprühversuch oder Probeanstrich auf der Innenseite des Motorraumes, um den Farbton zu vergleichen. Doch ist dabei zu berücksichtigen, daß frischer Lack im Laufe der Zeit nachdunkelt.

Sprühdosen mit Original-Farbton

Ausbesserungen der beschädigten Autolackierungen dienen dem Werterhalt des Wagens. Das hat in unserer Zeit der sachlicheren Einstellung den Dingen gegenüber nichts mit der Pflege eines Statussymbols zu tun. Deshalb ist es nicht verkehrt, wenn man Lackschäden fachmännisch ausbessert. Für die Endlackierung kleinerer Schäden eignen sich die bekannten Farbsprühdosen von Daimler-Benz oder aus Farbhandlungen oder Kaufhäusern.
Die folgenden bekannten Lackmarken, von drei verschiedenen Firmen hergestellt, sind auf jene praktischen Autolack-Sprühdosen spezialisiert. Zwischen diesen Erzeugnissen bestehen aber Unterschiede:

	Auto-K-Lack	Belton	Ducolux	Dupli-Color	Prestoflux
Lackart	Nitrokombinationslack	Nitrokombinationslack	Kunstharzlack	Acrylharzlack	Acrylharzlack

Die Farbe verschiedener Fabrikate darf man nicht miteinander vermischen oder kurzzeitig übereinander lackieren, denn sie vertragen sich nicht untereinander (Ausnahme: Auto-K-Lack und Belton bzw. Dupli-Color und Prestoflux, weil jeweils vom gleichen Hersteller).
Als Heimwerker wird man gewöhnlich im Freien arbeiten müssen. Die Verarbeitung der Lacke hängt aber sehr von der Lufttemperatur ab. Nach unseren Erfahrungen empfiehlt sich bei Außentemperaturen zwischen 20° und 35° C der Lack von Ducolux, für Übergangstemperaturen von 15° bis 30° C der Belton- und Auto-K-Lack. Bei tieferen Temperaturen trocknen die Lacke zu langsam oder gar nicht, während der Trockenprozeß bei großer Wärme zu schnell vor sich geht und den Lack blind werden läßt, weil er keine Zeit hat zu verlaufen.
Bevor man mit einer Sprühdose auf die Außenseite des Wagens zielt, sollte man auf einem Stück Blech ein wenig üben, wie man Fließtropfen vermeidet. Zugleich stellt man fest, ob es sich um den richtigen Farbton handelt.

Teerspritzer und Insekten

Bei einer Fahrt über frisch asphaltierte Straßen hinterläßt der hochgeschleuderte Splitt auf dem Lack schwarze Teerflecken. Der Versuch, die Flecken mit einem harten Gegenstand abzuschaben, hinterläßt unzweifelhaft Kratzer. Teerflecken lassen sich schon mit Petroleum auflösen. Die Teerentferner sind zumeist auch nur ordinäres Petroleum doch dafür reichlich teuer. Aber es ist eine umständliche Nachbehandlung mit Auto-Shampoo und Lack-Konservierer notwendig, denn die Petroleumrückstände sind lackschädlich (vor allem bei nachfolgender starker Sonneneinstrahlung). Besser sind deshalb moderne spezielle Teerentferner wie z. B. jene von Caramba, Polifac oder Rex, wodurch sich nach der Behandlung die herunterlaufenden braunen Teertropfen mit klarem Wasser abspülen lassen und keine Nachbehandlung notwendig ist.
Insektenleichen können den Lack verätzen, wenn man sie nicht rechtzeitig ent-

fernt. Lackpolitur ist dazu nicht das rechte Mittel, weil das hartgetrocknete Insekten-Eiweiß zuvor aufgeweicht werden muß. Das schafft man mit speziellem Insektenlöser-Spray (z. B. von Caramba oder »Holts Summer Screen«), der das Aufweichen chemisch beschleunigt. Mit warmem Wasser und Geduld oder über Nacht mit auf die Fläche aufgelegten nassen Zeitungsbogen geht es auch. Das Zeitungspapier ist patschnaß zu halten, sonst hat man am nächsten Morgen die Druckerschwärze auf dem Lack. Die aufgeweichten Insektenleichen werden mit viel Wasser und am besten mit einem grobporigen Viskoseschwamm (»Fliegenschwamm«) abgewaschen.

Fingerzeig: *Mehr über alle mit der Lackierung zusammenhängenden Fragen im Band 45 dieser Buchreihe (»Die Auto-Karosserie«).*

Kühle Berechnung

Im Winter ist vieles anders als zur warmen Jahreszeit. Hier nur drei Beispiele dafür: Zugefrorene Scheiben am Wintermorgen halten den Eiligen auf, der zur Arbeit fahren will. Unterwegs fliegt dann der vom Streusalz aufgeweichte Schneematsch gegen die Windschutzscheibe, aber was hilft die Scheibenwaschanlage, weil das Waschwasser in dem Behälter eingefroren ist? Wenn schließlich noch das Auto beim Abbremsen auf schneeglatter Bergfahrt weiter als vermutet rutscht, so ist hoffentlich der sorglose Zeitgenosse am Steuer endlich »wach« geworden.

Hier folgen Ratschläge, die dazu dienen sollen, Sie vor ähnlich häßlichen Überraschungen bei winterlichem Wetter zu schützen. Außerdem ist gesagt, wie Sie Ihren Mercedes so über den für Autos aggressiven Winter bringen, daß er im nächsten Frühling immer noch jugendfrisch erscheint.

Frostbeständige Kühlflüssigkeit

Eine Werkstatt haftet für den Schaden, der dadurch entstand, daß vor der Wintersaison die Kühlflüssigkeit nicht auf Gefrierschutz untersucht wurde. Garantiert keinen Ärger gibt es, wenn man sich um den frostsicheren Zustand des Kühlwassers selbst kümmert, und zwar rechtzeitig vor dem ersten Nachtfrost. Bei Temperaturen unter dem Nullpunkt sprengt unvermischtes Wasser Kühler und Motorblock, denn Eis benötigt mehr Raum als Wasser, aus dem es sich bildet. Um das Freiwerden solcher Kräfte zu verhindern, braucht das Kühlwasser ein Gefrierschutzmittel.

Die Kühlwassersysteme der Dieselmotoren haben ein unterschiedliches Fassungsvermögen. Damit die betreffenden Mengen auch tiefe Temperaturen gleichermaßen ohne einzufrieren überstehen, muß im System mit größerem Fassungsvermögen auch mehr Frostschutzmittel als in einem kleineren zu der Wasserfüllung beigegeben werden. Diese Tabelle bietet darüber Aufschluß:

Typ	Kühlsystem-Inhalt Liter	Gefrierschutz bis –20° C Liter	–30° C Liter	–40° C Liter
200 D	10	3½	4½	5¼
220 D	10	3½	4½	5¼
240 D	10	3½	4½	5¼
300 D	11	3¾	5	5¾

Ab Werk ist ein bis –30° C wirksames Mischungsverhältnis bereits vorhanden, doch durch Kühlmittelverluste und durch Nachfüllen von reinem Wasser verändert sich diese Zusammensetzung mit der Zeit. Das Kühlmittel kann etwa zwei Jahre im Kühlsystem verbleiben, dann ist es zu wechseln (siehe Seite 98).

Wie bei anderen Betriebsstoffen, hat Daimler-Benz für die Gefrierschutzmittel eine Freigabeliste aufgestellt. Die meisten der im Handel bekannten Mittel sind in dieser Liste enthalten, doch man sollte sich im Zweifelsfalle beim Mercedes-

Service davon unterrichten. Im wesentlichen soll nämlich erreicht werden, daß man Frostschutzmittel auch untereinander mischen kann, und das ist mit den freigegebenen Marken gesichert. Außerdem verhindert die Schutzfüllung eine schädliche Bildung von Rückständen und Oxydation. Deshalb ist reines Wasser allein möglichst nicht zu verwenden.

Zur Aufbereitung des Frostschutzes genügt es aber nicht, etwa die entsprechende Menge Wasser unten aus dem Kühler zu lassen und oben das Gefriermittel einzufüllen. Damit ist es nicht getan.

Das kostbare Frostschutzmittel muß sich nämlich im Kühlsystem gleichmäßig verteilt haben, sonst friert das unvermischte restliche Wasser doch. Man muß den Motor also eine Weile laufen lassen – am besten ist es, das Mittel vor einer Fahrt einzufüllen. Danach hat die Wasserpumpe für eine gute Vermischung gesorgt.

Die frostsichere Eigenschaft ist dem Kühlmittel nicht ohne weiteres anzusehen. Um sich darüber zu informieren, kann man den Kühlerinhalt an einer Tankstelle »ausspindeln« lassen. Ähnlich wie ein Säureheber zum Batterieprüfen (siehe Bild Seite 163) gestaltet, zeigt hier die Spindel an, bei welcher Temperatur das Kühlmittel gefrieren wird. Eventuell muß man Frostschutzmittel nachfüllen.

An einigen Tankstellen ist Frostschutzmittel literweise aus dem Faß zu bekommen. Das ist etwa halb so teuer wie andere, in Dosen erhältliche Markenfrostschutzmittel. Zur Not mischt man selbst aus einem Teil Glyzerin, einem Teil Spiritus und zwei Teilen Wasser eine bis zu – 20° C frostsichere Kühlflüssigkeit, die allerdings den Nachteil hat, daß der Spiritus darin schneller verdunstet.

Frostschutz für den Scheibenwascher

Pflegearbeit Nr. 5

Der Behälter für das Scheibenwaschwasser im Motorraum des Mercedes ist vorn links untergebracht. Wenn der Wagen über Nacht in der Kälte stand, dann ist darin das Wasser garantiert zu Eis gefroren. Auch während der Fahrt kann die Motorwärme den Wasserbehälter nicht auftauen.

Frostschutzmittel verhindern solche unliebsamen Überraschungen. An Tankstellen gibt es eine Fülle von Spezialmitteln, die man dem Scheibenwaschwasser auch an warmen Tagen beimischen kann. Einige von denen lösen sogar den Öldunst vorausgefahrener Qualmer auf der Windschutzscheibe auf.

Billiger, jedoch von seinem typischen Geruch begleitet, ist Brennspiritus. Er wird im Verhältnis 1 : 2 dem Wasser im Scheibenwaschbehälter durch Schütteln desselben beigemischt und hält noch bei klirrendem Frost (bis – 25° C) die Windschutzscheibe sauber. Die Scheibendichtung wird durch den Spiritus nicht angegriffen.

Kältetauglichkeit des Dieselkraftstoffes

Filtrierbarkeit und Fließvermögen des Dieselkraftstoffes sind bei gesunkenen Temperaturen beeinträchtigt. Es kommt dann zu Verstopfungen der Kraftstoffleitung und auch die Filter können sich durch Paraffinausscheidungen zusetzen, wenn noch »Sommer-Diesel« im Tank ist. In solchem Fall muß man den Wagen in eine geheizte Garage schleppen. Nach einigen Stunden hat er sich erwärmt, der gestockte Kraftstoff bekommt wieder sein altes Fließverhalten und man kann den Motor starten. Aber es muß jetzt Normalbenzin hinzugegeben werden, sonst passiert das Malheur nach einer Weile erneut. Zu der im Tank befindlichen Menge (Kraftstoffstandanzeige beachten) sind bis zu 30 % Benzin – keinesfalls mehr – beizufüllen. Um im Tank eine gute Mischung zu erhalten, führt man einen sauberen Schlauch in den Tankstutzen möglichst tief ein und bläst Druckluft durch den Schlauch.

Üblicherweise stehen in der kalten Jahreszeit an den Tankstellen Winter-Dieselkraftstoffe zur Verfügung, die sich bei Temperaturen bis zu – 21° C zum

Betrieb eignen. Erreicht wird das durch einen tieferen Trübungspunkt und bessere Kältefließverhalten.
In jedem Fall muß man unabhängig von der Winterqualität des Kraftstoffes bei Temperaturen unter – 15° C Normalbenzin oder Petroleum beimischen. Die folgende Tabelle gibt Aufschluß über die Zumischungsverhältnisse bei verschiedenen Außentemperaturen:

Temperatur °C	Sommer-Dieselkraftstoff	Zusatz	Winter-Dieselkraftstoff	Zusatz
± 0 bis – 10	70 %	30 %	100 %	–
– 10 bis – 15	50 %	50 %	100 %	–
– 15 bis – 20	–	–	70 %	30 %
– 20 bis – 22	–	–	50 %	50 %

Man sollte mit der geringsten Zumischung beginnen. Wenn aber ein Zusatz von 50 % notwendig ist, soll Petroleum und nicht Normalkraftstoff beigemischt werden. Man tankt zuerst den spezifisch leichteren Zusatzkraftstoff und dann Dieselkraftstoff, so mischt sich der Tankinhalt genügend.
Ein solches Diesel-Otto-Kraftstoffgemisch ist aber unwirtschaftlicher als der Betrieb mit reinem Dieselkraftstoff. Das liegt an dem niedrigen Flammpunkt, der auch einen härteren Motorlauf auslöst. Bei längerem Betrieb mit mehr als 30 % Benzinanteil können Motorschäden auftreten.
Ungeachtet der Strafbarbeit, der sich aus dem Betrieb mit Heizöl ergibt, sei hier darauf hingewiesen, daß sich dieses steuerlich begünstigte Öl im Winter keinesfalls für den Diesel eignet, weil es dann die Filter verstopft.

Dünneres Motoröl bei Frost

Im Kapitel »Schmieren – was und wie?« werden die Motorenöle ausführlich besprochen. Von diesem Thema sei hier herausgezogen, daß allgemein für normalen Winterbetrieb ein Mehrbereichsöl SAE 10 W-30 und bei länger anhaltenden Temperaturen unter – 10° C ein Öl SAE 5 W-20 oder SAE 5 W-30 empfohlen wird. Ferner ist bei Temperaturen zwischen + 10° C und – 20° C das Öl SAE 10 W freigegeben. Diese Öle sollen der API-Norm CC entsprechen, wie auf Seite 70/71 erläutert.
Dünneres Öl – also solches mit einem niedrigen Zahlenwert in der Bezeichnung – erleichtert das Anlassen und hat bei Kälte eine sofort einsetzende, bessere Schmierwirkung. Im Winter wird das Motoröl stark beansprucht, vor allem bei vielen Stadtfahrten. Man sollte dann rechtzeitig im Frühjahr einen Ölwechsel vornehmen.

Start bei strenger Kälte

Weil die Glühkerzen länger für die Verbreitung einer ausreichenden Zündtemperatur brauchen und zugleich das kältesteife Motoröl dem Anlasser sehr zu schaffen macht, muß zum Starten bei Frost die Batterie kraftvoller als im Sommer sein. Vor eisigen Nächten ist es daher eine Praktikerweisheit, die Batterie auszubauen (siehe Seite 164) und in Heizungsnähe aufzustellen; so erwärmt besitzt sie meistens für den Start die genügende Energie.
Ohnehin müssen die Motoren im 200 D, 220 D und 240 D länger als im Sommer vorgeglüht werden: Statt etwa 10 Sekunden bei Temperaturen um + 20° C glüht man bei 0° C etwa 20 Sekunden und bei tieferen Temperaturen bis zu maximal 60 Sekunden vor. Zugleich soll man (bei mechanischem Getriebe) das Kupplungspedal ganz durchtreten, damit der drehende Motor nicht auch noch über die Kupplung die Innereien des Getriebes im steifen Getriebeöl bewegen muß. Ferner ist das Gaspedal halb durchzutreten. Der Vorglüh-Anlaß-Schalter muß entgegen dem Uhrzeigersinn gedreht sein, und wenn alle diese Vorkehrungen

getroffen sind, startet man den Motor. Nach Erreichen der Betriebstemperatur dreht man den Vorglüh-Anlaß-Schalter wieder in die Ausgangsstellung rechts herum zurück.

Beim 300 D mit Schlüsselanlassung wird der Leerlaufschalter links herum bis zum Anschlag gedreht. Den Höhepunkt des Vorglühvorganges zeigt das Verlöschen der Vorglühkontrolleuchte an. Innerhalb von 90 Sekunden kann nach dem Erlöschen der Lampe, ohne erneut vorzuglühen, der Motor angelassen werden. Den Schlüssel soll man beim Anlassen erst loslassen, wenn der Motor mit regelmäßigen Zündungen durchläuft. Bei Temperaturen unter –5° C sind Kupplungspedal voll und Gaspedal halb durchzutreten. Wenn der Motor nach 30 Sekunden nicht angesprungen ist, dreht man den Schlüssel zurück und gönnt der Batterie eine Erholungspause bis zu 60 Sekunden. Den angesprungenen Motor reguliert man mit dem Leerlaufversteller so ein, daß er gerade noch rund läuft; bei betriebswarmem Motor wird der Leerlaufversteller völlig in die Ausgangsstellung zurückgedreht.

Wenn alle Anlaßmanipulationen wegen grimmiger Kälte nichts genutzt haben und die Batterie ist noch einigermaßen bei Kräften: Kühlmittel ablassen (möglichst für spätere Wiederverwendung in einem sauberen Behälter auffangen) und kochend heißes Wasser in den Kühler füllen. Ein so vorgewärmter Motor ist startwilliger.

Reifen im Winter

Winterliche Straßenverhältnisse verlangen Aufmerksamkeit und eine zurückhaltende Fahrweise. Die Verzögerung, die beim Bremsen auf verschneiter Fahrbahn erreicht werden kann, ist um rund das Doppelte geringer als auf nasser Fahrbahn, und auf einer mit Eis bedeckten Straße bietet sich so gut wie keine Haftung. Im Gefälle leidet die Verzögerung unter einer zusätzlichen Verzugsdauer, hervorgerufen von dem kräftiger als in der Ebene schiebenden Wagengewicht. Den Sicherheitsabstand muß man noch ausreichender als sonst üblich einhalten. Bestimmt ist irgendwo ein großer freier Parkplatz, leer und ohne Verkehr, auf dem man die Eigenschaften des Autos auf Schnee erkunden kann.

Alle Mercedes haben Hinterradantrieb. Bei dieser Antriebsart werden die Seitenführungskräfte, die zum Schleudern führen können, nicht wie beim Frontantrieb abgebaut. Die allgemein sicheren Fahreigenschaften des Mercedes und die notwendige Richtungsstabilität lassen sich nicht nur bei Glätte durch folgende Faktoren fördern:

- Gleichartige Bereifung auf allen Rädern,
- Richtiger Luftdruck,
- Gutgängige Bremsen, richtige Qualität der Bremsbeläge,
- Nicht scharf kuppeln oder voll beschleunigen,
- Beim Bremsen auskuppeln.

Die Nützlichkeit der ab Werk montierten Reifen ist im Kapitel »Räder und Reifen« besprochen. Hier soll neben der Erwähnung der Eigenschaften dieser Reifen im Winter auch beleuchtet werden, was von der Industrie speziell als Winterreifen entwickelt und angeboten wird.

Gürtelreifen besitzen beschränkte Wintereigenschaften

Schon seit einigen Jahren werden die Mercedes nicht mehr mit den völlig winteruntauglichen Diagonalreifen ausgerüstet. Gürtelreifen kommen den Anforderungen im Winter um einiges näher. Diese Radialreifen warten auf Schnee mit einer relativ günstigen Griffigkeit auf, die sich durch ihren stabilen Laufgürtel, der die Auflagefläche nicht auf der Fahrbahn walken läßt, erhalten. Freilich ist eine Mindestprofiltiefe von 4 mm für die Wintertauglichkeit wie auch bei den anschließend besprochenen Haftreifen erforderlich.

Schwierigkeiten an Steigungen lassen sich mildern, wenn man Unterlegmatten oder Sand zu Hilfe nimmt.
Fahrten vorwiegend im Stadtverkehr lassen im Winter den Wert einer speziellen Bereifung fraglich erscheinen. Meist sind verschneite Straßen nach kurzer Zeit wieder geräumt.
Hoher lockerer Schnee und überhaupt ein Wohnsitz in schneereicher, gebirgiger Gegend stellen natürlich erhöhte Anforderungen. Dann kommt es oft nur auf die eigene Fahrkunst an, mit den Gegebenheiten fertig zu werden. Für extreme Fälle, zu denen auch das Bewältigen häufig auftretender »Schneepisten« zählen mag, hält die Reifenindustrie Alternativen bereit. Man muß sich jedoch darüber im klaren sein: Winterreifen können auch nicht alles.

M + S-Reifen

In Gegenden, wo mit Schnee und Eis zu rechnen ist, läßt sich die Anschaffung besonderer Winterreifen nicht immer umgehen. Mit zwei M + S- (= Matsch- und Schnee-)Reifen auf der Antriebsachse fühlte man sich früher für den Winter gut gerüstet. Aber diese Kombination ist gefährlich! Wenn Sie auf Matsch oder Eis bremsen müssen, können die sommerbereiften Vorderräder den Wagen nicht in der Spur halten und den richtigen Bodenkontakt herstellen.
Die richtige Lösung für Winterbereifung sind vier M + S-Radialreifen, die heute viel feiner profiliert sind als früher und dadurch leiser und komfortabler abrollen. Die Entwicklung, die in den heutigen Winterreifen steckt, hat aber auch ihren Preis. Wer ein wenig sparen will, kann Wintergürtelreifen in runderneuerter Ausführung kaufen. Renommierte Runderneuerer liefern ihre Reifen ebenfalls mit neuen Profilen und für den Winter abgestimmter Gummimischung.
Es wird empfohlen, die für mittlere Geschwindigkeit bei den Diesel-Modellen vorgeschriebenen Reifendrücke in Winterreifen zu erhöhen. Auch hier liegen entsprechende Untersuchungen zugrunde. Einige andere Hersteller dagegen raten bei ihren Autos zu einer Luftdruckerhöhung um 0,2–0,3 bar, wobei die besonderen Fahrwerkseigenschaften jener Wagen berücksichtigt und im speziellen Fall verbessert werden.
Schließlich verhalten sich Winterreifen auf trockener Bahn kaum schlechter als übliche Reifen. Das konnte man den Reifen mit Spikes nicht bescheinigen. Aber man darf die Winterreifen nicht überfordern und die zulässige Höchstgeschwindigkeit für sie soll auf Autobahnen nicht über größere Strecken hinweg ausgenutzt werden. Längerer Schnellauf erschöpft ihre Sicherheitsreserven und verkürzt daneben ihre Lebensdauer.

Fingerzeige: *Früher wurden die Wintergürtelreifen oft in herkömmliche und solche in Haftausführung unterschieden. Der Begriff Haftreifen taucht heute aber kaum mehr auf.*
Für alle Winterreifen gilt grundsätzlich: Bei Temperaturen um den Gefrierpunkt bildet sich auf dem Eis beim Darüberrollen ein feiner Wasserfilm, der die Haftfähigkeit auch von Winterreifen gefährlich verringert.

Spikereifen im Ausland

Wo die Benutzung von Spikereifen zulässig ist, etwa in Österreich und in der Schweiz, muß man sich vor deren Anschaffung einige Für und Wider überlegen. Mit ihren spitzen Stacheln krallen sich diese Reifen in eine eis- oder schneeglatte Oberfläche, verkürzen den Bremsweg und verbessern die Seitenführung in Kurven. Auch auf frischem Schnee und in Matsch sind sie brauchbar. Auf trockener und durch Salz aufgetauter Straße verlängern die Spikes den Bremsweg. Die durch ihre Einwirkung hervorgerufenen Straßenschäden und deren Folgen sind bekannt: Pfützenbildung und Aquaplaning (Wasserglätte).

Wenn schon, dann muß man vier gleichwertige Spikereifen montieren. Ihre Fahreigenschaften weichen beträchtlich von jenen der anderen Reifen ab. Bei nur zwei Reifen mit Spikes ergeben sich auf der Vorder- und Hinterachse völlig verschiedene Brems- und Führungseigenschaften, die in der Praxis kaum beherrschbar sind.

Besondere Felgen im Winter

Wenn man die Anschaffung besonderer Winterreifen beabsichtigt, so ist auch gleich an den Kauf zusätzlicher Felgen zu denken. Damit erspart man sich das lästige Ummontieren der Reifen. Ohne Schwierigkeiten lassen sich während des Winters die vier Räder komplett austauschen, wenn es milde Witterungsperioden ohne Schnee und Eis gibt.
Dieses Auswechseln hat nicht nur bei den teuren Reifen mit Spikes seine Berechtigung, denn auf Straßen ohne typisch winterlicher Bedeckung verschleißen sie nur sinnlos. Wegen der weniger abriebfesten Gummimischung nutzen sich die Winterreifen auf trockener oder nur nasser Fahrbahn schneller ab.
Drei zusätzliche Felgen genügen, denn als vierte Winterreifen-Felge kann ohne weiteres die des Ersatzrades benutzt werden. Reifenpannen sind heutzutage sehr selten und als Ersatzreifen kann sich auch ein Winterreifen nützlich machen. Diesen läßt man bei Bedarf bis zur nächsten Tankstelle oder Reifendienst laufen, wo die ohnehin zu erledigende Reparatur dann allerdings ausgeführt werden sollte.

Gleitschutzketten

Am sichersten werden alle winterlichen Erscheinungen auf der Straße von »Schneeketten« gemeistert. Fachlich richtig heißen diese: »Gleitschutzketten«. Nicht nur im verschneiten Hochgebirge beweisen sie ihren größten Effekt, unübertroffen sind sie auch auf verharschtem Schnee und auf Glatteis.
Allerdings sind Gleitschutzketten nicht sehr beliebt, weil sie je nach Straßenzustand auf- und abmontiert werden müssen. Man sollte das im Sommer ruhig einmal üben! Auf trockener oder nur nasser Straße nutzen sich die Kettenglieder schnell ab, und wenn man längere Strecken auf geräumter Straße fährt, fliegen bei einfachen Ketten rasch die Fetzen. Ohnehin gelten hierzulande 50 km/h Höchstgeschwindigkeit bei aufgelegten Ketten. Die Ketten müssen zudem so stramm sitzend montiert werden, daß sie während der Fahrt nicht im Radkasten anschlagen. Andererseits sollten sie auf Reifen wandern können, weil sie sonst das Reifenprofil beschädigen – also auch nicht zu fest spannen.

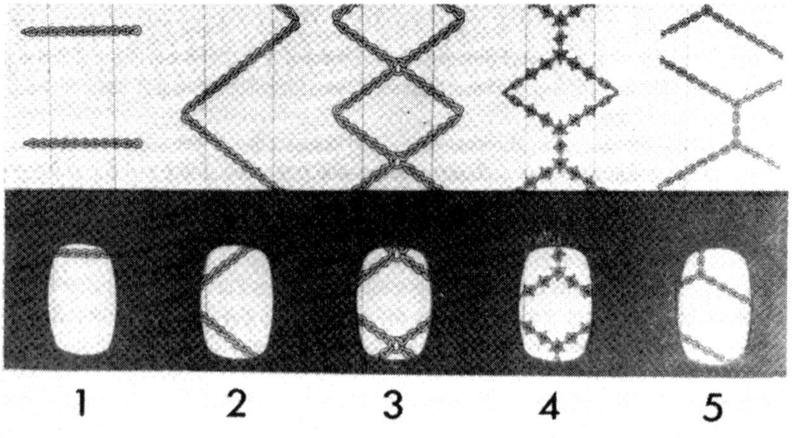

Die ovalen Ausschnitte geben die Aufstandsfläche eines Reifens an. Von diesen Ketten sind die Leiter- und Zickzack-Ketten (1 und 2) nicht zu empfehlen, dagegen sind die Kreuz-Kette (3) und die Spurkreuz-Ketten (4 und 5) wirkungsvoll genug, um im Schnee besonders gut zu greifen. Diese bieten auch bei Glatteis echte Sicherheit, während die beiden erstgenannten Ketten wegen ihrer unvollkommenen Auflage keine Sicherheit bieten.

Gleitschutzketten sollen stets nur auf den angetriebenen Rädern montiert werden. Hier handelt es sich um eine Spurkreuzkette.
Zu Gleitschutzketten gehört als unvermeidbares Hilfsmittel eine Kombizange und eine Rolle besonders zäher Draht. Denn unterwegs passiert es leicht, daß etwa losgerissene Kettenglieder wieder eingehängt oder ersetzt werden müssen. Allerdings gibt es beispielsweise von Erlau Kettenglieder, -haken und -ringe als Ersatzstücke.

Es war früher ein guter Tip, sich für Fahrten in schneereiche Gebiete ein komplettes sechstes Rad anzuschaffen und dieses wie das ohnehin vorhandene Reserverad daheim in Ruhe mit Ketten zu versehen und mitzunehmen. Das empfehlen wir heute nur noch für Ketten, die bei der Montage erhebliche Schwierigkeiten bereiten.
Ähnlich wie die in unserer Abbildung gezeigten Spurkreuzketten sind die Kantenspurketten beschaffen. Solche Kettenarten, die auch die erforderliche Seitenführung bieten, sind verschleißfester.
Bekannte Hersteller solcher feingliedrigen Kantenspurketten sind Erlau, Rieger & Dietz (RUD) und Thiele; RUD-Ketten werden auch von Daimler-Benz empfohlen.
Wenn man von einem früheren Wagen noch Gleitschutzketten besitzt, die nicht auf die Reifen des gegenwärtigen Autos passen, so kann man sie kürzen oder verlängern lassen. Ebenso nehmen die Hersteller Reparaturen an gebrauchten Ketten vor. Die Lebensdauer der Ketten kann dadurch erhöht werden, daß man sie abwechselnd beidseitig benutzt.

Praktische Hilfen unterwegs

Im Winter braucht man unterwegs manchmal einige der hier genannten Utensilien, die kaum Geld kosten, aber gute Dienste leisten können.

- Eis-Schaber, um vereiste Scheiben zu reinigen. Er muß aus Kunststoff sein, damit die Scheiben nicht zerkratzt werden. Man kann so ein Ding auch als »Teigschaber« – für die Kuchenteigschüssel – im Haushaltswarengeschäft kaufen.
- Sandsäckchen, um an vereister Steigung eine Fahrbahn zum Anfahren streuen zu können. Am besten sind dichte Leinen- oder Kunststoffsäckchen mit möglichst scharfem Sand oder feinem Kies.
- Schneeschaufel, um sich bei starkem Schneefall einen Weg bahnen zu können. Damit es ein auch wirklich brauchbares Gerät ist, möglichst eine breite Kohlenschaufel mit kurzem, abnehmbaren Stiel nehmen. Zur Not kann man Schnee auch mit einer Radkappe wegschaufeln.
- Anti-Beschlagtuch, mit dem die von innen beschlagene Windschutzscheibe und Heckscheibe abgerieben werden können. Die Imprägnierung, die das Beschlagen etwa für eine Woche verhindert, reicht in dem Tuch für eine Saison. Dann wird es ausgewaschen und normal verwendet.

■ Zwei Streifen, jeweils einen halben Meter breit und mindestens 1,5 m lang, aus einem alten Teppich oder Kokosläufer. Diese Stücke kann man zum Anfahren unter die Hinterräder legen, wenn es auf Glatteis nicht mehr weitergeht. Wichtig ist, daß an beiden Stücken jeweils eine starke Schnur befestigt ist. Damit wird der Teppichstreifen an die hintere Stoßstange angehängt, bevor man ihn vor den antreibenden Hinterrädern ausbreitet.

■ Sprühdose mit Auftaumittel gegen vereiste Windschutz- und Seitenscheiben. Man braucht es nur auf die obere Hälfte der Scheibe zu sprühen, weil es abläuft und dann auch den unteren Teil der Scheibe vom Eis befreit. Noch billiger ist Brennspiritus, in kleiner Plastikflasche mitzuführen.

■ Warme Decken für die Wageninsassen für den Fall, daß bei einem längeren Stau der Wagen auskühlt.

Schutz für die Wagenunterseite

Streusalz auf den Straßen mindert die Gefahr durch Eis und Schnee. Diese vorteilhafte Wirkung der Auftaumittel erweist sich für den Bauch des Autos auf die Dauer recht unfreundlich: Natriumsalze, bei tieferen Temperaturen auch nötige Magnesiumflocken oder Kalzium, greifen ungeschütztes Blech an und beginnen ein höchst vernichtendes Werk. Auch angetrocknet schlummern ihre Kräfte nur, denn das nächste Spritzwasser mobilisiert die begonnene Korrosion erneut. Die Folge sind Durchrostungen, leider auch an den für die Verkehrssicherheit wichtigen Teilen.

Streusalzrückstände sind daher regelmäßig mit klarem Wasser abzuwaschen. Bei der Unterbodenwäsche sollte wegen möglicher Beschädigung des vorhandenen Dauerschutzes nicht mit zu hartem Strahl gespritzt werden. Ferner ist die Unterbringung in einer kalten, gut belüfteten Garage besser als in einer geheizten. Bei feuchter Wärme werden Rost und Korrosion mehr gefördert.

Gefährlich ist der Rost, der unentdeckt frißt, nämlich an unzugänglichen Stellen oder an Hohlräumen. Rechts am Wagen haben solche Rostnester die größere Chance zu entstehen, weil dort der Straßenrand etwas abfällt und das Kondenswasser im Wagen entsprechend zu dieser Stelle läuft. Manche Partien in modernen Autos lassen sich in der Herstellung nicht lackieren und nachträglich nur bedingt schützen. Bei dem Mercedes aber sind auch sonst sehr unzugängliche Stellen beschichtet, und wenn man den jungen Wagen baldmöglichst noch so behandelt, wie nachstehend beschrieben, kann man die Furcht vor einer späteren »Rostmumie« vergessen.

Der Korrosionsschutz

Seit Anfang 1980 wird ein neues Lackierverfahren angewendet, nämlich die kathodische Elektrotauchlackierung, auch Kataphorese genannt. Vor dem Grundiervorgang werden die Rohkarosserien gereinigt und spritzphosphatiert. Diese Vorbehandlung ist Grundlage für gute Lackhaftung und optimalen Korrosionsschutz an der Außenhaut sowie in Hohlkörpern. Der gegenüber früher bessere Langzeitkorrosionsschutz der anschließenden kathodischen Elektrotauchlackgrundierung wird besonders durch neue Kunstharze erzielt, die eine höhere Beständigkeit – z. B. gegenüber Streusalz – aufweisen. Die vorher für das erste Betriebsjahr empfohlene Wiederholungskonservierung kann nun entfallen.

Der Neuwagen wird mit einer PVC-Schutzschicht ausgeliefert, ein sogenannter Dauerunterbodenschutz, der aber nicht das ganze Autoleben über wirksam sein kann. Der schützende Auftrag kann z. B. durch Steinschlag reißen.

Desgleichen hat eine Erstkonservierung der Hohlräume stattgefunden. Sie ist – weil nicht so häufigen Angriffen ausgesetzt – anfangs weniger gefährdet, dennoch soll die Hohlraumversiegelung so bald wie möglich, wenn es geht, noch beim neuen Wagen, aufgefrischt werden. Nach einem Jahr hat die Arbeit kaum

noch einen Sinn, wurde sie aber rechtzeitig richtig ausgeführt, braucht man sich später nicht mehr darum zu kümmern.
Nacharbeiten am Unterboden- und Hohlraumschutz werden erfahrungsgemäß in allgemeinen Werkstätten nicht gerade von erstklassigem Personal ausgeführt, denn es ist eine zweifellos unangenehme Aufgabe. Besser bedient ist man in einem Spezialbetrieb (Lackier- oder Karosserie-Werkstätte), wo man sich mit Rostschutz befaßt. Vor allem in Lackierereien ist man grundsätzlich sauberes und genaues Arbeiten gewohnt, denn Lackieren verzeiht keine Nachlässigkeit. Es lohnt sich, unter Werkstattleuten und Bekannten herumzuhören, welcher Betrieb für gute Arbeit bekannt ist. Dabei kommt es weniger darauf an, welche Rostschutzmittelmarken verarbeitet werden, sondern auf die Qualität der Arbeit. In den Hohlräumen läßt sich nicht so ohne weiteres nachprüfen, ob »gepfuscht« wurde, aber es eignet sich dazu z. B. eine Zylinderausleuchtlampe, wie sie für Motorreparaturen verwendet wird. Gute Arbeit mit einem von der Stiftung Warentest weniger gut bepunkteten Produkt ist besser als schlampige Arbeit mit dem theoretisch allerbesten Unterbodenschutz und Hohlraumkonservierer.
Wenn übrigens eine Mercedes-Werkstatt gelegentlich mit einer Sonderpreis-Aktion für Unterbodenschutz und Hohlraumbehandlung wirbt, handelt es sich meist um Karosserie-Spezialisten »auf Tournee«, denen Sie Ihren Wagen unbesorgt auch anvertrauen können.

Unterbodenschutz ausbessern

Nacharbeiten sollen nur mit Konservierungsmitteln auf Wachsbasis (nicht Bitumen) vorgenommen werden. Daimler-Benz nennt u. a. folgende Produkte: Anorustol 276 (von Veedol), BP Unterbodenschutz, Caramba W 35/D, Esso-Rust-Ban-Unterschutz, Mobilarma 637 (von Mobil Oil) und speziell Tectyl S 280 (von Valvoline).
Wenn man für seine Auto-Heimwerkerei einen hellen und günstigen Arbeitsplatz hat, auf dem sich der Mercedes gut aufbocken läßt, kann man den Saison-Unterbodenschutz (Wachs) auch selbst nacharbeiten – zumindest bei den alljährlichen Nachkontrollen. Sie brauchen dazu eine helle Handlampe und ein Spachtelwerkzeug oder abgebrochenes Messer, mit dem Sie verdächtige Stellen ankratzen und damit prüfen können, ob der alte Dauerunterbodenschutz (PVC) nicht locker sitzt oder unterrostet ist. Um alle Ecken beobachten zu können, ist weiterhin ein Spiegel nützlich.
Nach einer gründlichen Unterwagenwäsche – am besten an einer Tankstelle mit einem Dampfstrahlgerät – werden alle schadhaften Stellen sorgsam mit Spachtelwerkzeug, Schaber und Drahtbürste ausgekratzt. Alle Rostansätze soweit wie möglich bis aufs blanke Metall abschleifen und den letzten Rost mit einem Roststopper behandeln. Bewährt hat sich dazu »Terotex Rostprimer« von Teroson, der zugleich die Haftfestigkeit des nachfolgenden Unterbodenschutzmaterials verbessert. Sogenannte »Rostumwandler« haben am Unterboden keinen Sinn, sie versprechen viel und halten wenig.
Zum Saison-Unterbodenschutz auf Wachsbasis ist zu sagen, daß sich für zugängliche Fugen und Ecken eine Sprühdose mit schräg nach oben strahlendem Sprühkopf eignet, was für diese Arbeit sehr praktisch ist. Seit Anfang 1978 gibt es in Mercedes-Werkstätten auch »MB-Unterbodenschutz hell« in 1-Liter-Einweggebinden.
Nach dem Einsprühen ist sofort die Wirkung der Bremsen zu überprüfen und festzustellen, ob Sprühdunst auf die Bremsscheiben geraten ist. Bei mangelhafter Bremswirkung kann man versuchen, die normale Bremskraft wieder zu erreichen, indem man mit betätigten Bremsen und wenig Gas eine Weile »schleicht«, andernfalls müssen die Bremsbeläge erneuert werden.

Zur Bearbeitung mit Konservierungswachs darf das Auto nicht eiskalt durchgefroren sein. Man bringt es am besten am Abend vor dem Auftragen in die beheizte Werkhalle, + 15° C Raumtemperatur sind bei der Arbeit zumindest anzuraten.
Zum eigentlichen Ausbessern des Dauerunterbodenschutzes benötigt man geeignetes Material einmal für größere Flächen und zum anderen für dort, wo man nur mit dem Pinsel hinkommt. Zweifellos ist es ratsam, das Material in einer – vielleicht befreundeten – Werkstatt spritzen zu lassen. Beim Auftragen jeglichen Dauerunterbodenschutzes müssen sämtliche Aggregate wie Bremsanlage (Leitungen, Radbremsen), Lenkungsteile, Motor, Getriebe, Hinterachse usw. abgedeckt werden.
Bei Daimler-Benz konserviert man nach jeder Motorwäsche auch den Motorraum und sprüht ihn mit Caramba V 66 I oder Pfinders VA 40 K aus. Vorher werden das Belüftungsloch in der Verschraubung des Bremsflüssigkeitsbehälters und die Trennfläche der Unterdruckpumpe (Pumpengehäuse / Membran / Pumpendeckel) mit Klebeband verschlossen. Nach der Konservierung ist das Band wieder zu entfernen, außerdem müssen alle Lagerstellen des Reguliergestänges geschmiert werden.

Nachkur der Hohlraumversiegelung

Sicherheitshalber sollen die werksseitig versiegelten Hohlräume innerhalb eines Jahres erneut konserviert werden. Der beste Unterbodenschutz kann den von innen auftretenden Rostfraß nicht verhindern. Kondenswasser und in die Hohlräume der Karosserie eingedrungenes Spritzwasser sammeln sich mit Vorliebe in bereits vorhandenen Schmutzdeponien. Solche »Rostnester« zeigen sich als Durchrostungen, wenn sie genügend lange »tätig« waren.
Die Hohlraumkonservierung kann man als Heimwerker auf gar keinen Fall selber machen – derartige Behauptungen entsprechender Spraydosenanbieter treffen nicht zu. Nur die Fachwerkstatt verfügt über entsprechend lange Sprühsonden und den erforderlichen Arbeitsdruck. Dazu haben gut ausgestattete Fachbetriebe auch noch eine besondere Leucht- und Beobachtungssonde, mit der man in den Hohlräumen des Autos Roststellen auffinden kann. Außerdem muß nach einem für die Typen 123 gültigen Konservierungsplan vorgegangen werden.
Wegen der Zentralverriegelung am Mercedes sind bei der Behandlung der Türen die Unterdruckelemente zu beachten. Beim Bohren der Löcher an der Schloßseite dürfen sie nicht beschädigt werden. Außerdem ist das Wachs nur in den unteren Türbereich zu sprühen, um die Funktion des Schlosses zu wahren.

Pflege der Blankteile

Glänzende Chrom- und Eloxalteile leiden Schaden, wenn man sie nicht pflegt. Das übliche Anlaufen von Chrom ist durch Polieren zu entfernen. Dazu bietet Mercedes-Benz die »MB Chrompflege« und die »MB Chromreinigungspaste« an. Als preiswürdig und ergiebig hat sich der Universal-Metallputz »Pol blau« – z. B. auf Jahrmärkten erhältlich – erwiesen. Gegen das angriffswütige Streusalz schützt im Winter am einfachsten reine, säurefreie Vaseline. Allerdings bleibt der Schmutz gern daran kleben und hart anprallendes Spritzwasser verdrängt mit der Zeit die fette Schicht. Besser ist dann ein wachsartiges Unterbodenschutzmittel, doch möchte man es lieber glänzen lassen, nimmt man Sprühdosen mit glasklarem Chromschutzspray von Polifac oder von BP, Aral, Shell und Teroson.

Fingerzeige: *Das eingefrorene Türschloß öffnet man mit dem erhitzten Schlüssel, dessen Spitze über die Flamme des Feuerzeugs gehalten wurde.*
Bei der winterlichen Wagenwäsche überdeckt man das Schloß mit einem Streifen Tesa-Film.

Maßnahmen bei der Stillegung

Auf nachstehende Weise bewahrt man die Betriebsbereitschaft und den Zustand des Wagens, wenn er für längere Zeit stillgelegt werden soll (ausführlichere Hinweise erteilt der Mercedes-Service):

■ Öl wechseln, Tank und Kühler ganz füllen, Heizung öffnen.

■ Motor warmlaufen lassen.

■ Glühkerzen herausschrauben und in die Kerzenlöcher Korrosionsschutz oder Petroleum sprühen, Glühkerzen wieder eindrehen.

■ Regelstange für die Einspritzpumpe in »Stop«-Stellung bringen.

■ Feststellbremse nicht betätigen.

■ Kappe des Bremsflüssigkeitsbehälters mit Klebeband abdichten, da Bremsflüssigkeit wasseranziehend ist.

■ Batterie ausbauen. Möglichst alle 4 Wochen aufladen lassen oder dorthin verleihen, wo sie benutzt wird.

■ Scheibenwischerblätter aushängen.

■ Blanke Teile mit Vaseline oder anderem säurefreiem Fett einreiben.

■ Reifendruck regelmäßig kontrollieren (lassen).

■ Alle 2 Monate bei eingelegtem großen Gang wenigstens 50 cm vom alten Platz wegschieben, um einseitige Reifenbelastung und Dauerbelastung einzelner Ventilfedern zu vermeiden.

■ Bei Stillstand über 6 Monate Wagen hochbocken. Frei hängende Antriebsräder bei eingelegtem Gang gelegentlich gleichzeitig etwas drehen, damit einzelne Ventilfedern regelmäßig entlastet werden.

■ Abstellplatz soll trocken sein und muß gelegentlich gelüftet werden. Heizung ist nicht erforderlich. Wagenfenster handbreit geöffnet lassen.

Sollte der Wagen im Freien abgestellt werden müssen, ist er von oben und von unten gründlichst zu reinigen, der Chrom ist zu behandeln, und dann sprüht man die gesamte Außenhaut einschließlich der Chromteile mit Konservierungswachs ein, vorher sind die Scheiben abzudecken.

Der notwendige Überblick

Trotz der Reife unserer heutigen Autos ist es notwendig, daß man sie pflegt und wartet. Außerdem muß die Funktion der einzelnen Bauteile in gewissen Zeitabständen kontrolliert werden. Solche Arbeiten und Überprüfungen sind wichtig für die Fahrsicherheit und den Werterhalt des Wagens.
Wenn die einzelnen Arbeitsanweisungen mit Sorgfalt befolgt werden, braucht man sich um den verkehrssicheren Zustand seines Autos keine weiteren Sorgen zu machen. Aber es wird niemand gezwungen, deswegen einen Terminplan zu befolgen. Andererseits sichert die Einhaltung der vom Werk festgelegten Intervalle eventuelle Ansprüche gegen den Hersteller.

Der Wartungsplan

Der technische Fortschritt bringt es mit sich, daß einzelne Wartungsarbeiten weniger häufig als früher ausgeführt werden müssen oder daß manche, die einmal zur regelmäßigen Inspektion gehörten – etwa das Abschmieren der Fahrwerkgelenke –, ganz fortgefallen sind. Doch die Erfordernisse wachsen, und es werden neue Geräte entwickelt, die nun ihrerseits nach Pflege verlangen. So ist auch die Anzahl der Wartungspunkte bei den hier beschriebenen Typen gegenüber vorangegangenen Mercedes-Modellen nur unwesentlich geringer.
Daimler-Benz hat einen Wartungsplan aufgestellt, der zunächst einmal in »Schmierdienst« und »Wartungsdienst« unterteilt ist. Dazu gibt es im Wartungsheft zu dem Auto besondere Hinweismarken, die in ihrer Folge jeweils im linken Türrahmen befestigt werden sollen, um an den nächstfälligen Inspektionstermin zu erinnern. Dieser wird mit dem entsprechenden km-Stand angezeigt.
Die Schmierdienste lagen anfangs 5000 km auseinander, seit Herbst 1980 werden sie nach jeweils 7500 km ausgeführt. Die Wartungsdienste sind jeweils nach 15 000 km fällig. Da sich nach allen 15 000 km die beiden »Dienst«-Gattungen überschneiden, ist dann natürlich ein umfangreicheres Programm zu erledigen.

Die Vorsorge-Durchsicht

Bei neuen Mercedes-Modellen war nach 500–1000 km die »1. Durchsicht« fällig. Hierbei handelte es sich um Kontrollen, Einstellungen und Pflegearbeiten, die für das weitere Wohlergehen des noch jungen Autos von besonderer Wichtigkeit waren. Hinzu kamen einige Arbeiten, die nur einmal – zu diesem Termin – vorgesehen waren. Diese und die »2. Durchsicht« sind einmal Werkstattsache gewesen. Aber nach dem Einbau einzelner Neuteile kann es notwendig sein, die entsprechenden ehemaligen »Garantie«-Überprüfungen zu erledigen. Nur so ist der Erfolg einer Reparatur gesichert.
In unserem noch folgenden Wartungsplan sind diese ersten beiden Inspektionen nicht aufgeführt. Für den interessierten Autobesitzer sollen die Arbeiten aber an dieser Stelle aufgezählt werden:

- Keilriemen nachspannen,
- Kühl- und Heizungsanlage auf Dichtheit prüfen,

- Kühlmittelstand kontrollieren,
- Motoranschlag entspannen und Schrauben nachziehen,
- Motoröl- und Filterwechsel,
- Schlauchschellen auf festen Sitz prüfen,
- Ventilspiel einstellen,
- Steckverbindungen der Auspuffanlage nachziehen,
- Befestigungsschrauben von Saugrohr, Auspuffkrümmer und -flansch nachziehen,
- Motoranschlag entspannen,
- Kraftstoffanlage auf Dichtheit und Zustand prüfen,
- Flüssigkeitsstand der Kupplungsbetätigung prüfen,
- Kupplungsbetätigung auf Dichtheit und Zustand prüfen,
- Öl des mechanischen Getriebes wechseln,
- Ölstand im automatischen Getriebe kontrollieren,
- Niveau-Regulierung auf Dichtheit und Zustand prüfen,
- Befestigungsschrauben des Lenkgehäuses nachziehen,
- Flüssigkeitsstand in der Servo-Lenkung kontrollieren,
- Axialspiel der Radlager einstellen,
- Anschlagbegrenzung für Hinterachsträger einstellen (nur 300 D),
- Öl des Hinterachsgetriebes wechseln,
- Stand der Bremsflüssigkeit kontrollieren,
- Radschrauben nachziehen,
- Reifendruck korrigieren,
- Flüssigkeitsstand der Scheibenwaschanlage kontrollieren,
- Befestigungsschrauben des Kältekompressors nachziehen,
- Befestigung der Lichtmaschine prüfen.

So kann man sich ein Bild davon machen, welche Sorgfalt in der Werkstatt aufgewendet wird, um die Zuverlässigkeit des Wagens zu sichern. Weil die meisten der genannten Wartungspunkte bei späteren Inspektionen wieder auftauchen, sind sie in diesem Buch auch beschrieben. Die einmal auszuführenden Maßnahmen sind ebenfalls in den entsprechenden Kapiteln erwähnt.

Regelmäßige Pflegearbeiten

Wir haben hier einen Pflegeplan entworfen, der sich eng an die von Daimler-Benz aufgestellten Richtlinien hält. Wiederkehrende Arbeiten sind zum Zweck besserer Übersicht im Arbeitsplan »Alle 15 000 km« zusammengefaßt. Es sind darin also die schon erwähnten Schmier- und Wartungsdienste und zugleich die anläßlich der 2. Durchsicht bei km-Stand 7500 vorgeschriebenen Inspektionen enthalten.

Daran schließen sich immer wiederkehrende Pflegedienste an. Aus dem bisher Gesagten geht hervor, daß man sich als Mercedes-Besitzer mit ihnen erstmals auseinanderzusetzen hat, wenn sich der Kilometerzähler des Autos der Zahl 15 000 nähert. Die Entscheidung, welche Arbeiten man selbst auszuführen gedenkt, sollte man rechtzeitig treffen.

Ohne das Auto zu vernachlässigen, läßt sich so manche Mark sparen. Viele gewissenhafte Autobesitzer haben Wartungsarbeiten, die sie sich selbst zutrauen, zu ihrem Hobby gewählt.

Sie suchen die Werkstatt nur auf, um wichtige Arbeiten in Auftrag zu geben, für die entsprechendes Wissen und besondere Hilfsmittel gefordert werden und darüber hinaus, wenn wirklich einmal Störungen oder Schäden nach fachmännischer Hilfe verlangen.

Bei näherem Blick auf die nachstehende Pflegeliste werden Sie feststellen, daß viele Dinge mit wenigen Handgriffen zu erledigen sind. Bei etwas routinierter Beziehung zwischen Ihnen und dem Wagen können manche Punkte sogar während des Fahrens ausgeführt werden. In den einzelnen Kapiteln wird daneben noch verständlich erklärt, was über die Pflegearbeiten hinaus an dem Mercedes getan werden soll. Besondere Anforderungen ergeben sich dabei im Winter, unter dem die Autos am meisten leiden. Bei allen Wartungen gilt es den Zweck der Vorsorge zu erfüllen.

Eine derartige Vorsorge wird auch mit den an den Beginn der Pflegeliste gestellten sieben Wartungen ausgedrückt. Wir haben sie hier zum »ABC« des Umgangs mit dem Wagen erhoben, weil ihre Einhaltung ganz erhebliche Sicherheitsreserven bietet.

Als richtige »Arbeit« kann man diese Punkte überhaupt nicht bezeichnen, denn den Ölpeilstab herausziehen, einen Blick auf die Batterie werfen oder beim Tanken einmal mit dem Druckluftprüfer um den Wagen herumgehen – das ist kinderleicht, beruhigt aber das Gewissen.

Was kann man selber machen?

Jeder einzelnen Wartungsarbeit der Liste haben wir einen oder mehrere Kennbuchstaben (S, T oder W) vorausgestellt, durch die angedeutet ist, was man selbst machen kann, was besser die Tankstelle erledigt oder was der Werkstatt überlassen bleiben soll. Dazu einige Erläuterungen:

S = Selbstmachen. Das sind Arbeiten, die man ohne Fachkenntnisse und besonderes Werkzeug selbst ausführen kann, nachdem man den entsprechenden Abschnitt auf der betreffenden Seite dieses Buches gelesen hat.

S/T = Selbstmachen oder Tankstelle. Auch hier sind keine besonderen Fachkenntnisse notwendig, aber vielleicht fehlt Ihnen das entsprechende Gerät zur Ausübung dieser Arbeit und die Tankstelle besitzt es.

S/W = Selbstmachen oder Werkstatt. In diesen Fällen sind neben einfachen Fachkenntnissen etwas Geschick, Einfühlungsvermögen und zusätzliches, aber kein aufwendiges Werkzeug Voraussetzung.

T/W = Tankstelle oder Werkstatt. Der sparsame Mann überläßt diese Arbeiten am besten der Tankstelle bzw. der Werkstatt, obgleich er sie auch selbst ausführen könnte. Er spart dabei Zeit und Mühe, denn der Warenpreis, der bei dieser Arbeit entsteht, ist gleich, einerlei ob man die Ware – in der Regel das Öl – selbst verarbeitet oder von der Tankstelle bzw. Werkstatt verarbeiten läßt.

W = Werkstatt. Diese Arbeit erfordert spezielle Fachkenntnisse sowie teure Meß- und Arbeitsgeräte, die nur die qualifizierte Werkstatt besitzt.

Selbstverständlich ist jeder Mercedes-Service mit allen aufgeführten Arbeiten vertraut. Einzelne Arbeiten, die man nicht selber machen will, werden jedoch an einer guten Tankstelle oft schneller (auch samstags) ausgeführt, als dies in Werkstätten manchmal möglich ist. Es gibt allerdings auch einige Pflege- und Inspektionsdienste, die nur mit »W« gekennzeichnet sind. Sie bleiben »übrig« wenn man selber pflegt oder die Tankstelle einige Wartungen übernehmen läßt, und man braucht sich keineswegs zu scheuen, seiner Werkstatt nur solche Arbeiten gesondert in Auftrag zu geben. Das ist immer noch billiger als ein kompletter Inspektionsdienst.

Jede Werkstatt zählt schließlich auch denjenigen als Stammkunden, der regelmäßig nur einzelne, gewisse Arbeiten am Auto in Auftrag gibt. Dabei kann man ruhig zu verstehen geben, daß diese Wartungen vor allem aus Sicherheitsgründen daheim nicht erledigt werden. Handelt es sich dazu noch um einen offensichtlich – und nicht nur äußerlich – gepflegten Wagen, wird das Verhalten des Mercedes-Besitzers und sein Bemühen um größtmögliche Eigeninitiative vom Werkstattpersonal bestimmt respektiert.

Was muß wann und wo gemacht werden?

Pflegearbeiten

Alle 500 km oder wöchentlich

					Seite
1.	S			Motorölstand kontrollieren	69
2.	S			Kühlmittelstand kontrollieren	98
3.	S			Säurestand in der Batterie kontrollieren	163
4. A.	S			Stand der Bremsflüssigkeit kontrollieren	139
4. B.	S			Flüssigkeitsstand der Kupplungsbetätigung kontrollieren	120
5.	S			Flüssigkeitsstand der Scheibenwaschanlage kontrollieren	54
6.	S			Reifendruck messen	150
7.	S			Ölstand im automatischen Getriebe kontrollieren	78

Alle 7500 km

8.	S	T	W	Motoröl wechseln	74
9.	S	T	W	Ölfilter erneuern	75
10.	S			Ölstand im Ölbadluftfilter kontrollieren	76
11.	S			Motor-Reguliergestänge prüfen und schmieren	77

Alle 15 000 km

12.	S			Keilriemenspannung prüfen	174
13.			W	Ventilspiel einstellen	91
14.	S			Luftfiltereinsatz reinigen	113
15.	S			Ölbadluftfilter reinigen	77
16.	S		W	Leerlauf prüfen und nachregulieren	114
17.	S		W	Leerlaufversteller prüfen und einstellen	114
18.	S			Lichtmaschinenbefestigung prüfen	175
19.	S			Ölstand in der Einspritzpumpe kontrollieren	116
20.	S		W	Kühl- und Heizungsanlage auf Dichtheit prüfen	99
21.	S			Kraftstoffanlage auf Dichtheit prüfen	107
22.	S		W	Niveau-Regulierung auf Dichtheit prüfen	137
23.	S		W	Flüssigkeitsstand der Niveau-Regulierung kontrollieren	81
24.	S		W	Flüssigkeitsstand im Lenkgehäuse kontrollieren	80
25.	S		W	Flüssigkeitsstand der Servo-Lenkung kontrollieren	80
26.	S			Flüssigkeitsstand der Klimaanlage kontrollieren	105
27.	S			Kupplungsbetätigung auf Dichtheit prüfen	120
28.		T	W	Ölstand im mechanischen Getriebe kontrollieren	78
29.	S		W	Gummimanschetten der Radaufhängungsgelenke kontrollieren	130
30.	S		W	Gummimanschetten und Kunststoffabdeckungen des Lenkgestänges prüfen	130
31.	S		W	Befestigung des Lenkgehäuses prüfen	131
32.	S		W	Spiel in der Lenkung prüfen	131
33.		T	W	Ölstand in der Hinterachse kontrollieren	80
34.			W	Belagstärke der Bremsklötze prüfen	144
35.			W	Bremsscheiben reinigen und prüfen	147
36.			W	Zustand der Bremskolben und Staubkappen prüfen	147
37.			W	Bremsseile auf Gängigkeit prüfen	148
38.			W	Feststellbremse nachstellen	148
39.	S	T		Scheibenräder abmontieren und prüfen	154, 155
40.	S			Zustand der Reifen prüfen	153
41.	S			Elektrische Anlage prüfen	189, 205, 206
42.	S			Türabdichtungen reinigen	38
43.	S			Klappbaren Außenspiegel schmieren	81
44.	S			Motorhaube, Türscharniere und Türschlösser schmieren	81
45.	S		W	Probefahrt; dabei besonders Kupplung, Getriebe, Bremsen, Klimaanlage, Heizung und Lüftung prüfen	10

Alle 45 000 km

46.			W	Öl des automatischen Getriebes wechseln und Filter erneuern	79
47.	S		W	Kraftstoff-Vorfilter prüfen	107
48.	S		W	Kraftstoff-Hauptfilter erneuern	107
49.			W	Fettfüllung der Nabenkappen erneuern	81
50.	S		W	Befestigung von Saugrohr, Auspuffkrümmer und -flansch prüfen	94
51.			W	Belagstärke der Kupplung prüfen	122
52.			W	Vorspur der Vorderräder messen	133
53.			W	Gelenkscheiben der Gelenkwelle prüfen	127

Einmal jährlich

54.			W	Bremsflüssigkeit erneuern	140

Alle drei Jahre

55.	S	T		Kühlmittel mit Gefrierschutz erneuern	98

Es sind mehrere Möglichkeiten gegeben, ein Auto anzuheben, und entsprechend sind auch am Mercedes genau bestimmte Stellen vorgesehen, an denen er angehoben werden darf. Für die Aufnahme des Bordwagenhebers sind an den äußeren Rahmenlängsträgern zu beiden Seiten vorn und hinten Einsteckrohre (3) vorhanden. Soll der Wagen auf Böcke gestellt werden, so sind diese vorn an den inneren Rahmenlängsträgern (1) und hinten an den vorderen Lagerungen des Hinterachsträgers (2) anzusetzen.

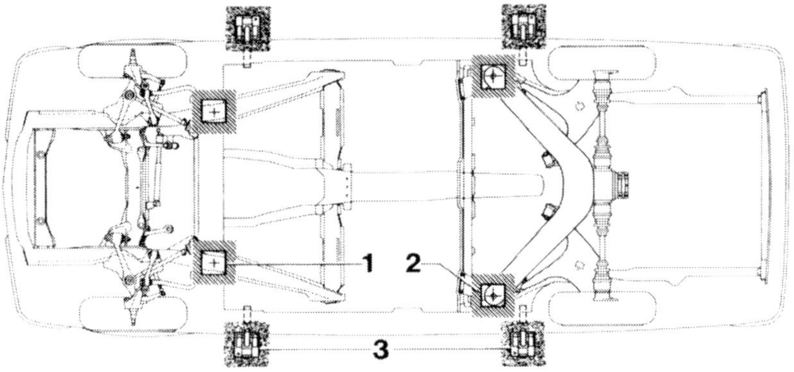

Der Pflegeplatz

Wenn man den Entschluß faßt, die Pflege soweit wie möglich selbst in die Hand zu nehmen, setzt dieses Vorhaben einen entsprechenden Stellplatz voraus. Die Einzelgarage bietet sich wegen der darin meist ungenügenden Raumverhältnisse nicht oder nur bei ungünstiger Witterung als Arbeitsplatz an. In einer Sammelgarage sind selten Wartungsarbeiten erlaubt. Wegen des besseren Lichts ist der Arbeitsplatz im Freien vorzuziehen, doch nicht jeder Fleck unter dem blauen Himmel erweist sich als brauchbar.

Auf dem Rasen hat man wenig Freude: Die versehentlich herabgefallene Schraube bleibt verschwunden. Gekiester Boden auf festem Untergrund ist schon eher in die Wahl zu ziehen, wenn vorher der Kies mit einem Drahtbesen geglättet wurde. Am geeignetsten ist natürlich ein ebener Zement- oder Asphaltboden. Alte Teppiche als Unterlage schützen vor Erkältung an kühlen Tagen und überhaupt die Kleidung vor Schmutz, wenn man einmal unter das Auto kriechen muß.

Absolut festen Boden unter den Füßen zu haben ist besonders dann wichtig, wenn Sie an die Unterseite Ihres Mercedes heranwollen. Dann müssen Sie das Auto hochwinden und möglicherweise unterbauen. Hüten Sie sich davor, unter ein Auto zu kriechen, das nur vom Wagenheber hochgehalten wird! Der Wagenheber kann abgleiten oder umknicken. Das ist lebensgefährlich für den, der unter dem Auto liegt. Es ist also erforderlich, Böcke als Fangstützen unter dem Wagen zu placieren. Es ist auch vertretbar, wenn man statt solcher Stützen Hohlblocksteine verwendet, auf die man aber unbedingt noch ein Holzbrett legen muß. Auf einen solchen Unterbau kann man das angehobene Auto ablassen. Sollten Sie sogar einen hydraulischen Garagenwagenheber zur Verfügung haben, so ist das Auto vorne am Rahmen-Querträger zwischen den Vorderrädern und hinten nur unter dem Differentialgehäuse anzuheben. Zum Schutz gegen Beschädigungen muß man noch ein Holzbrett zwischen Stütze und Querträger bzw. Hinterachse unterlegen. Da auch ein solcher Wagenheber keine absolute Sicherheit gewährt, muß das angehobene Vorder- oder Hinterteil ebenfalls unterbaut werden. Solche Unterbauten sind in Höhe der Einsteckrohre an den äußeren Rahmen-Längsträgern anzubringen, wo man auch die Arme von Kreuz-Hebebühnen zum Ansatz bringt.

Gleitzeit

Schmiermittel müssen unterschiedliche Aufgaben erfüllen. So hat das Öl im Motor nicht nur den Reibungswiderstand der beweglichen Teile zu vermindern, sondern es soll auch Wärme ableiten, Verbrennungsrückstände lösen und die Brennräume zu den Kolben gegen Gas abdichten. Diese Aufgaben müssen ebensogut im Winter bei Kaltstart wie unter hohen Temperaturen bei Dauervollgas erfüllt werden.
Es liegt auf der Hand, daß ein Öl für den Hinterachsantrieb, wo es hohe Drücke aushalten soll, anders beschaffen sein muß als das Schmiermittel, mit dem man die Türscharniere beweglich hält. Deshalb gibt es fast unzählige Öl- und Fettsorten (Fett ist gleichfalls Öl, durch »Verseifung« in festeren Zustand gebracht). Hier die richtige Unterscheidung zu treffen, ist oft nicht einfach. Dieses Kapitel soll dazu beitragen, für die einzelnen Aggregate des Mercedes die geeigneten Schmiermittel aussuchen zu können.

Motorölstand kontrollieren

Pflegearbeit Nr. 1

In Abständen von 500 km sollte man kontrollieren, ob noch genügend Öl im Motor ist. Das mag manchen Leuten unnötig erscheinen, zumal wenn sie noch vom letzten Mal zu wissen glauben, daß am Ölpeilstab »voll« abzulesen war.
Tun Sie es trotzdem. Irgendwo kann inzwischen eine undichte Stelle am Motor entstanden sein (z. B. durch nachlässig eingedrehte Ölablaßschraube), die den lebenswichtigen Saft langsam entweichen läßt. Ein ernster Motordefekt wäre das Resultat. Natürlich ist ein solcher Fall die Ausnahme, aber der Spruch »Vertrauen ist gut – Kontrolle ist besser« hat hier seine besondere Berechtigung. Das Vorhandensein der Öldruckanzeige ist dann nämlich auch keine Versicherung, weil der Öldruck in kurzer Zeit sinken kann, noch bevor man das Fallen des Zeigers registriert.
Der Ölstand läßt sich nicht wie bei anderen Autos messen, wenn der Motor noch kalt ist, also vor dem Anlassen. Dann erscheint es eigentlich am praktischsten, weil in diesem Fall der Peilstab nicht abgeputzt werden müßte. Vielmehr soll man messen, wenn der Motor betriebswarm ist. Das hat den Zweck, um unterwegs bei einer Ölkontrolle nicht das Ablaufen des Öls in die Ölwanne abwarten zu müssen. Und auch der fremde Tankwart, der vielleicht voreilig den Ölpeilstab zieht, liest bei warmem Mercedes-Motor die tatsächlich vorhandene Ölmenge ab, weil die Markierungen am Ölpeilstab für diesen beschriebenen Zustand angebracht sind.
Zwei Minuten nach Abstellen des warmen Motors bietet sich am vorher herausgezogenen und gereinigten Ölmeßstab das genaueste Bild über die effektive Ölmenge. Daher ist es sinnvoll, unterwegs an einer Tankstelle zuerst zu tanken und dann die Ölstandskontrolle vorzunehmen.
Am unteren Ende besitzt der Ölstab zwei Einschnürungen: Die untere Kerbe bedeutet »Nachfüllen« und die obere zeigt »Voll« an. Wenn das Öl den Stab dazwischen benetzt, stimmt der Ölstand. Erst dann, wenn der Ölpegel bis zu unteren

Marke abgesunken ist, muß man Öl nachfüllen. Es darf auch nicht über die obere Markierung hinaus nachgefüllt werden.
Für die Kontrolle braucht man ein sauberes Stück Tuch. Das klemmt man am besten unter einem Kabelstrang oder in der Nähe des Bremsflüssigkeitsbehälters fest. Dort ist es dann bei Bedarf zur Hand. Mit ihm wischt man das vom Öl benetzte Ende des Ölpeilstabes ab, drückt den Stab wieder bis zum Anschlag in den Motor und zieht ihn erneut heraus. Nur bei warmem Motor ist dann zu erkennen, wie hoch das Öl im Kurbelgehäuse steht.
Die Ölkontrolle ist bei waagerecht stehendem Fahrzeug vorzunehmen. Nur wenig abschüssiger Untergrund genügt (auch an manchen Tankstellen anzutreffen!), das Meßergebnis zu verfälschen.
Wer auch bei kaltem Motor Gewißheit über die vorhandene Ölmenge haben möchte, muß am Peilstab zusätzliche Markierungen (Kerben mittels Feile) anbringen. Dazu bei warmem Motor Öl bis zur oberen originalen Markierung am Peilstab einfüllen, Motor abkühlen lassen, erneut messen, jetzigen Ölstand mit Kerbe markieren. Ebenso den Minimalstand ermitteln, wozu man so lange fahren muß, bis bei warmem Motor der Ölstand gerade an die untere orginale Markierung reicht, und bei kaltem Motor entsprechende Kerbe anbringen.

Verwendbare Ölsorten

Daimler-Benz unterhält eine qualifizierte Schmierstoff-Versuchsabteilung, die laufend die jeweils geeignetsten Öle und Fette ermittelt. Solche Untersuchungen beziehen sich besonders auf die Motoröle. Daraus resultiert eine Freigabeliste, in der die erprobten Marken enthalten sind und über die man sich bei jeder Mercedes-Benz-Service-Station unterrichten kann.
Die Eignung der Motoröle wird von Daimler-Benz nach dem günstigsten Verhalten unter allen Anforderungen beurteilt. Dabei werden die inzwischen gültig gewordenen neueren Leistungsnormen für Motoröle herangezogen, die international anerkannt werden und in vielen Ländern allgemein gebräuchlich sind. Das Öl, das man kauft, sollte also nicht nur mit »HD« gekennzeichnet sein, wie das bei den großen Ölfirmen lange noch üblich war, sondern eine der nachstehenden Bezeichnungen tragen.
Die Zahl der früher einmal streng ausgewählten Öle für Dieselmotoren hat sich inzwischen ganz erheblich erweitert, daher ist es an dieser Stelle nicht möglich, sie alle dem Namen nach aufzuführen (in den Betriebsstoff-Vorschriften füllen die freigegebenen Einbereichsöle sechs Seiten und die Mehrbereichsöle fünf Seiten).
Sollte also einmal ein Zweifel über die Verwendbarkeit eines Motoröls in Ihrem Wagen aufkommen, so können Sie sich vertrauensvoll an Ihre Werk-

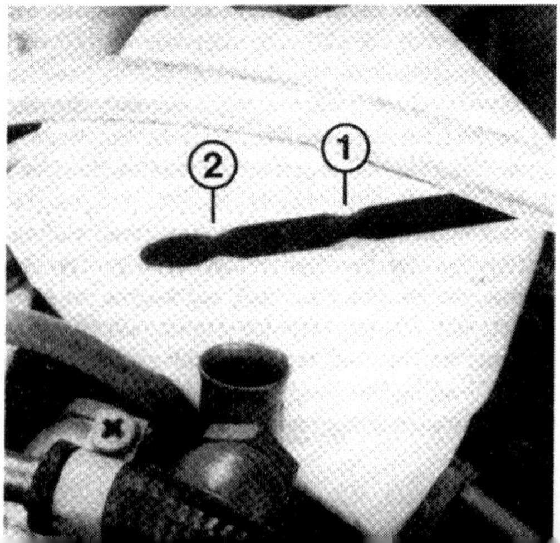

Wenn der Ölstand bis zur Minimum-Marke abgesunken ist, soll Motoröl nachgefüllt werden. Die Füllmenge zwischen Minimum- und Maximum-Markierungen beträgt 1,5 Liter (richtige Ölsorten siehe diese beiden Seiten). Über die Markierung hinaus zugefülltes Öl ist unnütz: Im Kurbelgehäuse kommt es zu Schaumbildung, das Öl wird sinnlos verbraucht. Ebenso erhöht ständiges Nachfüllen bis zur Maximalmarke den Ölverbrauch, hat also keinen Sinn und schadet nur dem Geldbeutel. Weil sich altes Öl schneller verbraucht, kann erhöhter Ölkonsum auch daran liegen, daß man schon häufig neues Öl zum alten hinzugeschüttet hat. Ein Ölwechsel kann den Verbrauch wieder sinken lassen, wenn der Motor sonst in Ordnung ist.
1 – Markierung »Voll«
2 – Markierung »Nachfüllen«.

statt wenden, die Ihnen dann freundlicherweise Einblick in die Liste gewähren kann.

Im übrigen können Sie sich beim Ölkauf an die auf Öldose oder -kanister aufgedruckten Spezifikationen halten, wenn das Öl für den Mercedes genügen soll. Zur Produktionszeit der 123-Diesel-Baureihe waren die Amerikanischen Militärspezifikationen (MIL) vorgeschrieben:

■ MIL-L-46152 ■ MIL-L-2104 C

oder die hauseigene Daimler-Spezifikation

■ OM 616-Kombitest.

Mittlerweile hat Daimler-Benz die Spezifikationen vom Comunauté des Constructeurs Automobiles du Marché Comun (CCMC), der Vereinigung der europäischen Fahrzeughersteller sowie vom Amerikanischen Petroleum Institut (API) übernommen. Die neuesten Spezifikationen lauten:

■ CCMC PD 2 ■ API CE.

Überhaupt keine Aussagekraft hat die Bezeichnung »HD«-Öl. Das ist eine völlig veraltete Qualitätsnorm, die mehr oder weniger garantiert, daß dem Öl chemische Wirkstoffe (Additive) zugesetzt sind, die das Öl alterungsbeständig halten, anfallende Säuren neutralisieren, Verbrennungsrückstände in der Schwebe halten und die Motorenteile vor Korrosion schützen. Doch diese Eigenschaften sind heute bei Motorenölen eine Selbstverständlichkeit.

Temperaturbereiche

Sollte kein Ganzjahresöl (siehe nächster Abschnitt) eingefüllt sein, muß man natürlich auch nicht bei jedem Witterungswechsel zugleich einen Ölwechsel vornehmen. Es genügt, wenn man sich grob nach den Jahreszeiten richtet und es schadet keinesfalls, wenn man bei der ersten Frühlingssonne noch das Winteröl im Motor hat. Welche SAE-Klassen den Dieselmotoren bei bestimmten Außentemperaturen am zuträglichsten sind, zeigt diese Aufstellung:

Viskosität	Eignungsbereich
SAE 5 W - 20 SAE 5 W - 30	Winter unter - 10° C
SAE 10 W - 30 SAE 10 W	Winter zwischen - 20° C und + 10° C. SAE 10 W darf nicht beim 300 Turbo Diesel verwendet werden
SAE 20 W/20	Übergangszeiten zwischen - 5° C und + 20° C
SAE 10 W - 40 SAE 10 W - 50	Ganzes Jahr zwischen - 20° C und hochsommerlichen Temperaturen
SAE 15 W - 40 SAE 15 W - 50	Sommer und Übergangszeit über - 5° C
SAE 20 W - 30 SAE 20 W - 40 SAE 20 W - 50 SAE 30	Sommer und Übergangszeit über 0° C
SAE 40	Hochsommer dauernd über + 30° C

In unseren Breiten treten anhaltende, extreme Temperaturen, wie sie in der Tabelle zuerst und an letzter Stelle erwähnt sind, praktisch nicht auf. Die an diesen Stellen genannten Öle sind daher nur bei Fahrten in nordische oder südliche Länder von Interesse.

Aus der Liste ist weiter ersichtlich, daß man ein preiswerteres Einbereichsöl getrost anstelle von Mehrbereichsöl verwenden kann, so etwa das Öl SAE 10 W während normaler Wintermonate oder ein SAE 30-Öl im Sommerhalbjahr.

Die in der Ölbezeichnung angegebenen Zahlen deuten auf ihre Eignung bei bestimmten Außentemperaturen hin. Mit den Zahlenwerten wird die Viskosität – die Zähflüssigkeit des Öls – benannt. Sie resultiert aus der Fähigkeit des Öls, schneller oder langsamer aus einem Röhrchen gleichen Durchmessers zu fließen und wurde von der amerikanischen **S**ociety of **A**utomotive **E**ngineers genormt. Die Bezeichnung der Zähflüssigkeitsklassen erfolgt deswegen mit »SAE« und einer vereinbarten Zahl. Je kleiner diese Zahl, desto dünnflüssiger ist das Öl.

Das »W« bedeutet zusätzlich »Winter«. Es ist gleichfalls dünnflüssiges Öl, das für die kalte Jahreszeit vorgesehen ist. SAE 30 und SAE 40 (ohne »W«) sind Sommeröle. Ihre Dickflüssigkeit macht sie für Winteröle ungeeignet, da u. a. dickes Öl im kalten Motor den Anlaßvorgang erschwert. Natürlich können solche Einbereichsöle in den Temperaturbereichen, die für sie vorgesehen sind, die entsprechenden Bedingungen erfüllen, für den strengen Winter eignen sie sich aber nur bedingt.

Mehrbereichsöle

Dagegen bieten Motoröle mit Bezeichnungen wie z. B. SAE 15 W-40, also mit der Angabe von zwei Zahlen, den Vorteil, eine Temperaturspanne von über 30 Grad zu umfassen. Ihre guten Eigenschaften bleiben auch am oberen oder unteren Rand der sie betreffenden Temperaturskala voll erhalten.

Genaugenommen handelt es sich bei Mehrbereichsölen um dünnflüssige Öle, denen spezielle chemische Zusätze beigegeben sind. Diese »quellen« bei höheren Temperaturen, verhindern also, daß das Öl bei höheren Temperaturen zu dünnflüssig wird, wodurch es seine Schmierfähigkeit verlieren könnte. Man sollte es sich gut überlegen, ob das Mehrbereichsöl in jedem Fall rentabel ist. Man darf auch nicht immer auf den Mann an der Tankstelle hören, der natürlich lieber das Öl verkauft, bei dem die Verdienstspanne höher ist. Wie die Einbereichsöle, unterliegen auch die Mehrbereichsöle den international gültigen Anforderungen über reinigende Öle mit niedrigem Aschegehalt.

Eine bindende Preisangabe kann hier nicht gemacht werden. Innerhalb der Vielzahl von Motorölen, die von Daimler-Benz freigegeben wurden, gibt es unbekannte und sehr preiswerte Marken als auch solche der allerorts wohlbekannten Mineralölfirmen, die aber auch zumeist an der oberen Preisgrenze liegen. Für ein Einbereichsöl müssen Sie zwischen 3 DM und 6,50 DM je Liter rechnen, während Mehrbereichsöle einiges teurer sind – der Liter von 4 Mark aufwärts bis 10 Mark. Am allerteuersten sind synthetische Öle für bis zu 16 Mark.

Unterwegs Öl nachfüllen

Zu diesem Abschnitt ist der auf Seite 69 beschriebene Handgriff »Motorölstand kontrollieren« zu vergleichen. Was dort geschrieben steht, müßte hier eigentlich wiederholt werden, denn das Ablesen des Ölstandes sollte niemals leichtfertig oder oberflächlich ausgeführt werden.

Muß man wegen Ölverbrauch Motoröl nachfüllen, ist es im Grunde egal, welche Öl-Marke gewählt wird, wenn es sich nur um eins der freigegebenen Öle handelt. Alle qualifizierten Ölsorten und -marken lassen sich (bis auf einige sehr teure Spezial- und Rennöle) untereinander mischen. Diese Mischbarkeit ohne schädliche chemische oder sonstige Folgen enthalten die internationalen Öl-Normen als Grundforderung. An Tankstellen erzählt man es manchmal anders. Es empfiehlt sich sogar, beim eventuell notwendigen Nachfüllen bei hartem Frost das dünnere Winteröl SAE 10 W zum »20er«-Öl im Motor zu nehmen (trifft nicht für den 300 TD zu). Eine neue Sorte Mehrbereichsöl erhält man dadurch zwar nicht, aber die Ölfüllung ist den Starttemperaturen besser angepaßt.

Skeptiker beruhigen ihr Gefühl, wenn sie zum Nachfüllen die gleiche Marke neh-

men, die zum Ölwechsel gewählt wurde. Unter Vorlage der Quittungen kann man dann bei einem überraschenden Motorschaden bei der treu beanspruchten Ölfirma reklamieren und feststellen lassen, ob vielleicht mit dem Öl etwas nicht stimmte. Das ist zwar äußerst selten der Fall, aber bei solchen Ausnahmen zeigen die Mineralölfirmen auch zweifellos Kulanz.
Nachfüllen von Öl ist tatsächlich erst dann notwendig, wenn der Ölstand bis zur Minimum-Marke abgesunken ist. Zu hoher Ölstand ist unnütz. Im Kurbelgehäuse kommt es zu Schaumbildung, die Leistung fällt ab, das Öl wird sinnlos verbraucht. Zuviel eingefülltes Öl wird außerdem über die Entlüftungsleitung vom Motor angesaugt.

Fingerzeige: *Hochwertiges Öl wird schon nach kurzer Laufzeit dunkel. Das beweist, daß es richtig »arbeitet« und allen anfallenden Schmutz in der Schwebe hält. Es ist jedoch noch kein Zeichen zum Ölwechsel und soll Sie nicht besorgt machen.*
Zusatzmittel zum Motoröl kosten Geld und bringen nichts. Die heutigen Öle namhafter Mineralölhersteller sind so »konstruiert«, daß sie die Ansprüche der Motorenhersteller erfüllen. Behauptungen, daß Zusatzmittel zu diesen Ölen die Spitzengeschwindigkeiten erhöhen, den Kraftstoffverbrauch herabsetzen oder Reparaturkosten sparen, hat uns noch niemand beweisen können.

Motoröl- und Filterwechsel

Gemäß dem Mercedes-Pflegeplan sollen Motoröl und Ölfilter alle 7500 km gewechselt werden. Wenn der Wagen wenig gefahren wird, ist in jedem Fall für einen Wechsel von Öl und Filter im Frühjahr und im Herbst zu sorgen. Dadurch wird das Vorhandensein der für die betreffenden Jahreszeit vorgeschriebenen Viskosität gewährleistet.
Daimler-Benz empfiehlt darüber hinaus, diesen Wechsel bei »schweren« Betriebsbedingungen, also bei überwiegenden Fahrten in der Stadt oder in staubigen Gegenden, in kürzeren Abständen vorzunehmen. Allerdings zwingen nur sehr krasse Bedingungen zu solchem Verhalten, etwa dann, wenn der Mercedes vorwiegend auf Baustellen benutzt wird. An warmen Sommertagen mag das noch angehen, aber winterliche Temperaturen verschlechtern solche Bedingungen für den Motor erheblich. Überhaupt hat kein Motor ständigen Kurzstreckenverkehr gern.
Heutige Qualitätsöle besitzen andererseits derartige Eigenschaften, daß ihre volle Schmierkraft auch über die gestellte 7500-km-Grenze erhalten bleiben kann. Das setzt voraus, daß der Wagen nicht mit zu kaltem Motor gequält wird. Aus Sicherheitsgründen steht man bei Daimler-Benz aber auf dem Standpunkt, daß nach 7500 km das Öl doch strapaziert ist und seine Funktion nur noch unvollkommen erfüllt. Häufige Kurzstreckenfahrten fördern Verunreinigungen, versetzt mit Kraftstoffkondensaten, die der schmierenden Eigenschaft des Öls abträglich sind. Altes Öl verbraucht sich außerdem schneller.
Jeden Öl- und Filterwechsel soll man im Wartungsheft bestätigen lassen. Damit erhält man sich eventuelle Ansprüche. Motorschäden, die trotz der fristgerecht vorgenommenen Wechsel möglicherweise eintreten, können dann vom Werk dem Autobesitzer nicht als Folge eines Verstoßes gegen die Wartungsvorschriften ausgelegt werden.
Beide Arbeiten, Ölwechsel und Filterwechsel, gehören zusammen. In den beiden folgenden Abschnitten haben wir diese Pflegepunkte auseinandergezogen, weil es unter ganz besonderen Umständen einmal vorkommen kann, daß ein Ölwechsel vorgenommen werden muß, ohne daß gleich ein passender Filtereinsatz zur Hand ist.

Motoröl wechseln

Pflegearbeit Nr. 8

Der erste Ölwechsel im neuen Motor muß nach den ersten 500–1000 km vorgenommen werden. Auch wenn dieses Öl noch sehr klar erscheint, hat es doch seine Aufgabe erfüllt, die bei neuen Motoren zwangsläufig vorkommenden Abriebsteilchen wegzuschwemmen. Diesen Ölwechsel, wie auch den bei km-Stand 7500, nimmt jeder Mercedes-Service bei jenen unbedingt einzuhaltenden ersten Inspektionen vor.

Ölwechsel kann beim Mercedes auf zweierlei Weise erfolgen: Entweder man läßt das Öl aus der Ölwanne ablaufen, oder es wird abgesaugt. Beim Mercedes-Service wählt man zumeist die letztere Methode, zumal das Führungsrohr für den Ölmeßstab bei den Modellen ab 1976 eigens dafür gestaltet wurde. Zu diesem Zweck wird bei betriebswarmem Motor der Stutzen des Sauggerätes auf dem Ölmeßstab-Führungsrohr angesetzt, nachdem der Meßstab herausgezogen ist. Das Mundstück des Sauggerätes paßt abdichtend in das Führungsrohr, so daß keine Nebenluft mitgesaugt werden kann. Wenn das ganze Öl im Motor abgesaugt ist, wird über das vorher geöffnete Ölfiltergehäuse nur noch Luft angesaugt, und das Gerät schaltet sich automatisch ab.

Grundsätzlich muß vor dem Ölwechsel (auch bei der sonst üblichen Ablaßmethode) die Möglichkeit geschaffen werden, daß das Öl auch aus dem Motorölfilter ablaufen kann. Der Filtereinsatz ist herauszunehmen, damit das Öl von dort in die Ölwanne fließen kann (siehe nächster Abschnitt).

Zum Absaugen sollte nur das in der Mercedes-Werkstatt vorhandene Absauggerät eingesetzt werden, weil es die Gewähr bietet, daß die gesamte Ölmenge entfernt wird. Auch die an den Tankstellen gebräuchlichen Absauggeräte besitzen Sonden, die in das Ölmeßstab-Führungsrohr bis in die Ölwanne eingeführt werden. Nicht bei allen diesen Geräten ist aber die Gewißheit gegeben, daß auch der letzte Ölrest abgesaugt wird.

Die althergebrachte Methode, das alte Öl auslaufen zu lassen, kann man beim Mercedes-Service oder an einer Tankstelle vornehmen lassen oder daheim machen. Im allgemeinen ist die Tankstelle aus folgenden Gründen vorzuziehen:

1. Das Motoröl muß warm gewechselt werden, damit es restlos mit allem Schmutz gut abläuft. In Werkstätten muß der Wagen oft lange warten, und inzwischen wird der Motor wieder kalt. An Tankstellen hat man für diese Arbeit oft schon nach wenigen Minuten Zeit.

2. Beim Ölwechsel fällt Altöl an, das Sie nicht in der Wiese versickern lassen oder in die Kanalisation schütten dürfen; das Grundwasser würde zu Tausenden von Litern verseucht. Bei einer Tankstelle ist das Altöl besser aufgehoben, doch sie ist nicht zur Annahme von fremdem Öl verpflichtet. Dann können Sie das verbrauchte Öl aber auch noch kostenlos bei einer Altölsammelstelle abgeben.

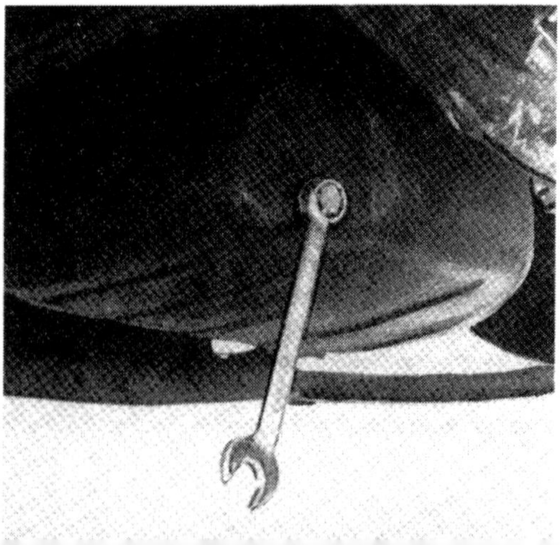

Hat man keine Grube zur Verfügung, sollte der Wagen zum Ablassen des Motoröls möglichst allseitig gleichmäßig hochgebockt sein. Wagen zur Sicherung abstützen! Die Ölablaßschraube befindet sich an der Unterseite der Ölwanne, sie kann nur mit einem Ring- (oder Gabel-)schlüssel SW 13 herausgedreht werden. Beim Hineindrehen der Schraube darf keine Gewalt angewendet werden, damit man das Gewinde nicht beschädigt.

Bei der Ausführung des Ölfilters mit Zentralschraube ist diese etwa 50 mm herauszuziehen, bis die Drosselbohrung am Schaft der Schraube zu sehen ist. Dann kann das Motoröl aus der Ölwanne abgelassen oder abgesaugt werden. Anschließend wird der Filtereinsatz erneuert (am Drahthenkel herausheben). Der Dichtring des Deckels muß erneuert werden oder ist nach Befund zu erneuern. Die Zentralschraube ist mit 20 Nm (2,0 kpm) anzuziehen.

Deren Adresse erfahren Sie von der Gemeindeverwaltung, der örtlichen Polizei oder von der nächsten ADAC-Geschäftsstelle. Hat man jedoch den Ehrgeiz und die Möglichkeit, es selber zu machen, dann werden benötigt:

- Ein neuer Ölfiltereinsatz (siehe nächsten Abschnitt).
- 6,5 Liter Motoröl (Inhalt der Ölwanne allein: 5 Liter). Die verwendbaren Ölsorten sind in der Tabelle auf Seite 71 zu finden.
- Ringschlüssel SW 13 zum Öffnen und Schließen der Ablaßschraube sowie des Filterdeckels.
- Gefäß zum Auffangen des Altöls.

Die Arbeit verläuft folgendermaßen: Hat man keine Grube, muß der Wagen allseitig hoch aufgebockt werden, damit der Motor sich in waagerechter Stellung befindet und das Öl vollkommen auslaufen kann. Wanne oder sonstiges Gefäß zum Auffangen des Altöls unterschieben. Zunächst Ölfilter öffnen wie beschrieben. Ablaßschraube öffnen (Vorsicht bei heißem Öl) und Öl auslaufen lassen. Danach Ablaßschraube mit neuem Dichtring wieder festdrehen, aber nicht »anknallen«. Neuen Filter einsetzen.

Nun wird das frische Motoröl oben in den Einfüllstutzen auf dem Zylinderkopfdeckel eingefüllt. Ganz zum Schluß wird nach einigen Minuten noch einmal der Ölmeßstab gezogen, denn sicher ist sicher. Es soll nämlich schon vorgekommen sein, daß oben das Öl eingefüllt wurde und unten die Ablaßschraube noch gar nicht drin war. In diesem Zusammenhang ist es interessant zu wissen, wieviel Einfüllmenge die Differenz zwischen oberer und unterer Meßmarke am Ölpeilstab ausmacht: Es sind bei allen Motoren 1,5 Liter.

Was den Ölverbrauch betrifft, so kann man eine Menge bis zu 1 Liter auf 1000 km als völlig normal ansehen. Wenn der Motor so alt ist, daß auf 100 km schon 0,25 Liter verbraucht werden, ist eine Überholung eigentlich schon längst fällig.

Ölfilter erneuern

Pflegearbeit Nr. 9

Innerhalb der Mercedes-123-Diesel-Baureihe kommen zwei verschiedene Ölfiltergehäuse vor. Einmal wird der Gehäusedeckel von einer Zentralschraube festgehalten, zum anderen von zwei seitlich angeordneten Muttern.

Schon vor dem Ölwechsel ist der Deckel zu lösen (Ringschlüssel SW 13). Beim Typ mit Zentralschraube wird diese losgeschraubt und um etwa 5 cm aus dem Deckel herausgezogen, bis die Bohrung in dem Schraubenschaft über der Oberfläche des – weiterhin aufliegenden – Deckels zu sehen ist. Am Typ mit zwei Verschlußmuttern sind dieselben abzuschrauben und der Deckel abzuheben.

Nachdem das Motoröl abgesaugt oder abgelaufen ist, zieht man den Filtereinsatz aus dem Filtergehäuse. Der Einsatz besitzt einen Drahtbügel als Griff. Bei

Bei der Ausführung des Ölfilters mit zwei Befestigungsmuttern für den Deckel sind diese mittels Ringschlüssel SW 13 abzuschrauben und der Deckel wird abgenommen, bevor man das Motoröl aus der Ölwanne abläßt oder absaugt. Dann wird der Filtereinsatz herausgehoben und der neue Einsatz eingesetzt. Der Gummidichtring am Deckel ist zu erneuern. Nach Aufsetzen des Deckels werden beide Muttern mit 20 Nm (2,0 kpm) festgezogen, also nur mit geringem Kraftaufwand, damit der Dichtring nicht zerquetscht wird.

dem Filter handelt es sich um einen kombinierten Haupt- und Nebenstromfilter. Ein derartig aufwendiger Filter ist bei Dieselfahrzeugen mit ihrer erhöhten Ölbeanspruchung auch nötig. Bei der Hauptstromfilterung wird das gesamte Motoröl von der Ölpumpe durch den gröberen Filter gedrückt. Parallel zum Schmierkreislauf fließt bei der Nebenstromfilterung das Motoröl durch einen feineren Filter. Eine Reinigung des Filters ist nicht möglich.
Daimler-Benz sieht vor, daß zum Ersatz nur der Original-Kombifiltereinsatz mit der Teil-Nr. 617 184 00 25 oder 617 184 01 25 verwendet wird. Es muß sich also um ein Original-Ersatzteil mit aufgeprägtem Mercedes-Stern handeln.
Gleichzeitig mit dem Filterwechsel muß der Gummidichtung zwischen Deckel und Gehäuse erneuert werden. An der Zentralschraube ist der Zustand des vorhandenen Dichtringes zu prüfen; sind daran Verdrückungen oder Beschädigungen festzustellen, muß auch dieser kleine Ring ersetzt werden.
Nach Einsetzen des frischen Filters in das Gehäuse wird der Deckel wieder befestigt. Zentralschraube oder Muttern sollen mit etwa 2 kpm angezogen werden, man darf also keinesfalls Gewalt beim Festdrehen anwenden, damit der Gummidichtring nicht zerquetscht wird.

Fingerzeig: *Das alte Ölfilter wird zunächst über der Altölwanne ausgeleert, darf dann aber nicht einfach in die Hausmülltonne geworfen werden. Sie müssen es – wie auch alte ölgetränkte Lappen – zum Sondermüll geben. Wo sich eine Annahmestelle befindet, sagt Ihnen die Stadt- oder Kreisverwaltung.*

Ölstand im Ölbadluftfilter kontrollieren

Pflegearbeit Nr. 10

Diese und die im nächsten Abschnitt beschriebenen Arbeiten betreffen nicht den Motor vom Typ 300 D, der mit einem Trockenluftfilter ausgestattet ist. Wie im Luftfilter soll im Ölbadfilter die vom Motor angesaugte Verbrennungsluft von Schmutzteilchen gereinigt werden. Das wird erreicht, indem die Luft durch das mit Öl getränkte Drahtgespinst geschickt wird, was nur bei genügend hohem Ölstand im Filtergehäuse wirksam geschieht. Dabei werden von dem Öl die Staubteilchen weitgehend festgehalten, und sie lagern sich auf dem Boden des Filtertopfes ab. Siehe dazu das Bild auf Seite 113 unten.
Der Ölstand soll alle 7500 km, bei Fahrten durch staubige Gegenden oder über unbefestigte Straßen kurzfristiger kontrolliert werden. Dazu rückt man die Klammern am Rand des Gehäusedeckels ab und zieht den Deckel zur Seite, was wegen der Faltenbälge zwischen Deckel und Motor möglich ist. Der Filtereinsatz wird aus dem Topf gehoben, und der Stand des Ölbades läßt sich erkennen. An der Innenwand des Filtertopfes ist eine Markierung angebracht, die den Höchst-

und Niedrigstand des Öls kennzeichnet. Eine fehlende Menge ist durch die gleiche Ölsorte zu ergänzen, die auch für den Motor verwendet wird (siehe Seite 70). Bei stark verschmutztem Öl im Filtertopf hat es keinen Sinn, einfach frisches Öl nachzugießen. Vielmehr ist der allgemein für alle 15 000 km vorgesehene Ölwechsel vorzuziehen. Man kann eine solche Verschmutzung recht einfach feststellen: Man fährt mit Daumen und Zeigefinger in das Ölbad bis zum Boden des Filtertopfes. Reibt man den Bodensatz zwischen den Fingern und lassen sich dabei Schmutzteilchen fühlen, muß das Öl gewechselt werden.

Ölbadluftfilter reinigen

Pflegearbeit Nr. 15

Nach Verschmutzung des Ölbades müssen das Filteröl erneuert und der komplette Ölfilter gereinigt werden. Im Normalfall soll das jeweils nach 15 000 km geschehen, bei schneller verschmutztem Öl in kürzeren Intervallen.
Das Filtergehäuse ist auseinanderzunehmen und abzubauen: Spannverschlüsse am Deckel lösen. Klemmschraube des Schlauchbinders zur Befestigung zwischen Faltenbalg und Luftschlauch lockern. Deckel abnehmen. Luftfiltereinsatz herausheben und in einem Gefäß ablegen. Befestigung des Filtertopfes am Innenblock des Motorraumes lösen. Filtertopf entleeren (Altölbeseitigung ohne Umweltverschmutzung beachten).
Deckel und Topf lassen sich am besten mit Dieselkaftstoff reinigen. Die Filterteile dürfen nicht mit Putzwolle ausgewischt werden, sondern es sind nichtfasernde Tücher zu verwenden. Der Luftfiltereinsatz wird ebenfalls mit Dieselkraftstoff (oder in Petroleum) gründlich ausgewaschen und muß vor dem Einbau gut abgetropft sein (in der Werkstatt wird er mit Preßluft abgeblasen).
Der wieder angebaute Filtertopf ist bis zur Markierung mit Motoröl zu befüllen (Ölsorten Seite 71). Filtereinsatz in den Topf hängen und Deckel befestigen.
Luftfilter mit Papiereinsatz siehe Seite 113.

Motor-Reguliergestänge prüfen und schmieren

Pflegearbeit Nr. 11

Zwischen »Gas«-Pedal und Drosselklappenstutzen (siehe Kapitel »Die Einspritzanlage«) am Motor sorgt das beim Niedertreten und Zurücklassen des Pedals bewegte Reguliergestänge für die entsprechende Übertragung. Alle Lagerstellen und Gelenke müssen ohne Hemmung beweglich sein. Damit diese Beweglichkeit erhalten bleibt, muß regelmäßig geschmiert werden.
Gut geeignet sind handelsübliche Ölkännchen, deren Inhalt auch zum Schmieren von Türscharnieren usw. bestimmt ist. Das Ölen der miteinander verbundenen Teile bereitet keine Schwierigkeiten. Die Kugelgelenke lassen sich durch hebelnde Bewegung mit einem breiten Schraubenzieher trennen, denn sie sind nur aufeinandergedrückt: Eine Feder in der Kugelpfanne hält die Kugel fest. Mit kräftigem Fingerdruck kann man die gelöste Kugel wieder in ihren Sitz bringen.

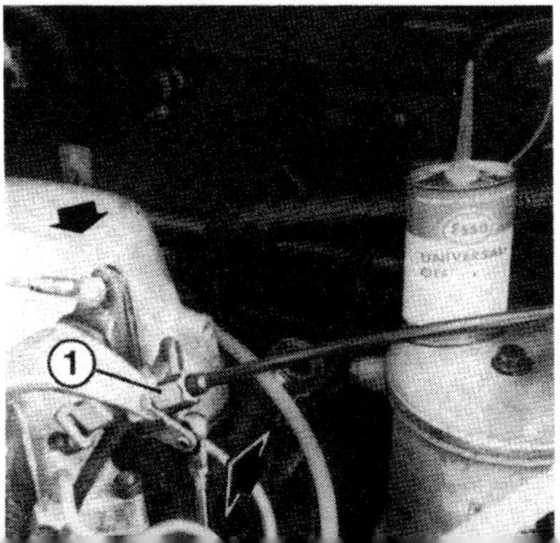

Leicht zugängliche Schmierstellen, wie hier die Gelenke des Gestänges zum Drosselklappenstutzen (Pfeile), lassen sich mit einem einfachen Ölkännchen versorgen. Diese Kugelgelenke sind nur aufeinandergedrückt, eine Feder in der Kugelpfanne hält den Kugelkopf fest.
Die beiden Teile lassen sich durch hebelnde Bewegungen mit einem breiten Schraubenzieher ohne weiteres trennen und durch Fingerdruck wieder zusammenpressen.
1 – Einstellschraube für den Leerlaufversteller bei den Motoren 615 und 616.

Getriebeölstand kontrollieren

Mechanisches Getriebe

Pflegearbeit Nr. 28

Oben an der rechten Seite des Getriebegehäuses sitzt eine Schraube mit Innensechskant, die nach Herausschrauben eine Kontrollöffnung für den Getriebeölstand bietet. Natürlich darf der Wagen bei dieser Kontrolle nicht schräg stehen. Reicht bei waagerecht aufgebocktem Auto der Ölstand bis zur Unterkante der Einfüllöffnung – man kann das mit einem Finger fühlen –, ist alles in Ordnung. Damit das Gewinde nicht leidet, darf man danach die Kontrollschraube nicht zu fest eindrehen.

Wenn man Ölmangel vermutet, ist von eigenhändigem Nachfüllen abzuraten. In der Regel fehlt nur eine geringe Menge oder gar nichts. Fehlt eine größere Menge, dann dürfte irgendwo das Gehäuse undicht sein, was schon äußerlich an Ölschmutzkrusten erkennbar ist. Zum Abdichten ist aber die Werkstatt zuständig, und Nachfüllen besorgt auch besser eine Tankstelle. Diese Sicherheitskontrolle sollte alle 15 000 km stattfinden. Die erforderliche Ölsorte ist dem übernächsten Abschnitt zu entnehmen.

Automatisches Getriebe

Pflegearbeit Nr. 7

Wenn Sie einen Mercedes mit dieser Bedienungserleichterung besitzen, dann ist zugleich der Abschnitt auf Seite 125 von Interesse, wo die Getriebeautomatik ausführlicher beschrieben ist.

Hier sei darauf hingewiesen, daß der richtige Ölstand am Peilstab bei warmem Motor zwischen den beiden Markierungen abzulesen sein muß, was aber nur zutreffend ist, wenn man unterwegs mißt. Wenn das Getriebe nicht betriebswarm ist, soll der Motor 1–2 Minuten laufen, damit das Öl eine Temperatur von etwa 20–30° C erhält. Dann muß der maximale Ölstand rund 30 mm unterhalb der unteren Marke am Ölpeilstab abgezeichnet sein.

Bei gleicher Füllmenge ergeben sich also in Abhängigkeit von der Temperatur unterschiedliche Anzeigen am Ölmeßstab. Das liegt einfach daran, daß sich diese Flüssigkeit bei Wärme ausdehnt.

Die Kontrolle erfolgt in beiden Fällen bei laufendem Motor in der Wahlhebelstellung »P« (Feststellbremse treten). Man sollte sie aus Sicherheitsgründen immer nach der Kontrolle des Motorölstandes vornehmen, auch wenn die Bedienungsanleitung zu dem Wagen größere Intervalle – bis zu 7500 km – offen läßt. Zum Abwischen des Ölmeßstabes nur ein fusselfreies Tuch benutzen.

Vorgeschriebene Ölsorten

Ob Schalt- oder Automatikgetriebe – im Bedarfsfall muß das genau richtige Getriebeöl eingefüllt werden.

Zum Nachfüllen im mechanischen Getriebe dient beim Mercedes eine besondere Flüssigkeit, die bei anderen Kraftfahrzeugherstellern zumeist nur für automatische Getriebe verwendet wird. Sie trägt die Bezeichnung ATF (»Auto-

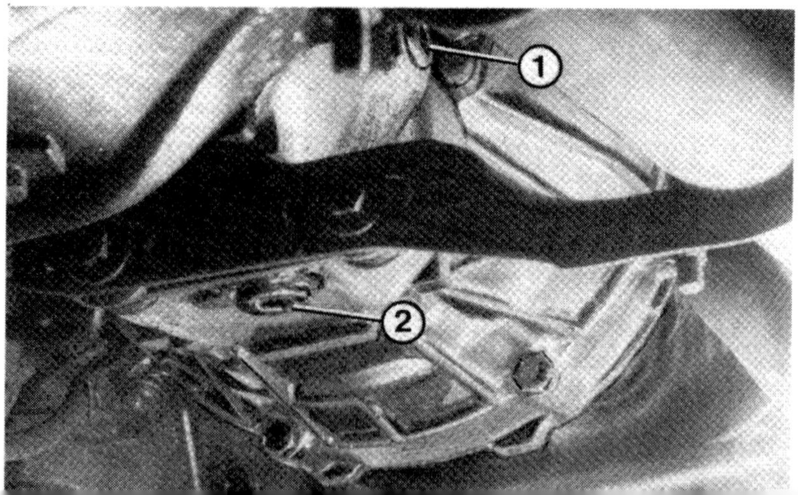

An der rechten Seite des Getriebegehäuses befindet sich die Einfüll- bzw. Kontrollschraube (1) und unten die Ablaßschraube (2). Beide sind nur mit Inbusschlüssel SW 13 zu bedienen. Ölstandskontrolle und Ölwechsel sind Arbeiten, die am schnellsten in einer Tankstelle verrichtet werden können.

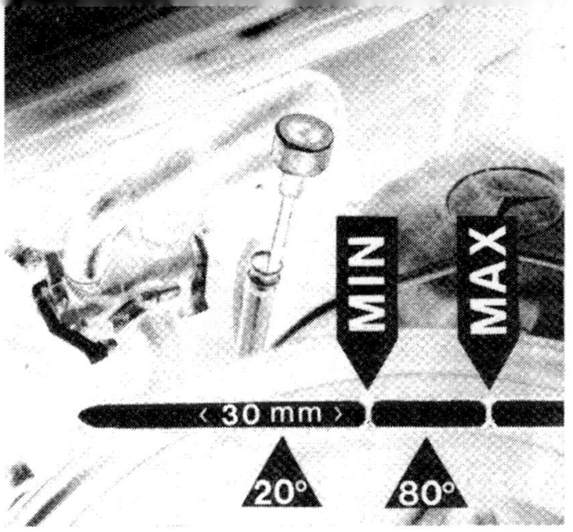

Der Ölstab des automatischen Getriebes sitzt in einem Führungsrohr hinten im Motorraum. Bei kaltem Getriebe (Öltemperatur 20° bis 30° C) soll sich der Ölstand maximal 30 mm unter der Marke MIN abzeichnen. Bei Betriebswärme (Öltemperatur 80° C) muß sich das Ölniveau zwischen den Marken MAX und MIN befinden. Steht das Öl über MAX, muß die zuviel eingefüllte Menge abgelassen oder abgesaugt werden.

matic Transmission Fluid« = Automatik-Getriebe-Flüssigkeit). Diese Besonderheit ist streng zu beachten, denn die Vorteile dieser Flüssigkeit – nahezu gleichbleibende Viskosität bei allen Temperaturen – dürfen durch Hinzufügen eines gewöhnlichen oder sonst auch üblichen Hypoidgetriebeöls nicht geschmälert werden. Die von Daimler-Benz freigegebenen Flüssigkeitsgetriebeöle sind in einer Liste, über die jeder Mercedes-Service verfügt, enthalten.
Für das automatische Getriebe ist ein Flüssigkeitsgetriebeöl (ATF) für Mercedes-Benz-Getriebe mit 3 Planeten-Radsätzen und Wandler-Getriebe zu benutzen. So ist es in den Betriebsstoff-Vorschriften von Daimler-Benz festgelegt. Auch diese Liste enthält eine ganze Reihe von Ölarten, zu erfragen beim Werkstatt-Service, wobei die Öltypen-Bezeichnungen in aller Regel noch das Wort »Dexron« enthalten.

Ölwechsel im mechanischen Getriebe

Diese Arbeit gehört zur Arbeit der 1. Durchsicht bei km-Stand 500–1000 und der 2. Durchsicht bei km-Stand 7500, und sie soll dann nur in der Werkstatt vorgenommen werden. Das Viergang-Getriebe ist mit 1,6 Liter befüllt. Ein sonst von früher bei Mercedes bekannter regelmäßiger Ölwechsel entfällt.

Ölwechsel im automatischen Getriebe

Pflegearbeit Nr. 46

Zum Ölwechsel im automatischen Getriebe, den die Betriebsanleitung alle 45 000 km vorschreibt, sind 4,8 Liter des schon erwähnten Spezialöls erforderlich. Wenn das Auto unter erschwerten Bedingungen läuft, etwa als Taxi oder als Zugwagen mit Anhänger, so sollte die vorgegebene Wegstrecke zum Ölwechsel nur zur Hälfte ausgenutzt werden.
Dieser Wartungsdienst muß der Werkstatt vorbehalten bleiben, weil zugleich die Erneuerung des Ölfilters vorgenommen wird und bestimmte Arbeitsabläufe einzuhalten sind. Der Wagen muß fahrbereit auf ebenem Boden stehen, das Getriebe soll betriebswarm sein, der Motor ist abgestellt. Das an der Getriebeölwanne befindliche Öleinfüllrohr wird abgeschraubt, wonach das Öl abläuft. Die Kurbelwelle ist so zu drehen, daß die Ölablaßschraube des Drehmomentwandlers in der runden Öffnung der gerippten Abdeckung sichtbar wird. Auch diese Schraube wird herausgedreht und nach Ablaufen des Öls mit neuem Dichtring wieder eingeschraubt, ebenso das Öleinfüllrohr angeschraubt. Mittels Trichter füllt man bei stehendem Motor zunächst ca. 4 Liter Getriebeflüssigkeit ein, dann läßt man den Motor in Wählhebelstellung »P« laufen. Die restliche Ölmenge wird eingefüllt. Nachdem der Wählhebel jeweils für einige Sekunden in die Stellungen »R – N – D – N – R« und schließlich wieder in »P« gerückt wurde, ist nochmals der Ölstand zu kontrollieren.

Bei eingebauter Servo-Lenkung muß der Flüssigkeitsstand im Ölbehälter regelmäßig überprüft werden. Dazu ist die Flügelmutter (1) abzuschrauben und der Deckel (2) kann abgehoben werden. Das Antriebsrad (3) der Pumpe wird von der Kurbelwelle über einen besonderen Keilriemen angetrieben.

Ölstand im Lenkgehäuse kontrollieren

Pflegearbeit Nr. 24

Alle 15 000 km soll im Getriebegehäuse (es sitzt im Motorraum hinten links unten) der serienmäßigen Lenkung der Ölstand überprüft werden. Dazu ist die oben auf dem Gehäusedeckel sitzende Kontroll- und Einfüllschraube herauszudrehen, siehe dazu Bild Seite 131. In Mittelstellung der Lenkung soll der Ölstand bis zur Unterkante des Gewindes in der Öffnung reichen.

Eine fehlende geringfügige Menge kann man selbst nachfüllen. Sollte ungewöhnlich viel Öl fehlen, muß die Werkstatt konsultiert werden, da dann das Getriebegehäuse irgendwo undicht sein dürfte. Als Schmiermittel dient Hypoid-Öl SAE 90 oder SAE 85 W/90 – die gleiche Sorte wie für die Hinterachse.

Ölstand in der Servo-Lenkung kontrollieren

Pflegearbeit Nr. 25

Der Flüssigkeitsstand im Ölbehälter zur Servo-Lenkung, der neben dem Motor vorne links sitzt, ist nach jeweils 15 000 km zu überprüfen. Eine richtige Kontrolle ist nur bei warmem Motor möglich. Zu diesem Zweck ist die Flügelmutter auf dem Deckel loszudrehen und der Deckel wird abgehoben. Das Niveau der Ölfüllung muß bis zur Markierung im Vorratsbehälter reichen.

Sollte es an Öl fehlen, kann man den Bedarf in der nächsten Mercedes-Werkstatt ergänzen lassen. Dort wird Flüssigkeitsgetriebeöl, wie es auch im mechanischen Getriebe vorhanden ist, nachgefüllt. Ist die Fehlmenge jedoch erheblich, muß die Werkstatt die Ursache des Ölverlustes ergründen.

Hinterachsölstand kontrollieren

Pflegearbeit Nr. 33

Jeweils nach 15 000 km Laufstrecke soll der Ölstand in der Hinterachse geprüft werden. Dazu steht der Wagen am besten über einer Grube. Für Tankstelle oder Werkstatt ist die Kontrolle eine kurze Arbeit. Wer es selbst machen will, braucht dazu einen Inbusschlüssel SW 14 für die Kontrollschraube. Diese befindet sich,

Das Gehäuse des Hinterachsgetriebes, von rechts gesehen. 1 – Kontroll- und Einfüllschraube, 2 – Ablaßschraube. Auf beide paßt ein Inbusschlüssel für Innensechskantschrauben SW 14. Das Öl soll bis zur Unterkante der Öffnung für die Einfüllschraube stehen.

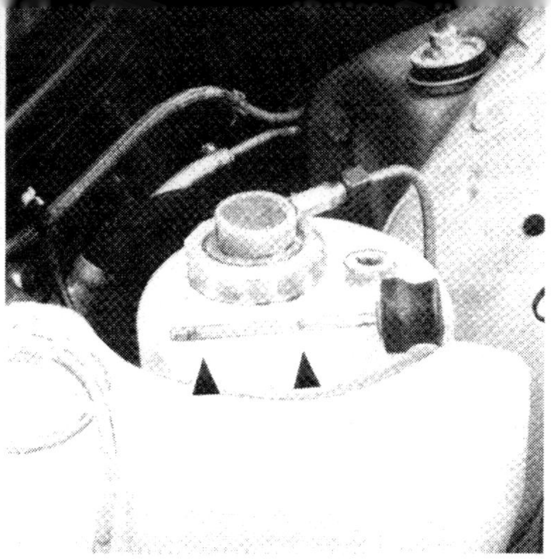

Wie auf dieser Seite beschrieben, verfügt der Vorratsbehälter für die Niveau-Regulierung über einen Meßstab, an dem sich die Menge des Hydrauliköls abzeichnet. Am herausgezogenen Meßstab erkennt man zwei Markierungen: Die Differenz zwischen oberer und unterer Markierung beträgt etwa 0,6 Liter.

wie das Bild links unten zeigt, am hinteren Gehäusedeckel des Differentials. Wie beim Schaltgetriebe ist alles in Ordnung, wenn das Öl bis zur Einfüllöffnung steht. Bei größerem Ölverlust muß die Werkstatt die Ursache dazu beseitigen.
Wenn der Wagen auf seinem Standplatz Öltropfen hinterläßt, sollte man der Ursache nachgehen. Aber z. B. nach scharfer Fahrt kann sich Öldunst oben am Achsgehäuse in der Nähe des Belüftungsventils niederschlagen, was ohne Bedeutung ist.
Das Hinterachsgehäuse ist mit Hypoid-Getriebeöl SAE 90 befüllt; seit 1980 ist auch das Hypoid-Getriebeöl SAE 85 W/90 freigegeben. »Normales« Getriebeöl darf ebenso wie sogenanntes Mehrzweck-Getriebeöl nicht verwendet werden. In dem schrägverzahnten Hinterachsgetriebe des Mercedes wird das Schmieröl außergewöhnlich hohen Drücken ausgesetzt. Dieses Bedürfnis kommt jedoch bei den Bezeichnungen der dafür geeigneten Hypoid-Getriebeöle nicht immer klar zum Ausdruck. Im Zweifelsfall muß in den Betriebsstoff-Vorschriften auf die Freigabe eines ausgesuchten Öls geachtet werden.

Hinterachsöl wechseln

Ein regelmäßiger Ölwechsel, wie es früher bei Mercedes-Wagen üblich gewesen ist, braucht nicht mehr vorgenommen werden. Allerdings findet ein einmaliger Ölwechsel anläßlich der 2. Durchsicht bei km-Stand 7500 statt, doch darum kümmert sich ohnehin die Werkstatt. Selbstverständlich wird das Öl gewechselt, wenn die Hinterachse repariert werden muß. Die Einfüllmenge beträgt dann 1 Liter des eben näher bezeichneten Öls.

Ölstand der Niveau-Regulierung kontrollieren

Pflegearbeit Nr. 23

Der Vorratsbehälter aus Kunststoff der Anlage – sofern sie vorhanden ist – befindet sich im Motorraum hinten rechts. Er soll maximal mit 1,8 l und minimal mit 1,2 l befüllt sein. Insgesamt befinden sich in der Anlage rund 3,5 l Hydrauliköl, z. B. der gebräuchlichen Marke Aral 1010 (Freigabe beachten!).
Der Behälter verfügt über einen Verschluß mit Meßstab, an dem sich nach Herausziehen die Menge des Inhaltes ablesen läßt. Auch außen am Behälter sind entsprechende Markierungen angebracht. Die Kontrolle des Flüssigkeitsstandes muß bei stehendem Motor und in fahrfertigem Zustand des Wagens vorgenommen werden.
Das Hydrauliköl wird über einen Trichter eingefüllt. Um Verunreinigungen fernzuhalten, benutzt die Werkstatt einen Trichter mit Filter.
Als maximal zulässiger Ölverbrauch auf 5000 km werden 0,2 l angesehen, das sind am Ölmeßstab 13 mm unter der oberen Marke: auf 7500 km maximal 0,3 l = 20 mm am Ölmeßstab.

Fettfüllung der Nabenkappen erneuern
Pflegearbeit Nr. 49

Im Abschnitt über die Radlager auf Seite 129 sind nähere Einzelheiten zum Ablauf dieser Arbeit aufgeführt. Da sie zu dem 45 000-km Turnus gehört, fällt sie mit jeder dritten Überprüfung der Bremsanlage zusammen, die man ohnehin der Werkstatt überlassen soll. Bei dieser Gelegenheit kann auch die Fettfüllung in den Nabenkappen erneuert werden, womit man die Schmierung der Vorderradlager sicherstellt. Es lohnt sich nicht, deswegen spezielles Wälzlagerfett oder ein vorgeschriebenes Mehrzweckfett zu kaufen.

Klappbaren Außenspiegel schmieren
Pflegearbeit Nr. 43

Der Außenspiegel ist vom Innenraum aus verstellbar, ohne daß man nur zu seiner Einstellung das Fenster öffnen muß. Der dazu notwendige Mechanismus muß natürlich beweglich bleiben. Obwohl er gegen Witterungseinflüsse weitgehend geschützt ist, soll man alle 15 000 km für eine neue Schmierung sorgen.
Um an die Innereien des Spiegels zu gelangen, gibt man ihm mit dem Handballen einen leichten Stoß von hinten nach vorn. Dabei werden an seiner zum Fenster gerichteten Seite von oben und unten die Rastbügel aus den Rastbolzen gedrückt: Das Spiegelgehäuse klappt nach außen auf. Zu schmieren sind die Lagerstellen der eben erwähnten Bügel und Bolzen sowie die Lager der beiden Rastbolzen, wobei man den Spiegel mehrmals hin- und herbewegt. Als Schmiermittel kann jedes übliche Mehrzweckfett verwendet werden. Abschließend wird der Spiegel wieder in seine Lagerung eingerastet.

Motorhaube, Türscharniere und Türschlösser schmieren
Pflegearbeit Nr. 44

Scharniere und Schlösser sollen nicht quietschen oder klemmen, deshalb brauchen sie nach 15 000 km oder etwa nach einem Jahr ein wenig Fett. Bei den Lagerstellen der beweglichen Haubenteile muß es Öl sein, nur sollte man beachten, daß man später nicht die Kleidung beschmutzt, wenn man einmal an dieser Schmierstelle streift.
Die acht Türscharniere müssen mit Fett (Mehrzweckfett) versorgt werden, und dazu verfügen sie über besondere Hohlnippel. Man kann das Fett also nicht einfach an das Scharnier anbringen, sondern man benötigt dazu eine Fettpresse mit Spitzmundstück. Eine solche besitzt der Heimwerker gewöhnlich nicht, daher überläßt man diese Arbeit der Tankstelle oder der Werkstatt.
Anders ist es bei den Türschlössern. Hier wird einfach an den Schließzapfen und Schließösen etwas Abschmierfett aufgetragen, ebenso an der Falle unterhalb des Schließzapfens. Es sollte aber nicht irgendein Fett sein, sondern Retinax G von Shell, das zäh genug ist, für lange Zeit an der aufgebrachten Stelle auch zu bleiben und zu schmieren. Alte Fettreste werden zuvor entfernt, und nach der Versorgung mit neuem Fett wischt man die eventuell überschüssigen Anteile wieder ab, weil diese beim Schließen der Tür ohnehin dorthin gequetscht werden, wo das Fett nichts nützt. In die Schlüssellöcher darf keinerlei Schmiermittel eingeführt werden.
Für die Lagerstellen der Stützen und Scharniere der Motorhaube nimmt man Öl. Bei dieser Schmierung mit Öl darf man auch nicht den Sicherungshaken hinter der Kühlerverkleidung vergessen, der nach Entriegeln des Motorhaube als Sicherungsanschlag dient und den Griff zur vollständigen Entriegelung durch das Kühlergitter schiebt. Für das Schloß der Motorhaube eignet sich wieder das schon erwähnte Fett Retinax G.

Suchbild

Bei ganz zurückgestellter Motorhaube gewinnt man diesen Einblick in den Motorraum des Mercedes-Benz, hier der Typ 200 D.
Im einzelnen sind folgende Teile bezeichnet: 1 – Batterie, 2 – obere Stoßdämpferbefestigung, 3 – Klappenstutzen, 4 – Auspuffkrümmer, 5 – Saugrohr, 6 – Zylinderkopfhaube, 7 – Ölfilter, 8 – Bremskraftverstärker mit nach vorn zur Unterdruckpumpe führendem Unterdruckschlauch, 9 – Bremsflüssigkeitsbehälter, 10 – Sicherungskasten, 11 – Motoraufhängung rechts, 12 – Drehstrom-Lichtmaschine, 13 – Ölbad-Luftfilter, 14 – Thermostatgehäuse, 15 – Einspritzpumpe, 16 – Ölpeilstab, 17 – Lenkhelfpumpe, 18 – Verstellhebel für die Leuchtweitenregulierung der linken Scheinwerfereinheit, 19 – Öleinfüllstutzen, 20 – Ventilator, 21 – Kühlereinfüllstutzen, 22 – Scheibenwaschwasserbehälter.

Kräftiger Herzschlag

Heute ist der Dieselmotor eine unentbehrliche und stark verbesserte, laufruhiger gewordene Antriebsquelle. Daimler-Benz – als Schrittmacher des Dieselmotors im Personenwagen – hat in die Autos mit dem »D« am Heck jahrzehntelange Erfahrungen investiert.

Der Dieselmotor

Das langsame, doch stete Vordringen des Diesel-Personenwagens kommt nicht von ungefähr. Im Vergleich zu Wagen mit Ottomotor sind sie wegen ihres geringeren Kraftstoffverbrauchs und der guten Zuverlässigkeit (keine Zündanlage) beliebt. Die bessere Ausnutzung der Energie von Dieselkraftstoff tritt besonders bei Teillast hervor.
Nicht zu vergessen ist die Tatsache, daß die Abgase in einigen Anteilen geringere Mengen Schadstoffe enthalten als bei Ottomotoren. Umständliche und ins Geld gehende Maßnahmen, wie sie die Forderungen zum Schutz der Umweltverschmutzung beim Benzinmotor verlangen, sind beim Diesel nicht erforderlich. Andererseits ist der Aufbau des Motors prinzipiell einfach und überschaubar. Wegen seiner geringeren Leistungsausbeute kann man mit einer höheren Lebensdauer und damit auch mit weniger Reparaturen rechnen.
Der hohe Arbeitsdruck in einem Dieselmotor zwingt zu einer massiven Bauweise. Das bedeutet mehr Gewicht und Baugröße und damit auch höhere Herstellungskosten. Doch waren diese Nachteile durch die genannten positiven Eigenschaften aufgewogen und letztere lassen auch darüber hinwegsehen, daß der Dieselmotor kein Ausbund an Lebendigkeit ist.

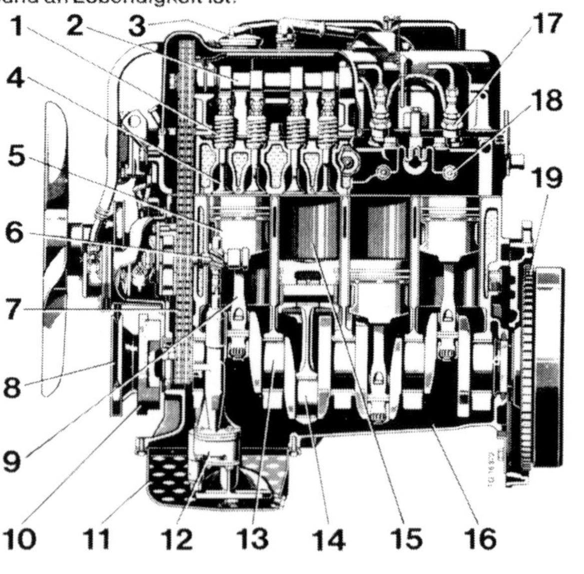

In dieser wie in der nebenstehenden Zeichnung sind die Innereien des Motors 615 im Mercedes-Benz 200 D zu erkennen. Die Ansicht der linken Seite zeigt: 1 – Ventilfeder, 2 – Nockenwelle, 3 – Öleinfüllstutzen auf der Zylinderkopfhaube, 4 – Ventil (Auslaß), 5 – Kolben, 6 – Ölpumpenantrieb, 7 – Steuerkette, 8 – Riemenscheibe der Kurbelwelle, 9 – Pleuel, 10 – Auswuchtscheibe mit Gradmarkierungen, 11 – Ölwanne, 12 – Ölpumpe, 13 – eines der fünf Kurbelwellenlager, 14 – Pleuellager, 15 – Zylinder, 16 – Kurbelgehäuse, 17 – Einspritzdüse, 18 – Glühkerze, 19 – Zahnkranz für Anlasser auf Schwungrad.

Das liegt unter anderem daran, daß man wegen des dieselmotorischen Prinzips nicht mit so hohen Drehzahlen wie beim Benzinmotor arbeiten kann. Denn die Bildung des brennbaren Gemischs erfolgt im Zylinder (»innere Gemischbildung« gegenüber »äußerer Gemischbildung« beim Vergasermotor). Dazu ist eine gewisse Zeit erforderlich, die bei zu hohen Drehzahlen fehlen würde. Die Leistung, bezogen auf eine bestimmte Motor-(Hubraum-)größe, kann daher nicht so hoch sein wie beim Ottomotor.

Das Diesel-Prinzip

Rudolf Diesel war der geistige Vater dieses Motors und gab ihm auch international seinen Namen. Er erkannte, daß hohe Leistung bei optimal günstigem Verbrauch nur durch sehr hohe Verdichtung und damit durch Wärmezuführung schon vor der eigentlichen Verbrennung erreicht wird. Anders als beim Ottomotor wird nur Luft angesaugt. Diese wird durch den nach oben gehenden Kolben sehr stark verdichtet und damit hoch erhitzt. Würde sich der Kraftstoff schon in dieser angesaugten Luft befinden, könnte er vorzeitig entflammen. Das wird vermieden, indem erst gegen Ende des Verdichtungshubes Kraftstoff durch eine Düse eingespritzt wird. Er entzündet sich von selbst – also ohne Zündkerze – durch die hoch erhitzte Luft.

Der Fahrzeug-Dieselmotor hat seine Wurzel in einem Patent von 1909 (Benz-Mitarbeiter L'Orange): Vom Hauptverbrennungsraum wurde eine sogenannte Vorkammer »abgeschnürt«, in die am Ende des Verdichtungstaktes der Kraftstoff eingespritzt wurde; ein Teil des Kraftstoffs verbrannte darin, wie erwähnt, unter Selbstentzündung und erzeugte damit einen Druck, welcher den übrigen Kraftstoff mit in den Verbrennungsraum hineinriß und dabei zerstäubte. Dort verbrannte das Gemisch und leistete Arbeit. Diese Wirkung der Vorkammer machte Rudolf Diesels schwere Einblasepumpe überflüssig und so den Dieselmotor erst für den Einbau in ein Straßenfahrzeug geeignet.

Das Vorkammerprinzip wurde weiterentwickelt und verfeinert. Seit 1936 der erste serienmäßige Diesel-Personenwagen der Welt (der Typ Mercedes 260 D) vorgestellt wurde, hat sich daran bis heute nichts Grundsätzliches geändert. Das Wesen der Verbesserungen steckt im Detail und zu ihnen gehört auch die Entwicklung der Einspritzpumpe, der innerhalb des übernächsten Kapitels gesonderte Abschnitte gewidmet sind.

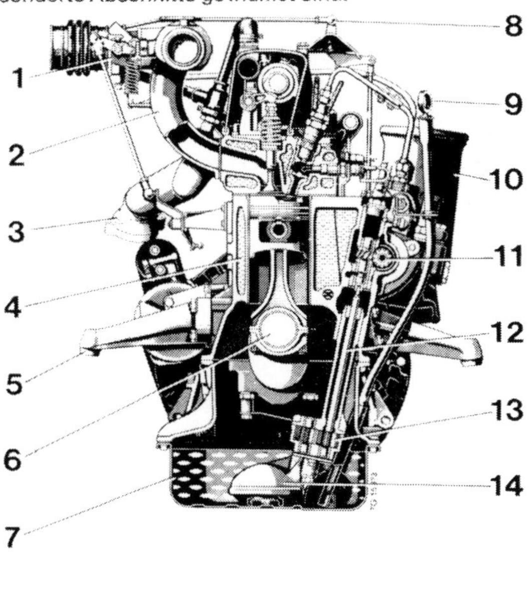

Beim Blick von vorn auf den Motor 615 sind bezeichnet: 1 – Klappenstutzen, 2 – Ansaugkrümmer, 3 – Auspuffkrümmer, 4 – Wassermantel, 5 – Motoraufhängung, 6 – Kurbelwelle (Pleuellager), 7 – Ölwanne, 8 – Reguliergestänge, 9 – Ölpeilstab, 10 – Ölfiltergehäuse, 11 – Antrieb für Ölpumpe, 12 – Welle für Ölpumpe, 13 – Ölpumpe, 14 – Saugglocke der Ölpumpe.

Im Prinzip unterscheidet sich der Aufbau des Fünfzylindermotors 617 im Modell 300 D von den Vierzylindermotoren, die als Basis für ihn dienten, nur unwesentlich. Bohrung und Hub wurden vom Motor 616 (Modell 240 D) übernommen.
1 – temperaturgeregelter Visco-Lüfter, 2 – Doppelriemenscheibe (außer dem obligatorischen Antrieb für Lichtmaschine und Wasserpumpe auch zum Antrieb der hier serienmäßigen Servolenkung, die bei den kleineren Modellen zur Sonderausstattung gehört), 3 – eines der sechs Kurbelwellenlager, 4 – stärker dimensioniertes Schwungrad.

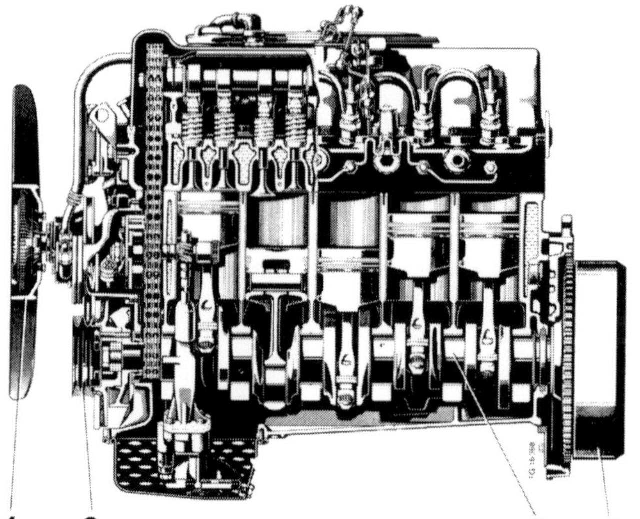

Typen und Baureihen

Nach den bewährten Mercedes-Diesel-Modellen mit 1,7-Liter- bis 2-Liter-Motoren erschienen 1968 völlig geänderte Modelle, nämlich die sogenannte »neue Generation«, und mit ihr auch der neue Diesel-Typ 220 D. Sein größerer Hubraum entstand – unter Zuhilfenahme einer anderen Kurbelwelle – durch Vergrößerung des Kolbenhubes und damit verbunden war eine höhere Kolbengeschwindigkeit. (Man kann einen Motor auch durch Aufbohren der Zylinder vergrößern, aber beim Motorblock stand nicht genügend »Fleisch« zur Verfügung.) Mit der Kolbengeschwindigkeit steigt natürlich der Zylinderverschleiß. Aber um diesen zu reduzieren, hätte man Drehzahl und damit Leistung und Spitzengeschwindigkeit verringern müssen. Und das hätte einen Rückschritt bedeutet. Diese Motoren der intern als 200 D/8 und 220 D/8 bezeichneten Modelle (die »8« hinter dem Schrägstrich in der Modellbezeichnung weist auf die Jahreszahl 1968 hin) haben die Typenkennzeichen OM 615. Im August 1973 wurde der 240 D mit dem Motor OM 616 eingeführt. Bei ihm konnte der vergrößerte Hubraum aufgrund verbesserter technischer Verfahren über die Vergrößerung der Zylinderbohrung erreicht werden. Schließlich kam noch im Jahr 1974 zu diesen drei Versionen das Model 240 D 3,0/8 mit dem Motor Typ OM 617 hinzu, dessen Motor durch Hinzufügen eines fünften Zylinders an dem Vierzylinder-616-Motor entstand. Diese vier Modelle sind Bestandteile der Baureihe 115.
In der ab 1976 gefertigten Baureihe 123 sind die in Hubraum und Leistung gleichen fünf Motoren anzutreffen: 200 D mit 55 PS (ab 1979: 60 PS), 220 D mit 60 PS, 240 D mit 65 PS (ab 1978: 72 PS) und 300 D mit 80 PS (ab 1979: 90 PS). Der 300 Turbo Diesel verfügt über 125 PS.

Steckbrief der Motoren

Die aus dem vorangegangenen Programm übernommenen Motoren wurden weiterentwickelt, die Verbesserungen drücken sich auch in der Wartungsvereinfachung aus. Dazu gehören die Möglichkeit des Ölwechsels von oben mittels Absauggerät und der Ölfilterwechsel von oben, aber auch die bessere Zugänglichkeit zum Motorraum durch weites Öffnen der Motorhaube. Eine neue Zylinderkopfdichtung, die schon der 450 SEL 6.9 besaß, ließ ursprünglich das Nachziehen der Zylinderkopfschrauben entfallen. Um ganz sicher zu gehen, zieht man in der Werkstatt die Zylinderkopfschrauben bei der 1. Durchsicht jedoch wieder nach.

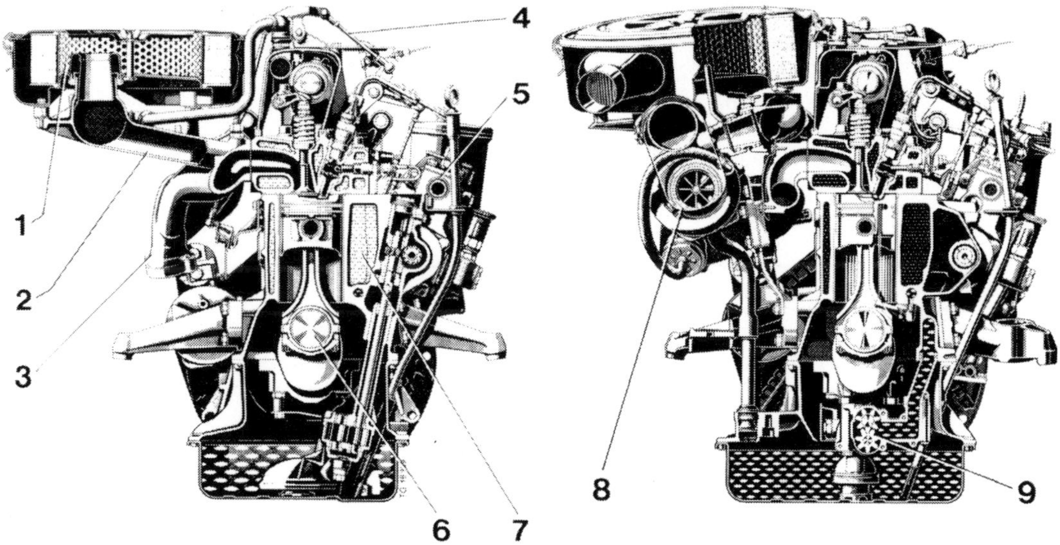

Auch in der Sicht von vorn bestehen bei dem Fünfzylindermotor einige Abweichungen zu den kleineren Triebwerken der Baureihe 123.
Links: Motor im Modell 300 D.
1 – Trockenluftfilter mit Papiereinsatz, 2 – Ansaugleitung, 3 – Auspuffkrümmer, 4 – Reguliergestänge, 5 – Einspritzpumpe, 6 – Kurbelwelle, 7 – Wassermantel.
Rechts: Motor im Modell 300 TD Turbo Diesel.
8 – Abgas-Turbolader, 9 – Ölpumpe, angetrieben von der Kurbelwelle durch zusätzliche Rollenkette.

Einige Worte der Erläuterung zu den Hubraumdaten, die bei jedem Auto von Interesse sind. Von ihnen lassen sich wesentliche Einflüsse auf Leistungsfähigkeit und Lebensdauer ablesen. Die Größe des Hubraumes eines Zylinders errechnet sich aus der Bohrung (dem Durchmesser) eines Zylinders und aus dem Hub (dem Weg der Auf- und Abbewegung) des Kolbens. Der ermittelte Wert wird mit der Anzahl der Zylinder multipliziert und ergibt den Gesamthubraum eines Motors. Die Vierzylindermotoren der Typen 200 D und 220 D haben gemeinsam eine Bohrung von 87 mm. Doch sie unterscheiden sich im Hub – 83,6 mm und 92,4 mm –, hervorgerufen durch eine andere Kurbelwelle. Bei dem Typ 240 D lauten die Werte für Bohrung und Hub 91 mm und 92,4 mm, die auch für den 300 D zutreffen. Dessen Hubraumvergrößerung resultiert, wie erwähnt, aus der Hinzufügung eines Zylinders. (Turbo-Diesel siehe Seite 96.)
Die Zylinderbohrung des ab August 1978 gebauten 240 D wurde minimal auf 90,90 mm verringert. Die höhere Leistung dieses Motors resultiert aus einer neuen Nockenwelle mit geänderten Ventilsteuerzeiten.
Bei dem kleinsten Motor spricht man wegen der Verhältnisse von Bohrungen zu Hub von einem »Kurzhub«-Motor. Prinzipiell ermöglicht diese Eigenschaft höhere Drehzahlen, praktisch ist damit ein geringerer Grad von Abnutzung verbunden. Dagegen besitzt der 220 D einen langhubigen Charakter.
Bei den größeren Modellen kann man von einem »quadratisch« ausgelegten Motor sprechen, weil ihr Verhältnis Bohrung/Hub nahezu gleich ist. Der Motorblock besteht aus Grauguß. Die bei Mercedes-Benz grundsätzlich geschmiedete Kurbelwelle (im Gegensatz zu gegossenen) ist bei den Vierzylindermotoren fünfmal und bei dem Fünfzylinder entsprechend sechsmal gelagert. Sie besitzt Mehrstoff-Gleitlager, dagegen bestehen die Pleuellager aus Leichtmetall. Auch die Pleuel sind geschmiedet.
Die Kolben bestehen aus Leichtmetall und enthalten im Interesse höherer Lebensdauer eine eingegossene Stahleinlage (Ringträger) für den obersten Kolbenring. Dadurch wird bei der hohen Beanspruchung im Dieselmotor das Ausschlagen dieses wichtigen Kolbenrings vermieden und sein Verschleiß herabgesetzt. Zur guten Abdichtung zwischen Kolben und Zylinder ist der erste Kolbenring als Rechteckring ausgebildet. Früher einmal registrierter hoher Ölverbrauch wurde schon innerhalb der Baureihe 115 dadurch abgestellt, daß man

Zylinderlaufbuchsen einführte. Vorher konnte es durch die überaus harten, molybdänbeschichteten Kolbenringe zu vorzeitigem Verschleiß der Zylinderlaufbahnen kommen, besonders wenn kein von Daimler-Benz freigegebenes Motoröl benutzt wurde. Die widerstandsfähigen Zylinderlaufbuchsen verhalfen dazu, die strengen Ölvorschriften insofern zu lockern, als danach eine umfangreiche Liste von Ölsorten freigegeben werden konnte. Seit September 1979 hat der Motor im Typ 300 D Kolben mit sternförmiger Brennraummulde. Diese Kolben dürfen mit den vorangegangenen nicht vertauscht werden. Weitere Änderungen beim 300 D-Motor siehe Seite 217.

Der Ventiltrieb

Wie bei einem modernen Benzinmotor werden die Ventile durch eine im Zylinderkopf gelagerte Nockenwelle betätigt (gesteuert). Es handelt sich also um eine »ohc«-Steuerung (von englisch »overhead camshaft«).
Die Ventile werden von Schraubenfedern in ihren Sitzen gehalten bzw. in ihre Sitze zurückgeholt. Damit an ihren Schäften entlang kein (überschüssiges) Öl in den Brennraum sickert, befindet sich unmittelbar auf der Ventilführung als Schaftabdeckung eine Gummikappe, die zeitweise eine Tefloneinlage besaß.
Die im Zylinderkopf dreifach gelagerte Nockenwelle (300 D: vierfache Lagerung) betätigt die Ventile nicht direkt. Vielmehr stehen neben den Ventilen besondere Lagerböcke für die Schwinghebel, auf die von oben die Nocken der Nockenwelle wirken und die ihrerseits diesen Druck auf die Hutmuttern am Ende der Ventilschäfte weitergeben. Durch diesen mechanischen Umweg über die Schwinghebel erreicht man eine sehr gleichmäßige, vor allem geradlinige Belastung der Ventile in ihren Führungen. Ab 1978 besitzen die Schwinghebel des Motors im 240 D besonders gehärtete Gleitflächen.
Einlaß- und Auslaßventile sind mit sogenannten Rotocap-Drehvorrichtungen ausgestattet, d. h. sie werden durch einen sinnreichen Mechanismus bei jeder Ventilbewegung ein wenig in ihrem Sitz gedreht. Auf ca. 20 Betätigungen kommt eine volle Umdrehung zustande. Dadurch wird der Bildung von Rückständen im Ventilsitz vorgebeugt, die Ventile schleifen sich sozusagen dauernd automatisch ein (besser für Abdichtung und Wärmeableitung). Normalerweise macht dies ein Ventileinschleifen in der Werkstatt überflüssig.
Bei der Nockenwelle ist man vom früheren Grauguß zum Temperguß übergegangen. Nockenwelle, Ventile und andere Bauteile sind innerhalb der beiden Typen OM 615 untereinander austauschbar. Eine solche Übereinstimmung ist teilweise auch zwischen den Typen OM 616 und OM 617 gegeben.
Bei allen Motoren wird die Nockenwelle von einer Doppelrollenkette angetrieben. Für einen straffen, spielfreien Sitz sorgt eine Spannschiene. Sie wird von einem federbelasteten, hydraulischen Kettenspanner gespannt, der an den Ölkreislauf des Motors angeschlossen ist. Er unterdrückt zugleich sonst mögliche Laufgeräusche der Kette. Aus- und Einbau einer neuen Spannschiene ist ohne Demontage des Zylinderkopfes möglich.
Das Antriebsrad der Nockenwelle weist die doppelte Zahl von Zähnen wie das Kurbelwellenrad auf. Somit bewegt die Kette die Nockenwelle mit der halben Drehzahl, die sie von der Kurbelwelle empfängt. Mit ihren Nocken drückt die Nockenwelle in einer versetzten Reihenfolge, die den Bewegungen der Kolben entspricht, abwechselnd auf die Ventile und öffnet sie.

Etwas über Drehzahlen

Zu jedem Motor gehört eine bestimmte Drehzahl, die Nenndrehzahl, bei der er seine höchste Leistung erreicht. Auf ebener Straße kann der Motor bei richtig eingestelltem Regler (an der Einspritzpumpe) nicht überdreht werden, denn es wird ihm dann kein weiterer Kraftstoff zugeführt. Es ist aber im Gefälle möglich.

Die obenliegende Nockenwelle der Mercedes-Motoren wird durch eine Doppelhülsenkette (2) von der Kurbelwelle aus angetrieben. Wenn je an der Kette zu arbeiten ist, etwa zur Kontrolle der Ventile, muß darauf geachtet werden, daß dieser Antrieb niemals vom hier gezeigten Sechskant der Nockenwelle her – sondern stets nur vom Kurbelwellenrad her bewegt werden darf. Sonst besteht Gefahr für die Spannschiene, die ja auch beim normalen Motorlauf nur in dieser Richtung »bearbeitet« wird. Die Dichtung für die Zylinderkopfhaube (1) darf nur wiederverwendet werden, wenn sie völlig unbeschädigt ist.

Das Drehmoment eines Motors (sein Durchzugsvermögen) ist über den Drehzahlbereich unterschiedlich groß. Es hängt ab vom Füllungsgrad im Zylinder und von der Güte der Verbrennung. Die hier beschriebenen Motoren entwickeln ihr bestes Drehmoment schon bei 2400/min, was in der Fahrpraxis bedeutet, daß sie bei ca. 80 bis 90 km/h im direkten Gang am wirtschaftlichsten laufen. Mehr Geschwindigkeit (bei abnehmender Zugkraft) kann man herausholen, indem man den Motor höher drehen läßt bis zur Nenndrehzahl bzw. zur Nennleistung – das ist der höchste Punkt der PS-Kurve. Wenn man den Motor noch höher dreht, bringt das also praktisch nichts mehr ein.
Die Nenndrehzahl der Motoren im 200 D, 220 D und 240 D liegt bei 4200/min (240 D ab 1978: 4400/min), im 300 D bei 4000/min. Die Höchstgeschwindigkeit der ersten drei Modelle wird bei 4350/min erreicht, nämlich 130, 135 bzw. 138 km/h, beim 300 D bei 4150/min mit 148 km/h. Auf Gefällstrecken ist es unbedenklich, wenn die Motoren ihre Höchstdrehzahl von 4800–5200 bzw. 5300/min erreichen (beim OM 617 liegt sie bei 4700–5200/min), wobei ja der Motor nicht unter Last dreht. Solche Drehzahlen werden auch auf dem Prüfstand gefahren.
Man muß sich nur vor noch höheren Drehzahlen hüten, wenn sie unter Last aus dem Motor herausgequält werden. Das könnte bei nicht ganz korrekt eingestelltem Regler schon einmal möglich sein. Dafür ist der Diesel nicht gebaut, zumindest geht es stark auf Kosten der Lebensdauer.
Es empfiehlt sich also, den Diesel in seinen angestammten Drehzahlbereichen zu bewegen. Dieser Rat betrifft vor allem auch das Hochdrehen in den einzelnen Gängen: z. B. beim 240 D können mehr als 35 km/h im 1. Gang, mehr als 60 km/h im 2. Gang, mehr als 98 km/h im 3. Gang von Übel sein (Höchstgeschwindigkeiten in den einzelnen Gängen bei den anderen Modellen siehe Seite 215).
Das Werk gibt als maximale Drehzahl für die OM 615/616 die für die Höchstgeschwindigkeit nötigen erwähnten 4350/min und 4150/min für den OM 617 an. Überdrehen kann zu Schäden an den Ventilen führen (z. B. zu Federbrüchen). Schlimmer noch wäre ein Abreißen des Ölfilms zwischen Kolben und Zylinderlaufbahnen mit anschließendem Kolbenklemmer.

Lagerschäden

Schon immer sind Lagerschäden ein Schreckgespenst für den Autofahrer, bedeuten sie doch eine sehr kostspielige Reparatur oder gar die Aufwendungen für einen Tauschmotor. Sie treten auf, wenn der Ölhaushalt nicht stimmt. Der kluge Mann beobachtet daher den Öldruckmesser mit Sorgfalt. Eine Warnlampe, wie mancher andere Wagen, oder gar eine akustische Warnung, wie man sie in mo-

Das Ventilspiel muß zwischen der Gleitfläche des Schwinghebels (2) und dem Nockengrundkreis der Nockenwelle (1) gemessen werden, wie durch den Pfeil in der Zeichnung rechts gezeigt ist. Dabei muß die Spitze des Nockens senkrecht zum Schwinghebel stehen. Man kann den Motor an der Sechskantschraube zur Befestigung der Auswuchtscheibe vorn auf der Kurbelwelle drehen. Niemals an der

dernen Omnibussen kennt, hat der Diesel nicht. Das Werk erwartet vom Fahrer einigen Motorverstand, zumindest einige Aufmerksamkeit. Das Anzeigegerät für den von der Ölpumpe erzeugten Öldruck reicht von 0 bis 3 kp/cm² und beginnt anzuzeigen, sobald der Motor angesprungen ist.

Besorgte Gemüter werden mißtrauisch, wenn der Öldruck einmal unter 3 kp/cm² fällt (nach dem neuen Maßsystem 3 bar). Das ist jedoch kein Grund zur Aufregung: wichtig ist allein, daß bei laufendem Motor ständig überhaupt Öldruck vorhanden ist; im Leerlauf kann der Druck durchaus um 1 bar pendeln, sollte aber bei normalen Fahrdrehzahlen bis zur »3« wandern und dort stehen bleiben.

Um einem gelegentlichen Irrtum vorzubeugen: Das Ölmanometer zeigt ggf. den korrekten Druck auch noch an, wenn die Ölmenge bedenklich knapp geworden ist: Eine Mengenkontrolle hat man also nicht damit. Hierfür ist allein der gute, alte Meßstab zuständig. Lagerschäden kündigen sich durch dumpfes Klopfen an. Beim Diesel sind sie allerdings fast unbekannt.

Ventile einschleifen

Daimler-Benz hält von der alten Methode, die Ventile mit Schleifpaste und mit einem Drehwerkzeug einzuschleifen, recht wenig. Die Werkstätten verfügen statt dessen über Spezialmaschinen, in der die Ventile und ihre Sitze genau eingeschliffen werden. Für den Heimwerker wären die notwendigen Montagen am Motor auch kaum durchführbar, weil ihm die Spezialwerkzeuge dazu fehlen.

Wegen der Ventildrehvorrichtungen ist das Einschleifen auch nur ganz selten nötig. Man kann getrost mit 100 000 bis 150 000 zurückgelegter Kilometer rechnen, ehe diese Arbeit eventuell erforderlich wird. Sehr wesentlich wird der Zustand der Ventile von der Behandlung des Motors, von der Kraftstoffqualität und vom Ventilspiel beinflußt.

Bedeutung des Ventilspiels

Der Begriff »Ventilspiel« taucht bei allen technischen Daten und Anweisungen auf. Wie wichtig ist es eigentlich? Es ist von lebenswichtiger Bedeutung für die Lebensdauer der Ventile und damit für die gleichbleibende Motorleistung. Zwischen den Teilen der Ventilbetätigung – also Nocken, Schwinghebel und Ventilschaftende – muß etwas Luft oder »Spiel« vorhanden sein, damit die unterschiedlichen Wärmedehnungen ausgeglichen werden können.

Man sollte sich bei der Kontrolle des Ventilspiels nicht auf sein Ohr verlassen, um etwa das Klappern bei zu großem Ventilspiel zu erkennen. Was man nicht hört und was wesentlich kritischer ist: zu kleines Ventilspiel. Es bedeuten:

Zu kleines Ventilspiel: Gefahr, daß Ventile und Ventilsitze verbrennen (Ventile liegen nicht satt auf Ventil-Sitzring auf, wodurch Kühlung ungenügend), Verzie-

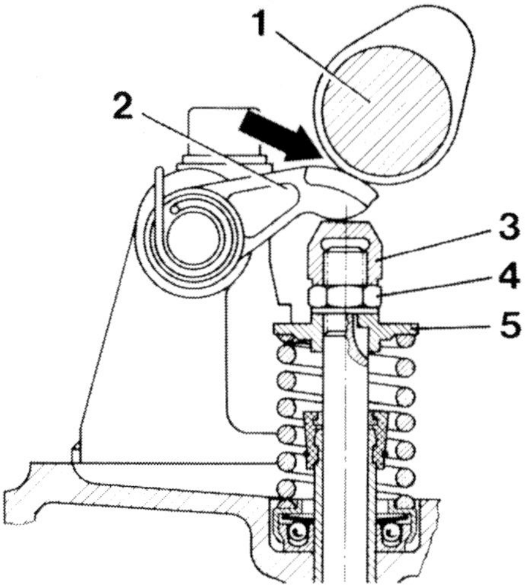

Befestigungsschraube des Nockenwellenrades und niemals die Kurbelwelle rückwärts drehen. Ventilteller (5) mit Schlüssel SW 30 festhalten, Hutmutter (3) lösen und dabei Kontermutter (4) festhalten. Das Ventilspiel wird durch Drehen der Hutmutter eingestellt. Danach die Hutmutter durch Festziehen der Kontermutter fixieren. Hutmutter und Kontermutter: SW 14.

hen der Ventile, schlechte Leistung durch verringerte Kompression, veränderte Steuerzeiten.
Zu großes Ventilspiel: Schlechtere Zylinderfüllung, also geringere Leistung, Veränderung der Steuerzeiten, ungleichmäßiger Lauf, höherer Verschleiß, größeres Geräusch.

Ventilspiel einstellen

Pflegearbeit Nr. 13

Das Ventilspiel muß für Einlaß und Auslaß verschieden sein, weil das Einlaßventil ständig von Frischluft gekühlt wird, die an ihm vorüber in den Zylinder gesaugt wird, während das Auslaßventil dauernd der Verbrennungshitze ausgesetzt ist und sich deswegen mehr ausdehnt. Das Ventilspiel ist daher für die Einlaßventile 0,10 mm und für die Auslaßventile 0,30 mm. Diese Angaben beziehen sich auf einen kalten Motor (ca. 20° C). Wird bei warmem Motor eingestellt (ca. 60° C ± 15° C), muß jeweils eine Zugabe von 0,05 mm gemacht werden.
Die Kontrolle bzw. das Einstellen des Ventilspiels ist alle 15 000 km vorgeschrieben. Wegen der dazu empfehlenswerten Spezialschlüssel (gekröpfte 14-mm-Maulschlüssel) sollte man diese Arbeit der Werkstatt überlassen. Trotzdem in Stichworten die Reihenfolge der Handlungen: Regulierungsgestänge an den Gelenken trennen, Entlüftungsleitung von Zylinderkopfhaube abziehen, Zylinderkopfhaube abschrauben (SW 13) und vorsichtig abnehmen, dabei auf Dichtung achten. Glühkerzen nicht – wie die Zündkerzen eines Benzinmotors – herausschrauben. Kurbelwelle mit einem Steckschlüssel (Stecknuß SW 27 und Ratsche) an der Befestigung der Riemenscheibe drehen, bis der Kolben des betreffenden Zylinders etwa im oberen (Zünd-)Totpunkt steht. Nun wird mit einer Fühlerblattlehre das Spiel zwischen Nocken-Grundkreis und Schwinghebel kontrolliert. Dabei muß der Nocken der Nockenwelle vom Schwinghebel wegzeigen. Das Blatt der Lehre muß sich stramm gleitend einführen und »saugend« wieder herausziehen lassen. Wenn das Spiel nicht stimmt, ist folgendes zu tun:
Schlüssel über den Sechskant des Ventilfedertellers legen (SW 30), mit einem gekröpften Maulschlüssel (SW 14) die Kontermutter zwischen Ventilteller und Hutmutter lösen, während letztere mit einem zweiten Maulschlüssel SW 14 festgehalten wird. Dann verdreht man die Hutmutter so, bis das vorgeschriebene Spiel vorhanden ist. Dabei muß der Ventilfederteller festgehalten werden. Anschließend fixiert man die Hutmutter wieder durch Festziehen der Kontermutter und das Spiel wird nochmals kontrolliert. Es folgt das nächste Ventil. Eingestellt wird in der Zündreihenfolge, sie lautet bei den Vierzylindermotoren 1 – 3 – 4 – 2, beim Fünfzylindermotor 1 – 2 – 4 – 5 – 3. Zum Abschluß wird die Zylinderkopfhaube wieder aufgesetzt und festgeschraubt. Wenn ihre Dichtung beschädigt

A – Auslaßventil, E – Einlaßventil. Die Reihenfolge der Ventile muß beim Einstellen der Ventile beachtet werden, da das Ventilspiel beider Ventilarten unterschiedlich groß ist. Die im Bild gezeigte Reihenfolge der Vierzylindermotoren wird beim Typ 300 D für den fünften Zylinder noch durch ein Auslaßventil und ein Einlaßventil vergrößert.

ist, muß diese erneuert werden. Das Reguliergestänge wird wieder verbunden, die Entlüftungsleitung befestigt, und bei laufendem Motor ist zu prüfen, ob die Zylinderkopfhaube einwandfrei dicht sitzt.

Der Zylinderkopf

Die Zylinderköpfe der beiden OM 615-Varianten sind untereinander gleich. Verschieden sind jedoch die Vorkammern, die für den 200 D Bohrungen von 2,6 mm ∅ und für den 220 D Bohrungen von 3,0 mm ∅ aufweisen.
Zum Aus- und Einbau der Vorkammern braucht man Spezialwerkzeug, deshalb kann eine eingehende Beschreibung hier unterbleiben. Vor dem Ausbau müssen die Glühkerzen demontiert werden. Über sie und über die Reinigung der Glühkerzenkanäle ist auf Seite 179 mehr gesagt. Auch der Ausbau des Zylinderkopfes ist Werkstattsache, weil vor allem beim späteren Wiederaufbau dem Amateur-Mechaniker trotz aller Routine manche Fehler unterlaufen können. Die Zylinderkopfdichtung muß in jedem Fall erneuert werden. Die Zylinderkopfschrauben müssen in einer bestimmten Reihenfolge von innen nach außen im Zickzack und rundum in zwei Arbeitsstufen mit 9 kpm angezogen werden. Wegen der neuartigen Brennraumabdichtung sollten die Zylinderkopfschrauben später nicht mehr nachgezogen werden, man ist aber dazu übergegangen, sie wieder nach 300–1000 km nachzuziehen.
Auch die Steuerkette muß bei richtiger Stellung der Nockenwelle wieder aufgelegt werden und der Kettenspanner ist einzubauen. Bei unsachgemäßer Montage können erhebliche Schäden eintreten und bei nicht richtig angezogenen Zylinderkopfschrauben verzieht sich der Zylinderkopf.

Die Skala an der Auswuchtscheibe der Kurbelwelle dient der Einstellung des Förderbeginns. Die Einspritzpumpe muß, bevor der Kolben in einem Zylinder um einen bestimmten Grad-Wert vor dem oberen Totpunkt steht, mit dem Fördern des Kraftstoffs beginnen.

Kompressionsdruck prüfen

Bei Beanstandungen am Motor, z. B. wegen schlechter Leistung, schlechtem Anspringen, hohem Kraftstoff- und/oder hohem Ölverbrauch, bei übermäßigem Rauchen, unregelmäßigem Lauf usw. empfiehlt der Kundendienst auch immer eine Prüfung des Kompressionsdrucks. Dabei erweist sich, ob die Kolben noch gut in den Zylindern abdichten (Kolbenringe!), ob die Ventile sauber schließen und dicht sitzen, ob also die Kompression noch hoch genug ist. Bei der Prüfung muß selbstverständlich das Ventilspiel richtig eingestellt sein, wie es bereits beschrieben wurde.

Zur Prüfung benutzt die Werkstatt einen Kompressionsdruckschreiber mit einzulegenden Meßkärtchen. Bei warmem Motor (70 bis 80° C) werden die Glühkerzen herausgeschraubt, die Einspritzleitungen abgenommen und die Anschlüsse von Einspritzpumpe und E-Düsen abgedeckt. Dann wird der Motor mit dem Anlasser einige Male durchgedreht, um etwaige Ölkohlerückstände und Rußteilchen herauszuschleudern (sie könnten sich sonst vor den Druckschreiber setzen und das Meßergebnis verfälschen).

Nun wird ein spezielles Anschlußstück (für den 2. und 3. Zylinder wegen der schlechteren Zugänglichkeit noch ein zusätzliches Winkelanschlußstück mit Überwurfmutter) in die Glühkerzenbohrung des zu messenden Zylinders eingeschraubt und festgezogen, bis es einwandfrei dicht sitzt. Hieran wird der Kompressionsdruckschreiber angeschlossen. Der Kompressionsdruck kann auch gemessen werden, wenn man anstelle der Glühkerzen die Einspritzdüsen herausdreht.

Ein Helfer muß zur Messung den Anlasser betätigen und dabei das Gaspedal ganz durchtreten. Die bei Vollgas ganz geöffnete Regelklappe sichert eine optimale Zylinderfüllung. (Das gilt nicht für den 300 D, der diese Klappe nicht besitzt.) Man wiederholt den Vorgang bei allen Zylindern. Jedesmal zeichnet der Druckschreiber eine Kurve auf, deren Endpunkte den höchsten Kompressionsdruck markieren. Beim Drehen des Motors sollte die Einspritzpumpe beim 300 D auf »Stop« gestellt sein, damit nicht eingespritzt wird (siehe Bild der Seite 112).

Beim Meßergebnis ist nicht so sehr die absolute Höhe der Werte wichtig als vielmehr die Gleichmäßigkeit der Zylinder untereinander. Abweichungen bis zu 3 bar sind gerade noch zulässig. Mehr ist recht bedenklich – allerdings wird immer wieder auch einmal beim Ansetzen des Druckschreibers die letzte Sorgfalt vergessen. Sicherheitshalber also die Messung wiederholen.

Der korrekte Kompressionsdruck für alle Mercedes Diesel liegt bei 22 bis 24 bar Überdruck, der eben noch zu duldende Minimaldruck bei 15 bar Überdruck bei warmem Motor (Messungen bei kalter Maschine nützen nichts, weil dabei die Abdichtung der Kolben durch Ringe und Öl noch nicht perfekt ist).

Zu geringer Kompressionsdruck kann auf Schäden an den Ventilen hindeuten, zu knappes Spiel, schlechtes Schließen, verbrannte Ventile, »hängengebliebenes« Ventil durch Rückstände am Schaft und dessen Führung; schlimmer noch wären Schäden an Kolben oder Kolbenringen, Verschleiß, festsitzende, gebrochene, verschweißte Ringe, unrund gewordene Zylinder oder Folgen von Kolbenklemmern. Die Mercedes-Werkstatt wird dann einen Austauschmotor empfehlen. Ein solcher kommt vom Werk mit Garantie und ist praktisch ein neuwertiger Motor. Vom Ausschleifen der Zylinder hält man nicht viel. Bei Verschleiß genügt es aber auch oft, die Zylinderbuchsen zu erneuern, die dann auf Normalmaß gebracht werden müssen.

Wenn die Motorleistung trotz gleichmäßig hohen Kompressionsdruckes schlecht ist, dann ist der Fehler aller Wahrscheinlichkeit nach in der Einspritzanlage zu finden.

Die elastischen Aufhängungen des Aufpuffs sind gelegentlich zu untersuchen. Brüchige oder angerissene Ringe sollen ersetzt werden. Im Notfall kann man den hinteren Auspufftopf in Drahtschlingen einhängen, doch für einen vollwertigen Ersatz ist dann baldigst zu sorgen. Eine starre Aufhängung könnte keine Vibrationen aufnehmen und die gesamte Auspuffanlage würde Schaden nehmen.

Befestigung von Saugrohr, Auspuffkrümmer und -flansch prüfen

Pflegearbeit Nr. 50

Alle Modelle der Baureihe 123 erhielten eine neue Auspuffanlage. Dickere oberflächengeschützte Bleche, doppelwandige Außenschale des Nachschalldämpfers mit einer Innenseite aus rostfreiem Stahl und die Verwendung korrosionsbeständigerer Materialien können erwarten lassen, daß man nicht so bald den üblichen Ärger wegen Durchrostung hat. Das Endrohr ist in einem Winkel von rund 30° nach unten geneigt, wodurch die Abgase weniger das Heck verschmutzen. Neuartige Steckverbindungen erleichtern die Montage.

Nach 45 000 km, so ist vorgesehen, sollen die Befestigungen des Auspuffkrümmers und des Auspuffflansches auf ihren festen Sitz hin geprüft und bei Bedarf nachgezogen werden. Man erreicht die Schrauben im Motorraum von oben. Es sind dies die waagerecht angeordneten Stehbolzen, die gegen den Zylinderkopf gerichtet sind, mit ihren Muttern. Da auf dieser Motorseite auch das Saugrohr sitzt, läßt sich die Überprüfung daran in einem gemeinsamen Arbeitsgang ausführen. Zwischen dem Auspuffkrümmer und dem Auspuffrohr befindet sich ein Flansch mit Schraubverbindungen – hier wie dort ist zu kontrollieren, ob die Muttern fest angezogen sind. Da meistens Korrosion verhindert, daß sie sich weiter festziehen lassen, kann man ihren ordentlichen Sitz nur vermuten. Eigentlich müßten sie gelöst und neu festgezogen werden.

Die Befestigungsschrauben der Steckverbindungen für die einzelnen Teile des Auspuffrohrs – unter dem Wagen erreichbar – werden grundsätzlich bei der 1. Inspektion geprüft. Später braucht man sich nicht mehr um sie zu kümmern. Bei einer Montage müssen sie gleichmäßig soweit angezogen werden, bis die auf dem Schraubenschaft sitzende Schraubenfeder zusammengedrückt ist. Danach sind die Muttern um zwei Umdrehungen zu lösen. Zwischen Feder und Auspuffflansch befindet sich jeweils eine Distanzhülse.

Der Motoranschlag

Ein Motor ist im Auto nicht starr befestigt, sondern so aufgehängt, daß er schwingen kann. Dadurch werden Vibrationen und Geräusche vom Wageninnern ferngehalten und verschiedene Verbindungen nicht gefährdet.

Vierzylinder-Viertakt-Maschinen sind schon von zu Hause aus keine Muster an Laufruhe, und es bedarf vieler Maßnahmen, um sie zu kultivieren. Mehr noch als für Benzinmotoren gilt diese Erkenntnis für den Diesel mit seinen höheren Lagerdrücken, mit seinem rauheren Lauf. Die Mercedes-Konstrukteure haben entsprechend groß dimensionierte Gummilager für die Motoraufhängung vorgesehen. Im Leerlauf sowie beim Gasgeben und -wegnehmen kann nun der Motor stärker schütteln, bei scharfem Beschleunigen kann er sich etwas nach hinten, bei scharfem Bremsen etwas nach vorn bewegen – wobei ein Motoranschlag an

der Stirnseite des Motors im Bereich der Ölwanne zu starke Ausschläge verhütet.
Dieser Motoranschlag muß sich beim Neuwagen gewissermaßen erst an sein hartes Dasein gewöhnen. Deshalb wird er bei der 1. Durchsicht entspannt und die Schrauben nachgezogen, anläßlich der 2. Durchsicht ist ein ähnlicher Arbeitsablauf einzuhalten. Die Einstellschraube am Motoranschlag muß dabei gelöst und mit 13 kpm wieder angezogen werden. Da es sich um eine Arbeit der unbedingt einzuhaltenden Wartung innerhalb der Garantiezeit handelt, hat man als Autobesitzer nichts damit zu tun.
Dennoch ist das dauernde Schwingen und zeitweise Schütteln geeignet, alle möglichen Schraubverbindungen und Anschlüsse (Kabel!) zu lockern. Was schon beim Festziehen der Zylinderkopfschrauben erwähnt wurde, muß also auch im normalen Fahrbetrieb beachtet werden: Soweit der Diesel-Fahrer bzw. -Besitzer keine regelmäßigen Kundendienstarbeiten nach dem MB-Kundendienstheft vornehmen läßt, sollte er sich darum kümmern, daß in regelmäßigen Abständen (ca. 15 000 km) alle wesentlichen Schraubverbindungen und Kabelanschlüsse auf festen Sitz überprüft werden.

Das Schmiersystem

Über die Filterung des Öls durch den kombinierten Haupt- und Nebenstromfilter ist auf Seite 75 mehr gesagt.
Normalerweise genügt es bei nicht allzu hoch belasteten Motoren, wenn das umgepumpte Schmieröl unten in der Ölwanne (die dem Fahrtwind ausgesetzt ist) gekühlt wird. Wegen der Leistungsausnützung und wegen des häufigen Kolonnenverkehrs, bei dem es oft am kühlenden Fahrtwind mangelt, sind die Modelle 240 D und 300 D mit einem Luftölkühler ausgerüstet. Dieser aus Aluminium bestehende Kühler ist links am Wasserkühler angebracht. Eine Ablaßschraube ist nicht vorhanden.
Die Ölpumpe selbst ist wartungsfrei; weil sie ständig in Öl läuft, ist der Verschleiß nur gering. Sie wird von einer Zwischenwelle (beim Turbo Diesel durch eine Rollenkette von der Kurbelwelle) angetrieben und ihr Saugrohr reicht bis fast auf den Grund der Ölwanne. Es ist eine Zahnradpumpe, und die außenliegenden Zähne ihrer miteinander kämmenden Zahnräder drücken das Öl durch Kanäle und Bohrungen an alle schmierbedürftigen Stellen des Motors. Ein auf der Ölwanne aufsitzendes Gummiausgleichstück, über welches das Öl angesaugt wird, gewährleistet eine optimale Ölansaugung.

Umgang mit dem neuen Dieselmotor

Auch wenn es schon seit längerem keine umständlichen Einfahrregeln mehr gibt, so soll bei einem neuen oder überholten Motor doch eine zurückhaltende und überlegte Fahrweise eingehalten werden. Das gilt wie für andere Autos auch für den Diesel. In der Bedienungsanweisung sind die wichtigsten Hinweise in dieser Beziehung enthalten, hier noch ein paar ergänzende Tips.
Ein neuer Motor muß tatsächlich erst laufen lernen. Und dabei sollten Sie ihm helfen, damit es später diese Kunst – weiterhin im Verein mit Ihnen – richtig beherrscht. Dazu gehört es, im Anfang nicht über ⅔ der Höchstgeschwindigkeit eines jeden Ganges hinauszudrehen (Gang-Markierungen auf dem Tachometer sind äußerste Schaltpunkte des betreffenden Ganges bei eingefahrenem Wagen). Den kalten Motor soll man nicht zu strammer Leistung antreiben – das gilt auch später grundsätzlich. Erst wenn die Nadel der Kühlmitteltemperaturanzeige bei »80« steht, kann flotter beschleunigt werden. Das heißt ganz einfach: Nicht schaltfaul fahren. Keinesfalls muß man aber »schleichen«.
Die ersten 1500 km sind sehr bald zurückgelegt. Am besten eignen sich dazu längere Fahrten auf der Landstraße. Benutzt man jedoch die Autobahn, dann ist

die Fahrweise so einzurichten, wie sie über Land mit Kreuzungen und Ortsdurchfahrten ausfallen würde: Wechselnde Geschwindigkeiten fahren und Höchstdrehzahlen vermeiden, dazwischen auskuppeln und dem Motor für einige hundert Meter Leerlauf gönnen.
Nach der »Schonzeit« steigert man die Forderungen vernünftig und fährt auch dann noch nicht das Auto voll aus. Man kann sich Zeit damit lassen. Es gibt keine festen Regeln mit Zahlen zum Merken – manche Leute haben es im Gefühl, wenn der Motor noch nicht richtig »frei« ist. Derartige Vorsicht muß man ebenfalls walten lassen, wenn ein Austauschmotor eingebaut wurde, ferner auch bei Austauschgetrieben und Austauschhinterachsen.

300 TD Turbo-Diesel

Seit August 1980 kommt der vorher schon für den USA-Export gebaute 300 TD auch auf den deutschen Markt. Sein Motor OM 617 A leistet bei einem Hubraum von 2998 ccm (Bohrung 90,9 mm, Hub 92,4 mm) sowie der Verdichtung von 21,5 : 1 genau 92 kW (125 PS) bei 4350/min. Verschiedene Motorteile wurden durch konstruktive Änderung der Leistung angepaßt. Hierzu gehören die nitrierte Kurbelwelle, ölgekühlte Kolben mit Ringkanälen und größeren Kolbenbolzen, verstärkte Ein- und Auslaßventile (letztere zur besseren Kühlung mit Natrium gefüllt), sowie ein Ölpumpenantrieb mit Zweifach-Rollenkette, um einen größeren Öldurchsatz zu gewährleisten.
Die im Vergleich zum 300 D vermehrte Leistung wird im wesentlichen von dem Abgasturbolader (System Garrett AiResearch) bewirkt, der auf der rechten Seite des Motors sitzt. Sein besonders ausgeprägtes Ansprechverhalten bereits bei niedrigen Drehzahlen und geringen Gasdurchsätzen ist für den guten Drehmomentwert von 250 Nm bei ebenfalls 2400/min verantwortlich. Ein Ladedruck-Regelventil vermeidet nach Erreichen des maximalen Ladedrucks von 0,76 bar (bei 2000/min Motordrehzahl) einen weiteren Anstieg desselben, wodurch die Turbine nur noch von einem Teil des Abgasstroms angetrieben wird.
Die beim Hubkolbenmotor zwangsläufig nur unvollkommene Umsetzung der im Kraftstoff enthaltenen Arbeitsenergie (Wärmeverluste mit Abgasen, im Kühlsystem; auch Reibungsverluste) wird durch den Turbolader verbessert. Die mit hoher Geschwindigkeit abströmenden Abgase treiben ein Schaufelrad an, das über eine Welle mit einer ähnlich gestalteten Turbine verbunden ist. Dieses »Verdichterrad« fördert verdichtete Luft zum Motor, wodurch er – ohne höher drehen zu müssen – vermehrte Leistung liefern kann.
Um mit höheren Motordrehzahlen den Ladedruck nicht unerwünscht ansteigen zu lassen, wird über ein Abblaseventil überschüssige Ladeluft zum Abgasaustritt geschickt. Einzelheiten des Turboladers zeigt die Zeichnung.

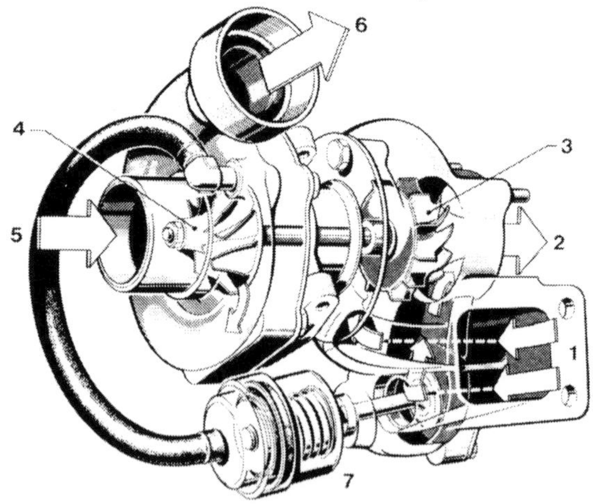

Garrett-Turbolader mit ladedruckgesteuertem Abblaseventil.
1 - Abgase zur Turbine des Turboladers,
2 - Abgasaustritt,
3 - Turbinenrad,
4 - Verdichterrad,
5 - Ansaugluft zum Verdichter,
6 - verdichtete Luft zum Motor,
7 - Abblaseventil.

Wasserwirtschaft

Bei der Verbrennung im Motor entsteht Wärme. Sie darf sich nicht aufstauen, sonst würden die Kolben in den Zylindern festklemmen. Also muß die Wärme abtransportiert werden, und das geschieht wie üblich durch Wasser. Wassergekühlte Motoren sind leiser und konstruktiv weniger problematisch. Dazu läßt sich die aufgenommene Wärme zur Heizung des Innenraumes verwenden.
Die Kühlanlage macht sicherlich keinen Kummer, wenn man ihr gelegentlich etwas Aufmerksamkeit schenkt.

Die Kühlanlage

Das Kühlsystem eines modernen wassergekühlten Motors ist dicht verschlossen und deshalb herrscht bei Betriebstemperatur ein auch beabsichtigter Überdruck. Dieser reicht beim Mercedes-Motor bis ca. 1,0 bar (atü), wodurch der Siedepunkt eines Kühlmittels auf etwa 120° C angehoben ist. (Der Ausdruck »Kühlmittel« wird verwendet, weil sich im Kühlkreislauf kein reines Wasser, sondern eine Mischung aus Korrosions- und Frostschutzmittel und Wasser befindet.) Der Kraftstoff verbrennt bei dieser höheren Temperatur wirtschaftlicher. Niedrigere Temperaturen (Kühlwasser unter 80° C) fördern den Verschleiß im Motor.
Die Kühlmittelfüllung ab Werk besteht aus einem Volumen von ca. 55 % Wasser und 45 % Gefrierschutzmittel und gewährleistet einen Frostschutz bis – 30° C. Der Siedepunkt dieser Mischung liegt bei rund 125° C. Das Gefrierschutzmittel enthält korrosionshemmende Zusätze. Es ist nicht erforderlich, irgendwelche Veredelungsmittel dem Kühlmittel beizufügen, es sei denn, man hat reines Wasser eingefüllt. Veredelungsmittel hatten bei den Vorgängermodellen den Sinn, besonders für die Schmierung der Heizungshähne zu sorgen, diese sind jedoch in der 123-Baureihe aus nicht korrosionsanfälligem Material.
Damit das für den Motor angenehme »Betriebsklima« möglichst dauernd erhalten bleibt, haben drei wichtige Teile des Kühlsystems ihre Aufgabe zu erfüllen: Der Kühlerverschluß reguliert den Druck, der Thermostat sorgt nach dem Start rasch für angemessen gleichbleibend hohe Betriebstemperatur und der Ventilator sorgt für gute Wärmeableitung an Kühlerblock und Motor.
Die Wasserpumpe, über den Keilriemen angetrieben, zwingt das Kühlmittel in einen ständigen Kreislauf. Hat es sich im Wassermantel des Motors, der um die Zylinder gelegt ist, erwärmt, fließt es zum Kühler. Zusätzlich zum Fahrtwind zieht noch der Ventilator Luft durch den Kühler an, so daß gekühltes und dadurch schweres Wasser von unten wieder zum Motor geschickt wird. Vom Zylinderblock gelangt das Kühlmittel in Kanäle des Zylinderkopfes, wo vordringlich die Ventilsitze gekühlt werden müssen. Wie noch beschrieben wird, kann der Thermostat dafür sorgen, daß das Kühlmittel auf einem kürzeren Weg gleich wieder zum Motor zurückfließt, ohne durch den Kühler zu gelangen. Zusätzliche Schlauchleitungen verbinden das Kühlsystem mit der Heizanlage. Diese Einrichtung wird ebenso bei geschlossenem Thermostat gespeist, also während der Anwärmeperiode, wenn der Kreislauf noch kurzgeschlossen ist.

Kühlmittelstand kontrollieren

Pflegearbeit Nr. 2

Der Wasserkreislauf ist durch Ventilverschluß auf dem Kühler dicht verschlossen. Weder kochendes Wasser noch Dampf können unter normalen Betriebsbedingungen entweichen. Es handelt sich um ein Überdrucksystem, in dem Wassertemperaturen von über 100° C entstehen können. Bei Erwärmung dehnt sich das Kühlmittel aus und steigt höher; die dabei zusammengedrückte Luft entweicht durch ein Ventilsystem im Kühlerverschluß, wie auf Seite 100 näher beschrieben wird. Ein verschlossenes Kühlsystem bietet auch den Vorteil, Korrosionseinflüsse zu verringern.

Als Maßstab für den Kühlmittelstand dient eine Markierung im Einfüllstutzen des Kühlers: Er wird nach Lösen des Verschlußdeckels sichtbar. Bei kaltem Motor soll das Kühlmittel bis zur unteren Markierung reichen, während es erwärmt die obere Marke benetzen kann.

Die Prüfung des Kühlwasserstandes soll alle 500 km oder wenigstens einmal wöchentlich geschehen, also immer dann, wenn man auch den Ölstand im Motor kontrolliert. Dabei bewährt sich die auch bei der Ölstandkontrolle praktizierte Methode, die Prüfung vor Antritt der Fahrt vorzunehmen, wenn der Motor noch kalt ist. Bei heißem Kühler darf man wegen der Gefahr einer Verbrühung durch herausgepreßtes Wasser den Kühlerverschluß nicht sogleich lösen. Vielmehr muß eine entsprechende Abkühlung abgewartet werden. Besteht unterwegs Verdacht auf Kühlmittelverlust (höhere Temperaturanzeige) und man hat es eilig, kann man den Verschluß mit einem Lappen bis zur ersten Raste öffnen, wonach der Dampf entweicht. Sicherheitshalber sollte aber stets ein Absinken der Temperaturanzeige unter 90° C abgewartet werden.

Wichtig: Kaltes Wasser in den Kühler nur bei abgekühltem Motor nachgießen. Bei warmem Motor darf nur nachgefüllt werden, wenn der Motor läuft (Wasserpumpe wälzt das Kühlmittel um), sonst können Wärmespannungen Zylinderblock und Zylinderkopf verziehen. Ein heißer Motor kann durch kaltes Wasser buchstäblich zerspringen. Warmes Wasser darf man jederzeit nachfüllen.

Das Kühlmittel

Die Kühlanlage sollte eine Dauerfüllung enthalten, die nur zum Teil aus reinem Wasser besteht. Wichtige Bestandteile dieser Flüssigkeit sind korrosionsverhütende und vor Frost schützende Mittel. So wird vor allem der Kühler vor chemischen Anfressungen und Rost behütet. Ferner verhindert ein kalkbindendes Mittel die Bildung von Kesselstein, der die Kühlwirkung herabsetzen würde. Das beigefügte Frostschutzmittel (allgemein Äthylenglykol, auf Alkoholbasis) kann schließlich noch als Schmiermittel für die Wasserpumpe wirken. Ohne Gefrierschutz beträgt der Siedepunkt des Kühlmittels etwa 118° C. Veredelungsmittel (Korrosionsschutzöl) braucht dem Kühlmittel nicht beigefügt zu werden.

Der schon werkseitig eingefüllte Dauerschutz hält das Kühlmittel bis etwa –30° C flüssig. Näheres über Frostschutzmittel im Kühlsystem ist auf Seite 53 gesagt. Dort wird auch erwähnt, daß eine konservierende Dauerfüllung möglichst nicht durch reines Wasser ersetzt werden soll. Mußte unterwegs einmal Wasser nachgegossen werden, ist spätestens vor Einsetzen der kalten Jahreszeit die Kühlerfüllung auszuspindeln, um die eventuell notwendige Menge Frostschutzmittel zu ermitteln. Das macht jede Tankstelle.

Kühlflüssigkeit wechseln

Pflegearbeit Nr. 55

Bei Arbeiten an der Kühl- und Heizungsanlage muß das Kühlmittel abgelassen werden. Um es später wieder verwenden zu können, fängt man es in einem Behälter auf, den man unter die Ablaßschraube am Kühler aufstellt. Zum vollständigen Ablassen des Kühlwassers aus dem Motor ist die Ablaßschraube, die rechts am Motor in Höhe des Anlassers sitzt, herauszudrehen (anschließend wieder gut einschrauben). Damit sich beim Entleeren kein Vakuum bildet, öffnet man

zugleich die Entlüftungsschraube auf dem Thermostatgehäuse (Bild S. 101). Diese Schraube muß auch beim Befüllen des Kühlsystems herausgedreht sein, anschließend wird sie wieder eingeschraubt. Das alte Kühlmittel darf nicht einfach in den Gully gekippt werden, sondern muß in einem gesonderten Gefäß zum Sondermüll gegeben werden. Über Annahmestellen informiert die Stadt- oder Kreisverwaltung.
Ganz allgemein sollte aber das Kühlmittel alle drei Jahre gewechselt werden. Das ist erforderlich, weil die schützenden Eigenschaften des beigemischten Gefrierschutzes nach dieser Zeit nachgelassen haben oder buchstäblich »verwässert« worden sind. Auch sei auf die zu beachtenden Einzelheiten bezüglich der Frostschutzfüllung auf Seite 53 hingewiesen.

Der Kühler

Zahlreiche, senkrecht angeordnete dünnwandige Rohre verbinden den oberen und unteren Kunststoff-Wasserkasten des Kühlers. Zur Vergrößerung der Kühlflächen dienen zwischen diesen Röhrchen vorhandene dünne Bleche. Rohre und Bleche bestehen aus Kupfer und Messing, neuerdings auch aus Aluminium, und können nicht rosten. Zwei Gummipuffer stellen die untere Lagerung des Kühlers dar und oben ist er am Vorbau mit zwei Klammern befestigt. Links unten sitzt die Ablaßschraube (Schlitzschraube), die zum Schutz gegen Verlust am Schaft mit einem Sicherungshaken versehen ist. Die Wagen mit automatischem Getriebe haben einen anderen Wasserkühler, an den die Schläuche für die Ölkühlung unten angeschlossen sind.
Links am Kühler des 240 D und des 300 D ist noch ein Aluminium-Luftölkühler für den Motorölkreislauf angebracht. Er braucht keine Ablaßschraube.
Undichtigheiten des Kühlers kann die Werkstatt (es gibt auch spezielle Kühlerbau-Firmen) mit einem Kühlerprüfgerät ermitteln. Dazu kann der Motor im Leerlauf drehen, muß aber in jedem Fall betriebswarm sein, und die Temperaturschalter auf der Mittelkonsole sollen eingeschaltet sein. Das Gerät wird statt des Verschlußdeckels auf den Einfüllstutzen gesetzt und bringt in das Kühlsystem einen Druck bis zu 1,3 bar (Drücke darüber gefährden die Lötstellen). Undichte Stellen zeigen sich an ausfließendem Kühlmittel. Fällt dagegen der von der Meßuhr angezeigte Druck ohne Austritt von Kühlmittel ab, deutet dies auf einen Defekt im Motor (beschädigte Zylinderkopfdichtung, Gehäuseriß).
Abdichtende Reparaturen sind in Eigenarbeit nicht möglich; im Handel erhältliche Kühlerdichtungsmittel sorgen nur für vorübergehende Abdichtung. Unterwegs tut es zur Not auch Kaugummi, sofern der Motor nicht zu heiß gefahren wird und das Loch nicht zu groß ist. Der schadhafte Kühler muß ausgebaut und in einer Fachwerkstatt repariert werden. Größere Reparaturen lohnen sich meistens finanziell nicht – ein neuer Kühler ist dann billiger.

Kühl- und Heizungsanlage auf Dichtheit prüfen

Pflegearbeit Nr. 20

Auf die eben beschriebene Weise kann die Dichtheit des gesamten vom Kühlmittel durchflossenen Systems geprüft werden.
Für den Autobesitzer bestehen aber auch Möglichkeiten zur selbst vorgenommenen Überprüfung des Zustandes der Kühlanlage. Solche Untersuchungen haben vorbeugenden Charakter. Dabei untersucht man vor allem an den Schlauchanschlüssen, ob dort Kühlmittel ausgetreten ist. Durch Augenschein kann man sich ferner davon überzeugen, ob der Kühler dicht ist. Bei heißem Motor, wenn im Kühlsystem Überdruck herrscht, ist diese Prüfung aufschlußreicher, weil dann eine undichte Stelle eher die Kühlflüssigkeit freiläßt.
Undichtigkeiten können auch an dem angeschlossenen Heizsystem auftreten. Ähnlich wie ein Defekt am Kühler möglich ist, kann der Heizkörper (Wärmetauscher) die Ursache von Wasserverlust sein. Dieses Gerät muß dann ausgewechselt werden.

Durch Alterung porös gewordene Schläuche können ebenfalls wasserdurchlässig werden und sogar (durch den bestehenden Druck im geschlossenen Kühlsystem) platzen. Damit man nicht von solchen Pannen überrascht wird, prüft man durch Kneten der Schläuche, ob sie verhärtet sind. Wird kein Dauerfrostschutz verwendet, quellen die Wasserschläuche im Laufe der Jahre auf. Neue Formschläuche sind als Ersatzteile beim Mercedes-Service vorrätig. Schlauchschellen sind daneben im Zubehörhandel erhältlich. Man darf diese Schlauchschellen im Motorraum aber nicht bei jeder Prüfung fester anziehen, vielmehr sind sie nur nachzuziehen, wenn es wirklich erforderlich sein sollte.

Der Kühlerverschluß

Die Einfüllöffnung des Kühlers ist mit einem Deckel verschlossen. Er besitzt einen »Renkverschluß« mit Dichtung und schließt den Kühler nach außen vollkommen ab. Die tellerförmige Druckplatte am Fuß des Deckels preßt sich durch Federdruck auf den Innenrand des Stutzens. Diese Druckplatte sorgt als Sicherheitsventil für Druckausgleich, wenn die Temperatur etwa 120° C überschreitet und wenn der Innendruck des Kühlsystems höher als die Federkraft ist. Dieser Druck liegt bei 1,0 bar was auch die auf dem Deckel eingeprägte Zahl »1000« aussagt. Nach Öffnung des Ventils kann die Flüssigkeit oder deren Dampf durch die seitlich am Stutzen abzweigende Leitung ins Freie entweichen.
Umgekehrt kann der durch Abkühlung entstehende Unterdruck in den Kühler einströmen lassen, da sich dann das in der Mitte befindliche Unterdruckventil öffnet. Es handelt sich also um einen speziellen Verschluß, daher darf ein zufällig passender Verschlußdeckel eines anderen Fabrikats auf keinen Fall verwendet werden.
Gelegentlich reinigt man das Innere der Verschlußkappe von Rückständen, die sich dort ablagern. Dadurch wird die Freigängigkeit der Ventile gesichert.

Der Thermostat

Dieses Gerät dosiert die Fördermenge des Kühlwasserumlaufs in Abhängigkeit von der Temperatur. Der Thermostat bewirkt, daß bei kaltem Motor nur ein Teil des Kühlmittels auf kurzem Weg zirkuliert, wodurch es sich sehr schnell erwärmt. Das Kühlmittel fließt dabei aus dem Zylinderblock über die Wasserpumpe wieder zurück in den Zylinderblock. Wird das Wasser wärmer, öffnet der Thermostat den Zugang vom Kühler, und zwar nicht sofort voll, sondern er läßt eine von der Temperatur abhängige Wassermenge hindurch. So mischt sich warmes mit kaltem Wasser. Bei voll geöffnetem Thermostat ist der kurze Weg geschlossen und der Kreislauf nur durch den Kühler frei.
Die Arbeit des Thermostaten ist vor allem in der kalten Jahreszeit wichtig. Er verhilft dem Motor rasch zu seiner günstigen Betriebstemperatur, was dessen Le-

Der Kühlerverschluß trägt die Kennzahl 1000. Sie besagt, daß das Druckventil des Kühlerverschlußdeckels erst bei 1,0 bar Überdruck öffnet. Durch diesen Überdruck wird im heißen Kühlsystem der Siedepunkt des Wassers auf etwa 120° C erhöht. Die große Feder im Kühlerverschlußdeckel drückt die Verschlußplatte auf den Stutzen, so daß sich im Kühlsystem Überdruck bilden kann. Die Dichtplatte sorgt als Sicherheitsventil für Druckausgleich, und über das Ausgleichsrohr kann bei Überdruck Dampf oder überschüssiges Wasser austreten. Umgekehrt kann bei Abkühlung Luft über Ausgleichsrohr und Ausgleichsventil nachströmen, wenn der Außendruck um etwa 0,05 bar höher liegt.

bensdauer (sonst chemische Kaltkorrosion) und der Schmierfähigkeit des Öls (Ölschlammbildung) zuträglich ist, und auch die Heizung gibt dann schneller Wärme ab. Der Thermostat im Diesel beginnt bei 80 ± 2° C zu öffnen, dieser Wert ist auf dem Thermostat eingeprägt. Bei 94° C soll der Mindesthub 8 mm ausmachen.

Allerdings kann ein Thermostat einmal ausfallen. Wie bei anderen Fabrikaten, kommt auch im Mercedes ein sogenannter Wachsthermostat zum Einbau, der bei Defekt in Schließstellung geht. Ebenso ist es schon vorgekommen, daß sich ein Schmutzpartikel am Thermostat festsetzte und dessen Öffnungshub begrenzte. Das dann nur im kurzen Kreislauf zirkulierende Wasser erhitzt sich schnell und zwingt – wegen drohendem Motorschaden! – zur Abhilfe.

Ein solcher Schaden tritt gewöhnlich unterwegs ein. Dann muß man den Thermostaten ausbauen – man kann auch ohne ihn fahren. Er sitzt am Motor ganz vorne rechts (Bild unten). Vor dem Ausbau ist eine entsprechende Menge Kühlmittel abzulassen und aufzufangen, um es danach wieder verwenden zu können. Sollte das unterwegs nicht möglich sein, muß die beim Öffnen des Thermostatgehäuses entwichene Flüssigkeitsmenge vor der Weiterfahrt durch klares Wasser ersetzt werden. Das Gehäuse läßt sich durch Herausdrehen der gewöhnlich nach vorn gerichteten Sechskantschrauben öffnen (es gibt auch andere Ausführungen). Den Gehäusedeckel drückt man mit dem angeschlossenen Schlauch nach vorn und der Thermostat läßt sich entnehmen. Die Dichtfläche des wieder festgeschraubten Gehäusedeckels wird nach dieser Improvisation womöglich nicht mehr fest abschließen, darum müssen Temperaturanzeige und Kühlmittelstand laufend beobachtet werden. Eine Werkstatt ist so bald wie möglich aufzusuchen, wo man auch über einen passenden Abdichtring verfügt.

Die soeben beschriebene »liegende« Anordnung des Thermostaten trifft bei Wagen mit Klimaanlage nicht zu; aus Platzgründen ist das Gehäuse dort »stehend« angebracht, im Aufbau aber prinzipiell gleich.

Die Wasserpumpe

Während des Motorlaufs zwingt die Wasserpumpe das Kühlmittel in einen ständigen Kreislauf. Diese Pumpe sitzt vorn am Motor. Sie wird über den Keilriemen durch die Kurbelwelle angetrieben.

Störungen an der Wasserpumpe bewirken, daß sie undicht wird. An mahlenden oder heulenden Geräuschen erkennt man, daß die Lager schadhaft geworden sind. Dann muß die Pumpe repariert oder ausgewechselt werden. Kontrolle: Keilriemen abnehmen und Motor kurz laufen lassen. Ist das Geräusche dabei verschwunden, sind nur die Wasserpumpe oder die Lichtmaschine als Urheber zu betrachten.

Das Thermostatgehäuse, hier am Typ 200 D. Der Ringschlüssel SW 13 ist auf der Entlüftungsschraube angesetzt, die herausgedreht werden muß, wenn das Kühlsystem neu befüllt wird.

Arbeiten an der sonst wartungsfreien Wasserpumpe überläßt man der Werkstatt. Ein praktisch veranlagter Heimwerker kann sie immerhin ausbauen. Zu ihrer Überholung braucht man jedoch besondere Werkzeuge, die man gewöhnlich nicht zur Verfügung hat, und neue Dichtungen. Im Gegensatz zum Typ 300 D mit fünf Befestigungsschrauben zur Wasserpumpe ist diese bei den kleineren Typen mit drei Schrauben befestigt.

Der Kühlerventilator

Gleichzeitig mit der Wasserpumpe wird der Kühlerventilator (Lüfter) angetrieben. Er dreht sich jedoch nicht immer in Abhängigkeit von der Motordrehzahl, sondern er besitzt eine sogenannte Visco-Kupplung, die temperaturabhängig und stufenlos arbeitet.

Die hydraulische Kupplung besitzt eine Ölfüllung zur Regulierung der Lüfterdrehzahl. Zwei Kammern an der Stirnseite des Lüfters können das Öl aufnehmen und die Drehzahl wird von dem Vorhandensein in der einen oder anderen Kammer beeinflußt. Die Arbeitsweise ist folgende:

Bei kaltem Motor befindet sich das Öl im »Arbeitsraum«, wo es eine Antriebsscheibe mitnimmt – es ist eingekuppelt. Durch die Fliehkraft gelangt das Öl innerhalb von drei Minuten in den »Vorratsraum« und die Lüfterkupplung schaltet ab. In diesem (ausgekuppelten) Zustand hängt die Lüfterdrehzahl von der Motordrehzahl ab, aber sie beträgt maximal nur 2100/min. Bei höherer Motorbelastung oder bei hohen Außentemperaturen steigt auch die Kühlwassertemperatur und die Luft, die durch den Kühler strömt, wird ebenfalls wärmer. Die Luft trifft auf einen Bimetallstreifen an der Front der Ventilatornabe. Mit zunehmender Wärme verändert das Bimetall seine Form, gibt über einen Druckstift ein Ventil frei und öffnet somit den Weg für das Öl vom Vorratsraum in den Arbeitsraum. Damit wird die Lüfterkupplung wieder eingeschaltet. Dieser Vorgang geschieht bei einer Wassertemperatur von 90–95° C, wobei die auf das Bimetall treffende Luft eine Temperatur von rund 73° C hat. Bei eingeschalteter Kupplung steigt oder fällt die Lüfterdrehzahl im gleichen Verhältnis mit der Motordrehzahl, jedoch dreht der Lüfter nie schneller als mit 3500/min.

Man kann die Einschaltung überprüfen. Dazu läßt man den normal betriebswarmen Motor mit 4000–4500/min im Stand laufen. Bei Erreichen der Kühlwassertemperatur von 90–95° C muß sich die Drehzahl des Lüfters um 100/min erhöhen. Das kann man akustisch deutlich wahrnehmen.

Die Kupplung ist wartungsfrei. Wenn sie aber defekt ist, muß sie durch eine neue ersetzt werden, da sie nicht repariert werden kann.

Die richtige Keilriemenspannung

Wasserpumpe und Lichtmaschine werden durch den Keilriemen angetrieben. Auf den Seiten 173–175 ist alles Wissenswerte über Keilriemen und ihre richtige Spannung erklärt. Hier sei nochmals eindringlich darauf hingewiesen, daß man bei Weiterfahrt mit gerissenem Keilriemen, also ohne Wasserpumpenantrieb, schwere Schäden am Motor riskiert. Eine deswegen durchgebrannte Zylinderkopfdichtung ist bei laufendem Motor an Luftblasen im Kühlmittel und Brandgeruch aus dem Einfüllstutzen des Kühlers erkennbar. Man sollte einen Ersatzriemen mitführen, um mit ihm die Weiterfahrt zu ermöglichen.

Überhitzter Motor

Wenn der Motor zu heiß wird, rückt der Zeiger der Kühlmitteltemperaturanzeige zum oberen Skalenende. Diese Meldung kommt von dem Thermofühler, der links am Zylinderkopf in Höhe der Einspritzpumpe sitzt. Die rote Marke in der Temperaturanzeige gilt als Höchstgrenze nur, wenn das Kühlmittel eine bis – 30° C wirksame Frostschutzfüllung enthält. Schwächere Gefrierschutzkonzentration oder reines Wasser haben einen niedrigeren Siedepunkt zur Folge.

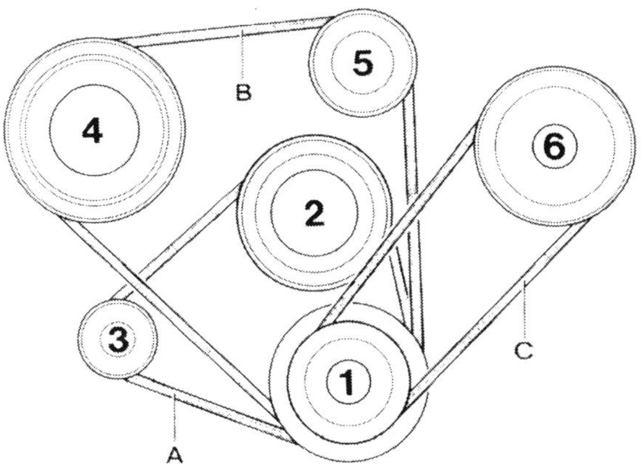

A – Keilriemen zum Antrieb von Lichtmaschine und Wasserpumpe, B – Keilriemen zum Antrieb des Kältekompressors, C – Keilriemen zum Antrieb der Lenkhelfpumpe; 1 – Kurbelwelle, 2 – Wasserpumpe, 3 – Lichtmaschine, 4 – Kältekompressor, 5 – Spannrolle, 6 – Lenkhelfpumpe.
Die Keilriemen sind richtig gespannt, wenn sie sich bei kräftigem Daumendruck gerade noch federnd eindrücken lassen (siehe auch Bild Seite 174).

Herrschen niedrige Außentemperaturen, ist die Anzeige ebenso bedeutungsvoll. Wenn nämlich der Thermostat in geöffneter Stellung klemmt, durchläuft das Kühlmittel dauernd den großen Kreislauf durch den Kühler und der Motor erreicht nicht die nötige Betriebstemperatur. Dann ist für Abhilfe zu sorgen. Bei einwandfreien Verhältnissen, im Normalbetrieb, mahnt die Temperaturanzeige vor übermäßiger Belastung des Motors, weil erst voll beschleunigt werden soll, wenn er seine Betriebstemperatur erreicht hat.

Einer möglichen Überhitzung bei hohen Außentemperaturen begegnet man durch eine gemäßigte Fahrweise. Wenn unterwegs die Kühlwasseranzeige dennoch in den Warnsektor tritt, hält man an, ohne den Motor abzustellen. Die weiterlaufende Wasserpumpe sorgt dann im Verein mit dem Lüfter bei Leerlauf für Abkühlung und es tritt kein Hitzestau auf, wie er sich bei sofort abgestelltem Motor ergeben könnte.

Bei sich anbahnender Überhitzung im Sommer steht ein weiterer »Kühler«, nämlich durch die Heizung, zur Verfügung. Mit ihrer Hilfe kann man eine momentane Übertemperatur (Paßfahrt im Sommer in Kolonne) wieder senken. Dazu beide Heizungsschalter und das Gebläse einschalten. Auf diese Weise entzieht die Heizanlage dem Kühlmittel Wärme.

Die Heizung

Für das Wohlbefinden im Wagen bei allen Außentemperaturen steht eine Heizungs- und Entlüftungsanlage zur Verfügung. Im wesentlichen besteht die Heizung aus einem Wärmetauscher, der mit dem Kühlsystem verbunden ist, und aus Lufteinlässen vor der Windschutzscheibe. Ein Gebläse mit drei Geschwindigkeiten kann frische oder erwärmte Luft dosiert und gemischt durch verschiedene Leitungen in den Innenraum und an die Windschutzscheibe schicken.

Auch im Sommer ist es ratsam, gelegentlich die beiden Heizungsschalter zu bedienen, um sich davon zu überzeugen, daß sie im Winter funktionieren. Wenn nämlich die Heizungsventile über längere Zeit hinweg überhaupt nicht bewegt werden, kann es vorkommen, daß sie sich durch Rückstände in der Kühlflüssigkeit zusetzen. Diese Heizungsventile sitzen in einem an Wasserschläuche angeschlossenen Gehäuse im Motorraum hinten. Mit den Schaltern sind sie über Drahtzüge verbunden, und zwar reagiert das linke Ventil auf die Betätigung des rechten Schalters und der linke Schalter bedient das rechte Ventil.

Wenn das Ventilgehäuse (Daimler-Benz spricht dabei von »Wasserhahn«) ausgebaut werden soll, sind zuvor etwa 2 Liter Kühlwasser abzulassen. Dann sind alle Schlauchbinder am Wasserhahn zu lösen und die Schläuche abzuziehen. Die beiden Drahtbügel werden von den Hebeln ausgehängt und schließlich

kann man die Befestigungsschraube für das Gehäuse herausdrehen. Schwergängigkeit der beiden Hebel, hervorgerufen durch Ablagerungen des Kühlwassers, kann man in einem Bad mit kalklösendem Mittel versuchen zu beheben, andernfalls muß ein neuer Wasserhahn eingebaut werden.
Der Ausbau des Heizungskastens in eigener Arbeit ist nicht empfehlenswert, weil damit sehr umfangreiche Demontagen verbunden sind. Desgleichen verlangt der Einbau einen vorgeschriebenen Arbeitsablauf und das Einhalten bestimmter Maße. Erst nach Ausbau des Heizungskastens wird der Wärmetauscher zugänglich, der somit auch kein Objekt für Bastelstunden ist.
Wenn der Gebläsemotor beim Einschalten nicht läuft, ist zuerst die Sicherung Nr. 10 zu überprüfen. Liegt dort und an den angeschlossenen Kabeln kein Defekt vor, wird man um die Demontage des Gebläses nicht herumkommen. Es ist zu erreichen, nachdem man die Abdeckung unter der Instrumententafel ausgebaut hat (zu diesem Zweck seitlich an der vorderen Türsäule und an der unteren Heizungsaustrittöffnung je eine Schraube herausdrehen, dann Abdeckung nach unten herausziehen). Von dem so freigelegten Gebläsemotor zieht man den Kabelstecker ab und dreht die daneben sitzende Schraube an der Kontaktplatte los. Die Kontaktplatte wird aufgeklappt, so daß man die darunter befindlichen beiden Anschlaghebel für den Vorwiderstand abziehen kann. Der Gebläsemotor läßt sich aus seinem Gebläse herausheben, wenn man die drei Befestigungsschrauben am Motorflansch herausgedreht hat.
Die richtige Funktion der Heizung und Lüftung kann nur während einer Probefahrt geprüft werden, wobei der Motor seine Betriebswärme erreicht haben muß.

Die Klimaanlage

Zusätzlich zu der eben beschriebenen Heizungsanlage gibt es als Sonderausstattung die Klimaanlage, mit deren Hilfe die Temperatur der Innenluft gesenkt werden kann. Zugleich wird der Luft Feuchtigkeit entzogen. Die Funktion der Klimaanlage ist von einem Kältekompressor abhängig, der sich im Motorraum oberhalb der Lichtmaschine befindet. Er wird von der Kurbelwelle über einen Keilriemen angetrieben, deshalb in die Anlage nur bei laufendem Motor betriebsbereit.
Was auf Seite 173 über den Keilriemen zum Antrieb der Lichtmaschine gesagt ist, gilt auch für den Keilriemen der Klimaanlage. Dieser Keilriemen wird von einer Spannrolle links vom Motor straff gehalten. Zum Spannen des Riemens ist die Sechskantschraube am Halter der Spannrolle zu lockern. Dann läßt sich die Rolle nach außen drücken, und die Schraube ist wieder festzuziehen. Zwischen den Riemenscheiben des Kältekompressors und der Spannrolle soll sich unter einem Druck von etwa 6 kp der Keilriemen um 10 mm durchbiegen lassen.

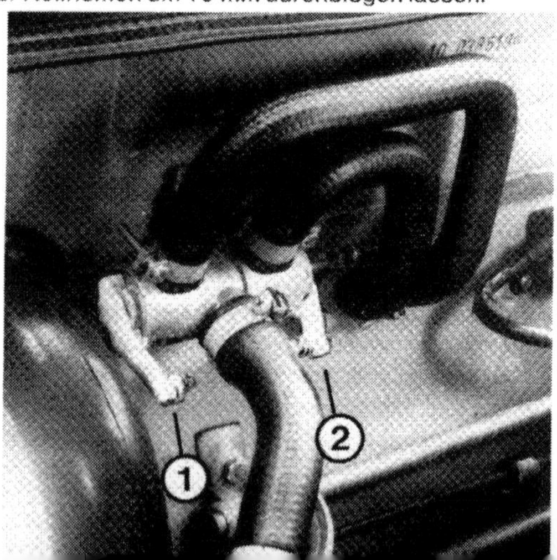

Das Doppel-Regulierventil für die Innenraumheizung ist für Fahrer- und Beifahrersitz getrennt einstellbar. Dabei wird der im Motorraum rechts befindliche Ventilhebel (1) über den linken Drehgriff betätigt, und umgekehrt das in Fahrtrichtung links befindliche Ventil (2) über den rechten Heizregulierschalter.

Der Kältekompressor ist im Betrieb Schwingungen ausgesetzt, die dazu führen können, daß sich eine Befestigung lockert. Es steht zwar nicht besonders im Wartungsplan, doch kann es nicht schaden, gelegentlich den festen Sitz der Schrauben an seinem Träger zu überprüfen. Diese Schrauben und Muttern sind vorn am Motor und an dessen rechter Seite zu finden.
Zu der Anlage gehört ein Verdampfer mit Gebläse, das die Luft zum Heizungskasten drückt. Von dort kann die gekühlte Luft wie bei der normalen Heizungsanlage in verschiedene Wege gelenkt werden. Außerdem ist ein Zusatzlüfter eingebaut, dessen Relais von der Sicherung Nr. 12 geschützt ist. Ferner ist das Relais II der Klimaanlage durch die Sicherung Nr. 12 geschützt. Der Schaltplan zu der Klimaanlage ist auf Seite 226 wiedergegeben.

Flüssigkeitsstand der Klimaanlage kontrollieren

Pflegearbeit Nr. 26

In den Leitungen der Klimaanlage befindet sich ein gasförmiges Kältemittel der Marken Freon, Frigen, Genetron oder Kaltron mit der Qualitätsbezeichnung R 12. Die Füllmenge beträgt 1200 g. In der Anlage ist das Kühlmittel verflüssigt, und der Stand dieser Flüssigkeit soll alle 15 000 km kontrolliert werden.
Zu der Kontrolle muß der Motor laufen und die Klimaanlage eingeschaltet sein. Mit einem Blick auf den Flüssigkeitsbehälter (im Motorraum unterhalb der rechten Scheinwerferabdeckung) kann man feststellen, ob unter dem Schauglas die weiße Kugel schwimmt. Außerdem muß das Kältemittel blasenfrei unter dem Glas hinwegfließen. Schwimmt die Kugel jedoch nicht oder sind Blasen und Schaum unter dem Glas zu sehen, muß in der Werkstatt fehlendes Kältemittel nachgefüllt werden. Sollten mehr als 200 g nachzufüllen sein, muß auch noch die Dichtheit der Klimaanlage überprüft werden.

Nachträglicher Einbau einer Standheizung

Die serienmäßige Heizungsanlage, wie sie bei Autos mit wassergekühltem Motor üblich ist, ist nur bei warmem Motor einsatzbereit. Autos mit luftgekühltem Motor benötigen eine unabhängige Heizungsanlage. Solche Standheizungen werden mit Kraftstoff betrieben und erwärmen den Innenraum unabhängig davon, ob der Wagen fährt oder nicht. Seit 1976 baut die auf diesem Gebiet führende Firma Eberspächer in Esslingen auch für Diesel-Autos eine Standheizung, die natürlich mit Dieselkraftstoff betrieben wird.
Das Heizgerät mit der Bezeichnung D 1 L ist für die Montage im Fahrgastraum zugelassen. Es ist mit einem Überhitzungsschutz ausgestattet und kann auch als Zusatzlüftung verwendet werden. Der Verbrauch beträgt pro Stunde nur 0,2 Liter Kraftstoff, aber es ist zu bedenken, daß ohne Motorlauf die Batterie den Stromhaushalt für diese zusätzliche Heizung nur für eine gewisse Zeit aufrechterhalten kann. Das Gerät kostet knapp 900 Mark.
Ein solcher nachträglicher Einbau ist überflüssig, wenn der Wagen bereits mit einer zur Sonderausstattung gehörenden Zusatzheizung – ebenfalls mit Betrieb durch Dieselkraftstoff – ausgerüstet ist.

Düsenzeitalter

Bevor der Kraftstoff im Motor Arbeit leistet, durchläuft er verschiedene Stationen. Nur einige Teile der für den Dieselmotor charakteristischen Anlage, zu denen auch der Tank gehört, findet man noch im Wagen mit Benzinmotor.

Der Tank

Der Tank ist über der Hinterachse eingebaut; ein möglicher Auffahrunfall auf das Mercedes-Heck kann dem Kraftstoffbehälter also nichts anhaben. Sein Fassungsvermögen beträgt rund 65 Liter. Vor dem Ausbau (nicht rauchen, kein offenes Feuer) ist die Batterie abzuklemmen.

Am Wagenboden wird ein Gefäß zum Auffangen des Tankinhalts bereitgestellt. Bei hinten angehobenem Wagen klemmt man den einzelnen, aus dem Bodenblech hervortretenden Kraftstoffschlauch etwa 10 cm hinter seinem Anschluß am Tank mit einer Klemme ab. Die in Richtung Motor nächstliegende Leitungsverbindung wird gelöst und nach Lösen der Klemme läßt man den Kraftstoff in einen bereitgestellten Behälter ablaufen. Nach Lösen der Klemme läuft der Kraftstoff aus dem Tank ab. Weiterhin befinden sich unten am Tank zwei Leitungsanschlüsse: Rücklaufschlauch und Entlüftungsschlauch. Ersterer dient der Rückführung überschüssigen Kraftstoffs von der Einspritzpumpe. Den zweiten braucht der Tank zu seiner Be- und Entlüftung, da der absinkende Kraftstoff während des Betriebes sonst ein Vakuum entstehen lassen würde, was die Kraftstoff-Förderung behindert. Beim Befüllen des Tanks muß die dabei zusammengedrückte Luft entweichen können. Die Schlauchbinder dieser beiden Schläuche sind am Tank zu lösen und die Schläuche abzuziehen.

Danach läßt man den Wagen ab. Im Kofferraum wird die Gummimatte entnommen und die Seitenverkleidung ist abzubauen. Die Befestigungsschrauben für die Rückwand werden herausgedreht und die Rückwand herausgehoben. Zu beiden Seiten des jetzt freigelegten Tanks dreht man je zwei Muttern der Behälterbefestigung los. Links oben auf dem Tank wird der Kabelstecker vom Tauchrohrgeber abgezogen. Danach kann der Tank herausgezogen werden. Beim Einbau ist auf den richtigen Sitz der Gummimanschette am Kraftstoffeinfüllstutzen zu achten.

Der Tauchrohrgeber (siehe auch Seite 203) läßt sich bei eingebautem Tank demontieren. Dazu nimmt man den Verbandskasten aus der Heckablage und danach die darunter befindliche Plastikschale. Kabelstecker vom Tauchrohrgeber abziehen und an einem Stück Draht aufhängen, damit er nicht wegrutscht. Mit einem Maulschlüssel läßt sich der Tauchrohrgeber herausschrauben. Der neue Tauchrohrgeber muß mit einem neuen Gummidichtring eingebaut werden. Vorher entfernt man den Sicherungsstift, der sich unter dem Klebezettel außen am Rohr befindet. Dann läßt sich das Gerät ohne Umstände in die Öffnung im Tank einsetzen. (Bei den Vorgängermodellen mußte noch ein Arretiernocken in der Aussparung am Gerätesitz einrasten, damit der Kabelstecker richtig angebracht werden konnte.)

Der Kraftstoff-Vorfilter hat ein Gehäuse aus durchscheinendem Material und es ist durch einfache Sichtprüfung feststellbar, ob sich darin Verschmutzungen angesammelt haben. Im Bedarfsfall sind die Kreuzschlitzschrauben der beiden Schlauchschellen zu lockern, wonach der Vorfilter ausgewechselt werden kann.

Kraftstoff-anlage auf Dichtheit prüfen

Pflegearbeit Nr. 21

Sämtliche Anschlüsse der Kraftstoffleitungen müssen völlig dicht auf ihren Anschlüssen sitzen. Die Schläuche sind mit schraubbaren Schlauchbindern auf den Rohrstutzen befestigt. Die Sichtprüfung nimmt man möglichst bei laufendem Motor vor: Wo Kraftstoff an den Anschlüssen hervortritt (auch wenn es nur geringe Flüssigkeitsspuren sind), müssen die Schlauchbinder nachgezogen werden. Die Schlauchbinder dürfen aber nicht »auf Block angezogen« werden, womit gemeint ist, daß sich die Schellenenden, die der Schraube als Führung dienen, nicht berühren dürfen, sonst wird der Schlauch zerquetscht. Zu kontrollieren sind alle Anschlüsse im Motorraum (Einspritzpumpe, Kraftstoffilter) und unter dem Wagenboden am Tank. Undichte Schläuche oder Leitungen sind zu erneuern.

Kraftstoff-Vorfilter prüfen

Pflegearbeit Nr. 47

Direkt vor der Kraftstoffpumpe, links an der Einspritzpumpe, ist in die Kraftstoffleitung ein Vorfilter eingesetzt (Bild oben). Er hat ein durchscheinendes Kunststoffgehäuse und läßt dadurch aufgefangene und eingelagerte Verschmutzungen erkennen. Wenn sich bei der Sichtprüfung solche Rückstände ausmachen lassen, soll der Vorfilter erneuert oder zumindest gereinigt werden.
Dazu klemmt man den von hinten herangeführten Schlauch mit einer Klemme ab und löst sowohl die am Filtereingang wie die am Filterausgang sitzende Schlauchklemme. Den Filter zieht man von den Schlauchmundstücken ab. Sollte keine Klemme zur Verfügung stehen, löst man zunächst den Eingangsschlauch und verschließt sofort seine Öffnung mit einem passenden Dorn, den man in das Schlauchmundstück drückt.
Man reinigt den Vorfilter, indem er in einem sauberen, mit Kraftstoff gefüllten Gefäß ausgeschwenkt wird. Danach werden die Schlauchenden wieder auf die Filterstutzen geschoben und mit den Schlauchbindern befestigt.
Diese und die nächste Wartungsarbeit sollen etwa alle 45 000 km erledigt werden.

Kraftstoff-Hauptfilter erneuern

Pflegearbeit Nr. 48

Links vorn im Motorraum ist der Hauptfilter für die Einspritzpumpe befestigt. Früher handelte es sich in den Diesel-Wagen dabei um einen Filtereinsatz, der regelmäßig gereinigt werden mußte. In der Baureihe 123 ist ein Wechselfilter vorhanden, der in seiner Gestalt an Ölwechselfilter bei anderen Autos erinnert. Die Wirksamkeit dieses Kraftstoff-Hauptfilters läßt nach, wenn man den Zeitpunkt des Wechsels zu lange hinausschiebt, und Störungen an der Einspritzanlage können die Folge sein.
Zum Ausbau des Wechselfilters dreht man die Befestigungsschraube oben am

Hier wurde im Motorraum des Typ 200 D die Patrone (1) des Kraftstoffhauptfilters abgeschraubt. Die Zentralschraube SW 22 mit Dichtring (2) sind zu reinigen, bevor man die neue Kraftstoffpatrone wieder anschraubt.

Filterhalter heraus, dann kann der Filter nach unten abgenommen werden. Das neue Filtergehäuse wird mit einem neuen Dichtring wieder angeschraubt. Alten Filter zum Sondermüll geben!

Anschließend soll man die Anlage entlüften. Dazu wird die auf dem Filterhalter (neben der eben betätigten Befestigungsschraube) sitzende Hohlschraube etwas gelöst. Die beim Befestigen des Filters eingeschlossene Luft läßt sich jetzt herausdrücken, wenn man die Handpumpe an der Einspritzpumpe betätigt (siehe Bild Seite 109). Gefäß unter den Wechselfilter halten, das den austretenden Kraftstoff aufnimmt. Wenn beim Pumpen mit der Handpumpe der Kraftstoff blasenfrei austritt, kann die Hohlschraube wieder festgezogen werden.

Die Kraftstoffpumpe

Die Förderpumpe ist mit der Einspritzpumpe zusammengebaut und wird von deren Nockenwelle angetrieben. Es handelt sich um eine Kolbenpumpe, die den Kraftstoff aus dem Tank saugt und weiter zu dem Kraftstoff-Hauptfilter drückt. Dabei ist abwechselnd ihr Druckventil und ihr Saugventil geschlossen.

Vor dem Kraftstoffeintritt in die Pumpe ist ein Vorfilter in die Schlauchleitung eingesetzt, über dessen Pflege bereits gesprochen wurde. Nur wenn dieses Vorfilter vernachlässigt wird, kann die Arbeit der Pumpe gestört werden. Im allgemeinen tut sie aber unentwegt und ohne Wartung ihren Dienst.

Wenn die Pumpe nicht richtig arbeitet, macht sich das in verminderter Leistung des Motors bemerkbar, weil dann der Kraftstoff-Nachschub nicht ausreicht. In diesem Fall werden die Ventile verschmutzt sein. Da die Schmutzteilchen aber auch die Ventilsitze angreifen, ist es in der Regel zwecklos, die Ventile reinigen zu wollen – man müßte auch die Sitzflächen nacharbeiten. Der Austausch gegen Neuteile ist dann ratsam, und den erledigt die Mercedes- oder die Bosch-Werkstatt.

Die Handpumpe

Normalerweise wird man die an der Einspritzpumpe befindliche Handpumpe kaum jemals gebrauchen. Trotzdem soll sie im Notfall (siehe anschließende Beschreibung) funktionieren. Um durch Nichtgebrauch entstehenden Ablagerungen im Innern der Handpumpe vorzubeugen, sollte man sie gelegentlich mehrmals von Hand durchbewegen. Hierzu den Knopf durch Linksdrehung lösen und nach dem Pumpen durch Rechtsdrehung wieder arretieren. Mit der Handpumpe kann man somit Kraftstoff fördern. Natürlich funktioniert die Pumpe auch anders: Wenn die Batterie des Wagens nicht völlig ermüdet ist – dann würde sie auch den Anlasser nicht mehr drehen –, kann man per Anlasser pumpen, wobei jedoch die Batterie nicht zu sehr strapaziert werden darf.

Die Handpumpe wird gebraucht, um nach dem Auffüllen eines zuvor leergefahrenen Tanks Diesel-Kraftstoff vom Tank zur Pumpe zu fördern, bzw. eingedrungene Luft durch die Entlüftungsschraube aus der Leitung zu entfernen. Der Handpumpenknopf muß durch Drehen nach links entriegelt und nach dem Pumpen durch Eindrücken und Rechtsdrehen wieder festgestellt werden.

Der eben erwähnte Notfall ist eingetreten, wenn der Kraftstofftank vollständig leergefahren wurde. Dann befindet sich Luft in der Kraftstoffleitung, und die muß man entfernen. Zunächst wird der Tank wieder gefüllt. Im Normalfall läßt man dann den Anlasser die schon erwähnten 20 Sekunden arbeiten, wobei die Luft aus der Kraftstoffanlage durch Betätigen der Pumpe über den mitgedrehten Motor entweicht. Es könnte aber auch sein, daß die Batterie zum Durchdrehen des Anlassers zu schwach ist. Bevor man den Diesel dann schleppen läßt, muß man mit der Handpumpe so lange pumpen, bis der Kraftstoff blasenfrei an der Hohlschraube am Kraftstoffilter austritt, was durch ein schnarrendes Geräusch anzeigt, daß die Entlüftung beendet ist. Dieses Geräusch wird von dem sich dabei öffnenden Überströmventil an der Einspritzpumpe ausgelöst.

Die Einspritzpumpe

Sie ist das wichtigste Teil, sozusagen das Herz der ganzen Kraftstoffanlage. Wie schon im Motor-Kapitel erwähnt, wird beim Dieselmotor der Kraftstoff durch Düsen in den Brennraum bzw. in dessen Vorkammer eingespritzt. Der dazu nötige Druck, ferner der jeweils richtige Einspritzzeitpunkt und die Dosierung der Menge werden von der Einspritzpumpe geregelt.
Erst als es der Firma Bosch im Jahre 1927 gelang, eine solche Einspritzpumpe in der erforderlichen Präzision und doch kompakt, robust und kostengünstig herzustellen, war der Weg des Dieselmotors auch für das Straßenfahrzeug geebnet. Der Antrieb der Einspritzpumpe erfolgt durch die Steuerkette des Motors. Die Kette ermöglicht den notwendigen, zeitlich exakt abgestimmten Antrieb. Für jeden Motorzylinder befindet sich in der Einspritzpumpe – hier eine sogenannte Reihenpumpe – ein eigenes Pumpenelement, das der betreffenden Einspritzdüse die nötige Kraftstoffmenge zuteilt. Ferner ist in der Pumpe eine Nockenwelle vorhanden, die mit halber Kurbelwellen-Drehzahl umläuft. Da bei zwei Umdrehungen der Kurbelwelle bei einem Viertaktmotor jeweils ein Arbeitstakt (Verbrennung) erfolgt, genügt eine Umdrehung der Einspritzpumpen-Nockenwelle, um mit ihrem betreffenden Nocken jedes Pumpenelement zum richtigen Zeitpunkt zu betätigen.

Die Funktion

Der Kraftstoff nimmt folgenden Weg: Unter dem Druck der Förderpumpe gelangt er aus dem Hauptfilter über eine Leitung in den Saugraum der Einspritzpumpe. Zuviel geförderter Kraftstoff fließt über ein Überströmventil durch die Rücklaufleitung zurück zum Tank. Die Leitung verfügt über eine Zwangsentlüftung. Aber durch den ständigen Umlauf in den Leitungen wird auch eine sonst mögliche Blasenbildung verhindert, die einen ungleichmäßigen Motorlauf zur Folge hätte.

Außerdem leitet der überschüssige Kraftstoff von der Pumpe Wärme ab – sie wird gekühlt.
In jedem Pumpenelement geht ein kleiner Kolben auf und ab. Ähnlich wie im Motor bei der Ventilbetätigung, sorgen die Nocken der Pumpen-Nockenwelle für die Aufwärtsbewegung der Kolben. Nach Freigabe durch den Nocken werden sie von Kolbenfedern wieder zurückgedrückt. Mit der Aufwärtsbewegung schiebt der Kolben Kraftstoff in die Einspritzleitung in Richtung Einspritzdüse im Zylinderkopf. Ein Druckventil im Kopf der Einspritzpumpe verhindert unter anderem das Leersaugen der Leitung beim Abwärtshub des Kolbens.
Ein undichtes Druckventil macht sich nur im Leerlauf bemerkbar, nicht bei Teillast oder Vollast. Als Anzeichen sind dann Aussetzer festzustellen. Bei zunehmender Last fördert die Pumpe entsprechend mehr Kraftstoff, so daß der Defekt dabei nicht auffällt. Die endgültige Diagnose kann allerdings nur in der Werkstatt gestellt werden, und dazu muß man die Pumpe demontieren.
Obwohl die Kolben in der Pumpe immer den gleichen Hub ausüben, darf das Maß der Kraftstoffzuteilung nicht immer gleich sein. Um vom Leerlauf bis Vollast variieren zu können, ist der Kolben beim Mercedes mit zwei schrägen Steuerkanten (sonst ist häufig nur eine üblich) und mit einer Längsnut versehen. Durch Verdrehen der Steuerkanten wird bewirkt, daß ein mehr oder weniger großes Quantum Kraftstoff an der Längsnut in den Saugraum – früher auch »Seeraum« genannt – zurückläuft. Damit ist der Nutzhub veränderlich.
Die Einspritzpumpe im Personenwagen besitzt eine Regelstange, die über Regelhülsen alle Kolben zugleich hin- und herdreht. Diese Übertragung ist nachstellbar. Zu einer Korrektur ist aber nur die Fachwerkstatt (Mercedes-Benz oder Bosch-Dienst) in der Lage.
Die Regelstange wird beim 200 D und 220 D, bis Oktober 1977 auch beim 240 D, pneumatisch geregelt. Die Regelung im 300 D und im neueren 240 D (ab 1977) erfolgt mechanisch, bei den übrigen Modellen ab 1979. Dabei ist die Regulierwelle als Längswelle und nicht mehr als Querwelle über die Zylinderkopfhaube ausgebildet.
Auf der dem Antrieb gegenüberliegenden Seite der Pumpe mit pneumatischer Regelung (in Fahrtrichtung hinten) befindet sich ein Membranblock. Darin wirkt eine unter Federdruck stehende Membrane. Bei abgestelltem Motor schiebt die-

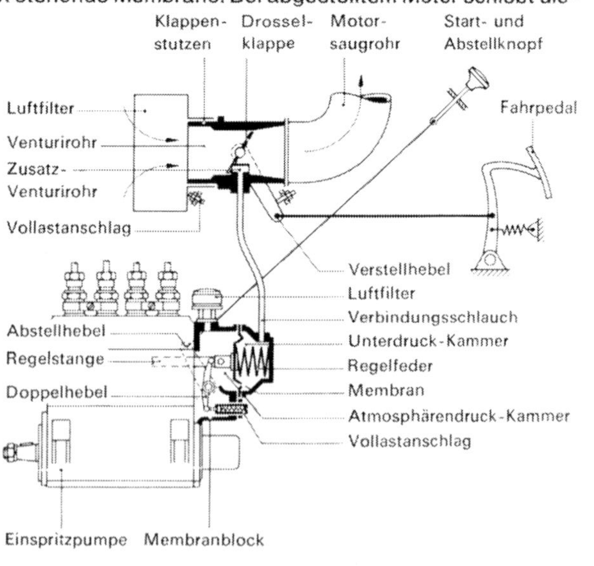

Schema des pneumatischen Reglers in Ruhelage.

Einspritzpumpe zum Fünfzylindermotor des 300 D mit mechanischer Regelung.
1–5 – Anschlüsse der Einspritzleitungen,
6 – Rücklaufleitung,
7 – Reglergehäuse,
8 – Thermofühler der Kühlwasser-Temperaturanzeige.

se Feder die Regelstange nach vorn in Vollast-Stellung. Wird der Motor angelassen, so gibt der Starterzugknopf (bei den Motoren OM 615 und 616) noch eine zusätzliche Startmenge. Dies geschieht rein mechanisch und ist mit dem Fahrfußhebel nicht zu beeinflussen. Sobald der Motor angesprungen ist, läßt der Fahrer den Zugknopf los, und damit wird die Start-Mehrmenge ausgeschaltet und die pneumatische Regelung setzt ein.
Die mechanische Regelung bietet verbesserte Übergänge im Teillastbereich. Zudem sind mit ihr Vereinfachungen verbunden. Diese wirken sich auch in der Bedienbarkeit aus, denn anstelle des Zugschalters tritt ein Glühstartschalter.
Jeder Regler schützt den Motor vor Überdrehen in den Gängen. Unsachgemäße Manipulationen am Regler können daher zu Schäden am Motor führen.

Die Klappenstutzen

Zu den Motoren der Modelle 200 D, 220 D und des älteren 240 D gehört eine Drosselklappe, ähnlich wie beim Vergasermotor. Allerdings ist die Funktion nicht vergleichbar. Die Drosselklappe im Klappenstutzen (Ansaugrohr) reagiert mechanisch auf Bewegungen des Fahrpedals – so weit reicht die Ähnlichkeit immerhin. Aber im Klappenstutzen befindet sich ein sogenanntes Zusatz-Venturirohr. Das ist eine Verengung des Strömungsquerschnitts, womit eine Steigerung der Strömungsgeschwindigkeit und zugleich des Unterdrucks bewirkt wird, der sich dort abnehmen läßt.
Bei geschlossener Drosselklappe gelangt die Ansaugluft durch dieses Zusatz-Venturirohr (und durch einen schmalen Spalt in der Klappe). Von dem Unterdruck wird über eine Leitung zur Unterdruckkammer im Membranblock die Regelmembrane gegen den Federdruck gezogen. Dadurch geht auch die Regelstange zurück und die Kolben in den Pumpenelementen drehen auf Leerlaufstellung zurück.
Wird das Fahrpedal getreten, öffnet die Drosselklappe weiter und im Venturirohr wird der Unterdruck abgebaut. Das hat zur Folge, daß die Membranfeder in der Einspritzpumpe die Regelstange in Richtung Vollast verschiebt und eine höhere Kraftstoffzuteilung einsetzt. Auf diese Weise wird also mehr »Gas« (Last) gegeben.
Bei »Vollgas« erhöht sich die von der Drehzahl abhängige Strömungsgeschwindigkeit im Klappenstutzen und im Venturirohr. Erneut wirksam werdender Unterdruck überwindet dabei die Kraft der Membranfeder, was die Regelstange in Richtung »Stop« zurückzieht: Es wird »abgeregelt«. Das geschieht bei den Vierzylindermotoren bei ca. 4350/min unter Last und bei etwa 5000/min ohne Last, für den Fünfzylindermotor sind etwa 150/min von diesen Werten abzuziehen.

Es kann vorkommen, daß der Motor des Typ 300 D nach Drehen des Schlüssels in Lenkschloßstellung »0« weiterläuft. Dann ist bei geöffneter Motorhaube an der linken Motorseite der Abstellhebel »STOP« in Richtung Motor zu drücken, bis der Motor nicht mehr läuft.
Seit September 1979 befindet sich der Notstophebel an der linken Seite der neuen Einspritzpumpe.

»Sägender« Diesel

Manchmal zeigt der Dieselmotor eine besondere Erscheinung, die im sogenannten Schieberuckeln des Vergasermotors eine gewisse Parallele hat: Der Diesel kann »sägen«. Darunter versteht man ein Auf und Ab der Drehzahl im Standlauf, das nicht mit dem Fahrpedal beruhigt werden kann. Die Ursache dazu ist ein Schwingen der Regelstange, die dann zwischen leichtem Druck der Membranfeder und einem etwa variierenden Unterdruck aus dem Klappenstutzen pendelt. Solche Pulsationen, die im Saugrohr vorhanden sind, bewirken ein Verändern des Unterdrucks im Membranblock und die Regelstange macht diese Bewegungen mit.

Mit einer kräftigen Membranregelfeder kommt man nicht dagegen an, schon weil sie ja nicht allzu stark sein darf und immer noch im Gleichgewicht mit dem Venturirohr-Unterdruck zu bleiben hat.

Daher hat man eine Zusatzregulierung eingeführt, um den Leerlauf zu stabilisieren. Das ist der sogenannte »Stupser« in der Vakuumkammer der E-Pumpe, ein Federelement, das schwimmend hinter der Membranfeder gelagert ist. Bei Leerlauf-Fahrpedalstellung wird der Stupser verriegelt und hindert die Feder am Schwingen. Er hat dabei eine dämpfende Wirkung, denn er ist in sich nicht etwa ein fester Körper, sondern besteht aus zwei federnden Hülsen. Sobald »Gas« gegeben wird, ist der über einen Winkelhebel vom Klappenstutzen her gesteuerte Stupser frei.

Störungen beseitigen

Bei undichter Unterdruckanlage oder bei Vorhandensein von Leck-Kraftstoff darin kann das Vakuum nie ausreichen, um die Regelstange weit genug in Richtung »Stopp« zurückzuziehen.

Wenn die Höchstgeschwindigkeit nicht erreicht wird und wenn man annehmen darf, daß hierfür allein die Einspritzregelung verantwortlich ist, nicht etwa ein Leistungsabfall eines greise gewordenen Motors, dann prüft man zunächst im praktischen Fahrbetrieb, welche Geschwindigkeiten noch im 2. und 3. Gang erreichbar sind. Dies sollen beim 200 D / 220 D maximal 56 bzw. 92 km/h sein, beim 240 D maximal 60 bzw. 98 km/h und 64 bzw. 104 km/h beim 300 D.

Ist das nicht der Fall, so nimmt die Werkstatt einen Prüflauf vor. Die Höchstdrehzahl wird unbelastet gemessen, der Abregelbeginn kontrolliert. Wenn die Höchstdrehzahl nicht erreicht wird, muß die Pumpe ausgebaut werden. Man spannt dann die Regelfeder der Einspritzpumpe durch untergelegte Scheiben stärker vor. Dagegen bestehen starke Bedenken gegen die Maßnahme mancher Amateur-Mechaniker, die (plombierte) Vollastanschlagschraube der Drosselklappe am Klappenstutzen so weit herauszudrehen, bis die zulässigen Höchst-

Luftfilter mit Papiereinsatz. Zum Lösen des Gehäusedeckels (3) sind die vier Spannbügel (1) zu lösen und die Mutter SW 10 abzuschrauben. Danach kann der Einsatz (4) ausgewechselt werden. Beim 300 TD Turbo Diesel ist das Luftfiltergehäuse etwas anders gestaltet.

geschwindigkeiten in den Gängen geschafft werden. Keinesfalls sollte man durch eigenmächtiges Anbringen von Scheiben versuchen, die Spannung der Regelfeder zu verändern.

Merke: Der zum Regeln notwendige Unterdruck und die zum Zurückdrehen der Regelstange in Richtung »Stop« erforderliche Kraft wird erst bei ganz geöffneter Regelklappe und bei Vollasthöchstdrehzahl erreicht. Sobald der Motor diese Höchstdrehzahl erreicht hat, beginnt das Zurückziehen der Regelstange – und damit die Begrenzung der Drehzahl bei Belastung, der Abregelbeginn.

Eventuell auftretendes »Quer- oder Vorwärtsschütteln« des Motors läßt sich normalerweise in der Werkstatt durch entsprechende Einstellung an der Einspritzpumpe beheben.

Luftfiltereinsatz reinigen

Pflegearbeit Nr. 14

Im Modell 300 D, ab August 1977 im Modell 240 D und seit Februar 1979 bei den übrigen Modellen sorgt anstelle des auf Seite 76 beschriebenen Ölbadluftfilters ein Trockenluftfilter für die Reinigung der Ansaugluft für den Motor. In dem Filtergehäuse befindet sich ein Papiereinsatz, der alle 15 000 km gereinigt und bei km-Stand 45 000 erneuert werden soll. Bei hohem Staubanfall muß man ihn in kürzeren Abständen reinigen und dann nach 15 000 km erneuern.

Der Gehäusedeckel wird von einer zentral sitzenden Mutter SW 10 und nach Lösen derselben noch von vier Schnappverschlüssen festgehalten. Der darunter sitzende Filtereinsatz mit radial angeordneten Papierelementen ist herauszunehmen und mit Preßluft zunächst von innen nach außen, dann an der Ober- und Unterseite mit schräg gehaltener Preßluftpistole abzublasen. Preßluft steht an

Im Unterteil (3) des Ölbad-Luftfilters zeigen zwei eingeprägte Pfeile mit den Bezeichnungen »Höchst« und »Normal« den Ölstand an. Es darf nicht zu wenig sein, sonst wird die Ansaugluft nicht gefiltert. Aber auch zu viel ist von Übel, weil dann Öl mit in die Ansaugluft gerissen wird. Der Ölfiltereinsatz (2) wird in Benzin oder Petroleum ausgewaschen. Das Oberteil (1) ist mit Spannbügeln am Unterteil befestigt.

jeder Tankstelle zur Verfügung. Im äußersten Fall kann man auch eine Fahrradluftpumpe benutzen, um die gröbste Verunreinigung zu beseitigen. Der gereinigte Filtereinsatz darf unter keinen Umständen eingeölt oder irgendwie befeuchtet werden, das würde seine Filterwirkung zerstören.
Mit einem trockenen, sauberen Lappen werden die Innenseiten des Filtergehäuses und seines Deckels ausgewischt. Man darf aber dazu keine Putzwolle nehmen, weil zurückbleibende Fasern erneut eine Verschmutzung darstellen.
Einen neuen Filtereinsatz bekommt man beim Mercedes-Service.

Das Schwingsaugrohr

In das Schwingsaugrohr tritt die Ansaugluft nach Passieren des Luftfilters, sozusagen auf Vorrat. Denn noch kommt sie nicht gleich in die Zylinder. Vielmehr schwingt sie unter dem wechselnden Sog der ansaugenden Kolben hin und her, wodurch bei jeweiliger Öffnung der einzelnen Einlaßventile ein Nachlade-Effekt erreicht wird: so kommt es zu einer besseren Zylinderfüllung.
Da ein solches Schwingsaugrohr mit großer Sorgfalt auf den Motor abgestimmt ist, darf man daran natürlich nichts verändern. Der Gedanke, man könne die Motorleistung etwa durch Manipulation am Saugrohr aufbessern, ist also abwegig. Im Gegenteil, die Frischluftzuführung geriete in Unordnung, der Füllungsgrad würde verschlechtert, die Leistung absinken.
Wenn man das Gestänge zum Stupser aushängt, so führt das, wie bereits beschrieben wurde, zum »Sägen« im Leerlauf.

Leerlaufversteller prüfen und einstellen

Pflegearbeit Nr. 17

Wie im folgenden Abschnitt noch zur Sprache kommt, beträgt die Leerlauf-Drehzahl, richtig eingestellt, 700–800/min. Beim Starten des Motors soll bei den Modellen 200 D bis 240 D durch Linksdrehen des Glühstartschalters, beim 300 D und beim ab August 1977 gebauten 240 D des Leerlaufverstellhebels die Drehzahl zum sicheren Anspringen des Motors erhöht werden. Dieses Drehen am Armaturenbrett wird in eine Zugbewegung umgesetzt und über einen Drahtzug links neben der Zylinderkopfhaube auf das Reguliergestänge übertragen. Eine Einstellmutter am Ende dieses Bowdenzuges ermöglicht es, den Verstellweg zu verändern (siehe Bild Seite 77).
Zur Kontrolle läßt man den warmen Motor laufen. Aus der Ausgangsposition des Verstellknopfes am Armaturenbrett dreht man den Knopf entgegen dem Uhrzeigersinn bis zum Anschlag. Dabei darf nur ½ Umdrehung Leerweg vorhanden sein, bis der Leerlauf aufgehoben wird. Man kann die Drehzahlerhöhung hören. Ist der Leerweg größer, läßt sich durch Verdrehen der oberen Mutter (am Halter für die Übertragung zum Reguliergestänge) eine Korrektur vornehmen.

Leerlauf prüfen und nachregulieren

Pflegearbeit Nr. 16

Der im Werk eingestellte Leerlauf kann sich wie auch beim Vergasermotor im Laufe des Betriebes verstellen. Allerdings sind die Folgen bezüglich der CO-Anteile (Kohlenmonoxyd) beim Dieselmotor weniger gravierend.
Die Einstellung der Leerlauf-Drehzahl wird in der Werkstatt gewöhnlich mit einem Drehzahlprüfgerät vorgenommen. Nur Routiniers machen das nach Gehör. Als Laie sollte man hier keine Versuche anstellen; das Werkstattpersonal hat das besser im Griff. Zur Kontrolle muß der Motor seine Betriebstemperatur haben (Kühlmittelanzeige 80° C). Der Leerlaufversteller am Armaturenbrett wird im Uhrzeigersinn bis zum Anschlag gedreht.
Bei den Motoren OM 615/616 (Modelle 200 D bis 240 D, letzterer nur bis 1977) wird die über die Zylinderkopfhaube an das Luftansaugteil herangeführte Regulierstange ausgehängt. Dann dreht man mit einem Schraubenzieher die Leerlauf-Einstellschraube am Klappenregler langsam hinein oder heraus. Siehe dazu das Bild der nächsten Seite oben links. Läßt sich dabei keine Änderung der

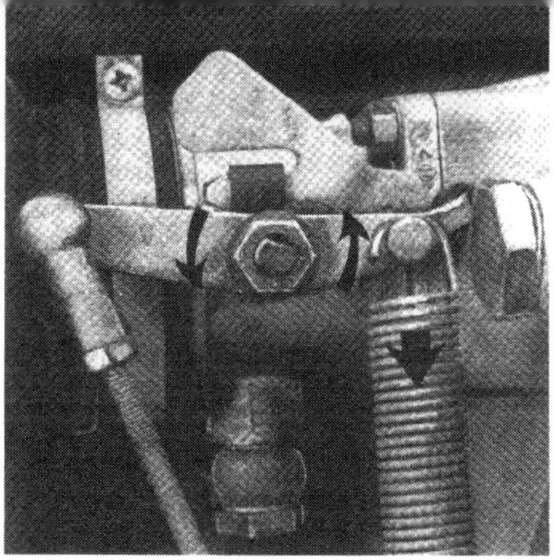

Links: In der rechten Seite des Motorraums (hier beim Typ 240 D) ist die Einstellschraube für den Leerlauf (2) erreichbar. Mit der Klappenwelle ist über ein Kugelgelenk die Regulierstange (1) verbunden.
Rechts: An der vorderen Seite des Klappenstutzens befindet sich der Hebel zur Übertragung der Bewegungen des Gestänges vom Fahrpedal, die Rückzugfeder zieht den Hebel in Ruhestellung.

Drehzahl feststellen, dürfte entweder die Unterdruckleitung vom Zusatz-Venturirohr undicht sein oder das Membrangehäuse bzw. die Membrane.
Zur Einstellung am Motor OM 617 (300 D), beim 240 D ab Mitte 1977 sowie bei den anderen Modellen ab Anfang 1979 dient die zwischen Einspritzpumpe und Motorblock erreichbare Einstellschraube. Das in Fahrtrichtung vor der Schraube nahezu senkrecht angeordnete Reguliergestänge ist auszuhängen. Die Einstellschraube wird von einer Kontermutter fixiert, letztere muß gelöst werden, und die Drehzahl läßt sich regulieren (nach Gehör).
Die Länge der Stange soll man so einstellen, daß sie um einen Kugelkopfdurchmesser zu kurz ist. Dann ist die Spannung der Stange richtig. Abschließend ist die Kontermutter unter Festhalten der Schraube wieder anzuziehen und das Reguliergestänge wird eingehängt.
Beim Motor des 300 D mit neuer Einspritzpumpe (ab September 1979) sitzt die durch Kontermutter gesicherte Einstellschraube hinten am Reglerdeckel. Hineindrehen der Schraube bedeutet langsamere, Herausdrehen schnellere Drehzahl. Sie soll bei diesem Motor zwischen 650 und 750/min liegen.
Falls der Wagen mit einer Geschwindigkeitsregelvorrichtung ausgerüstet ist, müssen noch die nachfolgend erwähnten Kontrollen vorgenommen werden.

Der Tempomat

Die Modelle 240 TD und 300 D können als Sonderausstattung über einen Tempomat verfügen. Diese Einrichtung ermöglicht das Einhalten einer konstanten Geschwindigkeit über 40 km/h und ist etwa mit der Handgas-Einstellung bei früheren Automobilen zu vergleichen. Jene war jedoch nur eine mechanische Fixierung des Gasgestänges in gewünschter Stellung, hier handelt es sich um eine elektronisch gesteuerte Anlage mit verschiedenen Möglichkeiten der Aufgabenstellung. Sie erlaubt unabhängig von ihrer Einschaltung eine Geschwindigkeitserhöhung über das Fahrpedal und schaltet sich selbsttätig aus, wenn man bremsen muß oder wenn die Geschwindigkeit an Steigungen um mehr als 20 Prozent des eingestellten Tempos abfällt. Ferner kann eine vorher eingestellte Geschwindigkeit nach Ausschaltung wieder eingeschaltet werden – sie wird gespeichert –, aber die zuletzt gespeicherte Geschwindigkeit wird in Lenkschloßstellung »0« grundsätzlich gelöscht.
Die Anlage besteht im wesentlichen aus dem Schalter an der Lenksäule oberhalb des üblichen Kombi-Schalters, aus dem Regelgerät, dem Steuergerät und dem Geber. Aus den entsprechenden Schaltplänen ist der Verlauf der Kabel zu dieser Anlage zu erkennen. Für Störungen im Funktionsablauf des Tempomat ist allein die Werkstatt zuständig.

Bei der Leerlaufprüfung ist auch sein Drahtzug (Bowdenzug) zu kontrollieren. Dazu muß der Abstellhebel (siehe Bild Seite 112) bis zum Anschlag (Stop-Stellung) gedrückt werden. Dabei soll der Bowdenzug so am Regulierhebel anliegen, daß er nicht gespannt ist. Eine Einstellmutter (ähnlich wie beim Leerlaufversteller der Motoren OM 615/616) ermöglicht die spannungsfreie Einstellung des Zuges. Wenn der Abstellhebel wieder in Leerlaufverstellung gebracht wird, dann muß auch der Drahtzug wieder Spiel haben.

Der Spritzversteller

Früh- und Spätzündung sind beim Ottomotor gängige Begriffe. Je nach Drehzahl wird dort die Zündung schon eingeleitet, bevor der Kolben den oberen Totpunkt (OT) und damit das Gemisch die höchste Kompression erreicht haben. Weil die Verbrennung eine gewisse Zeit braucht, kommen dann bei entsprechender Frühzündung die günstigste Kompression und die tatsächlich optimale Verbrennungswelle im richtigen Augenblick zusammen.
Beim Diesel ist wegen der höheren Verdichtung und wegen des damit verbundenen kleineren Verbrennungsraumes dieser Vorlauf geringer. Erwünscht und notwendig aber ist er auch. Er wird durch den Spritzversteller geregelt, welcher den Einspritzzeitpunkt (Einspritzbeginn) je nach Drehzahl festlegt. Somit hat der Spritzversteller die Aufgabe, letztlich für eine gute Kraftstoffausnutzung verantwortlich zu sein, damit gute Drehmoment- und Leistungswerte erzielt werden. Er schafft das vermittels Reglergewichte und Druckfedern, die bei seiner Umdrehung der Fliehkraft ausgesetzt sind bzw. dieser entgegenwirken.

Ölstand in der Einspritzpumpe kontrollieren

Pflegearbeit Nr. 19

Die Einspritzpumpe mit Unterdruckregler wird durch eine eigene Ölfüllung geschmiert, sie ist also nicht an den Ölkreislauf des Motors angeschlossen. Dennoch erfüllt in ihr die gleiche Ölsorte, die für die Jahreszeit für den Motor vorgeschrieben ist, die Aufgabe der Schmierung. Die Ölstandskontrolle soll nach jeweils 15 000 km erfolgen.
An der in Fahrtrichtung nach links gerichteten Seite des Pumpengehäuses ist eigens für die Kontrolle eine Sechskantschraube angebracht, die eine Kontrollöffnung verschließt. Sie wird mittels Ringschlüssel SW 14 herausgedreht. Überschüssiges Öl läuft dabei ab. Tritt dagegen kein Öl aus der Öffnung, muß Motoröl nachgefüllt werden.
In Fahrtrichtung hinten auf der Pumpe, zwischen Pumpenelementen und Vakuumraum, befindet sich ein roter Kunststoffverschluß mit der Aufschrift »Oel«. Er ist abzuschrauben und es wird so viel Öl nachgegossen, bis es an der Kontrollöffnung austritt. Danach Verschluß und Kontrollschraube wieder einschrauben. Möglicherweise tritt aber aus der Kontrollöffnung sofort nach Herausdrehen der

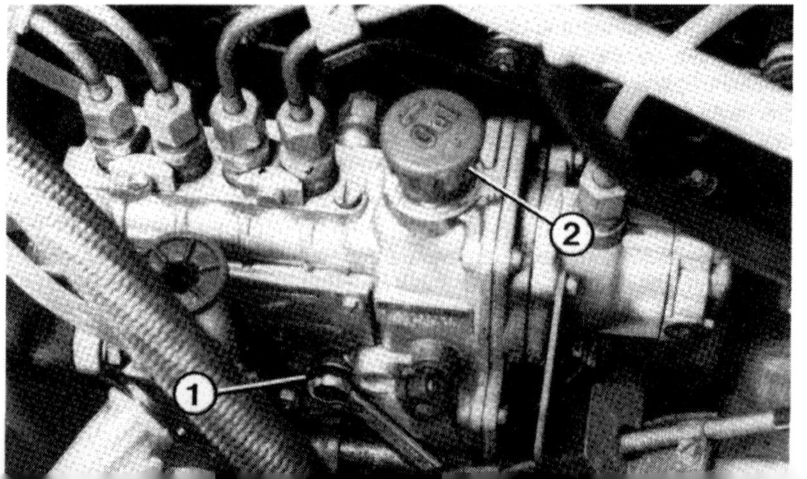

Zur Überprüfung der Ölmenge in der Pumpe öffnet man mit einem Ringschlüssel SW 14 die Kontrollschraube 1. Nachgefüllt wird in den Einfüllstutzen 2, dessen Schraubverschluß dazu abgeschraubt werden muß.

Verschlußschraube Dieselkraftstoff aus (Fingerprobe vornehmen). Auch in diesem Fall ist Öl nachzufüllen, bis der Dieselkraftstoff entwichen ist und nur noch Öl herausläuft.
Das Vorhandensein von Dieselkraftstoff ist erklärlich – es ist »Leck-Kraftstoff« und im Grunde ohne Einfluß auf die Schmierung der Pumpe, weil auch »Diesel-Öl« eine gewisse Schmierfähigkeit besitzt. Der Leck-Kraftstoff in der Pumpe könnte aber in die Vakuumkammer eindringen und dann ist es möglich, daß die Regelstange nicht mehr ganz in Leerlauf-Stellung zurückgezogen wird. Schlechte Leistung wegen zu hohen Kraftstoffanteils (mit schwarzer Rauchbildung aus dem Auspuff) wäre die Folge.
Die Einspritzpumpe des 300 D und der anderen Modelle ab Baujahr 1979 ist am Schmierkreislauf angeschlossen und deshalb wartungsfrei.

Die Einspritzdüsen

Mit einem Druck von über 100 bar muß der Kraftstoff in die Zylinder eingespritzt werden. Der im Dieselmotor erzeugte hohe Kompressionsdruck läßt eine andere Art der Kraftstoffzufuhr gar nicht zu. Die Einspritzung geschieht durch Einspritzdüsen, die jeweils in einem Düsenhalter sitzen. Nach Lösen einer Überwurfmutter kann man sie zum Prüfen, Reinigen oder auch zum Austausch herausnehmen.
Eine Druckfeder im Düsenhalter bestimmt den Öffnungsdruck; ihre Kraft läßt sich nicht mehr, wie bei den Vorgängermodellen, über ein Schraubgewinde einstellen und zusätzlich mit Ausgleichscheiben korrigieren. Durch versuchsweise vorgenommene Änderung der Federspannung kommt man zu keinem angestrebten Resultat, vielmehr muß die Mercedes-Werkstatt oder der Bosch-Dienst mit besonderen Prüfmethoden eventuell notwendige Eingriffe vornehmen. Das gleiche gilt für die Reinigung der Düsen, für die ein spezielles Reinigungsgerät von Bosch zur Verfügung steht.
Bei Verdacht auf Verschmutzung kann man jedoch, wenn keine Werkstatthilfe in Anspruch genommen werden kann, den Düsenhalter herausschrauben und mit Umsicht die Düsennadel reinigen. Dazu wird die Nadel aus dem Düsenkörper herausgenommen. Den Düsenkörper wäscht man in Kraftstoff aus, die Bohrung kann man in aller Not mit einem zugespitzten Holzstäbchen säubern (kein Metall verwenden).
Die Nadel faßt man nur an ihrem oberen Teil, dem Druckzapfen, an und wischt sie mit einem sauberen, faserfreien Tuch ab. Ihr unterer Teil, der wie ein Ventil wirken muß, ist äußerst genau auf die Öffnung des Düsenkörpers eingeläppt – beide Teile sind aufeinander eingeschliffen. Deshalb gehören Nadel und Körper im-

Beim 300 TD Turbo Diesel wird eine im Aufbau abweichende Einspritzpumpe eingesetzt. Auf dem Reglergehäuse 1 sitzt die Unterdruckdose 2 zur Drehzahlregelung. Das Unterdrucksteuerventil 3 steht in Verbindung mit dem automatischen Getriebe und überträgt auf dieses den jeweiligen Lastzustand des Motors.
Mit dem Dämpfer 4 läßt sich möglicherweise auftretendes Querschütteln des Motors abstellen. Dazu bei betriebswarmem Motor die Kontermutter des Dämpfers lösen und den Dämpfer bei Leerlaufdrehzahl (750 bis 850/min) entsprechend – nicht zu weit – einschrauben. Kontermutter mit 20 bis 25 Nm festziehen.

mer zusammen und sie können auch nur zusammen ausgewechselt bzw. ersetzt werden.
Der Kraftstoffdruck beim Einspritzen hebt die Nadel gegen die Federkraft im Düsenkörper an. Wenn dieses Zusammenspiel durch Verschmutzung schon leichtester Art gestört ist, wird davon der präzise abgestimmte Einspritzrhythmus beeinträchtigt. Zwischen Einspritzbeginn und Zündung liegt ein genau bemessener Zeitraum, nämlich 0,002 Sekunden. Ein solcher Minimalwert macht deutlich, wie leicht es bei Verschmutzung zu Abweichungen vom Sollwert oder zu Störungen kommen kann.
Wenn eine Düsennadel hängen bleibt, erfolgt eine unregelmäßige und übermäßige Versorgung mit Kraftstoff, schlechte Vermischung mit Luft, unkontrolliertes Verbrennen (ähnlich dem Klopfen beim Benzinmotor), gefolgt von hartem Motorlauf mit lagerschaden-ähnlichen Geräuschen. Allerdings wird das Festsetzen von Rückständen an der Düsennadel erheblich dadurch eingeschränkt, daß der Drosselspalt zwischen Düsenkörper und Nadel gegenüber früheren Ausführungen vergrößert wurde.
Zum Motor im Typ 300 D gehören seit September 1979 auch neue Einspritzdüsen. Es handelt sich um sogenannte Lochzapfendüsen mit im Düsenhalteroberteil eingepreßtem, wartungsfreien Stabfilter.

Geräusch und Geruch

Das früher einmal sehr typische klopfende Geräusch des Dieselmotors, meist als »Nageln« bezeichnet, konnte durch konstruktive Maßnahmen weitgehend beseitigt werden. Das Nageln ist im Verbrennungsablauf begründet, weil zwischen Einspritzbeginn, Gemischbildung und Entzündung eine winzige Pause liegt. Sie ist bei kalten und wenig belasteten Motoren größer und bei dem dabei zwangsläufig größeren Zündverzug gelangt mehr Kraftstoff in den Verbrennungsraum. Bei der dann schlagartig einsetzenden Entzündung nagelt der Motor. Durch Umgestaltung der Brennräume und der Einspritzanlage gelangte man zu ruhigerem Motorlauf.

Abgas-Untersuchung (AU)

Seit Dezember 1993 müssen Diesel-Fahrzeuge regelmäßig alle zwei Jahre zur Abgas-Untersuchung (kurz: AU), dabei wird der Ruß-Anteil im Abgas gemessen. Die sogenannte Trübungsmessung mit dem Verbrennungstester gibt Aufschluß darüber, ob die Rauchentwicklung noch im zulässigen Rahmen ist. Hierzu wird der Motor viermal hintereinander auf Höchstdrehzahl hochgedreht – ein Vorgang der manchem Besitzer kalte Schauer über den Rücken laufen läßt. Achten Sie unbedingt darauf, daß der Motor betriebswarm ist, damit er hierbei keinen Schaden erleidet. Starker Auspuffrauch bedeutet normalerweise entweder schlechte Motoreinstellung oder fortgeschrittener Einspritzdüsen- oder Motorverschleiß.
Als Selbstpfleger können Sie schon einige Vorarbeit leisten, damit Ihr Mercedes Diesel die Prüfung besteht: Zum Prüfungsumfang gehört eine Sichtprüfung der Auspuffanlage, diese muß also intakt und dicht sein. Ein verschmutzter Luftfilter behindert das Ansaugen von Verbrennungsluft, deshalb ggf. den Filter auswechseln. Zusätzlich sollten Sie noch das Ventilspiel kontrollieren. So gerüstet können Sie die AU entweder in der Werkstatt oder zusammen mit der Haupt-Untersuchung beim DEKRA oder TÜV vornehmen lassen.

Verbindlichkeiten

Der Besitzer eines Mercedes mit automatischem Getriebe braucht sich um dieses Kapitel nicht zu kümmern.
Größe und Stärke einer Kupplung sind von der Höhe der Motorleistung abhängig. Die Kupplung für die in diesem Buch besprochenen vier Diesel-Modelle ist so bemessen, daß sie alle mit dem gleichen Kupplungstyp auskommen.

So arbeitet die Kupplung

Die Kupplung soll beim Start – unter Mithilfe des Fahrers – den laufenden Motor mit den noch stehenden Teilen der Kraftübertragung sanft verbinden. Während der Fahrt hat sie beim Schalten der Gänge die Verbindung zwischen Motor und Getriebe zu unterbrechen und die unterschiedlichen Drehzahlen zur Kraftübertragung einander anzugleichen.
Nicht jeder Autofahrer weiß, wie die Kupplung aufgebaut ist. Zwischen dem mit der Kurbelwelle verschraubten Schwungrad und einer ebenfalls rotierenden Druck platte befindet sich die Kupplungsscheibe. Sie ist längs verschiebbar auf der Getriebeantriebswelle gelagert. Auf diese Kupplungsscheibe ist beiderseits ein bremsbelagähnliches Material aufgenietet. Sie wird in eingekuppeltem Zustand von einer federbelasteten Druckplatte gegen die vom Motor angetriebene Schwungscheibe gepreßt. Auf diese Weise nimmt das Schwungrad von der einen Seite und die Druckplatte von der anderen Seite die Kupplungsscheibe durch Reibung mit. Sie wird deswegen auch »Mitnehmerscheibe« genannt.
Der Tritt auf das Kupplungspedal entfernt die Druckplatte von der Kupplungsscheibe und trennt sie damit von der Schwungscheibe. Dabei überträgt sich die Pedalbewegung auf eine Ausrückschwinge (Ausrückhebel) und schiebt das Lager der Druckplatte nach vorn. Dadurch wird das Außenteil der Druckplatte um die Lagerpunkte nach hinten bewegt. Jetzt ist ausgekuppelt und die Kupplungsscheibe läuft frei zwischen Druckplatte und Schwungrad.
Nachlassender Pedaldruck kehrt den Vorgang um, die drehende Kurbelwelle des Motors wird damit wieder mit dem Getriebe verbunden. Durch Festhalten des Pedals auf halbem Wege schleift die Kupplungsscheibe zwischen Schwungscheibe und Druckplatte, was den Belag der Kupplungsscheibe verschleißen läßt.
In der Kupplung des Mercedes wird eine sogenannte Tellerfeder verwendet, auch Membran- oder Scheibenfeder genannt. Mit ihrer Hilfe wird die Druckplatte gegen die Kupplungsscheibe gepreßt. Die Tellerfeder ist eine – wie bei einer Torte – sektorenförmig eingeschnittene Metallscheibe. Ihre einzelnen Zungen haben federnde Wirkung, sie sind gegen die hohen Fliehkräfte unempfindlich (im Gegensatz zu den früher meist verwendeten schraubenförmig gewickelten Anpreßfedern). Auch bei stark verschlissenem Kupplungsbelag bleibt ihr Anpreßdruck fast gleich.
Ein weiterer Vorteil ergibt sich durch das bei Daimler-Benz seit etwa 1968 verwendete Ausrücklager: Im Gegensatz zu der früher üblichen Bauart, bei der sich

der Außenring beim Betätigen der Kupplung an die umlaufenden Teile anlegt, läuft nunmehr der Innenring um. Dadurch wird die Drehzahl der Kugeln im Lager verringert und auch die Fettfüllung des Lagers weniger beansprucht. Die Lebensdauer dieses Lagers ist höher und das sonst übliche Spiel in der Kupplung wird vermieden. Ein solches Ausrücklager ist wartungsfrei und darf – ausgebaut – keinesfalls mit Benzin ausgewaschen werden.

Hydraulische Übertragung

Die Übertragung der Pedalbewegung zum Kupplungshebel geschieht bei den Mercedes-Modellen nicht mechanisch (durch Seilzug), sondern hydraulisch. Das System ist mit der Bremsanlage vergleichbar und beim Mercedes wird dabei auch die gleiche Flüssigkeit für die Kupplungs- und Bremsbetätigung eingesetzt. Das Kupplungspedal ist über eine Stange mit dem Kolben im Kupplungshauptzylinder (Geberzylinder) verbunden. Von dort führt eine Flüssigkeitsleitung zum Arbeitszylinder (Nehmerzylinder) am Kupplungsgehäuse. Hier wird die Kraft auf den Ausrückhebel übertragen. Der Geberzylinder sitzt im Fußraum in Pedalnähe, der Nehmerzylinder ist direkt an der Kupplungsglocke angeschraubt.

Was bei dieser Hydraulikanlage zu beachten ist, wird im Kapitel über die Bremsen besprochen. Wie dort, kann es auch bei Kupplung vorkommen, daß die Anlage entlüftet werden muß. Bemerkbar macht sich diese Notwendigkeit durch schwer einzulegende Gänge. Natürlich muß die Anlage richtig befüllt sein, sonst werden die Schaltschwierigkeiten noch größer.

Flüssigkeitsstand der Kupplungsbetätigung kontrollieren

Pflegearbeit Nr. 4 B

Der Vorratsbehälter für die Flüssigkeit zur Betätigung der Kupplung ist zugleich der Bremsflüssigkeitsbehälter. Beide Anlagen – die hydraulische Übertragung für die Bremsen und für die Kupplung – werden somit aus einem Behälter gespeist. Für die Kontrolle des Flüssigkeitsstandes für die Kupplungsbetätigung gilt das gleiche wie auf Seite 139 (Pflegearbeit 4 A). Diese Erläuterungen, auch was die Bremsflüssigkeit betrifft, müssen daher hier nicht wiederholt werden.

Kupplungsbetätigung auf Dichtheit prüfen

Pflegearbeit Nr. 27

Alle Anschlüsse der Hydraulikleitungen zwischen Vorratsbehälter auf dem Hauptbremszylinder und dem Geber- und Nehmerzylinder müssen vollkommen dicht sein. Durch eine im Abstand von 15 000 km vorgenommene Sichtprüfung überzeugt man sich davon, daß am Geberzylinder und am Nehmerzylinder keine Flüssigkeit austritt, was sich durch feuchtdunkle Stellen bemerkbar machen würde. An den Geberzylinder gelangt man nach Ausbau der Abdeckung unter der Instrumententafel (Beschreibung siehe Seite 199), und zur Kontrolle des Nehmerzylinders muß der Wagen über einer Arbeitsgrube stehen oder angehoben werden.

Desgleichen ist der Zustand der Leitungen und Schläuche zu untersuchen. Es dürfen keine Eindrückungen, Scheuerstellen oder Anrisse feststellbar sein. Irgendwie in dieser Hinsicht angegriffene Leitungen müssen in der Werkstatt erneuert werden.

Kupplungsbetätigung entlüften

In der Werkstatt wird zur Entlüftung ein besonderes Entlüftungsgerät benutzt. Wenn ein solches nicht zur Verfügung steht, kann man das Entlüften auch mit Hilfe der Bremsanlage vornehmen. Zum besseren Verständnis der nachfolgenden Beschreibung ist zuvor der Abschnitt »Bremsen entlüften« auf Seite 141 zu lesen.

Der Flüssigkeitsstand im Ausgleichsbehälter für Bremsanlage und Kupplungsbetätigung muß bis zur Maximal-Marke reichen. Wagen vorne anheben, rechtes Vorderrad abnehmen und genügend langen Schlauch auf das Entlüftungsventil

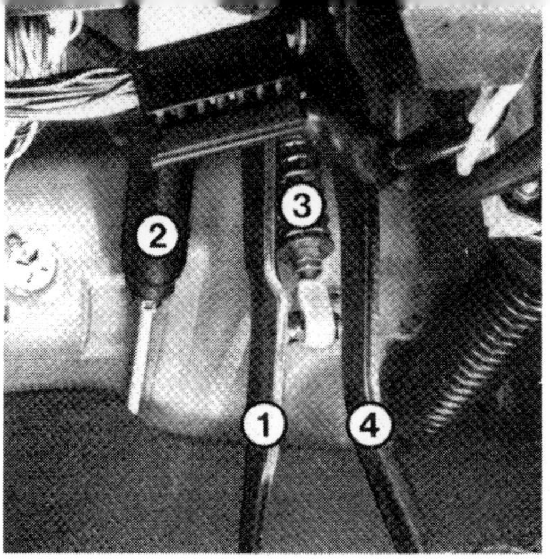

Beim Tritt auf das Kupplungspedal (1) wird diese Bewegung auf einen Kolben im Geberzylinder (2) übertragen. Der Pedalhebel ist mit einer genau eingestellten, sogenannten »Übertotpunktfeder« (3) verbunden, die für einen exakt bemessenen Pedalweg sorgt. 4 – Bremspedalhebel.

der freigelegten Bremszange ansetzen. Entlüftungsschraube öffnen und von einer Hilfsperson das Bremspedal langsam niedertreten lassen. Wenn sich dabei der Schlauch vollständig füllt und keine Luftblasen austreten, drückt man den Schlauch zu, damit keine weitere Flüssigkeit austreten kann. Das freie Schlauchende dann auf die Entlüftungsschraube am Nehmerzylinder stecken. Auch diese Schraube öffnen, Bremspedal durchtreten lassen und Entlüftungsventil an der Bremse schließen.

Damit erreicht wird, daß die eingeschlossene Luft in der Kupplungsbetätigung restlos herausgedrückt wird, muß der Vorgang wiederholt bzw. fortgesetzt werden. Dazu wird das Bremspedal losgelassen und man öffnet das Entlüftungsventil an der Bremse wieder, das Bremspedal ist erneut zu treten und die Entlüftungsschraube wieder zu schließen. Gleichzeitig muß der Stand im Ausgleichsbehälter beobachtet und gegebenenfalls Bremsflüssigkeit ergänzt werden. Wenn im Ausgleichsbehälter beim Betätigen des Pedals keine Luftblasen mehr hochsteigen, sind beide Entlüftungsventile zu schließen und der Schlauch kann abgezogen werden.

Zur Funktionskontrolle gehört es, bei laufendem Motor – das Kupplungspedal ist getreten – den Rückwärtsgang einzulegen. Das muß ohne weiteres möglich sein.

Kupplung ohne Nachstellung

An der Kupplung braucht nichts nachgestellt zu werden. Die hydraulische Kraftübertragung und die Konstruktion der Kupplung lassen einen stets vorhandenen Vordruck entstehen. Erst wenn man ein Nachlassen der Kupplungswirkung bemerkt, der Kupplungsbelag also verschlissen ist, muß man sich auf einen baldigen Werkstattbesuch einrichten.

Ein Nachlassen der Wirkung kann natürlich auch mit Undichtigkeiten im hydraulischen System zusammenhängen. So können z. B. die Manschetten in den Zylindern undicht werden. Theoretisch lassen sie sich ersetzen, aber Reparaturen an den beiden Zylindern werden nicht vorgenommen, sie werden ausgetauscht.

Rutschende Kupplung

Durchrutschen bedeutet, daß die Kupplung nicht mehr die volle Motorkraft übertragen kann, also nicht mehr einwandfrei verbindet. Auch eine sorgsam behandelte Kupplung kann durch Verschleiß allmählich so abmagern, daß die Reibpartner einfach nichts mehr zu fassen bekommen – wo keine Anpreßkraft hinkommt, kann auch keine Reibungskraft erzeugt werden. In diesen Fällen wird man die Unarten der Kupplung meist bemerken, wenn beim Fahren der Motor bei Belastung »durchdreht« d. h. auffallend schneller dreht, als es der Fahrgeschwindigkeit entspricht.

Kupplung trennt nicht

Wenn die Kupplung nicht einwandfrei trennt und die Synchronisierung des Getriebes in Ordnung ist, lassen sich die Vorwärtsgänge sehr schwer schalten. Besteht der Verdacht auf schlecht trennende Kupplung, macht man folgende Prüfung: Motor laufen lassen, auskuppeln, einige Sekunden warten und dann den Rückwärtsgang einlegen. Dies ist der Gang, der über keine Synchronisation verfügt. Wenn die Kupplung nicht einwandfrei trennt, kommt der Radsatz nicht zum Stillstand und der Rückwärtsgang läßt sich nicht geräuschlos einlegen.

Zumutbare und unzumutbare Behandlung

Manchmal läßt es sich im heutigen Verkehr nicht umgehen, »mit der Kupplung zu fahren«, was bedeutet, daß man sie ein wenig schleifen läßt, weil das Fahrtempo noch im unteren Bereich des 1. Gangs liegt. Aber grundsätzlich sollte man sonst darauf bedacht sein, die Kupplung nur kurz zum Ein- und Auskuppeln zu betätigen. Eine schlechte Angewohnheit ist es ebenfalls, mit durchgetretenem Pedal vor der Ampel auf die Weiterfahrt zu warten. Das beansprucht das Ausrücklager und zieht notwendigerweise Verschleiß nach sich.

Schalten ohne zu kuppeln

Wenn die Kupplungsübertragung defekt ist, kann man notfalls ohne Kupplungshilfe die Gänge wechseln. Zum Anfahren legt man bei stehendem Motor den ersten (oder bei warmem Motor gleich den zweiten) Gang ein. Anlasser betätigen – der Wagen setzt sich holpernd in Bewegung. Aufwärtsschalten geschieht, indem man Gas wegnimmt und bei schiebendem Wagen, also bei geringerer Motordrehzahl, den Gang herausnimmt. Nach einer kleinen Schaltpause im Leerlauf muß der nächste Gang dann eingelegt werden, wenn antreibende und angetriebene Welle im Getriebe nach entsprechend dosiertem Gasgeben die gleiche Drehzahl haben.

Belagstärke der Kupplung prüfen

Pflegearbeit Nr. 51

Durch die selbsttätig nachstellende und spielfreie Kupplungsbetätigung läßt sich der Belagverschleiß am Kupplungspedal nicht feststellen. Wenn Schwierigkeiten beim Kuppeln vermuten lassen, daß die Mitnehmerscheibe verschlissen ist, kann der Abnutzungsgrad gemessen werden, ohne daß die Kupplung deswegen demontiert werden muß. Diese Prüfung soll vorsorglich jeweils nach 45 000 km Fahrstrecke in der Werkstatt erfolgen.

Zur Prüfung dient eine Lehre mit gegabeltem Ende. Der Abstand zwischen beiden Gabelenden entspricht dem Durchmesser eines bestimmten Abschnittes auf der Kolbenstange des Nehmerzylinders und die Lehre läßt sich auf diesen Abschnitt schieben. Dieser Abschnitt (mit einem reduzierten Durchmesser) ist nur bei genügender Belagstärke der Kupplungsscheibe (Mitnehmerscheibe) erreichbar, denn die Kolbenstange dringt mit zunehmender Abnutzung des Belages weiter in den Zylinder ein. Ab einer gewissen Verschleißgrenze trifft die Lehre auf eine Verdickung der Kolbenstange und läßt sich deshalb nicht mehr aufschieben.

Unter dem Flansch des an der Kupplungsglocke angeschraubten Nehmerzylinders ist eine Kunststoffbeilage mit Nut angebracht, in die man die Lehre einschiebt. Einkerbungen am Rand der Lehre zeigen an, wie tief sie sich hat einführen lassen. Verschwinden die Marken, hat die Lehre in den verjüngten Abschnitt der Kolbenstange eingegriffen – die Mitnehmerscheibe ist noch in Ordnung. Bleiben die Marken wegen Anschlages an die vorher erwähnte Verdickung sichtbar, dann ist die Mitnehmerscheibe so weit abgenutzt, daß sie ersetzt werden muß. Dazu muß die Werkstatt das Getriebe ausbauen.

Im Neuzustand hat die Mitnehmerscheibe sowohl auf der Schwungradseite wie auf der Kupplungsseite eine Belagstärke von 3,6–3,8 mm. Die Abnutzung hat ihre Grenzen: Der zulässige Gesamtverschleiß der Beläge ist mit 2 mm angege-

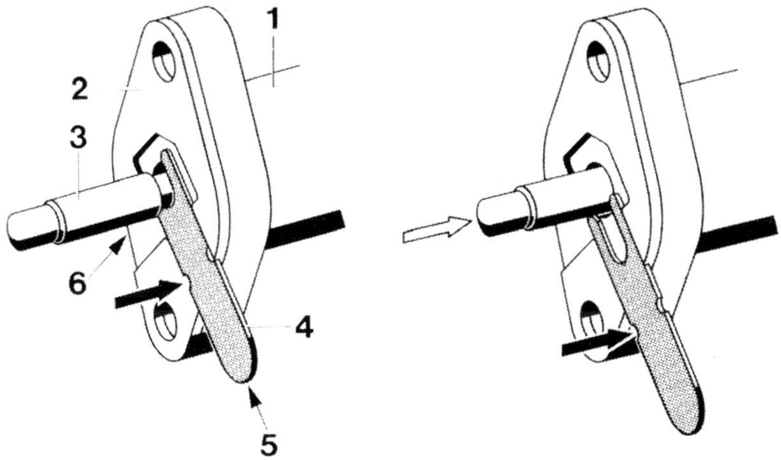

Schemazeichnungen zur Kontrolle des Abnutzungszustandes der Kupplungs-Mitnehmerscheibe. 1 – Nehmerzylinder, 2 – Beilage zwischen Nehmerzylinder und Kupplungsgehäuse, 3 – Flansch, 4 – Kontrollehre mit seitlich angebrachten Kerben. 5 – Richtung, in der die Lehre eingeschoben werden muß, 6 – Gabel der Lehre greift in die Aussparung im Flansch ein (Abnutzungszustand) der Mitnehmerscheibe ist ausreichend). Im Bild rechts ist der Abnutzungsgrenzwert der Mitnehmerscheibe erreicht, die Lehre läßt sich nicht mehr genügend weit einschieben und die Kerben an ihrem Rand bleiben sichtbar.

ben. Man kann die Werkstatt bitten, die alte Mitnehmerscheibe aufzuheben, um zu sehen, ob normaler Verschleiß vorlag oder ob die Beläge eventuell durch unsachgemäße Kupplungsbetätigung verbrannt oder gerissen sind.

Störungsbeistand
Kupplung

Die Störung	– ihre Ursache	– ihre Abhilfe
A Kupplung rutscht	1 Kupplungsbeläge abgenutzt	Mitnehmerscheibe ersetzen
	2 Anpreßdruck der Kupplung zu gering	Kupplung ersetzen
	3 Belag verölt	Mitnehmerscheibe und defekte Getriebe- oder Kurbelwellendichtung ersetzen
	4 Kupplung wurde überhitzt	Kupplung ersetzen
	5 Kolbenmanschette im Nehmerzylinder undicht oder Kolben klemmt	Nehmerzylinder überholen oder ersetzen
B Kupplung trennt nicht	1 Luft in der Kupplungshydraulik	Entlüften
	2 Kolbenmanschette im Nehmer- oder Geberzylinder undicht	Nehmer- oder Geberzylinder überholen oder ersetzen
	3 Mitnehmerscheibe hat Schlag	Mitnehmerscheibe richten oder ersetzen
	4 Mitnehmerscheibe verzogen oder Belag gebrochen	Mitnehmerscheibe ersetzen
	5 Mitnehmerscheibe klemmt auf Getriebewelle	Gangbar machen
	6 Blattfedern der Kupplung abgeknickt	Kupplung ersetzen
	7 Nach langer Standzeit: Belag an Schwungscheibe festgerostet	Schwungrad säubern, Belag mit Schmirgelpapier aufrauhen
C Kupplung rupft	1 Siehe A 3	
	2 Falsche Beläge	Mitnehmerscheibe ersetzen
	3 Ausrücklager drückt einseitig	Ausrückhebel überprüfen
	4 Druckplatte drückt schief	Kupplung ersetzen
	5 Motor- oder Getriebeaufhängung defekt	Motor- oder Getriebelager ersetzen

Zahntechnik

Ständig unterschiedliche Fahrbedingungen wie Beschleunigen, Bergfahren usw. machen es nötig, die jeweilige Geschwindigkeit mit der Motordrehzahl in Einklang zu bringen. Das kann nur mit Hilfe eines Schaltgetriebes geschehen, in dem der Fahrer die günstigste Übersetzungsstufe wählt. Das automatische Getriebe kann diese Wahl selbständig treffen.
Vom Getriebe aus erfolgt die Kraftübertragung über die Kardanwelle zur Hinterachse (Kegelradantrieb und Differential) und weiter zu den beiden Achswellen. Da diese Bauteile äußerst maßgenau gefertigt und montiert sind, müssen alle Arbeiten daran der Werkstatt überlassen bleiben. Die Ölstandskontrollen lassen sich aber selbst erledigen. Alles Wissenswerte dazu ist im Kapitel »Schmieren – was und wie« gesagt. Wie man sich von der richtigen Arbeitsweise des Getriebes überzeugen kann, ist im Abschnitt »Die Probefahrt« auf Seite 11 nachzulesen.

Das Schaltgetriebe

Die vier Diesel-Modelle wurden bis 1980 mit einem einheitlichen Viergang-Schaltgetriebe mit Mittelschaltung ausgerüstet. Es ähnelt im Aufbau dem Getriebe vorangegangener Modellreihen, doch wurde durch Versteifung des Kupplungs- und Getriebegehäuses eine größere Laufruhe erreicht.
Ab 1980 wurde zuerst mit den neuen Vierzylinder-Ottomotoren, ab Jahresende auch mit den Dieselmotoren ein modifizierter Getriebetyp eingesetzt. Dieser ist kompakter und leichter als das vorherige Aggregat, die Präzision der Schaltung wurde verbessert, die Synchronisierkraft vermindert und das Laufgeräusch verringert.
Seit Juli 1982 ist für 200 D, 240 D und 300 D auch ein Fünfgang-Getriebe verfügbar.
In dem Schaltgetriebe, auch Wechselgetriebe genannt, greifen verschiedene Zahnradpaare für die richtige Übersetzung zwischen dem Motor und der Hinterachse ineinander. Der Fahrer bestimmt durch das Schalten die Wahl der betreffenden Übersetzungsstufe.
Das Getriebe besitzt – wie heutzutage üblich – geräuschlose (synchronisierte) Vorwärtsgänge und einen geradverzahnten (nicht synchronisierten) Rückwärtsgang. Das bedeutet Schalten ohne Zwischengas und Zwischenkuppeln. Die Zahnräder sitzen frei drehbar auf der Getriebehauptwelle. Sie befinden sich in ständigem Eingriff mit den auf der Vorgelegewelle festsitzenden Gegenrädern. Zum Schalten werden sie durch die Schiebemuffe des Gleichlaufkörpers (Synchronisierung) mit der Welle verbunden oder gelöst. Synchronisiert wird – vereinfacht ausgedrückt – mit kleinen Reibungskupplungen (Konus und Gegenkonus).
Die Reibungsarbeit des Synchronringes erhöht sich entsprechend, je mehr die Drehzahlen der Antriebswelle von den der Welle zu den Antriebsrädern voneinander abweichen. Die Angleichung braucht ihre Zeit. Deshalb gilt es, exakt zu

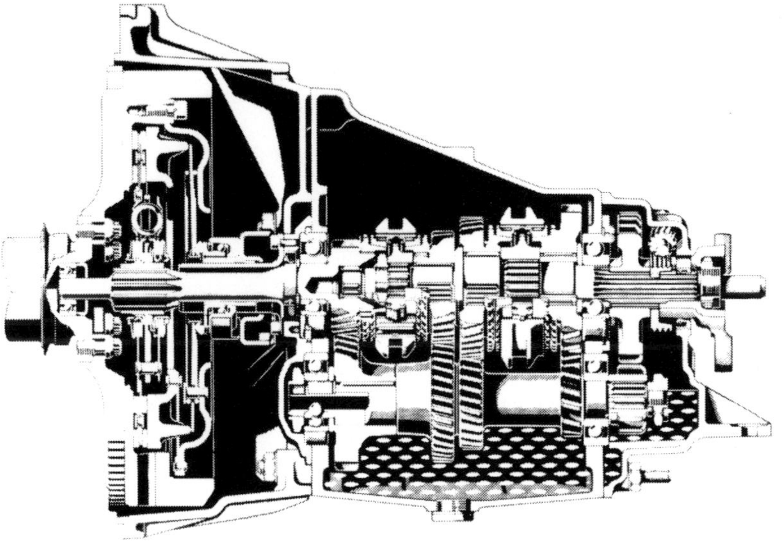

Längsschnitt durch das Kupplungsgehäuse und das bis Oktober 1980 eingesetzte Schaltgetriebe. Der Zapfen links gehört zur Kurbelwelle, die mit der Schwungscheibe verschraubt ist. Im Schnitt sieht man an letzterer die Kupplung, in deren Mitte die GetriebeEingangswelle dreht. Rechts das aufgeschnittene Getriebe. Dieses ViergangSchaltgetriebe trägt die Daimler-Benz-Bezeichnung G 76/18 C und ist für alle in diesem Buch beschriebenen Modelle bis einschließlich Baujahr 1979 bestimmt.

schalten, um die Langlebigkeit der Synchronisation zu sichern. Gewaltsames Durchreißen des Schalthebels beansprucht die Synchronisation über Gebühr und schadet. Defekte Synchronringe melden sich beim Schalten durch Kratzgeräusche.

Fingerzeige: *Zwischengas ist nur sinnvoll, wenn bei hohen Drehzahlen heruntergeschaltet wird (Notfälle, sportliches Fahren), oder wenn bei kaltem und steifem Getriebeöl geschaltet wird. Allerdings gehört dazu Feingefühl, denn übertriebenes Zwischengas schadet mehr als keines.*
Weil das Synchronisieren auf Reibung beruht, sind fremde Ölzusätze für das Getriebeöl nicht angebracht. Diese Zusätze sollen meist die Reibung herabsetzen, was dem Prinzip der Synchronisation genau entgegengesetzt ist. Andererseits können durch Zusätze die Synchronringe verkleben, wodurch ebenfalls das Schalten erschwert wird.

Das automatische Getriebe

Auf Wunsch wird ein automatisches Vierganggetriebe geliefert, der 300 Turbo besitzt dieses Wandler-Getriebe serienmäßig. Dazu gehört entweder ein Wählhebel auf der Mittelkonsole oder an der Lenksäule. Daimler-Benz baut diese Getriebe selbst (manche andere Autofirmen beziehen Getriebeautomaten von be-

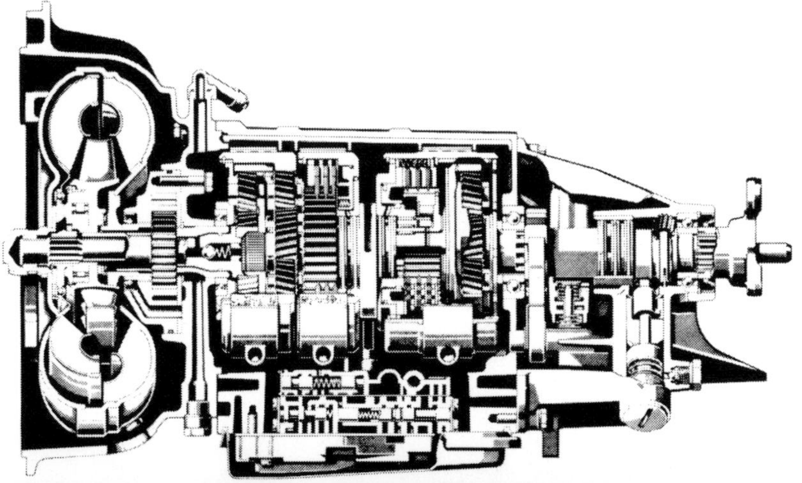

Das automatische Daimler-Benz-Vierganggetriebe mit der Bezeichnung W 4 B 025 steht zur wahlweisen Ausrüstung der Diesel-Modelle zur Verfügung, wird bereits seit 1973 gebaut und entstand als verbesserte Weiterentwicklung einer früheren Konstruktion. Links an dem eigentlichen Getriebe befindet sich das Gehäuse mit dem Pumpenrad der hydraulischen Kupplung, von der Schwungscheibe mitgenommen, und das vom Pumpenrad durch den Ölstrom mitgenommene Turbinenrad.

Zum automatischen Getriebe gehört ein besonderer Ölkühler. Die Ölleitung ist an den Getriebeölkühler durch eine Überwurfmutter SW 27 verbunden. Im Bild der Kühler im Typ 300 D.

sonderen Herstellern), weswegen nur der Mercedes-Service bei möglicherweise auftretenden Störungen zu Rate gezogen werden sollte.

Das automatische Getriebe funktioniert wie folgt: Zwischen Motor und Getriebe (drei Planetenradsätze) ist ein sogenannter hydrodynamischer Drehmomentwandler geschaltet, in dem die Motorleistung durch ein Flüssigkeitsgetriebeöl über Schaufelräder übertragen wird. Gekoppelt mit der Schwungscheibe am Motor ist das Pumpenrad, das die Wandlerflüssigkeit bei laufendem Motor in Rotation versetzt und direkt gegen die Schaufeln der Turbine schleudert. Von dort trifft der Ölstrom auf das Leitrad, wird von diesem umgelenkt und dem Pumpenrad wieder zugeführt. Das in Umdrehung versetzte Turbinenrad ist mit dem nachgeschalteten Getriebe fest verbunden. Die Zahnräder des Getriebes stehen dauernd in Eingriff. Weil die Wandlerflüssigkeit bei laufendem Motor immer versucht – durch das Pumpenrad in Bewegung versetzt –, das Getriebe und damit auch die Antriebsräder zu bewegen, »kriecht« der Wagen beim Stand im Leerlauf und muß dann mit der Fuß- oder Feststellbremse festgehalten werden. Bei längerem Halt mit laufendem Motor soll man den Wählhebel in Stellung »N« bringen.

Das automatische Getriebe kann auf dreierlei Arten beeinflußt werden. Durch Schalten per Hand in gewohnter Weise (aber ohne zu kuppeln), durch Sperren des oberen oder der beiden oberen Gänge (Fahrstufen) und durch »Kickdown«, also bei kräftigem Durchtreten des Gaspedals. Sowohl beim Kickdown als auch beim langsamen Gasgeben (oder Gaswegnehmen) verändern sich die Unterdruckverhältnisse im Ansaugrohr am Motor, was zu entsprechenden Reaktionen im Getriebe führt. Durch Bandbremsen werden bestimmte Zahnradsätze abgebremst, andere freigegeben, wodurch gewissermaßen der »Gangwechsel« stattfindet und damit verschiedene Übersetzungen hergestellt werden.

Wagen mit automatischem Getriebe besitzen einen besonderen Ölkühler. Die von der Unterseite des Getriebes zur Wagenfront verlaufenden beiden Rohrleitungen dürfen bei Arbeiten unter dem Wagen nicht beschädigt werden, die Anschlüsse müssen fest angezogen sein.

Störungen im automatischen Getriebe sind trotz seiner aufwendigen Mechanik äußerst selten. Im Selbstverfahren gibt es außer der Ölstandskontrolle nichts zu tun. Was bei dieser zu beachten ist, kommt auf Seite 78 zur Sprache. Bei dieser Gelegenheit kann man, wenn Verdacht auf eine Störung besteht, eine Geruchsprobe vornehmen: Verbrannte Kupplungslamellen oder Bremsbänder rufen eine Art Brandgeruch hervor. Dazu Peilstab ziehen und am daran haftenden Öl riechen.

Die Gelenkwelle

Zur Kraftübertragung vom Getriebe zur Hinterachse dient beim Diesel eine zweiteilige Rohrwelle (Kardanwelle). Am vorderen Teil der Welle sitzt eine elastische Gelenkscheibe, die mit dem Dreiarmflansch der Getriebehauptwelle verbunden ist. Ähnlich ist die Verbindung des hinteren Teils der Welle mit dem Hinterachsantrieb gestaltet. An beiden Enden sitzt die Gelenkwelle auf Zentrierhülsen mit einer Fettfüllung. Da hier hohe Drehbelastungen aufgenommen werden müssen, ist die gesamte Gelenkwelle ausgewuchtet.
Zwischen den beiden Wellen ist ein Lager angeordnet, und ein wartungsfreies Gelenk gleicht Abweichungen aus, die sich zwischen dem Getriebe und der Hinterachse ergeben.
Eine unrund laufende Gelenkwelle beschädigt die Lagerung des Getriebes und des Achsantriebes. Ein Brummen der Gelenkwelle kann von Schmutzkrusten herrühren, kann aber auch ein erstes Anzeichen einer Unwucht infolge Durchbiegung (bei Überlastung) sein. Eine beschädigte Gelenkwelle muß man zweckmäßigerweise austauschen, wenngleich theoretisch eine Reparatur mit nachträglichem Auswuchten möglich ist, wofür aber spezielle Wuchtmaschinen benötigt werden.

Gelenkscheiben der Gelenkwelle prüfen

Pflegearbeit Nr. 53

Durch Sichtkontrolle überzeugt man sich nach 45 000 km Laufstrecke davon, ob die Gelenkscheiben die hohen Belastungen verschleißfrei überstanden haben. Beschädigungen wie Risse dürfen nicht zu erkennen sein, sonst muß man die Gelenkscheiben erneuern lassen.
Falls sich eine Verformung zeigt, wenn also die Oberfläche zwischen den Flanschschrauben wellig versetzt ist, kann die Werkstatt dem abhelfen. Dort wird die Gelenkwelle entspannt, indem die Flanschschrauben gelockert und neu angezogen werden. Durch die Beseitigung der Verformung erreicht man eine längere Lebensdauer der Gelenkscheiben.

Der Hinterachsantrieb

In der Hinterachse muß die von der Gelenkwelle eintreffende, in Wagenlängsachse verlaufende Drehbewegung rechtwinklig umgelenkt werden. Sie wird sozusagen »um die Ecke« geführt. Durch die Übersetzung vom kleinen Kegelrad auf das größere Tellerrad paßt der Antrieb die Getriebeausgangsdrehzahl der erforderlichen Raddrehzahl an. Gleichzeitig werden bei Kurvenfahrt die unterschiedlich langen Wege des inneren und äußeren Rades durch das Differential (Ausgleichsgetriebe) ausgeglichen. Um den Wellentunnel im Wagenboden niedrig zu halten (bessere Innenraumnutzung), wird die Gelenkwelle tief herangeführt. Die dazu erforderliche Verzahnung, der »Hypoidantrieb«, setzt Kegel- und Tellerrad hohen Belastungen aus. Deshalb sind die Schmiermittelvorschriften genau einzuhalten.
Im Gehäuse für den Achsantrieb befinden sich zwei Kegelrollenlager, deren Einstellung durch Distanzringe variabel ist. Dadurch kann erreicht werden, daß das Tellerrad seitlich versetzt wird, um das Zahnflankenspiel zwischen diesem Rad und dem Kegelrad (Ritzel) genau einzustellen.
Außer der Kontrolle des Ölstandes im Achsgehäuse und Wechsel derselben (siehe »Schmieren aller Teile«) ist die Hinterachse wartungsfrei.

Marschbereitschaft

Die Diesel-Modelle verfügen über die gleiche technische Gestaltung der Vorder- und Hinterachse wie die »Benziner« mit ihren leistungsstärkeren Triebwerken. Sie besitzen daher ausgezeichnete Fahreigenschaften mit erheblichen Reserven an Fahrsicherheit.
Diese guten Eigenschaften gilt es voll zu erhalten. Man sollte daher an den entsprechenden Teilen nichts reparieren. Einstellarbeiten und Reparaturen verlangen Fachkenntnisse, Erfahrung und Spezialwerkzeuge. Doch hin und wieder schützen Sichtprüfungen vor Geldausgaben, die bei einem nicht rechtzeitig entdeckten Schaden höher als nötig werden könnten.

Die Vorderachse

Wie allgemein üblich, sind die Vorderräder unabhängig voneinander »aufgehängt«. Das Prinzip der Radaufhängung entspricht der bei der Baureihe 116 (Modelle 280 S bis 450 SEL) vorhandenen Anordnung.
Jedes Vorderrad ist über eine obere Querstrebe (»Querlenker«) aus geschmiedetem Leichtmetall mit dem Aufbau und über eine untere Querstrebe mit der Rahmenbodenanlage verbunden. Die nach außen gerichteten Enden dieser beweglichen Bauteile münden am Achsschenkel, an dem das Rad läuft. Von der unteren Querstrebe zweigt nach hinten ein Stützrohr ab, das in einem Kugelgelenk im Rahmenboden endet. Beim Bremsen hat das Stützrohr die Aufgabe, die Achshälfte gegen den Fahrzeugraum abzustützen. Alle diese Teile besitzen wartungsfreie, elastische Lager. Sie isolieren den Aufbau gegen Vibrationen und Fahrgeräusche.

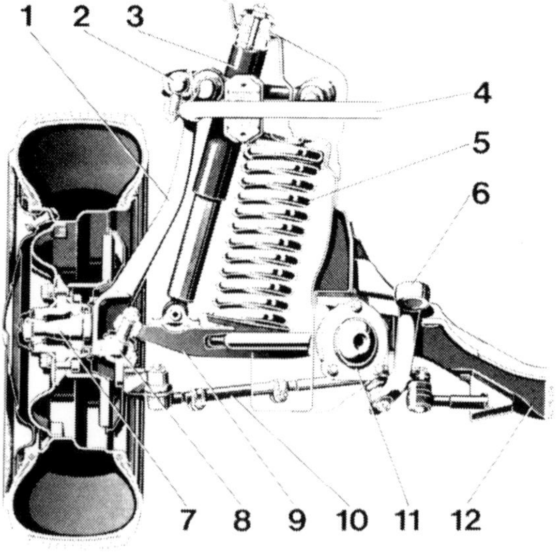

Die Zeichnung offenbart die Teile der Vorderradaufhängung: 1 – Achsschenkel, 2 – Kugelgelenk zum oberen Querlenker, 3 – Stoßdämpfer, 4 – Drehstabilisator, 5 – Schraubenfeder, 6 – Lenkhebel, 7 – Radnabe, 8 – Kugelgelenk, 9 – unterer Querlenker, 10 – Spurstange, 11 – Stützgelenk des Stützrohrs, 12 – Rahmenquerträger.

Leicht nach innen geneigte Schraubenfedern sitzen auf den unteren Querlenkern und stemmen sich oben in einem Gummiring gegen den Aufbau. Neben diesen Federn stehen hydraulische Gasdruck-Stoßdämpfer.
Die oberen Lenker beider Seiten sind mit einem am Aufbau befestigten Drehstab verbunden. Bei ungleichmäßigem Einfedern der Räder wird er auf Verdrehen (Torsion) beansprucht und dient als Kurvenstabilisator, indem er bei Kurvenfahrt der Seitenneigung entgegenwirkt und dem kurvenäußeren Rad zu besserem Fahrbahnkontakt verhilft. Alle Achsteile ragen nur wenig über die Radmitte nach vorn, wodurch sie bei Unfällen besonders geschützt sind.

Die Achsschenkellager

Jede Vorderradnabe sitzt an einem sogenannten Achsschenkel. Dieser ist über wartungsfreie Kugelgelenke (oben Führungsgelenk, unten Traggelenk) mit den ebenfalls schon erwähnten Querstreben verbunden.
Diese Art der Achsschenkellagerung hat sich seit langem bewährt. Theoretisch kann nämlich eine solche bewegliche Verbindung ein ganzes Autoleben überdauern, da ihre Kugelköpfe in mit Fett gefüllten Pfannen gebettet, dicht verkapselt und mit Gummimanschetten gegen Fettaustritt und Schmutzeintritt geschützt sind. Aber beschädigter Gummi läßt Schmutz und Nässe hindurch, außerdem können Öl, Kraftstoff und nachträglich angebrachter Unterbodenschutz diese Umhüllungen angreifen. Beschädigte Manschetten müssen baldigst erneuert werden.

Axialspiel und Fettfüllung der Radlager kontrollieren

Jede Radnabe besitzt zwei Rollenlager, auf denen sich das Vorderrad dreht. Hier darf kein übermäßiges Spiel vorhanden sein. Das läßt sich auf einfache Art prüfen, indem man bei aufgebocktem Wagen versucht, das Rad oben und unten hin- und herzukippen. Wenn man die Raddrehung durch Treten der Fußbremse hemmt, läßt sich vorhandenes Spiel im Radlager besser lokalisieren. Ist gebremst noch Spiel vorhanden, so kann dies auch mit ausgeschlagenen Kugelgelenken (auch am Lenkgestänge) zusammenhängen. Beim Drehen des Rades dürfen im Lager keine Geräusche entstehen.
Über geeignete Mittel, das Spiel der Vorderradlager zu prüfen, verfügt man in der Werkstatt. Zum Ausbau der Radnabenkappen braucht man einen besonderen Schlagabzieher und für die Kontrolle des Axialspiels eine geeignete Meßuhr. Eine Einstellung erfolgt grundsätzlich nach 7500 km Laufzeit, danach nur nach eventuell vorgenommenen Reparaturen.
Bevor die Spielmessung erfolgt, ist die Klemm-Mutter unter ständigem Drehen der Nabe so weit anzuziehen, bis sich letztere nur noch schwer drehen läßt. Dann wird die Mutter um etwa ⅓ Umdrehung zurückgedreht. Die noch bestehende Spannung läßt sich durch einen Schlag mittels Kunststoffhammer lösen. Nach Anbringung der Meßuhr zieht und drückt man kräftig am Flansch der Radnabe und liest die Anzeige ab. Sie darf 0,01–0,02 mm betragen. Übermäßiges Spiel wird durch Anziehen der Klemm-Mutter abgestellt und im Zusammenhang damit muß auch die Innensechskantschraube mit 1,4 kpm angezogen werden. Bei mehrmaligem Drehen der Nabe darf keine Hemmung feststellbar sein. Die Kontaktfeder zwischen Radnabenkappe und Achsschenkelzapfen dient der Radioentstörung.
Die Nabenkappe soll bis zu ihrem Bördelrand mit Radlagerfett gefüllt sein, das sind etwa 15 g. Beim regelmäßigen Wartungsdienst (alle 45 000 km, siehe Seite 81) muß das alte Fett aus der Kappe und an der Nabe entfernt werden, ehe eine Neubefüllung vorgenommen wird. Falls die Nabenkappe beim unsachgemäßen Lösen (Praktiker machen das mittels Flachmeißel oder Schraubenzieher) an ihrem Rand beschädigt wurde, muß sie ersetzt werden.

Der Pfeil zeigt auf eine der mit Fett gefüllten Gummimanschetten des Fahrwerks, hier an der Radaufhängung links oben (Führungsgelenk). Reinlichkeit ist oberstes Gebot im Umgang mit Gummi. Obwohl Gummi heute alterungsfest hergestellt und auf besondere Funktionen abgestimmt wird, kann es doch durch äußere Einflüsse angegriffen werden. Benzin und Öl sind ebenfalls böse Feinde, deshalb soll man auch beim Absprühen der Wagenunterseite die Gummiteile abdecken.

Gummimanschetten der Gelenke kontrollieren

Pflegearbeiten Nr. 29 und Nr. 30

Die freiliegenden Gummiteile der Vorderradaufhängung und auch der Lenkung sind den Einflüssen des Fahrbetriebes ausgesetzt. Sie sollen sich elastisch den Bewegungen der Bauteile anpassen können und die enthaltene Fettfüllung schützen. Die Schutzmanschetten werden durch Spritzwasser, Schmutz und hochgeschleuderte Steine strapaziert. Deshalb ist die 15 000-km-Kontrolle, bei der man sich vom Zustand der Manschetten überzeugen muß, nicht auf die leichte Schulter zu nehmen. Beschädigungen des elastischen Materials lassen die schmierende Füllung entweichen und Fremdkörper sowie Nässe eindringen, wovon die Gelenke bald angegriffen werden. Ferner dürfen die Manschetten und die Kunststoffabdeckungen an den Gelenken des Lenkgestänges keinerlei Beschädigungen aufweisen.
Zur Sichtkontrolle fährt man das Auto über eine Grube oder hebt es vorne an. Schwärzliche Verfärbung des sonst grauen Straßenschmutzes deutet auf undichte Stellen. Wenn man mit dem Finger gegen die Manschetten drückt, kann man feststellen, ob ihre Elastizität noch erhalten ist oder ob sie verhärtet sind. In diesem Fall sollten in der Werkstatt die Manschetten ausgewechselt werden. Der dann baldige Austausch beschädigter Manschetten ist nur mit geringen Kosten, der andernfalls zwangsweise nötige Austausch verschlissener Teile mit weit größeren Geldausgaben verbunden.

Die Lenkung

Die Drehung des Lenkrades wird innerhalb eines Lenkgetriebes in die zum Einschlag der Vorderräder führende hin- und hergehende Bewegung umgewandelt. Im Mercedes handelt es sich dabei um eine »Kugelumlauf-Lenkung«, deren Aufbau sich beim 300 D von dem der kleineren Typen unterscheidet. Zwischen Lenkrad und Lenkgetriebe befindet sich eine »Wellrohr-Lenkspindel«, die anstelle einer starren, durchgehenden Lenksäule schräg versetzt ist. Dieses zusammendrückbare Bauteil nimmt oben die Drehbewegung über ein Kreuzgelenk auf und gibt sie unten – zum Lenkgetriebe – über ein elastisches Kreuzgelenk weiter. Somit ist weitgehend für Sicherheit gesorgt, damit bei einem Frontalaufprall die Lenksäule und das Lenkrad nicht in den Wagen geschoben werden. Auch der »Pralltopf« unter dem Lenkrad ist zur Verminderung von Aufprallenergie deformierbar.
Der am Ausgang des Lenkgetriebes sitzende Lenkstockhebel (im Abschnitt »Lenkung nachstellen« weiter beschrieben) greift in einen Zwischenhebel. Dieser ist einerseits mit der linken Spurstange zum linken Achsschenkel und andererseits mit der mittleren Spurstange verbunden. Spiegelverkehrt dazu trifft das andere Ende der mittleren Spurstange wiederum auf einen Zwischenhebel, der mit

dem Unterbau verbunden ist und von dem die rechte Spurstange abzweigt. Die mittlere Spurstange ist mit einem Lenkungsdämpfer verbunden. Dieser hydraulische Dämpfer hält Lenkgetriebe wie Lenkrad weitgehend von Fahrbahnstößen frei.
In den seitlichen Spurstangen ermöglichen Einstellmuffen, die Vorspur zu verändern (siehe noch folgenden Abschnitt). Alle beweglichen Teile sind durch Kugelgelenke verbunden. Die Wartung des Lenkgetriebes ist auf Seite 80 beschrieben.

Befestigungsschrauben der Lenkung nachziehen

Pflegearbeit Nr. 31

Das Gehäuse des Lenkgetriebes ist am Rahmenboden mit drei sogenannten Sperrzahnschrauben befestigt. Diese Schrauben werden zugänglich, wenn man das linke Vorderrad abschraubt.
Man kann sich selbst vom festen Sitz der Schrauben überzeugen. Mit Hilfe eines Ringschlüssels dürfen sie sich unter Anwendung erhöhter Kraft nicht weiterdrehen lassen. Vorgeschrieben ist ein Anzugsdrehmoment von 7–8 kpm, das nur mit einem Drehmomentschlüssel eingehalten werden kann.

Lenkungsspiel prüfen

Pflegearbeit Nr. 32

Das Prüfen des korrekten Lenkverhaltens ist auch Bestandteil einer Probefahrt. Eine Kontrolle im Stand sollte alle 15 000 km vorgenommen werden.
Dabei sollen die Vorderräder in Geradeausfahrt stehen. Zugleich ist zu vermerken, ob sich die Lenkradspeichen dabei in waagerechter Stellung befinden. Man kurbelt das Seitenfenster herunter und stellt sich neben den Wagen. Dann greift man durchs Fenster, und während man das Lenkrad dreht, beobachtet man das linke Vorderrad und besonders die Felge. Denn die Reifen sind elastisch und können beim Drehen im Stand zunächst einen Teil des Einschlages »schlukken«, ehe sie sich bewegen. Bis sich die Felgen bewegen, darf ein Spiel im Lenkrad von 25 mm vorhanden sein.
Wenn das Spiel größer sein sollte, müssen die zueinander beweglichen und miteinander verbundenen Teile der Lenkung überprüft werden. Das betrifft die Lenkungskupplung und die beiden Gelenkscheiben der unteren Lenkspindel sowie die Kugelgelenke an den Spurstangen. Die Gummimanschetten und Kunststoffabdeckungen dürfen keinerlei Beschädigung aufweisen, andernfalls ist ein Schaden an den Gelenken zu vermuten. Eine genaue Beurteilung der Ursache für zu großes Lenkungsspiel muß aber der Werkstatt überlassen bleiben.

Lenkung nachstellen

Im Gehäuse des Lenkgetriebes übertragen Lenkspindel und Lenkmutter die Bewegung vom Lenkrad auf eine rechtwinklig dazu angeordnete Lenkwelle, an deren Ende der schon vorher erwähnte Lenkstockhebel sitzt. Die Verzahnung zwi-

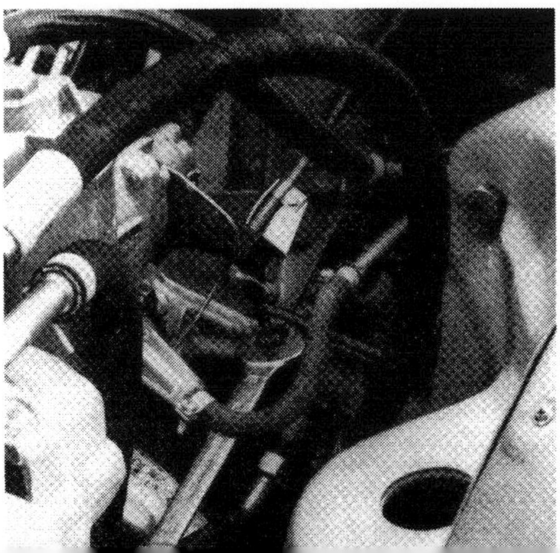

Nur in der Werkstatt darf eine Einstellung am Lenkgetriebe vorgenommen werden, wobei man das Spiel zwischen Spindel und Lenkstockhebel ausschalten kann. Nach Lösen der Kontermutter SW 19 wird durch Drehen der Innensechskantschraube SW 5 der tote Gang im Getriebe reduziert.

schen Spindel und Mutter wäre bei einfacher Ausführung hohen Reibungskräften ausgesetzt. Um diese auszuschalten, sind die Gewindegänge zwischen Spindel und Mutter mit Kugeln ausgefüllt, wo sie gewissermaßen die Aufgabe eines Kugellagers erfüllen. Über ein Umlaufrohr laufen die Kugeln in praktisch endloser Folge innerhalb eines in sich geschlossenen Kanals. So erklärt sich der Name »Kugelumlauf-Lenkung«. Ihr Vorteil ist es, die Lenkkräfte klein halten zu können, womit auch das Zurückstellen nach Kurvenfahrt begünstigt wird.
Obwohl das Lenkgetriebe eine Ölfüllung enthält, kann durch normalen Verschleiß des Spiel zwischen den einzelnen Teilen zu groß werden. Das macht sich durch einen »toten Gang« (Spiel) zwischen Spindel und Lenkstockhebel bemerkbar. Aber auch nach einer Reparatur am Lenkgetriebe, bei der es auseinandergenommen wurde, muß dieses Spiel ausgeschaltet werden. Diese Einstellung erfordert Sachkenntnis, denn es besteht die Gefahr, daß durch unsachgemäßes Verstellen die Lenkung schwergängig wird und nach der Kurve nicht zurückstellt. Es ist also eine Arbeit für die Werkstatt.

Die Servolenkung

Das Gewicht eines größeren Wagens behindert die Leichtgängigkeit der Lenkung derart, daß das Autofahren zur Schwerarbeit wird, vor allem im Stadtbetrieb und beim Parken. Früher verhalfen Lenkungen mit größerem Übersetzungsverhältnis zu einer gewissen Erleichterung, aber man mußte damit viel kurbeln. Mit der Servo-Lenkung ist der Arbeitsaufwand dagegen verteilt: Die vom Fahrer aufzubringende Kraft wird von Drucköl unterstützt.
Von der konventionellen Lenkung unterscheidet sich die Servo-Lenkung durch ein anderes Lenkgetriebe mit Steuereinheit und Arbeitskolben, zudem benötigt sie eine vom Motor angetriebene Ölpumpe. Lenkgetriebe, Steuereinheit und Arbeitskolben sind in einem Gehäuse vereinigt, das ohne weiteres gegen die mechanische Lenkung ausgetauscht werden könnte. Die übrigen Teile sind die gleichen wie bei der normalen Lenkung.
Der 300 D besitzt die Servo-Lenkung von Anfang an, die anderen Modelle haben sie seit September 1982 serienmäßig. Hierbei wurden die Druckölpumpe und der Ölbehälter in einem Gußteil integriert (früher getrennt vorhanden gewesen). Die Pumpe, eine sogenannte Flügelzellenpumpe, sitzt links am Motor und wird von einem besonderen Keilriemen über die Riemenscheibe der Kurbelwelle angetrieben.
Wenn die Servo-Lenkung schwergängig ist oder zeitweise ihre Wirkung aussetzt, sind vordringlich die Keilriemenspannung und der Ölvorrat zu prüfen. Läßt sich hierbei nichts beanstanden, muß die Werkstatt helfen. Dort prüft man den Förderdruck der Pumpe oder zerlegt sie und setzt sie instand.

Zum Spannen des Keilriemens für die Lenkhelfpumpe dient die mit Pfeil bezeichnete Schraube. Zuvor sind der im Bild darunter sichtbare, in Fahrtrichtung angeordnete Bolzen sowie die beiden von vorn erreichbaren, in Fahrtrichtung rechts an der Pumpe sitzenden Muttern zu lösen.

An den Spurstangen beider Seiten kann die Vorspur eingestellt werden, und zwar durch Verändern ihrer Länge, was durch Verdrehen der Gewindehülsen möglich ist. Über genaue Maße und Einstellbedingungen verfügt die Werkstatt. Die Pfeile zeigen auf die Klemmschrauben SW 13, die zur Einstellung gelockert werden müssen. Zum Drehen der Spurstangen nimmt man eine Gripzange.

Es kann auch vorkommen, daß die Pumpe bei normalem Lenkungseinschlag »grunzt« und bei raschem Einschlag schwergängig ist. Die Anlage dürfte dann irgendwo undicht sein. Zur Kontrolle öffnet man den Vorratsbehälter und läßt von einer Hilfsperson die Lenkung mehrmals nach beiden Seiten hin einschlagen. Wenn dabei Blasen in den Behälter strömen, muß die Werkstatt die undichte Stelle in dem System suchen und die defekten Teile erneuern.
Im Abschnitt »Ölstand in der Servo-Lenkung kontrollieren« (Seite 80) ist diese regelmäßig vorzunehmende Wartung beschrieben. Desgleichen ist auf Seite 173 die Bedeutung der Keilriemenspannung erwähnt, die als allgemeingültig auch auf den Antrieb der Lenkhelfpumpe zutrifft. Auch hier soll die Eindrücktiefe zwischen den beiden Riemenscheiben unter 6 kp Last etwa 10 mm betragen. Zum Spannen des Keilriemens werden die beiden von vorn erreichbaren, in dieser Sicht links von der Pumpe sitzenden Muttern sowie die im Bild links gezeigte Schraube gelockert. Dann betätigt man die oberhalb der zuletzt genannten Mutter befindliche Spannschraube. Abschließend werden die drei Muttern wieder festgezogen.
Bei Ausfall des Keilriemens oder bei abgestelltem Motor fördert die Pumpe kein Drucköl. Dann sind erhebliche Lenkkräfte nötig. Man sollte ruhig einmal bewußt den Motor ausschalten, um eine Vorstellung vom Verhalten der Lenkung ohne Servo-Wirkung zu erhalten. Zugleich wird auch nach wenigen Bremsungen der Unterdruckvorrat der Servo-Bremse aufgebraucht und die Fußbremse verlangt gleichermaßen höheren Kraftaufwand. Den keineswegs mühelosen Umgang mit dem Auto bei Ausfall beider Anlagen sollte man kennen, wenn man einmal abgeschleppt werden will.

Vorspur prüfen
Pflegearbeit Nr. 52

Die »Vorspur« dient dazu, die Vorderräder in eine Stellung zueinander zu bringen, daß sie nicht die Tendenz haben, nach außen wegzulaufen. Andernfalls würden sie, unterstützt durch ihren Sturz (Schrägstellung) und durch Fahrwiderstände, den Wagen in eine Kurve hineinziehen. Deshalb stellt man sie vorne näher zusammen als hinten – sie laufen in einem spitzen Winkel aufeinander zu. Falsche Vorspur verschleißt die Reifen schneller und wirkt sich ungünstig auf das Lenkverhalten aus (Radflattern).
Eine genaue Vermessung kann nur die Werkstatt vornehmen, wo man über ein optisches Meßgerät verfügt. Der Wagen muß sich in betriebsbereitem, vollgetanktem Zustand befinden.
Die Vorspur kann durch Verdrehen der äußeren Spurstangen verändert werden. Dazu löst man in der Werkstatt die Klemmschrauben SW 13 mit einem Ring-

schlüssel. Drehen in Fahrtrichtung verringert, Drehen entgegen der Fahrtrichtung vergrößert die Vorspur.
Das Maß der Vorspur beträgt bei allen Typen 0,25′ ± 10′ = 3 ± 1 mm. Das bedeutet, daß die Räder – in Radnabenhöhe gemessen – um diesen Wert vorn näher zusammenstehen sollen als hinten. Man kann das grob feststellen, indem man in Geradeausstellung der Räder eine Kreidemarkierung in Höhe der Radnabe an beiden Vorderrädern am Felgenhorn außen vorn anbringt. Dann rollt man den Wagen so weit, bis sich die Markierungen in gleicher Höhe hinten befinden. In beiden Positionen ist eine Meßlatte mit von außen um die Reifen greifenden Tastern an die Markierungen anzulegen.

Die Hinterachse

Auch die Hinterräder sind einzeln aufgehängt. Bei dieser »Schräglenkerachse«, die im wesentlichen von der vorangegangenen Typenreihe übernommen wurde, sind Radführung und Radantrieb voneinander getrennt.
An einem Achsträger, der in Gummilagern am Fahrzeugboden aufgehängt ist, sind die beiden Schräglenker und das Gehäuse des Hinterradachsantriebs montiert. Die Schräglenker tragen außen die Nabe für die Radlagerung und vor der Achse in einer Mulde die Schraubenfedern mit innenliegenden Stoßdämpfern. Ein Stabilisator verringert die Seitenneigung des Fahrzeugs in Kurven. Die Lage der Schräglenker-Drehachsen ist so bemessen, daß die Pendellänge der Hinterräder fast so groß ist wie die Spurweite. Beim Ein- und Ausfedern und beim Kurvenfahren ergeben sich deshalb nur geringe Änderungen von Sturz und Spur. Auf jeder Seite überträgt eine Doppelgelenkwelle den Antrieb von Hinterachsgehäuse auf die Räder. Die Antriebsübertragung ist auf Seite 127 beschrieben.

Hinterachsträger und Anschlagbegrenzung

Der Typ 300 D und ab Mitte 1977 auch der 240 D besitzen anstelle eines Anschlaggummis an der vorderen Lagerung des Hinterachsträgers links und rechts eine Anschlagbegrenzung. Sie verhindert, daß bei niedrigen Motordrehzahlen Brummgeräusche auftreten und z. B. beim Beschleunigen des Wagens der Hinterachsträger mit dem Wagenboden in Berührung kommt, was Klopfgeräusche auslösen würde.
Der feste Sitz des Anschlagbegrenzers wird nur nach der ersten Inspektion geprüft. Dabei muß der Wagen in fahrfertigem Zustand auf den Rädern stehen. Bei

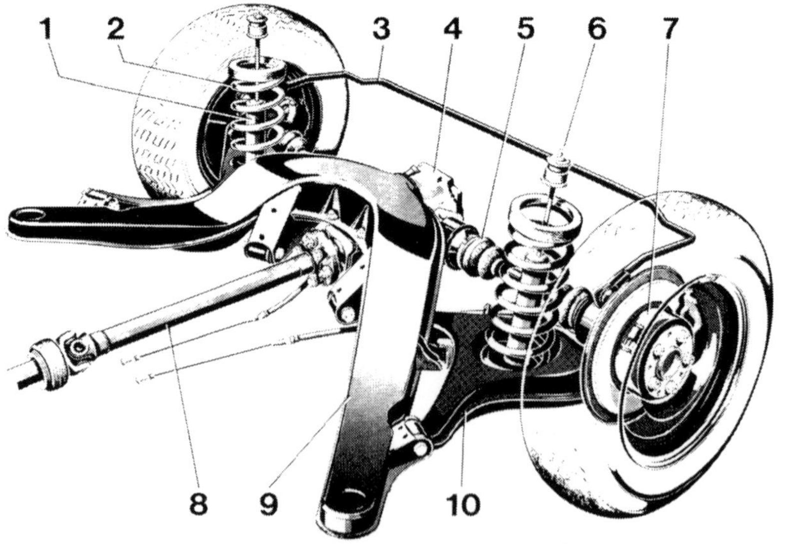

Die Hinterachse, als Diagonal-Pendelachse ausgebildet, besteht aus folgenden Teilen: 1 – Stoßdämpfer, 2 – Schraubenfeder, 3 – Drehstabilisator, 4 – Hinterachsgetriebegehäuse, 5 – Manschette über einem der vier homokinetischen Gelenke, 6 – Stoßdämpferbefestigung, 7 – Scheibenbremse und Feststellbremse, 8 – Gelenkwelle (Kardanwelle), 9 – Hinterachsträger, 10 – Schräglenker.

Innerhalb der mit Pfeilen bezeichneten Manschetten verbergen sich Gelenke, die immer in Fett gebettet sein müssen. Besonders sollen die Manschetten aber gegen Schmutz und Feuchtigkeit schützen. Sie müssen demnach regelmäßig nach eventuellen Beschädigungen abgesucht werden. Diese Kontrolle läßt sich nur zuverlässig ausführen, wenn der Wagen auf der Hebebühne oder über einer Grube steht. Als Eigenpfleger kann man auch den Wagen einseitig anheben und durch Drehen des Hinterrades die Manschetten rundum prüfen, danach kontrolliert man die Hinterachsmanschetten der anderen Wagenseite.

der Einstellung wird die Befestigungsschraube des Begrenzers gelöst und ein 2,5 mm starker Blechwinkel (Abmessungen: 60 mm lang, 20 mm hoch, 10 mm breit) als Lehre zwischen Gummipuffer und Abstützblech angelegt. Man drückt die gelockerte Anschlagbegrenzung bis zur Anlage nach oben und zieht die Schraube mit 4–5 kpm an. Der Blechwinkel wird wieder entfernt.

Die Stoßdämpfer

Eigentlich müßten die Stoßdämpfer »Schwingungsdämpfer« heißen, weil sie die nach der Einfederung eines Rades entstehenden Schwingungen dämpfen sollen. Eine Federfunktion haben sie nur in geringem Maße. Ohne sie würden die Räder während der Fahrt häufig den Fahrbahnkontakt verlieren und der Wagen könnte unter Umständen unkontrollierbare Eigenbewegungen vollführen.
Stoßdämpfer unterliegen bei ihrer ständigen Arbeit zwangsläufig dem Verschleiß. Je nach Fahrweise und Straßenzustand kann man mit ihrer Lebensdauer zwischen 30 000 und 80 000 km rechnen. Leider gewöhnt man sich im allgemeinen an die nachlassende Wirkung und spürt nicht das damit verbundene verschlechterte Fahrverhalten des Wagens.
Bis 1982 wurden konventionelle Stoßdämpfer mit Ölfüllung eingebaut. Anläßlich der Inspektionen wird geprüft, ob sie dicht sind. Seit August 1982 sind Gasdruck-Stoßdämpfer montiert.
Zum Ausbau eines vorderen Stoßdämpfers löst man bei noch nicht hochgebocktem Wagen die Stoßdämpferbefestigung (Muttern) im Motorraum. Dann wird das Auto angehoben und der untere Befestigungsbolzen des Dämpfers abgeschraubt und herausgezogen, dann kann man den Stoßdämpfer abnehmen. Die obere Befestigung des hinteren Stoßdämpfers ist ähnlich. Da diese Stoßdämpfer jedoch innerhalb der Schraubenfedern stehen, muß man nach Lösen der unteren Befestigung den Dämpfer senkrecht nach unten herausziehen.

Stoßdämpfer prüfen

Einige untrügliche Anzeichen für die nachlassende Wirkung der Stoßdämpfer bieten sich sowohl bei aufmerksamer Beobachtung während der Fahrt als auch durch einige Sichtkontrollen. Wenig oder sogar manchmal falschen Aufschluß erhält man durch die bekannte Schaukelmethode im Stand, bei der man den Wagen am betreffenden Kotflügel aufschaukelt und plötzlich losläßt. Die Federbewegung müßte sofort gedämpft werden. Da sich die Bewegungen aber auch auf die übrigen drei Stoßdämpfer auswirken, weiß man nie mit Gewißheit, welcher eventuell defekt ist.
Folgende Abweichungen von der Norm lassen auf defekte Stoßdämpfer schließen und gelten als Warnsignal:

■ Flatternde Lenkung, weil den Rädern der ständige Fahrbahnkontakt fehlt. Zieht Schäden an den Übertragungsorganen der Lenkung und des Antriebs nach sich.

■ Nach Unebenheiten schwingt der Aufbau nach.

■ Verlust der Stabilität in Kurven, wobei die kurveninneren Räder nicht mehr auf den Boden gedrückt und die äußeren nicht genügend entlastet werden.

■ Anstieg der Seitenwindempfindlichkeit.

■ Springendes Rad, das freilich nur von einem neben- oder hinterherfahrenden Beobachter ausgemacht werden kann.

■ Vielfach unterbrochene Bremsspur bei harter Bremsung und unberechenbare Bremswirkung in der Kurve.

■ Ungleichmäßige Abnutzung der Reifen und erhöhter Reifenverschleiß.

■ Undichter (Öldruck-)Stoßdämpfer mit auffällig erkennbarem Ölverlust. Geringe Ölspuren sind normal; bis zu 10 Prozent der Dämpferfüllung kann ein Stoßdämpfer folgenlos verlieren. Grundsätzlich ist ein Stoßdämpfer voll funktionstüchtig, solange die Ölreserve nicht verbraucht ist.

Wenn ein Stoßdämpfer ausgebaut ist, läßt sich recht einfach prüfen, ob er sich für eine weitere Verwendung eignet: Man faßt ihn an seinen beiden Enden an und drückt ihn schnell zusammen bzw. zieht ihn auseinander. Sollte bei dieser Hin- und Herbewegung ruckartig Spiel (»Luft«) feststellbar sein und gibt es dabei klackende Geräusche, dann ist er nichts mehr wert.

Die Ölreserve im Stoßdämpfer kann gemessen werden. Die maximal zulässigen Werte in der folgenden Aufstellung ergeben sich beim Austritt der Kolbenstange (bei ca. + 20° C). Nach Überschreiten dieser Werte verliert der Stoßdämpfer an Wirkung.

Fabrikat	vorn hinten	Farbkennzeichnung oder Typ	maximal zulässiger Wert, mm
Bilstein	vorn	4 Längsstriche grün 1 Längsstrich rot 2 Längsstriche rot 1 Längsstrich grün 2 Längsstriche grün	38
		1 Längsstrich weiß 2 Längsstriche weiß	32
F & S	vorn	alle	0
Bilstein	hinten	alle	32
F & S	hinten	alle	82

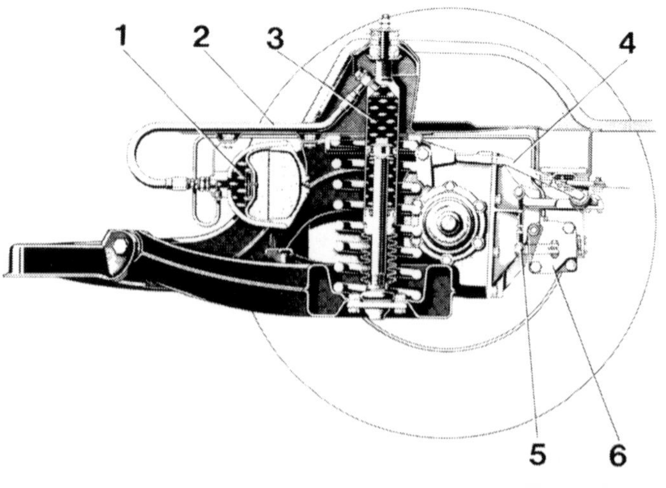

Alle Modelle können mit einer Niveauregulierung ausgerüstet werden. Die TD-Modelle verfügen serienmäßig über eine solche, jedoch ist hierbei die Anlage wegen der durch den Aufbau veränderten Platzverhältnisse abweichend von der Anlage bei den Limousinen.
1 – Federspeicher, 2 – Druckleitung, 3 – Federbein, 4 – Drehstab, 5 – Hebel, 6 – Niveauregler.

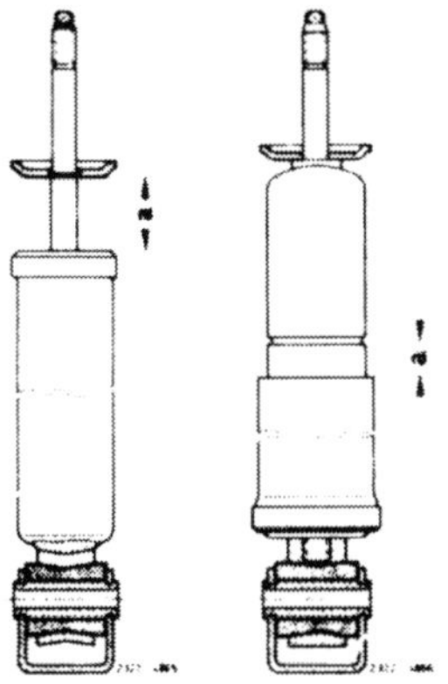

Bilstein F & S

Vordere Stoßdämpfer
a = Kolbenstangen-Austrittsmaß

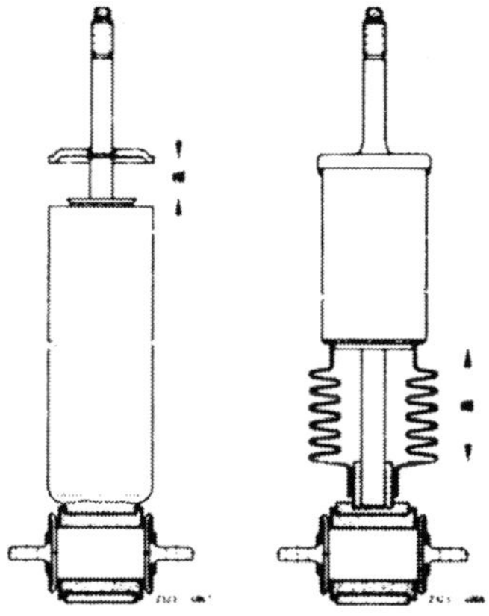

Bilstein F & S

Hintere Stoßdämpfer
a = Kolbenstangen-Austrittsmaß

Unterscheidungsmerkmale der Öldruck-Stoßdämpfer für vorn und hinten und Kolbenstangen-Austrittsmaße gemäß der Tabelle der vorangegangenen Seite.

Die Niveau-Regulierung

Auf Wunsch können alle Limousinen mit einer Anlage zur Konstanthaltung des Wagenniveaus an der Hinterachse ausgerüstet werden. Sie ist besonders zum Betrieb mit Anhänger gedacht und verhindert das sonst starke Absinken des Wagenhecks durch den Druck auf die Anhängerkupplung. Die TD-Modelle verfügen über die Niveauregulierung serienmäßig, sie ist jedoch wegen der anderen Platzverhältnisse in diesen Wagen von der Anlage der Limousinen etwas abweichend.

Die Teile der Anlage sind im Bild der gegenüberliegenden Seite zu erkennen. Der bei Motorlauf aufgebaute Öldruck wird zu Federelementen – bestehend aus Federspeicher und Federbeinen – geführt, in denen dieser Druck auf die Kolbenstange wirkt. Ein Höhenregler an der Hinterachse steuert je nach Belastung des Wagens den Zufluß von Drucköl zu den Federspeichern und den Federbeinen.

Dichtheit der Niveauregulierung prüfen

Pflegearbeit Nr. 22

Die Kontrolle des Flüssigkeitsstandes in der Niveauregulierung wird auf der Seite 81 beschrieben.

Die Kontrolle der Dichtheit ist eine reine Sichtprüfung, die man bei angehobenem Fahrzeug vornimmt. Dabei sind die Öldruckleitungen zwischen Motorraum und Hinterachse und besonders alle Verbindungen und Anschlüsse derselben an folgenden Bauteilen zu prüfen: Druckölpumpe, Ölvorratsbehälter, Niveauregler, Federspeicher und Federbeine. Bei laufendem Motor ist auf eventuelle Scheuerstellen oder Risse zu achten. Bei Verdacht auf eine undichte Stelle oder bei Feststellung einer drohenden Beschädigung (z. B. eingedrückte Rohrleitung) muß die Werkstatt baldigst für eine Wiederherstellung des korrekten Zustandes sorgen.

Lebensversicherung

Die eigene Sicherheit bzw. die Verkehrssicherheit verlangen, daß der Bremsanlage höchste Aufmerksamkeit entgegengebracht wird. Deshalb: Wartung und notwendig werdende Reparaturen sind Werkstattsache. Die in diesem Kapitel vorgenommenen Beschreibungen sind nur unter diesen Gesichtspunkten zu verstehen. Immerhin kann man aber zur Fahrsicherheit beitragen, indem man zwischen den Inspektionen selbst Sichtprüfungen vornimmt.

Die Bremsanlage

Der Tritt auf das Bremspedal bewegt im Hauptzylinder, der im Motorraum hinten links sitzt, einen zweiteiligen Kolben. Das setzt die Bremsflüssigkeit innerhalb des Bremssystems unter Druck, der sich durch die Bremsleitungen zu den Radbremsen fortpflanzt. (Unterstützend hilft dabei der Bremskraftverstärker.) Bei dieser hydraulischen Übertragung erfolgt die nötige Ergänzung der Flüssigkeit selbsttätig aus dem Ausgleichs- und Vorratsbehälter auf dem Bremszylinder. Der Druck der Flüssigkeit überträgt sich an den Scheibenbremsen auf Bremskolben, welche die Bremsbeläge gegen die Bremsscheibe pressen.
Um zu verhindern, daß beim scharfen Bremsen die dann entlasteten Hinterräder blockieren, wird der Druck in den Bremsleitungen durch sinnvolle Abstimmung der Kolbendurchmesser an den Vorder- und Hinterradbremsen (größerer Durchmesser vorn) so verteilt, daß die Kraft hinten geringer ist.
Trommelbremsen, wie sie bei vielen anderen Autos noch an den Hinterrädern anzutreffen sind, werden von Daimler-Benz nicht mehr verwendet. Die Vorteile der Scheibenbremsen werden noch erwähnt.

Bremsen prüfen

Während der ersten 300–500 km sind neue Bremsbeläge nicht voll einsatzbereit. Bremsscheibe und Bremsbelag haben sich aneinander zu »gewöhnen«; ihre gemeinsame Oberfläche, auf der sie sich berühren, muß möglichst groß werden. »Trägt« der Belag nur auf wenigen Quadratzentimetern, ist die Bremswirkung schlecht und ungleichmäßig. Deshalb müssen Bremsen auch eingefahren sein.
Zu Bremsproben verzögert man den Wagen erst einmal aus mäßiger Geschwindigkeit und beobachtet sein Verhalten. Dann kann man aus höherem Tempo abbremsen. Damit erhält man – auf ebener, nicht gewölbter Straße – Aufschluß darüber, ob der Wagen beim Bremsen einseitig zieht und im Fall der Gefahr schleudern würde. Die Versuche soll man noch insofern variieren, daß das Bremspedal sowohl mit weichem Druck wie auch plötzlich und hart betätigt wird. Außer dem Aufschluß über die Wirkung der Bremsen gewinnt man zugleich die Bestätigung dafür, daß maßvoll eingesetzte Bremskraft eine bessere Verzögerung schafft als das in Panik plötzlich niedergetretene Pedal. Bei blockierenden Rädern kann das Auto kaum noch lenkbar von der Straße schleudern.
Für ungleichmäßig ziehende Bremsen sind (in dieser Reihenfolge) verschmutzte oder verfettete Bremsscheiben, verschlissene Bremsklötze, undichte Fest-

sättel, undichte Leitungen oder Bremsschläuche oder klemmende Kolben im Festsattel verantwortlich. (Auch ungleicher Reifendruck wirkt sich derartig aus.) Wenn das Auto beim Bremsen nach einer Seite zieht, sind die Radbremsen der anderen Wagenseite nicht in Ordnung.
Die Wirkung der Feststellbremse prüft man, wenn möglich, auf einer abschüssigen Straße im Stand. Bei getretener Feststellbremse darf sich der Wagen nicht vom Fleck rühren. Falls keine abfallende Straße in der Nähe ist, sollte der Wagen zu einem vergleichbaren Versuch nicht wesentlich schneller als in Schrittgeschwindigkeit ohne Motorkraft, also mit herausgenommenem Gang, rollen und sogleich zum Stehen gebracht werden. Wie noch ausgeführt wird, ist die Feststellbremse zum Abbremsen aus höherem Tempo nur sehr bedingt zu gebrauchen.

Bremsflüssigkeitsstand kontrollieren

Pflegearbeit Nr. 4 A

Das Bremssystem wird aus den beiden zusammenhängenden Bremsflüssigkeitsbehältern gespeist. Der darin enthaltene Vorrat an Bremsflüssigkeit muß immer ausreichend sein. Davon kann man sich mit einem Blick überzeugen, z. B. wenn man auch den Ölstand im Motor prüft.
Der Behälter sitzt auf dem Hauptzylinder links hinten im Motorraum, vor dem runden Gehäuse des Bremskraftverstärkers. Das durchscheinende Material des Behälters läßt den Flüssigkeitsstand von außen – sofern der Behälter saubergehalten wird – erkennen. Das Niveau sollte sich immer zwischen der Markierung »MAX« und der unteren Markierung »MIN« befinden.
Die Sichtkontrolle wird durch eine »Alarmanlage« ergänzt. Zu tiefer Stand der Bremsflüssigkeit läßt die Warnlampe, die auch zur Kontrolle der betätigten Feststellbremse dient, in der Instrumententafel aufleuchten. Hervorgerufen wird dies durch das Absinken des Schwimmers im Bremsflüssigkeitsbehälter, der bei zu niedriger Befüllung einen Stromkreis schließt. Von der Funktion der Anlage kann man sich bei eingeschaltetem Lenkschloß überzeugen, wenn man den Stecker am Behälter abzieht und die beiden Kontakte mit einem Stück Draht verbindet. Die Warnlampe in der Instrumententafel muß aufleuchten, ebenso dann, wenn man auf die Gummikappe auf dem Ausgleichbehälter drückt.
Bei völlig dichter Bremsanlage nimmt die Menge der Flüssigkeit im Betrieb nicht ab. Doch ihr Spiegel sinkt im Laufe der Zeit entsprechend dem Belagverschleiß

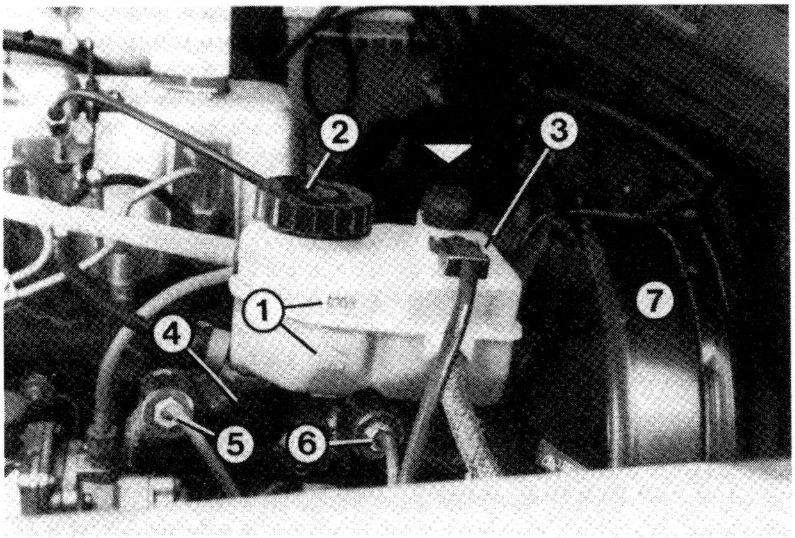

Wichtige Teile der Bremsanlage: 1 – Bremsflüssigkeitsbehälter mit den Markierungen für den Höchst- und Mindeststand der Bremsflüssigkeit, 2 – Deckel, 3 – Kabelanschluß zur Warnleuchte für ungenügenden Stand der Bremsflüssigkeit, die (zur Kontrolle) bei eingeschalteter Zündung auch beim Druck auf den Gummiknopf (Pfeil) aufleuchten muß, 4 – Hauptzylinder, 5 – Bremsleitung für den hinteren Bremskreis, 6 – Bremsleitung für den vorderen Bremskreis, 7 – Servo-Bremsgerät.

etwas ab, steigt aber dann beim Einsetzen neuer Beläge wieder an. Die Ursache für auffallenden Flüssigkeitsverlust muß man jedoch sofort ergründen. Immerhin kann sie auch in einem Defekt der Kupplungsbetätigung zu suchen sein, weil diese ebenfalls aus dem Ausgleichsbehälter mit Bremsflüssigkeit gespeist wird. Für die Bremsanlage darf nur – möglichst hochsiedende – Original-Bremsflüssigkeit mit der Spezifikation DOT 4 verwendet werden. Niemals irgend etwas anderes, gar mineralölhaltige Produkte, einfüllen! Bremsflüssigkeit hat einen hohen Siedepunkt, ist nicht kälteempfindlich und enthält Substanzen gegen Korrosion sowie gegen Zersetzung von Gummi. Allerdings ist sie wasseranziehend, stark giftig und wirkt ätzend auf Lack.

Bremsflüssigkeit wechseln
Pflegearbeit Nr. 54

Einwandfreie Bremsflüssigkeit besitzt einen Siedepunkt bis etwa 290° C, stellt außerdem eine gewisse Schmierfähigkeit sicher, greift weder Gummi noch Metalle an und ist selbst bei minus 40° C noch hinreichend flüssig. Trotz großer Bemühungen der Chemie gelang es bisher nicht, eine negative Eigenschaft der Bremsflüssigkeit zu beseitigen, nämlich aus der Umgebungsluft Feuchtigkeit aufzunehmen. Vor allem die moderne, hochsiedende Bremsflüssigkeit wird dadurch in ihrer Wirksamkeit beeinträchtigt.
Schon 3 Prozent Wasser – ein Fingerhut voll – in der Bremsflüssigkeit genügen, ihre Ausgangssiedetemperatur von 290° C auf ungefähr die Hälfte zu senken. Die Nachbarschaft rotglühender Bremsscheiben, die sich unter extremen Bedingungen bis zu 700° C aufheizen, erhöht dann die Gefahr von Dampfblasenbildung. Dampf verhält sich aber ähnlich wie Luft, ist also zusammendrückbar, so daß sich in der Bremsanlage kein ausreichender Druck mehr aufbaut. Als Folge läßt sich das Pedal federnd und wirkungslos bis zum Boden durchtreten.
Um das zu verhindern, müßte man etwa jährlich für eine Erneuerung der Bremsflüssigkeit sorgen. Daimler-Benz schreibt diesen Wechsel vor. Bei dem nach dieser Zeit normalerweise notwendigen Bremsbelagwechsel in der Werkstatt wird die Flüssigkeit dann ohnehin ausgetauscht. Dazu wird die alte Bremsflüssigkeit aus den Behältern abgesaugt und durch Entlüften der Bremsleitungen der restliche Inhalt entfernt.
Alte Bremsflüssigkeit nicht zum Altöl schütten, sondern getrennt zum Sondermüll geben. Über Annahmestellen informiert die Stadt- oder Kreisverwaltung.

Bremsleitungen und -schläuche prüfen

Zur eigenen Sicherheit ist der Zustand der im Motorraum und am Wagenboden verlegten Bremsleitungen regelmäßig zu überwachen. Bremsschläuche mit Scheuerspuren müssen umgehend in ihrer Lage verändert und womöglich sogar ausgetauscht werden. Ebenso beachte man Beschädigungen durch Steinschlag und Korrosion. Die Rohrleitungen sind zwar durch Verzinkung und Kunststoffumspritzung gegen Rost geschützt, doch nach einigen Jahren kann der Schutz durch Streusalz angegriffen sein.
Benzin, Dieselkraftstoff, Petroleum, Fett, Lack und Absprühöl müssen von Bremsschläuchen ferngehalten werden. Am besten also überhaupt nicht einsprühen lassen (auch der serienmäßige Unterbodenschutz leidet dadurch) oder bei Aufbringen von Unterbodenschutz sorgfältig abdecken.
Die eben angeführte Zustandskontrolle geht Hand in Hand mit der Überprüfung auf Dichtheit der Anlage. Man hüte sich davor, an den Bremsleitungen oder -schläuchen irgend etwas selbst zu beheben oder zu reparieren. Das ist Werkstattsache. Ob aber an den Bremsleitungen alles in Ordnung ist, das kann man, wie schon beschrieben, selbst kontrollieren.
Wenn die Wagenunterseite trocken ist, läßt sich am hochgebockten Wagen am besten der Verlauf der Bremsleitungen und -schläuche verfolgen. Letztere dür-

fen nicht aufgequollen sein. Anschluß- und Verbindungsstellen beachten, sie müssen trocken sein. Bremsflüssigkeit kriecht durch Schmutz, und wo dieser schwarz ist, muß eine undichte Stelle vermutet werden. Auch Radzylinder können undicht sein. Im Motorraum überprüft man die Bremsleitungen und ihre Anschlüsse am Hauptzylinder nach den gleichen Gesichtspunkten.

Bremsen entlüften

Sollte das Bremspedal beim Betätigen federn oder die richtige Bremswirkung erst nach »Pumpen« mit dem Pedal eintreten, dann ist Luft in der Bremsanlage. In solchem Fall ist zu veranlassen, daß die Bremsanlage auf schnellstem Wege entlüftet wird. Bei der »Luft« kann es sich um Dampfblasenbildung in einer heißgefahrenen Bremse handeln. Diese Erscheinung verschwindet aber nach dem Abkühlen wieder.
Vor dem Entlüften ist zu kontrollieren, ob die Ausgleichsbehälter im Motorraum richtig mit Bremsflüssigkeit befüllt sind. Durch das Entlüften sollen, wie schon der Name verrät, Luftblasen wieder aus der Bremsanlage herausgebracht werden. Ein zweiter Mann drückt mit dem Bremspedal pumpenderweise die Flüssigkeit aus den Leitungen, und zwar so lange, bis sie keine Luftblasen mehr mit sich bringt.
Die Reihenfolge für das Entlüften (rechtes Hinterrad, linkes Hinterrad, rechtes Vorderrad, linkes Vorderrad) wird oft von den Werkstätten eingehalten, um die Luft aus den längeren Leitungen eher entweichen zu lassen. Da aber die eventuell vorhandene Luft im Hauptzylinder dann immer mitgepumpt wird, ist es zweckmäßiger, die Bremsanlage völlig zu entleeren, neu zu befüllen und mit der Entlüftung des kürzesten Weges zu beginnen. Werden nur an den vorderen oder den hinteren Bremsen Arbeiten vorgenommen, die zum Entlüften zwingen, genügt es, lediglich den betreffenden Bremskreis zu entlüften.
Schutzkappe von dem Entlüftungsventil entfernen (dieses mit Lappen von Schmutz säubern). Stramm sitzenden Schlauch über den Ventilnippel schieben, Schlauchende in sauberes Glasgefäß (Marmeladeglas, kleinere Flasche) stekken. Das Gefäß muß schon mit neuer Bremsflüssigkeit gefüllt sein, damit beim folgenden »Pedalpumpen« keine Luft in die Leitung zurückgesaugt wird. Das Schlauchende liegt demnach in der Flüssigkeit. Mit Gabelschlüssel SW 9 das Entlüftungsventil etwa eine halbe Umdrehung lösen. Auf Zuruf des Helfers am Rad beginnt man im Wagen mit dem Bremspedal zu pumpen (schnell treten, langsam zurückkommen lassen). Beobachtet der Mann am Rad, daß mit der Bremsflüssigkeit keine Luftblasen mehr herausgedrückt werden, muß er ein Zeichen geben, bei dem sofort das Pedal in seiner tiefsten Stellung gehalten werden soll. Der Assistent schließt das Entlüftungsventil. Schlauch abziehen,

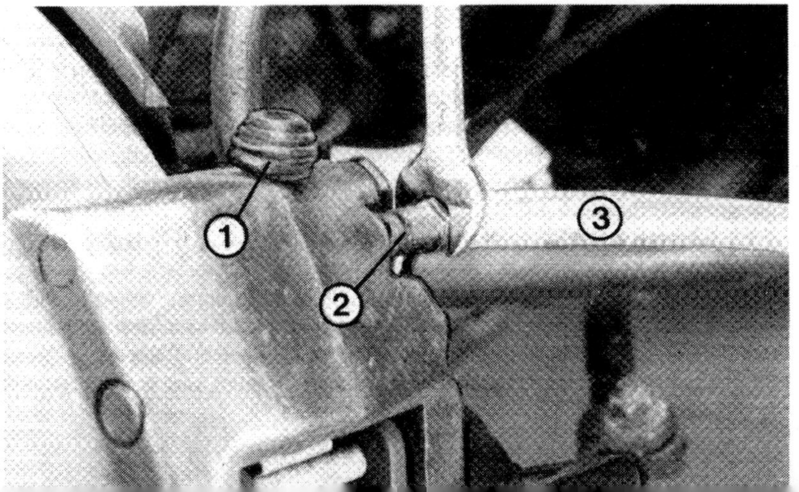

Bremse entlüften: Hier ist an der vorderen Scheibenbremse die Entlüftungsschraube mit einem Schraubenschlüssel geöffnet. Auf das Entlüftungsventil (2) wurde der Entlüftungsschlauch (3) geschoben. Mit seinem anderen Ende liegt dieser in einem mit Bremsflüssigkeit teilweise gefüllten Glasgefäß, so daß man das Aufsteigen herausgepreßter Luftblasen beobachten kann. Steigen keine Blasen mehr auf, ist diese Bremse entlüftet und das Entlüfterventil wird geschlossen. Schutzkappe (1) wieder auf das Ventil setzen.

Staubkappe (gesäubert) aufsetzen. Gesamten Vorgang am nächsten Rad wiederholen.
Nach dem Entlüften an jedem Rad ist der Bremsflüssigkeits-Ausgleichsbehälter wieder aufzufüllen, eventuell auch während der Arbeit. Luft gerät wieder in Leitungen, wenn das Niveau zu weit absinkt. Original-Bremsflüssigkeit gibt es in der Werkstatt oder in Zubehörgeschäften zu kaufen. Nach der Arbeit sind bei laufendem Motor die Bremsen mehrmals kräftig zu betätigen, dann kann man während vorsichtiger Fahrt Bremsproben vornehmen.

Hauptzylinder für zwei Bremskreise

In dem sogenannten Stufenhauptzylinder versorgt ein zweiteiliger Kolben zwei getrennte Bremskreise. Das bedeutet, daß beim Betätigen des Bremspedals die Kraft auf beide Kolbenelemente übertragen wird, die ihrerseits einen von ihrem Durchmesser abhängigen Druck auf zwei getrennte Wege weiterleiten, nämlich in die Leitungen zu den Vorderrad- und zu den Hinterradbremsen.
Zwei Bremskreise garantieren größere Sicherheit, falls einmal ein Bremskreis ausfallen sollte. In jedem Fall arbeitet dann noch der andere. Dabei ist die Bremswirkung spürbar geringer, wenn die vorderen Bremsen ausfallen, weil die vorderen Bremsen stets höhere Bremskräfte aufbringen als die hinteren.
Die Präzisionsteile im Hauptzylinder lassen es nicht zu, daß daran unfachmännisch repariert wird. Nur in der Werkstatt kann er zerlegt, überholt oder gegebenenfalls ersetzt werden. Beim Einbau muß er dann wieder mit dem Bremskraftverstärker verbunden werden.

Der Bremskraftverstärker

Scheibenbremsen kennen den selbstverstärkenden Effekt nicht, der bei Trommelbremsen durch die umlaufende Trommel gegen die »auflaufende« Bremsbacke entsteht, wodurch sich automatisch der Anpreßvorgang verstärkt. Dagegen werden bei Scheibenbremsen die plan anliegenden Beläge ganz einfach gegen die flache Bremsscheibe gedrückt. Mit der Einführung von Scheibenbremsen wurde daher – anfangs nur bei schweren Wagen – ein gesonderter Bremskraftverstärker (Servobremse) erforderlich.
Ein solches Gerät ist in zwei Kammern aufgeteilt, die durch eine Membrane getrennt sind. In ihnen herrscht normalerweise Unterdruck. Bei Betätigung des Geräts (wenn also die Bremse getreten wird) strömt in die kleinere Kammer Außenluft, deren Druck sich auf die Membrane fortpflanzt. Auf deren anderer Seite ist ein luftverdünnter Raum vorhanden, der über eine Leitung mit der Unterdruckpumpe verbunden ist. Mit Hilfe der Membrane wird der Druck auf den angeschlossenen Hauptzylinder verstärkt. Bei stehendem Motor liefert der Servo natürlich keine (zusätzliche) Bremskraft. Deshalb muß man z. B. kräftiger auf das Pedal treten, wenn man abgeschleppt wird.
Man kann die Funktion der Servobremse feststellen, indem der Unterdruck bei abgestelltem Motor durch mehrmaliges Betätigen des Bremspedals abgebaut wird. Dann hält man das Pedal niedergetreten fest und startet den Motor. Wenn das Pedal infolge der neuerzeugten Hilfskraft weiter absinkt, ist die Anlage in Ordnung. Senkt sich das Pedal dabei nicht weiter, sind wahrscheinlich die Pumpe, die Unterdruckschläuche oder deren Anschlüsse nicht einwandfrei. Andernfalls ist der Bremskraftverstärker defekt und muß vom Kundendienst ausgetauscht werden.

Die Unterdruckpumpe

Beim nur Luft ansaugenden Dieselmotor entsteht im Saugrohr weniger Unterdruck als beim Benzinmotor. Daher muß der Unterdruck für die Bremshilfe hier besonders erzeugt werden. Das besorgt die Unterdruckpumpe. Sie ist am Zylinderkurbelgehäuse mit Innensechskantschrauben befestigt, wird von der Neben-

Nach Entnahme der Bremsklötze ist ihre Führung im Festsattel zwischen Bremsscheibe (1) und Zylinder (2) mit einer Zylinderbürste (Rundbürste) zu reinigen. Bevor man überhaupt die Bremsklötze ausbaut, werden die Klipsfühler für die Bremsbelag-Verschleißanzeige vom Bremsbelag und die Steckverbindung ihres Kabels (3) abgezogen.

welle, die auch die Welle zur Ölpumpe antreibt, betätigt und besitzt zwei Anschlüsse für die Unterdruckleitungen.
Die auf die Pumpe ausgeübte Bewegung wird auf ihre Membrane übertragen (und von zwei Druckfedern unterstützt). Die Membrane erzeugt durch ihre stoßweisen Hübe einen Druck in der angeschlossenen Kammer, wo zwei Plattenventile mit kleinen Druckfedern dem Druck einen Weg zu den Unterdruckleitungen freigeben oder verschließen.

Die Scheibenbremse

Das Arbeitsprinzip der Scheibenbremse läßt sich einfach erklären: Parallel mit dem Rad dreht sich eine Scheibe, gegen die von beiden Seiten Klötze gepreßt werden. Die Scheibenbremse zeichnet sich wegen ihrer offenen Bauart und durch bessere Ableitung der Reibungswärme aus, ferner ist sie unempfindlicher gegenüber Schwankungen im Reibwert der Bremsbeläge (daher kaum Schiefziehen beim Bremsen und sorglosere Betätigung möglich) und wartungsfreundlicher. Belagabrieb wird gleich weggeblasen; außerdem stellen sie sich selbsttägig nach. Den verschleißenden Bremsbelag schiebt der Bremskolben jeweils so weit nach, daß er nur Bruchteile von Millimetern von der Bremsscheibe entfernt ist.
Aber auch an einer Scheibenbremse ist nicht alles vorteilhaft. So sind ihre Bremsbeläge wesentlich kleiner als für Trommelbremsen. Daher nutzen sie schneller ab und müssen eher ausgetauscht werden. Weil die Beläge nicht völlig abzuschirmen sind, können zwischen diesen und der Scheibe Fremdkörper eindringen. Das führt manchmal zu lästiger Quietscherei, was man durch Säubern oder Auswechseln des Belags beseitigen kann. Bisweilen hilft es, mit leicht getretenen Bremsen rückwärts zu fahren, wobei die Störenfriede wieder ins Freie befördert werden.
Bremsenquietschen kann aber auch an einem verdrehten Kolben im Radbremszylinder liegen. In der Werkstatt bringt man dann den Kolben mit einem speziellen Kolbendrehwerkzeug wieder in die richtige Stellung.
Von den zweierlei Arten der Scheibenbremse – Festsattel- und Schwimmsattelbremse – findet man beim Mercedes die erstere. (Als »Sattel« bezeichnet man eine um die Bremsscheibe herumgreifende Vorrichtung, in der die Bremsbeläge sitzen.) Festsattel bedeutet, daß der Bremssattel – starr angebracht – einen Teil der Bremsscheibe unbeweglich umschließt. In ihm drücken von beiden Seiten je ein Kolben die Bremsklötze gegen die Bremsscheibe. Durch den allmählichen Verschleiß der Bremsbeläge rücken die Bremsklötze immer weiter in Richtung Bremsscheibe. Man nennt das auch selbsttätigen Spielausgleich.

Die Bremsbelag-Verschleiß-kontrolle

Dieses lange Wort bezieht sich auf eine Einrichtung an den Vorderrädern, mit der bei eingeschaltetem Lenkschloß über eine Warnlampe angezeigt wird, wann die Bremsklötze abgenutzt sind. Ein solches Signal wird von hitzebeständigen, glasfaserverstärkten Kontaktstiften aus Kunststoff ausgelöst, sobald sie die Bremsscheibe berühren. Je ein Stift ist in die Trägerplatten der beiderseits der Bremsscheibe eingesetzten Bremsbeläge so eingesteckt, daß sie bei einem Belagverschleiß auf etwa 2 mm einen elektrischen Kontakt auslösen, mit dem die Warnlampe aufleuchtet. Bei mäßiger Bremsenbeanspruchung reicht die Belagdicke nun noch für mindestens 500 km, doch müssen jetzt die Beläge baldigst gewechselt werden.

Belagstärke der Scheibenbremsen prüfen

Pflegearbeit Nr. 34

Der Bremsklotz besteht aus einem mit zwei Ösen versehenen Belagträger – eine Metallplatte –, auf den der eigentliche Bremsbelag aufgeklebt ist. Die Stärke des Bremsbelags, also des abnutzbaren Teils, soll jeweils nach 15 000 km kontrolliert werden. Bei ständig scharfer Fahrweise kann der Belag an den Vorderrädern nach dieser zurückgelegten Strecke verschlissen sein, behutsame Fahrer können auf die doppelte oder gar dreifache Wegstrecke kommen.

Zur Kontrolle muß man den Wagen an der betreffenden Seite hochbocken und das Rad abnehmen. Bei den Vorderrädern schlägt man die Lenkung entsprechend ein, damit der Festsattel gut zugänglich ist.

Im Festsattel befindet sich eine viereckige Öffnung, in deren Ausschnitt man einen Teil der Bremsscheibe und die beiden rechts und links davon sitzenden Bremsbeläge sehen kann. Die Belagträgerplatten sind von waagerecht angeordneten Haltestiften gegen Herausrutschen gesichert. Der Belag darf allenfalls bis auf eine Reststärke von 2 mm abgenutzt sein.

Ohne irgendein Teil der Bremse zu entfernen oder auseinanderzunehmen, kann man in dem Schacht die vorhandene Stärke der Bremsbeläge messen. An einer Achse müssen immer alle vier Bremsklötze ausgewechselt werden, wenn bei einem Bremsbelag das Mindestmaß unterschritten ist.

Bremsbelag-platten wechseln

Aus Gründen der Verkehrssicherheit ist diese Arbeit kein Betätigungsfeld für blutige Laien. Und auch ein verantwortungsbewußter Heimwerker sollte den Belagaustausch nur selbst durchführen, wenn die Bremsscheiben vorn noch mindestens 11 mm und hinten 8,5 mm stark sind; andernfalls müssen sie in der Werkstatt (zusammen mit den Bremsbelagplatten) erneuert werden. Voraussetzung für den eigenhändigen Belagwechsel ist, daß Sie sich die neuen Belagplatten bei einer Daimler-Benz-Vertretung besorgt haben, »irgendwelche« Beläge dürfen Sie auf keinen Fall verwenden. Neue Bremsklötze haben bis Baujahr

Zur Sichtkontrolle der Belagstärke brauchen die Bremsklötze nicht entnommen zu werden: Die Ösen der Belagrückenplatte (1) dürfen nicht an der Kreuzfeder (2) anliegen. Zum Entnehmen der Kreuzfeder sind beide Haltestifte mit einem Dorn in Pfeilrichtung herauszuschlagen.

1979 eine Gesamtdicke (Belagplatte und Belag) von 15 mm, wobei der Belag allein eine Dicke von 10 mm aufweist. Ab August 1979 werden vorne Bremsklötze mit einer Gesamtdicke von 17,5 mm verwendet, und entsprechend sind die Festsättel geändert.
Zum Belagwechsel den Mercedes entsprechend hochbocken und beide Räder der betreffenden Achse abnehmen. Wurde der Bremsflüssigkeitsbehälter bei abgenutzten Belägen – und dadurch entsprechend gesunkenem Niveau – unnötigerweise aufgefüllt, muß vor dem Einsetzen der neuen Belagplatten wieder Flüssigkeit aus dem Vorratsbehälter abgesaugt werden (z. B. mit einer alten, aber absolut sauberen Injektionsspritze vom Hausarzt).
An den vorderen Bremsen entfernt man zunächst die Kontaktstifte für die Verschleißkontrolle. Sie sind in einer Aussparung der einzelnen Bremsklötze eingesteckt. Die andere Seite ihres kurzen Kabelstückes endet in einem Stecker, der vom Festsattel abzuziehen ist. Kontaktfühler mit durchgescheuerter Kunststoffspitze müssen erneuert werden.
Beim Bremssattel des Herstellers Teves sind die Haltestifte von außen nach innen aus Sattel und Belägen herauszuschlagen. Sie besitzen an ihrem nach innen gerichteten Ende eine Klemmhülse mit federnder Spreizwirkung; wenn deren Kraft erlahmt ist, müssen die Stifte ersetzt werden. Die Haltestifte beim Bendix-Sattel werden von Sicherungsösen geschützt, hier sind diese Ösen abzuziehen.
Das Herausschlagen der Haltestifte geschieht mittels Hammer und mit Hilfe eines Durchschlägers, eines entsprechend dimensionierten Stahldornes oder notfalls mit einem starken Nagel. Man sollte zuerst einen der beiden Stifte entfernen, um danach die kreuzförmige Spreizfeder zu entnehmen, die auf die Beläge drückt. Anschließend wird der zweite Haltestift herausgeschlagen. Im Bendix-Sattel befinden sich statt der Kreuzfeder sogenannte Belaghaltefedern.
Man entnimmt zunächst einen der Bremsbeläge. Das gelingt am besten, wenn man mit einem Schraubenzieher abwechselnd durch die Ösen des Belagträgers fährt und – die Schraubenzieherklinge auf den Festsattel gestützt – den Belag heraushebelt.
Bis zu welcher Stärke die Abnutzung vorangeschritten sein darf, wurde weiter oben erwähnt. Verölte, rissige oder irgendwie beschädigte Beläge müssen ebenfalls ersetzt werden, auch falls die Belagstärke noch ausreichend ist. In keinem Fall darf der Belag soweit verschlissen sein, daß das Metall der Platte mit der Bremsscheibe in Berührung kommt. Durch die Hitzeentwicklung beim Bremsen können Platte und Scheibe miteinander verschweißen, was zum Blockieren des Rades, zumindest aber zu Beschädigungen der Bremsscheibe führt. In der

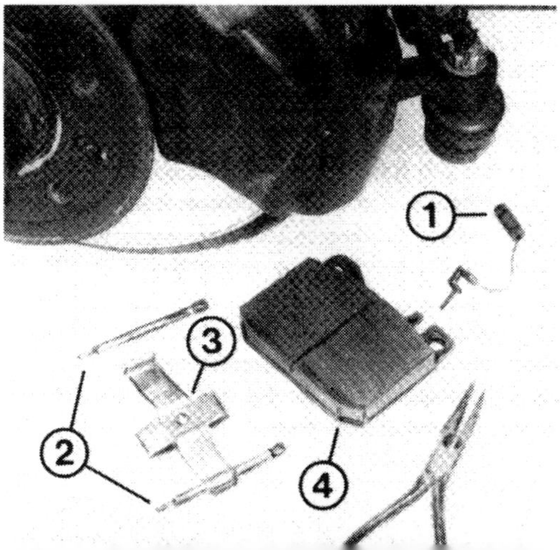

Hier wurden an der linken Vorderradbremse folgende Teile entnommen: 1 – einer der beiden Klipsfühler für die Bremsbelag-Verschleißanzeig, 2 – Haltestifte, 3 – Kreuzfeder, 4 – einer der beiden Bremsklötze. Festsitzende Stecker der Klipse lassen sich mittels Spitzzange herausziehen.

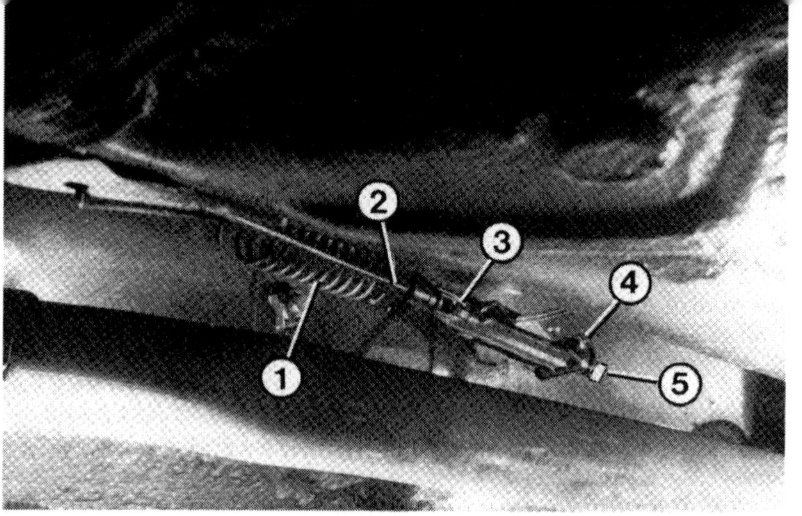

Seilzuglängenausgleich unter dem Wagenboden. Hier darf beim Nachstellen der Feststellbremse nichts verstellt werden. 1 – Rückzugfeder, 2 – eins der beiden Bremsseile, 3 – Ausgleichhebel, 4 – Stellbügel, 5 – Einstellschraube (Vierkant SW 10).

Mitte des Belags verläuft eine Nut, die in ihrer Tiefe fast bis zur Platte reicht. Sie soll Belagabrieb, Staub und Nässe aufnehmen; ist sie nicht mehr vorhanden, muß der Belag auch erneuert werden.

Neue Beläge erhält man außer beim Mercedes-Service auch bei bekannten Belagherstellern (Textar, Jurid usw.) unter Angabe des Fahrzeugtyps. Es dürfen nur die in der ABE (Allgemeine Betriebserlaubnis) festgelegten Beläge verwendet werden, also auch keine weicheren oder härteren Beläge. Zu den Bremsen einer Achse am Auto muß immer die gleiche Belagtype eingebaut werden.

Bevor an der anderen Seite des Festsattels der alte Belag herausgenommen wird, setzt man auf der einen Seite erst die neue Belagplatte ein. Dazu muß der Kolben des betreffenden Bremszylinders zurückgedrückt werden, denn er ist mit dem dünner gewordenen Belag herausgewandert. Die Werkstatt besitzt hierzu eine Kolbenrücksetzzange. Als Heimwerker behilft man sich folgendermaßen: Alten, abgefahrenen Belag nochmals einsetzen und mit einem zwischen Bremsscheibe und Belagrest angesetzten Schraubenzieher den Kolben zurückdrükken (Schraubenzieher an der Bremsscheibe abgestützt). So läßt sich ein gleichmäßiger Druck auf den Kolben ausüben und er wird nicht verkantet. Beim Zurückdrücken des Kolbens wird zugleich die Bremsflüssigkeit in den Vorratsbehälter im Motorraum zurückgepreßt – beobachten Sie zwischendurch, ob die Flüssigkeit nicht überzulaufen droht. Dann müßte sie abgesaugt werden. Als nächstes wird der Führungsschacht im Festsattel von Belagabrieb gesäubert, mit einem Lappen und Spiritus (keinesfalls Benzin), eventuell auch mit einer Flaschenbürste. Jetzt erst kann der neue Belag eingesetzt werden.

Anschließend wird der gegenüberliegende Belag im Festsattel nach obiger Beschreibung gewechselt. Nach dem Einsetzen bzw. Auswechseln der Beläge setzt man einen Haltestift, die Spreizfeder (Belaghaltefedern) und den anderen Haltestift wieder ein (Stifte mit Hammer vorsichtig in die Bohrungen treiben). Sicherungsösen, falls Bendix-Sattel, nicht vergessen.

Wichtige Maßnahme nach dem Einsetzen von Bremsbelägen noch bei stehendem Wagen: Bremspedal bei laufendem Motor niederdrücken. Somit kommen die Beläge zum Anliegen an die Scheibe, außerdem wird in der Servobremse Unterdruck aufgebaut.

Fingerzeig: *Wenn die Bremswirkung bei längeren Abfahrten im Gebirge nachläßt, hat es keinen Zweck, das Bremsen durch wesentlich erhöhten Fußdruck zu erzwingen. Damit werden nur die Bremsbeläge verdorben. Besser ist es, die Bremswirkung des Motors im 2. oder gar im 1. Gang auszunützen.*

Zustand der Bremsscheiben prüfen
Pflegearbeit Nr.35

Während der oben beschriebenen Arbeit läßt sich der Zustand der Bremsscheibe kontrollieren. Ihre Originalstärke für vorn: 12,6 mm, für hinten: 10 mm. Im Betrieb entstandene Riefen sind bis zu einer Tiefe von 0,5 mm zulässig. Die Verschleißgrenze ist erreicht, wenn an den Vorderradbremsen eine Stärke von 10,6 mm und an den Hinterradbremsen von 8,3 mm besteht. Die Bremsscheibe darf höchstens einen Schlag von 0,12 mm hinsichtlich ihrer Drehachse aufweisen. In der Werkstatt kann das mit einer Meßuhr festgestellt werden.
Dort reinigt man auch die Scheibe, falls eine Notwendigkeit dazu besteht, was durch graue oder bläuliche Verfärbung der Bremsfläche angezeigt wird. Die Reinigung erfolgt mit speziellen Reinigungsklötzen.

Zustand der Bremskolben und Staubkappen prüfen
Pflegearbeit Nr. 36

In der Mercedes-Werkstatt werden die beiden vorstehend beschriebenen Wartungsarbeiten mit der hier erwähnten Inspektion als in sich geschlossene Aufgabenposition behandelt. Die Arbeitsabläufe hängen eng zusammen.
Die Staubkappen dienen als Abdichtung zwischen Festsattelgehäuse und Belagplatte und schützen damit den Kolben gegen Schmutz und Nässe. Die Staubkappen wie auch Kolben und Kolbendichtungen besitzen genau vorgeschriebene Maße. Die gewollte Überdeckung zwischen Kolbendichtungen und Kolben hat ein »Lüftspiel« zur Folge: Bei Vorwärtsbewegung des Kolbens wird die Dichtung etwas zusammengepreßt, wodurch sie den Kolben bei Entlastung wieder zurückschieben kann. Damit erreicht man, daß die Beläge nicht dauernd an der Bremsscheibe anliegen, sich erwärmen und abnutzen. Die Kolben sind verchromt und diese Metallschicht darf keinerlei Beschädigung aufweisen.
Nach Arbeiten an den Festsätteln nimmt die Werkstatt eine Dichtheitskontrolle der Bremsanlage vor. Als Autobesitzer kann man sich auch selbst von der Dichtheit überzeugen: Bei laufendem Motor wird das Bremspedal kräftig niedergedrückt; erst nach einer gewissen Weile darf es sich weiter durchtreten lassen.

Die Feststellbremse

Auf die Hinterräder wirkt noch eine Feststellbremse über Seile. Sie soll in der Lage sein, den Wagen auch im Gefälle festzuhalten. Eine »Betriebsbremse«, mit der man während der Fahrt wirkungsvoll bremsen könnte, ist sie nicht, da ein aus schneller Fahrt nur hinten gebremstes Auto schwer kontrollierbar reagiert. Immerhin kann sie als eine Art Notbremse angesehen werden.
Die Bedienung dieser für den Mercedes typischen Feststellbremse ist bekannt und unterscheidet sich von den Handbremsen bei anderen Autos: Sie wird durch den Tritt auf das Pedal ganz links betätigt. Damit hat man aber nicht die hinteren Scheibenbremsen arretiert, sondern separate kleine Trommelbremsen mit Bremsbacken, die sich unter der trommelförmigen Abdeckung außerhalb der Bremsscheiben befinden. Man wählte dieses zusätzliche System, weil Trommelbremsen als Feststellbremsen zuverlässiger ansprechen als Scheibenbremsen und auch besser nachzustellen sind. Um die Bremsen an der Hinterachse wieder zu lösen, muß man den Löseknopf links am Armaturenbrett ziehen.
Aber auch diese Bremse verliert – wie sonst auch Handbremsen – nach gewisser Zeit ihre Wirksamkeit. Das hängt mit der Dehnbarkeit eines Seils zusammen, auch wenn dieses aus Stahldrähten besteht. Deshalb sollte man es sich nicht angewöhnen, die Bremse bei jedem Abstellen des Wagens zu treten. Am Berg legt man zum Festhalten einen kleinen Gang ein (als doppelte Sicherheit noch die Vorderräder zum Straßenrand einschlagen). In der Ebene braucht man das Auto überhaupt nicht zu blockieren. Je weniger man die Feststellbremse unnötig benutzt, um so seltener muß sie nachgestellt werden und um so mehr kann man sich auf sie verlassen, wenn man sie wirklich braucht. Allerdings muß man sich gelegentlich von ihrer Einsatzbereitschaft überzeugen.

Nach Entfernen der Fußraumverkleidung links wird der Mechanismus für die Feststellbremse zugänglich (im Bild die Ansicht nach schräg oben). Bei Bedienung des Auslöseknopfes wird der Hebel im Bild links oben in Pfeilrichtung gezogen. Beim Feststellen der Bremse muß sich der Fußhebel 4 bis 6 Rasten hineintreten lassen.

Einstellung der Feststellbremse und Bremsseile prüfen

Pflegearbeiten Nr. 37 und 38

Vor dem Einstellen der Feststellbremse muß man eine der fünf Radschrauben an jedem Hinterrad herausdrehen. Das ist nötig, um durch das freiwerdende Loch die Nachstellung vornehmen zu können. Dann ist der Wagen wenigstens hinten anzuheben und vorn gut abzusichern.
Zur besseren Zugänglichkeit der Bremsseile kann man ihn zusätzlich vorn anheben. Beide Hinterräder müssen frei hängen und sich drehen lassen. Unter dem Wagen wird kontrolliert, ob die dort frei verlaufenden Bremsseile gut beweglich sind. Dazu zieht man ein Seil in Richtung Wagenfront oder auch schräg nach unten, bis man die Bremswirkung am Hinterrad feststellen kann. Man bringt also ein Rad mit einer Hand in Umdrehung und spannt mit der anderen das Seil. Die Gummimanschetten, die zum Abdichten der Seilzüge zu den Seilführungen dienen, müssen unbeschädigt sein.
Um an die Einstellvorrichtung gelangen zu können, wird nun ein Hinterrad so gedreht, daß das Loch der vorher entnommenen Radschraube im Winkel von 45° aus der Waagerechten nach vorn oben zeigt. Damit schafft man eine durchgehende Öffnung zu dem Stellrad der Nachstellvorrichtung. Mit einem Schraubenzieher (etwa 5 mm breit) läßt sich dieses gezähnte Rad drehen. Um an der linken Bremse die Bremsbacken zum Anliegen zu bringen, muß das Stellrad von unten nach oben gedreht werden, und an der rechten Bremse von oben nach unten. Zunächst verdreht man mit dem Schraubenzieher das Stellrad so weit, bis sich das Wagenrad gerade nicht mehr drehen läßt. Nun löst man das Stellrad wieder um etwa 2 oder 3 Zähne und versucht dabei, das Rad in Umdrehungen zu versetzen, bis es sich frei drehen läßt. Man kann auch das Gehör zu Hilfe nehmen. Es

Die Feststellbremse wirkt über eine kleine Trommelbremse auf die Hinterräder. 1 – Bremsbelag, 2 – Nachstellvorrichtung, 3 – Rückzugfeder, 4 – Bremsscheibe (zugleich Bremstrommel), 5 – Achswellenflansch. Stellrichtung des Schraubenziehers zum Anlegen der Bremsbacken an der linken Seite: von unten nach oben, an der rechten Seite: von oben nach unten.

darf kein schleifendes Geräusch (von den Bremsbacken) mehr zu hören sein. Die gleiche Einstellung wird an der Bremse der anderen Wagenseite wiederholt. Wenn Sie an einem anderen Auto schon einmal die Handbremse nachgestellt haben sollten, so wird Ihnen aufgefallen sein, daß bislang von der Ihnen bekannten Nachstellvorrichtung unter dem Wagenboden nicht die Rede gewesen ist. Beim Mercedes hat es damit eine andere Bewandtnis: Die Einstellschraube an diesem Zwischenhebel darf zum Nachstellen der Feststellbremse nicht verdreht werden. Sie ist nur dazu da, beim Einbau neuer Seile deren Länge auszugleichen.

Störungsbeistand
Bremsanlage

Die Störung	– ihre Ursache	– ihre Abhilfe
A Wagen zieht nach rechts oder links beim Bremsen	1 Reifendruck ungleich	Korrigieren
	2 Bereifung ungleichmäßig abgenutzt	Auswechseln, daß auf jede Achse gleichmäßig abgenutzte Reifen kommen
	3 Verschmierte oder verschlissene Beläge	Alle Beläge der betr. Achse erneuern
	4 Bremsscheibe verschmutzt	Säubern
	5 Kolben im Bremssattelzylinder verdreht	Kolbenstellung berichtigen
B Bremsen quietschen	1 Schmutz an oder in den Bremsen	Mit Preßluft ausblasen und mit Bürste säubern
	2 Federn der Bremsbeläge gebrochen	Federn ersetzen
C Pedalweg zu groß	1 Beläge abgenutzt	Beläge erneuern
	2 Bremsscheibe hat Schlag	Auswechseln
	3 Luft in der Anlage	Entlüften
D Pedalweg zu groß und federndes Durchtreten	1 Luft in Bremsanlage, evtl. Bremsflüssigkeit zu tief abgesunken	Bremsen entlüften, evtl. Vorratsbehälter auffüllen
	2 Beschädigte Manschette im Bremszylinder	Auswechseln
	3 Undichtigkeit	Anlage kontrollieren
E Pedalweg zu groß, trotz Entlüftung	1 Bremsklötze abgenutzt	Erneuern
	2 Dichtungen oder Bremsschläuche schadhaft	Beides Auswechseln
F Pedal läßt sich ganz durchtreten, Bremswirkung läßt nach	1 Undichtigkeit in der Leitung	Anschlüsse kontrollieren, evtl. Leitung auswechseln
	2 Haupt- oder Radzylinder-Manschette beschädigt	Manschette auswechseln
G Schlechte Bremswirkung bei hohem Fußdruck	1 Gummidichtungen verquollen	Gummiteile und Bremsflüssigkeit erneuern
	2 Unterdruck in der Servo-Anlage zu gering	Sofort Werkstatt aufsuchen
H Bremse zieht von selbst	1 Ausgleichsbohrung im Hauptzylinder verstopft	Hauptbremszylinder überholen
	2 Gequollene Manschetten	Bremsanlage spülen, Manschetten auswechseln
I Langer und zu hoher Pedaldruck erforderlich	Ausfall eines Bremskreises	Sofort Werkstatt aufsuchen
K Bremsen schütteln	1 Beläge ungleichmäßig abgenutzt	Beläge auswechseln
	2 Bremsscheibe hat Schlag	Bremsscheibe zentrieren

Räder und Reifen

Es geht rund

Reifen- und Felgendimensionen sind in der »Allgemeinen Betriebserlaubnis« festgehalten und somit auch beim Neukauf bindend. Wenn anstelle der vom Werk erprobten und freigegebenen Räder oder Reifen solche anderer Größe oder anderen Aufbaus montiert werden, erlischt neben der Betriebserlaubnis auch der Versicherungsschutz. Somit gilt für die Bereifung das gleiche wie für andere serienmäßige, typgeprüfte Bauteile am Auto: Man darf sie nicht gegen irgendwelche ungefähr passende austauschen. Bei der Wahl für die Neubeschaffung wollen wir Ihnen helfen.
Daneben muß man aber als Autofahrer auch über den richtigen Reifendruck Bescheid wissen. Damit zusammenhängend ist es wichtig, wie man den Zustand der Reifen beurteilt und wie man hilft, ihre Lebensdauer zu verlängern.

Reifendruck messen

Pflegearbeit Nr. 6

Die vorgeschriebenen Luftdrücke für die Reifen müssen natürlich eingehalten werden. Bei Daimler-Benz hat man diese Werte als günstigste Kombination zwischen guter Straßenlage, angenehmem Fahrkomfort und langer Reifenlebensdauer ermittelt. Sie lauten bei den hier beschriebenen Modellen für vorn 2,0 bar und für hinten 2,2 bar.
Ein beispielsweise mit »2,0« angegebener Reifendruck bedeutet, daß der Luftdruck im Reifeninnern 2,0 kp auf 1 cm² beträgt, wobei dies üblicherweise immer noch in der Bezeichnung für den atmosphärischen Überdruck = atü angegeben wird. Die mathematische Luftdruckangabe kp/cm² entspricht der geläufigen, offiziell für die Einheiten im Meßwesen nicht mehr zulässigen Bezeichnung »atü«. Die für den Druck von Flüssigkeiten und Gasen festgelegte Grundeinheit heißt »bar« und entspricht etwa 1,02 kg/cm².
Der richtige Luftdruck ist die wichtigste Voraussetzung für Reifenlebensdauer und Sicherheit. Deswegen braucht man natürlich nicht jeden Tag die Luftpumpe irgendeiner Tankstelle zu strapazieren. Alle 14 Tage genügt eine solche Kontrolle, denn ein moderner schlauchloser Reifen darf eigentlich in sechs bis acht Wochen nur etwa 0,1 bar verlieren. Sicherheitshalber kann die Prüfung vor Antritt einer größeren Fahrt außer der Reihe erfolgen.
Zu flotter Fahrt auf der Autobahn sollte der Druck um 0,3 bar auf allen Reifen erhöht werden. Die vom Werk angegebenen Reifendrücke sind Mindestwerte und bieten den besten Fahrkomfort, doch der höhere Reifendruck wirkt sich bei hoher Geschwindigkeit fahrtechnisch günstig aus. Die dann verstärkte Beanspruchung verringert die Lebensdauer der Reifen, wenn der sonst übliche Luftdruck beibehalten wird. Zu niedriger Luftdruck schadet in jedem Fall, weil sich die Reifen andernfalls zu stark erwärmen.
Ein eigener Luftdruckprüfer – relativ preiswert im Zubehörhandel – sichert Ihnen stets gleichbleibende Meßgenauigkeit zu. Wenn Sie mit diesem Prüfer bei der regelmäßigen Kontrolle Druckverluste feststellen, liegt es an einem undichten Ventil oder ein Fremdkörper hat sich durch die Reifendecke gebohrt. Wenn man

der Ursache nicht nachgeht, kann die Instandsetzung des Reifens nach einer Dauerschädigung unmöglich werden.

Kalte Luft ist maßgebend

Der Reifendruck sollte nur an kalten Reifen gemessen werden. Schon nach wenigen Kilometern kann der Druck um 0,2 oder nach zügiger Fahrt sogar um 0,5 bar angestiegen sein. Dann wäre es falsch, beim nächsten Halt an einer Tankstelle den Luftdruck entsprechend zu reduzieren. Dieser Druckanstieg durch Erwärmung ist von den Reifenkonstrukteuren bereits einkalkuliert. Wenn man also unterwegs den Luftdruck feststellen will, ist die Druckerhöhung mit einzukalkulieren. Da eine solche Beurteilung nie perfekt sein kann, bleibt das Messen am kalten Reifen die sicherste Methode.

Der Radwechsel

Tritt einmal der seltene Fall ein, daß ein Rad einen »Plattfuß« hat, so ist dies für manche Leute eine unbekannte Situation. Für diejenigen, die über keinerlei Übung beim Radwechseln verfügen, sei dieser Abschnitt eingefügt. Natürlich braucht man diese Kenntnisse ebenso, um z. B. den Zustand der Bremsbeläge zu kontrollieren.

Während der Fahrt macht sich ein Reifendefekt mit langsamem Luftdruckverlust durch einseitig ziehende Lenkung oder durch holperndes Rollen des Wagens bemerkbar. Ein plötzlicher Reifenplatzer läßt den Wagen schlagartig instabil werden. Dann muß man die Lenkung fest im Griff haben und man darf nur behutsam abbremsen. Anhalten, ganz an den rechten Fahrbahnrand fahren; Warnlicht einschalten, Warndreieck in genügender Entfernung aufstellen; auf der Autobahn und bei schlechter Witterung muß man dann besonders umsichtig sein.

Zum Reifenwechsel sind zweierlei Vorbedingungen nötig: Zum ersten muß sichergestellt sein, daß der Wagenheber leichtgängig funktioniert und zweitens dürfen die Radbolzen nicht festgerostet sein. Die Gewindespindel des Wagenhebers sollte mit zähem Fett oder (wegen der geringeren Verschmutzungsgefahr beim Umgang) mit Unterbodenschutzwachs, das es zur Fahrgestellkonservierung gibt, eingesprüht sein. Ein solcher Korrosionsschutz hält den Wagenheber stets einsatzbereit. Auch die Ringflächen (Auflage) der Radbolzen sind mit Fett zu bestreichen, bevor man mit ihnen das Rad befestigt. In Reifenwerkstätten wird das oft vergessen. Zudem werden dort die Radbolzen oft mit elektrischen Schlagschraubern angeknallt (was bei Daimler-Benz abgelehnt wird!). Will man sie später lösen, gelingt das nur mit viel Kraftaufwand. Tip: Ein Stück Verlängerungsrohr (von einem Installateur) auf den Radschraubenschlüssel zur Verlängerung des Hebelarms setzen.

Der Wagenheber und das Reserverad befinden sich unter der Bodenverkleidung im Kofferraum. Wie man den Bordwagenheber zum Radwechsel ansetzt, zeigt das Bild der nächsten Seite.

Der Radwechsel geschieht folgendermaßen:

- Wagen möglichst auf ebenem und festem Boden anhalten.
- Feststellbremse niedertreten.
- 1. Gang oder Rückwärtsgang einlegen, beim automatischen Getriebe Wählhebel in Stellung »P«.
- Räder der anderen Wagenseite mit Steinen oder Holz blockieren.
- Bei Stahlblechrand den Radzierring mittels Radschraubenschlüssel des Bordwerkzeugs oder mit Schraubenzieher abhebeln.
- Radschrauben am defekten Rad mit Radschraubenschlüssel um einige Umdrehungen lockern.
- Wagenheberzapfen in die dem defekten Rad am nächsten befindliche Steckhülse seitlich am Wagenunterbau bis zum Anschlag einsetzen.

So wird der Wagenheber exakt angesetzt, damit er beim Hochkurbeln nicht so leicht umkippt: Schräg nach außen stehend, von der Seite gesehen, jedoch senkrecht, den Tragebolzen bis zum Anschlag in das Aufnahmerohr geschoben und bei lockerem Boden auf dem Boden ein Unterlegebrettchen gelegt, damit sich der Wagenheberfuß nicht in den Boden drückt (anstatt den Wagen hochzuheben). Der schräg nach außen stehende Wagenheber kommt beim Hochkurbeln immer mehr in die Senkrechte. Wegen der kleinen Standfläche des Wagenhebers diesen nur auf ebenem, festen Boden aufsetzen.

- Fahrzeug hochkurbeln wie im Bild unten dargestellt, bis defektes Rad vom Boden abhebt, und dann noch um einiges weiter, um das aufgepumpte Reserverad montieren zu können.
- Die fünf Radschrauben vollkommen herausdrehen.
- Rad abnehmen und Ersatzrad aufstecken.
- Radschrauben gleichmäßig zuerst leicht, dann abwechselnd, eine über die andere, stramm anziehen.
- Wagen ablassen, Wagenheber von der Halterung abnehmen.
- Radschrauben wechselweise endgültig fest anziehen (jeweils eine überspringen).
- Radzierring aufsetzen. Er dient als Ventilführung und deshalb darf man nicht ohne Radblenden fahren. Das Reifenventil wird in den mittleren Schlitz zwischen zwei Haltefedern eingeführt und an dieser Stelle drückt man die Blende gegen das Felgenhorn. Dann bringt man die beiden Federn der gegenüberliegenden Seite – mit Handballenschlag in Richtung Ventil – zum Einrasten.
- Defektes Rad und Wagenheber verstauen.
- An der nächsten Tankstelle den Reifendruck korrigieren. Besser ist es, wenn man einen eigenen Luftdruckprüfer hat und die Korrektur gleich vornimmt.

Wir halten es für besser, die Radbolzen bei noch unbelastetem Rad so fest wie möglich anzuziehen, wenn also der Wagen noch nicht abgesenkt ist. Die Bohrungen im Rad zentrieren sich so besser gegenüber den Bolzen, als wenn das Wagengewicht darauf lastet. Wenn der Wagen dann wieder auf allen vieren steht, muß man die Schrauben natürlich nochmals nachziehen.

Wenn Sie an die Unterseite Ihres Wagens herankommen wollen, genügt es nicht, ihn einfach mit dem Bordwagenheber hochzuwinden. Das macht man nur unterwegs, wenn einmal ein Rad gewechselt werden muß. Dabei sollte man es nicht versäumen, die anderen Räder zu sichern, besonders bei abschüssiger Straße oder unebenem Boden. Sollen jedoch weiterreichende Arbeiten oder Kontrollen vorgenommen werden, sind Vorkehrungen zu treffen, wie auf Seite 68 beschrieben.

Damit das Reserverad auch im Notfall genug Luft hat, kontrolliert man beim Prüfen des Luftdrucks der vier Laufräder gelegentlich noch den Ersatzreifen. Zu aller Sicherheit geben Sie ihm immer 0,5 bar mehr als vorgeschrieben. Den überschüssigen Druck kann man im Bedarfsfall reduzieren, was auch ohne weiteres erst an der nächsten Tankstelle geschehen darf.
Die Öffnungen der Einsteckhülsen für den Wagenheber können durch den von anderen Autos aufgespritzten Dreck verschmutzen und im Winter sind sie dann sogar vereist. In solchen Fällen läßt sich der Wagenheberzapfen nur nach umständlicher Reinigung des Einsteckrohrs einführen. Eine solche Behinderung wird von passend zurechtgeschnittenen Korken ausgeschlossen, die man für alle Fälle in die vier Öffnungen gesteckt hat.

Radschrauben auf festen Sitz prüfen

Ab und zu muß kontrolliert werden, ob die Radschrauben fest angezogen sind. Daimler-Benz nennt sie wegen ihrer Form »Kugelbundschrauben« und überprüft deren festen Sitz nur bei der 1. Durchsicht. Wichtig ist das Nachziehen der Schrauben, wenn neue Räder montiert wurden, weil abgeplatzte Lackreste in den Kugelkalotten verhindern, daß die Radbolzen völlig am Metall des Rades anliegen.
Mit dem Radschraubenschlüssel (oder Kreuzschlüssel, auch gekröpfter Ringschlüssel SW 17) überzeugt man sich vom festen Sitz der Bolzen. Wenn sie nicht ohne mittlere Gewalt weiterbewegt werden können, darf man sie nicht noch fester anziehen. Seit Ende 1982 ist für sie ein Anzugsdrehmoment von 110 Nm vorgeschrieben.
Schrauben mit beschädigtem Gewinde oder Kopf sind auszutauschen. Es sind Radschrauben unterschiedlicher Art vorgesehen: Die Stahlblech-Scheibenräder werden mit Kugelbundschrauben befestigt, die über eine Ansenkung im Kopf und über ein 21 mm langes Gewinde verfügen. Für Leichtmetall-Scheibenräder sind Schrauben mit geschlossenem Kopf und 29,5 mm langem Gewinde bestimmt. Beide haben das Gewindemaß M 12 × 15.

Reifenzustand prüfen

Pflegearbeit Nr. 40

Die empfohlenen 15 000-km-Intervalle zur Kontrolle des äußeren Zustandes der Reifen sind ein sehr langer Zeitraum. In der Zwischenzeit kann sich allerhand an den Reifen verändert haben. Prüfen Sie öfter!
Am bequemsten ist das, wenn der Wagen in der Tankstelle zum Ölwechsel oder zu einer Unterwagenwäsche hochgebockt wird. Bei dieser Gelegenheit hebelt man mit einem kleinen Schraubenzieher Fremdkörper aus der Reifendecke und prüft nach, ob irgendwelche Schäden aufgetreten sind. Vordergründig überzeugt man sich natürlich von der Reifenabnutzung. Ein zufriedenstellendes Anzeichen ist es, wenn jeweils die Reifen einer Achse über den gesamten Reifenumfang einen gleichmäßigen Verschleiß zeigen. Entdeckt man jedoch eine ungleichmäßige Abnutzung, dann sind an der Radaufhängung oder am Rad selbst Mängel aufgetreten. Siehe aber nächsten Abschnitt!
Zur Klärung muß ein Fachmann zu Rate gezogen werden. Er kann durch die Art der ungleichen Reifenabnutzung erkennen, ob die Ursache bei zuviel oder zuwenig Luftdruck, bei unausgewuchteten Rädern, bei unwirksamen Stoßdämpfern, bei ausgeschlagenen Gelenken, bei Fehlern in der Vorspur- oder Radsturzeinstellung zu suchen ist. Diese Fehlerquellen hinterlassen nämlich charakteristische Spuren auf dem Reifenprofil. Unter Umständen müssen dann die Räder ausgewuchtet werden oder die betreffende Achse ist zu vermessen. Das sind jedoch Arbeiten, die Ihnen auch mit guten Heimpflege-Hilfsmitteln nicht möglich sein werden, doch die Werkstattkosten dafür gleichen sich durch die Reifenersparnis in Kürze aus.

Räder untereinander austauschen

Teil der Pflegearbeit Nr. 39

Im Rahmen der Wartung setzt Daimler-Benz nach 15 000 km Laufstrecke die Räder einer Wagenseite von vorn nach hinten und umgekehrt um. Damit soll eine gleichmäßige Reifenabnutzung erzielt werden. Wenn erst kürzlich neue Reifen aufgezogen wurden und das Auto kommt zum Kundendienst, so muß man dort einen entsprechenden Bescheid geben, sonst werden die Räder auch umgesetzt (und die in diesem Fall unnötige Arbeit muß noch bezahlt werden). An den Vorderrädern ist ein etwas größerer Verschleiß der beiden Reifenschultern, besonders der äußeren, gegenüber der Laufflächenmitte völlig normal. Dieses Verschleißbild ist bei sportlicher Fahrweise, bei vorwiegendem Stadtverkehr (häufige Kurvenfahrt) und bei zu niedrigem Luftdruck noch ausgeprägter. Die Lauffläche der Hinterräder kann anstelle einer meistens gleichmäßigen Gesamtabnutzung einen größeren Verschleiß in der Laufflächenmitte aufweisen. Bei häufiger Heckbelastung (erhöhter Minus-Sturz der Räder) kann die Laufflächeninnenseite etwas mehr Abnutzung als die Außenseite zeigen.

Will man wegen Kostenersparnis die Räder selbst umsetzen, muß man auf einer Wagenseite zunächst ein Rad abmontieren und an dessen Stelle das Reserverad provisorisch befestigen. Dann ist der Wagen wieder abzusenken und auf der gleichen Seite für den Radwechsel des anderen Rades anzuheben: Das zweite Rad wird abgenommen und dafür das erste befestigt. Das jetzt abgenommene Rad muß man dann noch gegen das vorher angebrachte Reserverad tauschen. Auf der anderen Wagenseite verfährt man ebenso.

Man sollte aber nicht zu kurze Intervalle zum Umsetzen wählen. Durch das Wechseln der Räder werden Fehler in der Lenkung, der Stoßdämpfer und der Gelenke usw. insofern verschleiert, als bestimmte Fehlerquellen dann nicht genügend Zeit haben, ihre Kennmarken auf dem Reifenprofil zu hinterlassen. Solche Schäden am Fahrwerk usw. werden durch das Umsetzen nicht geheilt.

Der manchmal praktizierte kreuzweise Austausch muß ganz unterbleiben, weil er einen besonderen hohen Verschleiß zur Folge haben kann. Gürtelreifen sollen ohnedies nur in der einmal gewählten Laufrichtung montiert bleiben, was beim kreuzweisen Radtausch (z. B. rechtes Vorderrad gegen linkes Hinterrad) nicht gegeben ist, es sei denn, man montiert die Reifen ab und dreht sie auf der Felge um. Die für die Mercedes speziell gefertigten Reifen tragen aber außen eine Scheuerwulst, und beispielsweise sind die Reifen XAS von Michelin an ihrer Außenseite besonders durch ein »P« (= Protection) gekennzeichnet.

Die Reifen mit dem besseren Profil gehören zum besseren Lenken und Bremsen immer an die Vorderachse. In jedem Fall müssen alle Reifen, die getauscht werden, genau auf ihren Zustand geprüft werden.

Unwucht der Räder überprüfen

Teil der Pflegearbeit Nr. 39

Wenn während der Fahrt ein Rad unruhig springt, kann die Ursache ein defekter Stoßdämpfer sein. Oft ist daran ein unwuchtiges Rad schuld. Es gibt zwei Arten von Unwucht: die statische und die dynamische (siehe Skizze).

Von unausgewuchteten Rädern gehen beachtliche Kräfte aus. Die Fahreigenschaften verschlechtern sich, auch die Radaufhängung und die Teile der Lenkung leiden unter den ständigen Vibrationen. Starke Unwucht kann man sogar am Lenkrad spüren.

Zum Auswuchten müssen die Räder einzeln auf eine besondere Auswuchtmaschine kommen. Leider wird es in manchen Reifenwerkstätten nicht so genau damit genommen. Das Rad muß einwandfrei zentriert und mit allen fünf Radbolzen angeschraubt werden, sonst ergibt sich von vornherein eine Unwucht. Entsprechend der angezeigten Unwucht sind dann am Felgenhorn Gegengewichte anzubringen. Daimler-Benz empfiehlt dazu Auswuchtgewichte mit getrennter Haltefeder und eine auf maximal 10 g begrenzte Unwucht.

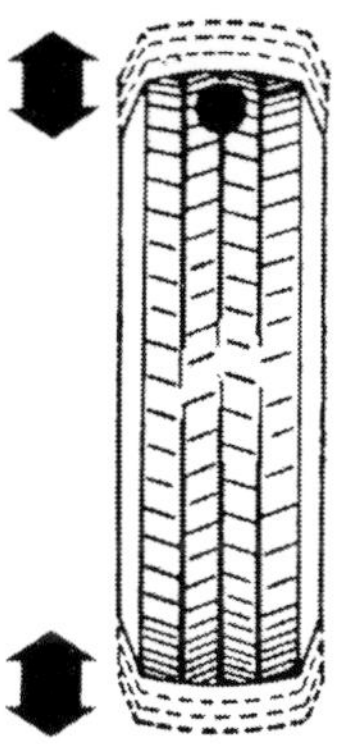

Unsere Skizze erläutert die Auswirkungen der Unwucht:

Die **statische** Unwucht erkennt man, wenn ein freihängendes, drehendes Rad immer mit der gleichen Stelle zu Boden sinkt und sich allmählich auspendelt. Folge: Das Rad hüpft während der Fahrt.

Die **dynamische** Unwucht ist durch Auspendeln des Rades nicht zu erkennen, denn sie liegt irgendwie schräg zur Radachse, so daß das schnellaufende Rad flattert und wackelt. Unausgewuchtete Räder führen zu schnellem Reifenverschleiß, unruhiger Lenkung und vorzeitiger Abnutzung der Radlager.

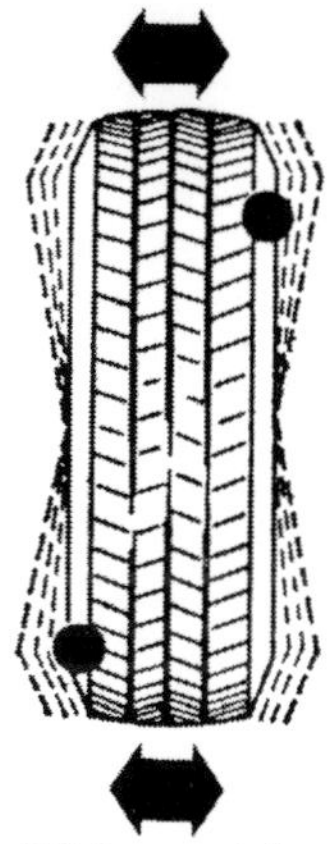

Die Kosten für die Arbeit lohnen sich in jedem Fall. Man muß die Räder auch immer auswuchten lassen, wenn neue Reifen montiert werden.

Scheibenräder prüfen

Teil der Pflegearbeit Nr. 39

Beim Umsetzen der Räder – was auf Seite 154 beschrieben ist – müssen auch ihre Innenseiten gründlich gereinigt werden. Danach wird der Zustand der Räder untersucht. Beulen und Einkerbungen am Felgenhorn eines Stahlscheibenrades können zu Luftdruckverlust führen, hauptsächlich bei Kurvenfahrt. Solche Felgen sind zu ersetzen. Verrostete Felgen sind zu entrosten, wozu natürlich der Reifen abzumontieren ist. Man kann stark verrostete Räder sandstrahlen und danach lackieren lassen, aber möglicherweise ist ein noch brauchbares und ansehnliches Rad vom Autofriedhof billiger. Auch das Stahlrad 1414 der Lemmerz-Werke Königswinter in der Größe 5½ J × 14 H2 ist für die 123er-Reihe zugelassen.
Leichtmetallfelgen müssen sehr sorgfältig nach Brüchen und Anrissen abgesucht werden. Ein derart beschädigtes Rad darf nicht weiterbenutzt werden, auch wenn die Anschaffung einer solchen neuen Felge ins Geld geht. Diese Räder unterstehen strengen Herstellungsbestimmungen. Die von Daimler-Benz verwendeten Räder bestehen aus geschmiedetem Leichtmetall, ebenso die Ronal-Felgen, die von Pirelli zusammen mit den firmeneigenen Reifen P 6 195/70 SR 14 seit April 1978 angeboten werden. Räder anderer Hersteller können auch aus dem nicht so robusten Druckguß bestehen. Keine Bedenken bestehen aber bei den LM-Rädern von ARC, ATC, BBS, Campagnolo, Fuchs, Intra, RG, Rial, Ronal, Seral und Wolfrace, für die entweder eine ABE existiert oder für die der TÜV eine Freigabe erteilt hat.

Die Reifenmontage

Üblicherweise überläßt man diese schwere Arbeit einer Reifenwerkstatt. Auf einer großen Auslandsreise muß man sich vielleicht auch selbst helfen können. Unüberlegte Gewaltanwendung muß bei der Reifenmontage unterbleiben. Der Reifen darf nicht mit scharfkantigen oder unsachlich geführten Werkzeugen an seiner Wulst zerstört werden. Zur Montage sind nur dafür bestimmte, stumpfe Montiereisen geeignet. In der Not helfen auch zwei große Schraubenzieher, die dann aber sehr behutsam benutzt werden müssen.
So nimmt man einen schlauchlosen Reifen von der Felge ab: Luft ablassen – gegenüber Ventil einen Wulst in das Tiefbett drücken – dort beide Montiereisen ca. 20 cm voneinander entfernt zwischen Wulst und Felgenhorn ansetzen – einen Montierhebel festhalten – mit dem anderen Stück für Stück die Wulst über die Felge hebeln. Ist diese Felgenwulst völlig aus dem Felgenbett befreit und ein Reifen mit Schlauch ist montiert: Ventil losschrauben. Wenn ein Teil der Wulst

gut im Tiefbett der Felge liegt, läßt die zweite Wulst sich leicht von der Felge bringen. Bei den Hump-Felgen erschwert der Höckerring im Felgenhorn diese Arbeitsweise. Man kann sich die Montage erleichtern, wenn man das Rad seitlich dort unter den Wagen legt, wo der Wagenheber angesetzt wird. Zwischen Wagenheber und Reifen legt man ein Holzbrett und windet dann das Auto hoch: Der Reifenumfang löst sich vom Felgenhorn.

Die Innenseite des neuen Reifens muß sauber und trocken sein. Die Wulstpartie ist gleichmäßig mit Talkum einzureiben. Falls ein Schlauch eingelegt werden muß: Felge mit Ventilloch nach oben auf den Boden legen – eventuell vorhandene Rotpunktmarkierung des Reifens soll am Ventil liegen. An Ventilseite der Felge den Reifen mit unterem Wulst in Tiefbett schieben. (Ventil durch Ventilloch stecken und mit den Händen restlichen Wulst über Felgenkante drücken. Eventuell schräg sitzendes Ventil zentrieren.) Danach dreht man das Rad um.

Den jetzt oben liegenden Reifenwulst gegenüber dem Ventil so tief wie möglich ins Felgenbett drücken (daraufknien). Mit Montierhebel abschnittweise (in Richtung Ventil) die Wulst in die Felge hebeln. Dann den Reifen weiter aufpumpen. Die Kennlinie über dem Reifenwulst muß sich überall im gleichen Abstand vom Felgenrand befinden.

Fingerzeige: *Auch Reifen müssen eingefahren werden! Nicht nur wegen der vom Vulkanisieren her sehr glatten Profiloberfläche und der Reifenwülste, die sich erst während den ersten Fahrkilometern exakt in das Felgenhorn schmiegen. Der anfangs wenig verformungsfreudige Pneu muß sich durch einige Einlaufkilometer geschmeidig walken und vor den ersten harten Bremsmanövern oder starkem Beschleunigen muß das beim Reifenaufziehen verwendete Montagefett austrocknen. Am besten geschieht das Reifeneinfahren auf trockener kurvenreicher Landstraße, aber es genügt auch, wenn Sie die ersten 100 km nur mäßig Gas geben und bremsen.*

Der Reifenverschleiß ist sehr temperaturabhängig und im kalten Winter wesentlich geringer als im Hochsommer. Deshalb werden für spezielle Winterreifen, wie z. B. die Haftreifen, nicht so abriebfeste Gummimischungen genommen, die dafür aber wesentlich griffiger sind. Wegen diesem unterschiedlichen Reifenverschleiß montiert man neue Reifen am besten im Herbst, denn die neuen Reifen mit dem noch sehr dicken Reifenprofil werden durch die Walkbewegungen der Reifen wärmer als abgefahrene und erhalten bei herbstlichen Temperaturen eine bessere und reifenschonendere Kühlung.

Schlauchlose Reifen

Die Typenreihe 123 ist mit schlauchlosen Reifen ausgerüstet. In Verbindung mit diesen Reifen dürfen nur sogenannte »Hump«-Felgen verwendet werden. »Hump« nennt man eine ringförmige Erhebung auf der Felgenschulter, die den Reifenwulst gegen Abgleiten in das Felgenbett sichert. Bei der Neubeschaffung kann man sich unbesorgt wieder schlauchlose Reifen anschaffen.

Bei schlauchlosen Reifen kann der Einbau eines nicht notwendigen Schlauches gefährlich werden. Diese Reifen liegen äußerst dicht am Felgenrand an. Deshalb können Luftblasen, die sich beim Aufpumpen zwischen Schlauch und Decke bilden, nicht entweichen. Beim Fahren führt das zum Scheuern des Schlauches, weiter zum Erhitzen und möglicherweise zum Platzen.

Wenn der schlauchlose Reifen durchaus mit Schlauch montiert werden muß, weil eine sonst noch gute Reifendecke nicht dicht geflickt wurde oder weil ein rostnarbiges Felgenhorn nicht mehr ganz luftdicht abschließt, ist das »schlauchlose Ventil« aus der Felge auszubauen. Beim Aufpumpen muß man dann das Schlauchventil mehrmals in die Felge drücken, damit die Luft zwischen Reifendecke und Schlauch entweicht.

Gürtelreifen sind Vorschrift

Es gibt zweierlei Reifenarten: Diagonalreifen und Radial-(Gürtel-)reifen. Die Diagonalreifen sind in ihrer Karkasse – dem Unterbau – durch Fäden in verschiedenen Gewebeeinlagen gekennzeichnet, die sich schräg (diagonal) zur Reifenachse übereinander kreuzen. Sie entsprechen der althergebrachten Reifenbauweise und werden deshalb als »konventionelle Reifen« bezeichnet. Die Benutzung solcher Reifen hat Daimler-Benz für die in diesem Buch behandelten Modelle untersagt. Deshalb erübrigt sich eine weitere Beschreibung.

Gürtelreifen besitzen unter ihrer Lauffläche einen recht stabilen »Gürtel« aus verschiedenen Lagen von Stahl- oder Textilfäden. Je nach Fabrikat können diese in unterschiedlicher Fadenrichtung liegen. Bei wachsender Geschwindigkeit verändert sich dieser Gürtel in seinem Durchmesser kaum. Deshalb vergrößert sich die Lauffläche mit wachsender Geschwindigkeit nicht wie beim Diagonalreifen, dessen Bodenberührungsfläche dann größer wird. In der Lauffläche gibt es bei der Berührung mit der Fahrbahn keine Querbewegungen und es entsteht eine sonders gute Bodenhaftung. Gürtelreifen geben hauptsächlich in den weichen Reifenflanken nach, so daß manchmal der Eindruck entsteht, es fehle am richtigen Luftdruck. Weil ihr Rollwiderstand geringer ist, bieten Gürtelreifen den Vorteil eines reduzierten Kraftstoffverbrauchs.

Dazu erübrigen diese Radialreifen in vielen Fällen die Anschaffung besonderer M + S-Reifen. Vor allem aber zeichnen sie sich durch geringen Abrieb aus, da ihre Lauffläche auf der Fahrbahn kaum walkt. Gürtelreifen erreichen wesentlich höhere Kilometerleistungen – sie liegen oft doppelt so hoch wie jene normaler Diagonalreifen.

Textil-Gürtelreifen sind gewöhnlich etwas komfortabler und im Ablauf weicher als Stahl-Gürtelreifen. Stahl-Gürtelreifen besitzen eine weitgehend stabilisierte Lauffläche, was sie auch relativ gut wintertauglich macht.

Mitbestimmung des TÜV

Wie schon zu Beginn dieses Kapitels gesagt, darf man nicht irgendwelche Reifen montieren. Anstelle der nachfolgend erwähnten serienmäßigen Reifen kann man den Wagen jedoch auf Breitreifen der Größe 195/70 HR 14 beziehungsweise 195/70 SR 14 M + S umrüsten, allerdings nur in Verbindung mit Rädern der Größe 6 J × 14 H 2. Vorher muß man bei Daimler-Benz eine Unbedenklichkeitsbescheinigung beantragen, und unter Vorlage derselben kann man dann die Kraftfahrzeugpapiere entsprechend ändern lassen.

Bedeutung der Felgen- und Reifenbezeichnungen

Die vier Modelle, vom 200 D bis zum 300 D, sind serienmäßig mit Felgen der Größe 5½ J × 14 H 2 ausgerüstet, die TD-Modelle auch mit den größeren Felgen 6 J × 14 H 2. Mit dieser Bezeichnung werden folgende, international gültige Begriffe ausgedrückt:

5½	=	Felgenmaulweite in Zoll, an der Felgenhornbasis quer zur Laufrichtung gemessen,
J	=	Kennbuchstabe für die Felgenhöhe,
×	=	Zeichen für Tiefbettfelge,
14	=	Felgendurchmesser von Wulst zu Wulst in Zoll gemessen,
H	=	Kennbuchstabe für Hump-Felge (für schlauchlose Reifen).

Diese Normangaben beziehen sich jedoch nur auf die für die Reifengröße wichtige Felgenabmessung, nicht aber auf die Art der Felgenbefestigung. Die Zahl der Radmuttern und der Radius ihres Lochkreises sowie die Schüsseltiefe der Felge und andere Merkmale differieren trotz gleicher Normbezeichnung von Automarke zu Automarke. Beim Kauf neuer Felgen sind deshalb Fabrikat und Typ des Autos anzugeben.

Gemäß dieser Felgenbestückung findet man die Reifendimensionen 175 SR 14 oder – bei den TD-Modellen, wenn für erhöhte Zuladung zugelassen – die Größe 185 HR 15. Auf neuen Reifen ist teilweise auch bereits die geänderte Reifenbezeichnung nach der neuen europäischen Regelung zu lesen, wie 175 SR 14 88 S oder 175 R 14 88 S, 175 SR 14 88 Q M+S oder 175 R 14 88 Q M+S, 185 HR 14 90 H oder 185 R 14 90 H bzw. 195/70 HR 14 89 H oder 195/70 R 14 89 H. Neu ist hierbei die zusätzlich angegebene Reifentragfähigkeit und der weiter unterteilte Geschwindigkeitsbereich. Nach ebenfalls international gültigen Richtlinien verbergen sich dahinter die folgenden Bedeutungen:

175, 185, 195	= Reifenbreite in mm;
/70	= Verhältnis Reifenhöhe zu -breite 70 : 100 (bei normalen Gürtelreifen 80 : 100);
R	= Kennbuchstabe für Reifen in Gürtelbauart (Radialreifen);
14	= Felgendurchmesser in Zoll;
88, 89, 90	= Kennzahl für Reifentragfähigkeit: 88 = 560 kg, 89 = 580 kg, 90 = 600 kg;
Q, S, H	= Kennbuchstabe für zulässige Höchstgeschwindigkeit: Q = bis 160 km/h (nur M + S-Reifen), S = bis 180 km/h, H = bis 210 km/h.

Die Reifenwahl

Bauart-Vorschrift und vorgegebene Größe des Reifens begrenzen, wie erwähnt, die Auswahl neuer Reifen erheblich. Es bleibt eigentlich nur noch übrig abzuwägen, welchem Reifenfabrikat man den Vorrang geben soll.

Reifenhersteller rühmen selbstverständlich die lange Lebensdauer ihrer Produkte und tatsächlich bestehen untereinander oft nur geringe Unterschiede. Wohl plädiert der eine Fabrikant mehr für Regentauglichkeit und der andere lobt die zusätzliche Wintereigenschaft seiner Reifen. Die individuelle Beurteilung hängt schließlich von verschiedenen Faktoren ab, unter anderem von der Gestaltung des Reifenprofils. Denn bei dem Profil – die unterschiedlich breiten, sich wiederholenden Einschnitte auf der Lauffläche – kommt es sowohl auf Griffigkeit an als auch auf die Fähigkeit, Wasser von der Fahrbahn aufzunehmen und in Sekundenbruchteilen so verdrängen zu können, damit der Kontakt Reifen/Straßenoberfläche weitgehend erhalten bleibt. Im Abschnitt über die Haftreifen auf Seite 57 kommen die möglichen Eignungsunterschiede eines Reifens bei verschiedenen Autos zur Sprache. Das liegt an den Fahrwerkseigenschaften, die von Modell zu Modell differieren und strenggenommen nur zusammen mit einem bestimmten Reifenfabrikat ihr bestes Können zeigen.

So arbeitet auch Daimler-Benz eng mit der Reifenindustrie zusammen und stellt an deren Produkte höchste Anforderungen. Bemerkenswert ist dabei, daß einige

Von den auf dieser Seite aufgezählten Reifenfabrikaten, die man für den Mercedes auswählen kann, gehört der Michelin zX zur serienmäßigen Ausrüstung. Man muß sich keinesfalls an eine Marke gebunden fühlen, doch sollte man darauf bedacht sein, auf einer Achse immer Reifen des gleichen Fabrikates zu fahren. Trotz gleicher Bauweise können Reifen von zwei verschiedenen Herstellern unterschiedliche Laufeigenschaften besitzen, die man erst kennenlernen muß.

Es gibt unterschiedliches Reifenzubehör: 1–3 – Ventilkappen, von denen man mit den ersten beiden auch das Ventil herausdrehen kann. Beim Wagenwaschen allerdings bleibt der Schwamm an Nr. 2 hängen, solche Kappen führt man besser im Handschuhfach mit. 4 – Ventil für Luftschlauch und 5 – Ventil für schlauchlose Reifen. 6–8 – Ventileinsätze, wobei Nr. 6 die konventionelle Art darstellt. Die kleineren französischen Einsätze, z. B. von Michelin, sind besser, da sie keine Feder haben, die sich verbiegen kann.

Reifenhersteller in ihrem Programm ein spezielles Reifensortiment für Mercedes-Benz führen.
Die Reifengröße 175 SR 14 bietet einen guten Kompromiß zwischen Preis, Fahrverhalten und Laufleistung (nur die für höhere Zuladung zugelassenen TD-Modelle benötigen die teureren Reifen 185 HR 15). Die 175 mm breiten S-Reifen können auch noch bei gemäßigten Winterverhältnissen gefahren werden, wobei die Dieselcharakteristik – hohes Drehmoment schon in niedrigen Drehzahlen – das ihrige dazutut. Diese Eigenschaft macht den Diesel etwas wintertauglicher als seine Benziner-Brüder. Wer seinen Diesel forciert bewegen will, wird an den breiten 195/70 R 14-Reifen Gefallen finden, die die Straßenlage des Mercedes noch etwas verbessern. Durch die breite Aufstandsfläche sind sie jedoch weniger wintertauglich.

Reifenpreise

Für Autoreifen gelten empfohlene Richtpreise, an die sich aber niemand halten muß. Jeder Reifenhändler kalkuliert individuell und Preisdifferenzen entstehen schon dadurch, daß die Hersteller den Händlern unterschiedliche Konditionen einräumen. Händlerrabatte sind möglich, dazu werden manchmal Montage und Auswuchten nicht berechnet. Hohe Rabatte, aber Inrechnungstellung von Nebenkosten müssen gegeneinander abgewogen werden: Das billigste kann hinterher teurer als gedacht ausfallen. Vor dem Kauf lohnt es sich, mehrere Angebote einzuholen.
Kaufhauskonzerne bieten neben bekannten Markenreifen auch sogenannte Importreifen an, sie sind meist die billigsten. Ehe man einen unbekannten Reifen anschafft, sollte man zuerst das Urteil eines Fahrers (nicht Verkäufers) oder besser den Testbericht einer unabhängigen Fachzeitschrift zu Rate ziehen.

Runderneuerte Reifen

Neu besohlte Reifen stehen bei vielen Autofahrern in schlechtem Ruf, obwohl sie den Beweis ihrer Tüchtigkeit in verschiedenen Tests erbracht haben. Solche Reifen sind wesentlich billiger als fabrikneue, allerdings erreichen sie auch nur eine kürzere Lebensdauer. Wenn Sie runderneuerte Reifen mit »RAL-Gütesiegel« kaufen, so weist das auf bestandene Schnellauftests. Dennoch eignen sich nach unseren Erfahrungen Runderneuerte eher für solche Fahrer, die den Mercedes auf der Autobahn nicht voll ausfahren und auch nicht bis zum zulässigen Gesamtgewicht beladen (immer noch treten Defekte an neu gummierten Reifen hauptsächlich bei höheren Geschwindigkeiten und voller Beladung auf (vor allem, wenn die regelmäßige Luftdruckkontrolle vergessen wird). Mit runderneuerten Reifen müssen Sie im allgemeinen mit größeren Unwuchten

rechnen und trotz gleich aussehendem Reifenprofil können sich die Fahreigenschaften vom entsprechenden Markenreifen erheblich unterscheiden.
Wer die genannten Punkte beachtet, kann mit Runderneuerten einiges Geld sparen, vor allem bei der Winterbereifung, die es mit besonders haftfähiger Gummimischung preisgünstig zu kaufen gibt.

Winterreifen

Ausführliche Hinweise zu den Reifen, die bei Glätte und Schnee ausreichende Qualitäten besitzen, finden Sie im Kapitel »Winterschutz« auf Seite 56. Die vom Handel angebotenen Winterreifen sind keine Alleskönner und man darf sich trotz teils großartiger Werbung für einzelne Fabrikate nicht darüber hinwegtäuschen lassen, daß sie immer nur relativ gute Eigenschaften für spezielle Straßenzustände besitzen und daß diese Eignungen wegen der unterschiedlichen Fahrwerkskonstruktion der einzelnen Automobile bei jedem Wagentyp anders zur Geltung kommen. Die teuren Winterreifen haben auf trockener Fahrbahn einen stärkeren Abrieb als »Sommer-Reifen« und sollen deshalb nicht gleich aufgezogen werden, wenn der Kalender »Winter« anzeigt. In warmer Jahreszeit werden die im Kapitel »Winterschutz« erwähnten Reifen schneller abgenutzt, zumal damit auch öfter höhere Geschwindigkeiten möglich sind.
Grobstollige Winterreifen bieten eine schlechtere Seitenführung in Kurven und neigen stärker zum Aquaplaning als Sommer-Gürtelreifen. Bauart und Profilgestaltung der Winterreifen bedingen außerdem die Einhaltung eines Tempolimits, das bei Radial-M + S-Reifen 160 km/h beträgt.

Der Reifenverschleiß

Etliche Einflüsse bestimmen die Lebensdauer eines Reifens: An erster Stelle steht die Beanspruchung, die sich durch Wagenbelastung, Geschwindigkeit und Fahrstil bemerkbar macht. Bedeutende Auswirkungen gehen von falschen Luftdrücken aus, wie schon ausführlich erklärt wurde. Der Straßenzustand spielt nur eine untergeordnete Rolle, weil es kaum Schotterstraßen gibt.
Die mögliche Laufstrecke eines Reifens hängt in gewissem Maße auch von der Gummimischung ab. Bei Sommer-Gürtelreifen bestehen jedoch kaum große Unterschiede zwischen den einzelnen Reifenfabrikaten, sofern es sich um bekannte Markenfabrikate handelt. Reifen mit Textilgürtel haben gewöhnlich nicht die Lebensdauer der härteren Stahlgürtelreifen, mit denen man im Durchschnitt auf 35 000 km bis 40 000 km kommt. Natürlich ergeben sich Differenzen aus der Motorleistung. Die etwas schwächeren 2-Liter-Modelle etwa haben in der Regel einen geringeren Reifenverbrauch als ein Wagen mit dem stärkeren 3-Liter-Motor. Die Reifen am Wagen mit automatischem Getriebe kommen in der Regel auf eine etwas erhöhte Lebensdauer.

Vorsicht bei Mischbereifung

Wenn Sie von Stahl- auf Textilgürtelreifen umrüsten wollen oder umgekehrt (natürlich nicht einzeln, sondern achsweise), müssen die beiden Reifen mit Stahlgürtel an den Hinterrädern montiert werden. Andernfalls ergibt sich eine verstärkte Neigung zum Übersteuern – der Wagen rutscht im Extremfall mit dem Heck gegen die Kurvenaußenseite weg. Die Kombination von Sommerreifen vorn und Wintergürtelreifen hinten verspricht keine volle Wintertüchtigkeit. Wenn schon Winterreifen, dann auf allen vier Rädern. Winterreifen müssen ohnehin vorn und hinten aufgezogen sein, sonst wird das Fahrverhalten auf winterlicher Fahrbahn unberechenbar.

Stille Reserven

Mit der Batterie wird der Motor gestartet und die Stromversorgung im Stand besorgt. Daneben muß sie noch weitere, im Laufe dieses und des nächsten Kapitels erwähnte Aufgaben erfüllen. Wie man sich ihre Dienstbereitschaft möglichst lange sichert, sollte man als Autobesitzer wissen.

Elektrik ohne Rätsel

Im Gegensatz zum Haushalt und Betrieb, wo man es mit Strom relativ hoher Spannung zu tun hat, baut sich im Auto die Versorgung der elektrischen Verbraucher auf einem Schwachstromnetz auf. Nur sehr unbedachte Handlungsweise stiftet hier Schaden. Und am Diesel gibt es keine Zündanlage, die mit hochgespanntem Strom arbeitet, wie sie bei Autos mit Ottomotor anzutreffen ist. Nur in »eingeschalteten« Leitungen, also mit einem geschlossenen Stromkreis, kann der Strom fließen. Im Auto stammt er von der Lichtmaschine und Batterie. Beim Blick auf den Schaltplan in der hinteren Buchklappe sind die Wege und Abzweigungen zu den verschiedenen Zielen des elektrischen Stroms wie auf einer Landkarte zu verfolgen.

Durch diese Leitungen »fließt« der »Strom« gewissermaßen wie Wasser durch Rohre. Man kann die Batterie mit einem Stausee vergleichen, dessen abfließender Inhalt allerlei Maschinen antreibt. In dieses Reservoir pumpt die Lichtmaschine als Stromerzeuger laufend Vorrat hinein. Die Menge der aus diesem »See« ausfließenden Elektrizität ist die Stromstärke (Ampere). Und der Druck durch die Höhe des Sees entspricht der Spannung (Volt).

Die Leistung der Batterie

Die Batterie sitzt bei allen Diesel-Modellen rechts hinten im Motorraum. Sie ist bequem zugänglich. Von ihren sechs Zellen hat jede einzelne etwa 2 Volt Spannung. Das ergibt 12 Volt Batteriespannung. Alle Verbraucher – ob Anlasser, Bremslicht oder Innenleuchte – sind auf diese Spannung ausgelegt. Eine 12-Volt-Anlage bietet gegenüber der bei früheren Autos häufiger verwendeten 6-Volt-Spannung den Vorteil leichteren Startens bei Kälte, außerdem benötigt ein Dieselmotor wegen des hier nötigen sehr kräftigen Anlassers eine größere Batterie (mit größerer Kapazität).

Auf der Batterie sind – außer Markennamen und fabrikinterner Typenbezeichnung – ihre wesentlichen Eigenschaften vermerkt: 12 V/66 Ah beim 200 D und 12 V/88 Ah bei den drei größeren Modellen. Nach der Spannung (12 Volt) ist die Stromstärke, die in Ampere gemessen wird, in ihrer Kapazität angegeben. Das sind Ampere-Stunden (= Ah), die auf die Batteriekapazität hinweisen. Die 88-Ah-Batterie kann theoretisch 88 Stunden lang 1 Ampere oder eine Stunde lang 88 Ampere abgeben. Dann muß sie aber vollgeladen sein, und das ist sie höchstens im Sommer nach längerer Autobahnfahrt. Praktisch kann man nur mit zwei Dritteln oder der Hälfte ihrer Kapazität rechnen.

Bei stehendem Motor werden eingeschaltete elektrische Verbraucher nur aus der Batterie versorgt und nicht – wie bei laufendem Motor – von der Lichtmaschine. Es liegt auf der Hand, daß die Kapazität der Batterie um so eher erschöpft ist, je mehr Strom verbraucht wird. Das dauert theoretisch mit vollgeladener Batterie und bei eingeschalteten Scheinwerfern mit Abblendlicht, wobei auch Standlicht, Rückleuchten und Kontrollampen mitbrennen, rund fünf Stunden. Die Kapazität einer Batterie hängt jedoch – neben dem Entladestrom – von ihrem Alter und, wie gleich noch beschrieben wird, von der Außentemperatur ab. Die Brenndauer der Leuchten läßt sich demnach nicht ohne weiteres bestimmen.

Einbußen im Winter

Kälte verlangsamt die elektrochemischen inneren Vorgänge in der Batterie und die für den Start des Motors verfügbare Kapazität nimmt ab. Das macht sich zunächst beim Vorglühen noch nicht bemerkbar, aber bei sinkender Temperatur wird das Motor- und Getriebeöl zäher und beim Starten des Motors braucht der Anlasser zur Überwindung dieser Widerstände mehr Kraft. Dann ist die Kapazität der Batterie rasch erschöpft und es ist möglich, daß der Motor nicht anspringt. Bei schon älterer oder vorübergehend geschwächter Batterie sollten im Kurzstrecken-, Stopp- und Schleichverkehr der Großstadt im Winter entbehrliche Stromverbraucher ausgeschaltet bleiben. Unnütz eingeschaltete Scheibenheizung oder Heizgebläse entziehen dem »Stromhaushalt« etwa jeweils 200 Watt. Sind noch andere Verbraucher hinzugeschaltet, bleibt für das Wiederaufladen der Batterie nicht mehr viel übrig. Schon ohne Nebenverbraucher sind etwa 10 Minuten Fahrt notwendig, um der Batterie die beim Start entzogene Strommenge wieder zuzuführen.
Damit ist gesagt, daß der Anlasser die Batterie am meisten belastet. Er leistet 2 kW (2,5 PS) und beim Anlassen nimmt er kurzzeitig bis zu ca. 900 Ampere auf. Während bei warmem Motor der Strombedarf des Anlassers geringer ist, weil jener sich wegen der verringerten Zähflüssigkeit des Öls leichter durchdrehen läßt, steigen mit Absinken der Temperatur und zunehmender Zähigkeit der Schmierstoffe die Ansprüche an den Anlasser. Rasch sinkt dabei die Batteriespannung unter ihre Betriebsspannung ab. Bei Kälte verliert die Batterie zusätzlich an Kapazität, obgleich man dann am meisten von ihr verlangt.
Man sollte den Anlasser nur etwa 5 Sekunden lang drehen lassen und nach einer Pause den Anlaßversuch wiederholen. Springt der Motor nach längstens 30 Sekunden nicht an, soll man den Anlasser bis zu eine Minute lang in Ruhe lassen, um der Batterie eine Erholung zu schaffen. Weitere Ratschläge für das Starten siehe Seite 166. Grundsätzlich muß man sich merken, daß die Spannung der Batterie bei mehreren Startversuchen sehr schnell abfällt und danach nicht mehr die für den Anlasser notwendige Energie aufbringen kann.
Man erleichtert das Anlassen, wenn man beim Einschalten zugleich das Kupplungspedal tritt. Die Umdrehung der vom Anlasser über das Schwungrad bewegten Kurbelwelle setzt sich dann nicht bis ins Getriebe fort, in dem noch Zahnräder und Wellen mit durchgedreht werden müssen.

Fingerzeige: *In extrem kalten Nächten ist es von Vorteil, die Batterie auszubauen, um sie in der Wohnung in Heizungsnähe aufzustellen. Am nächsten Morgen springt der Motor mit der warmen Batterie überraschend schnell an. Aus- und Einbau siehe Bild Seite 164.*
Wenn in eine stark entladene Batterie verhältnismäßig viel destilliertes Wasser nachgefüllt wurde und die Batterie ist sodann starkem Frost ausgesetzt, kann ihr Inhalt gefrieren und das Gehäuse platzt. Aber auch allgemein durch geringe Säuredichte (1,12 kg/l) ist ein Einfrieren möglich: Der Gefrierpunkt bei entladener Batterie liegt bei – 12° C.
Gut vorgeglüht ist besser als zweimal gestartet!

Mit einem Hebesäuremesser, wie er von der im letzten Abschnitt unseres Kapitels genannten Firma Krynen-Neuber dem Mittel gegen Batteriekorrosion beigefügt wird, läßt sich der Ladezustand bequem überprüfen. Wenn die rote Kugel in dem Säureheber oben schwimmt, ist die Batterie in Ordnung. Schwebt die Kugel etwa in der Mitte, ist der Ladezustand mäßig, und sinkt sie nach unten, muß Abhilfe geschaffen werden.

Säurestand der Batterie kontrollieren

Pflegearbeit Nr. 3

Wie hoch die Säure in der Batterie steht, das soll man im Sommer jede Woche einmal nachsehen. Unabhängig von diesem Inspektionsturnus, der vielleicht überspitzt erscheint, empfiehlt auch die Betriebsanleitung eine Überprüfung in kurzen Zeitabständen, etwa alle 4 Wochen. Denn es liegt wesentlich an den Betriebsverhältnissen, wie schnell der flüssige Inhalt »vergast«. Außerdem trägt die unvermeidliche Selbstentladung das ihre dazu bei, weil sich das Wasser dabei in Wasserstoff und Sauerstoff zersetzt.

Als Arbeit kann man die geforderte Kontrolle jedenfalls nicht bezeichnen. Daimler-Benz liefert die Wagen mit Batterien, die ein durchscheinendes Gehäuse haben. Bei ihnen läßt sich von außen erkennen – wenn die Batterie sauber ist –, ob der Säurestand stimmt. Unter dem breiten Rand der Batterieoberseite ist eine Markierungslinie angebracht, die als unterste Grenze für den Flüssigkeitsspiegel in allen sechs Zellen gilt.

Diese Batterien im Mercedes besitzen noch kein integriertes Überfüllschutzsystem. Zum Nachfüllen – nur mit destilliertem Wasser – schraubt man die Verschlüsse heraus und gießt in die einzelnen Zellenöffnungen so viel hinein, bis die Füllung die obere Markierung erreicht hat. Auf völlige Reinheit der Nachfüllung ist zu achten. Leider bekommt man an einigen Tankstellen nicht immer ganz sauberes destilliertes Wasser, weil es offen aufbewahrt wird. Deshalb kauft man sich besser selbst welches. Es ist für wenig Geld in der Drogerie zu bekommen, viel zu teuer sind die kleinen Plastikflaschen mit destilliertem Wasser, die manche Tankstellen anbieten.

Es gibt auch noch Batterien mit undurchsichtigem Gehäuse oder mit Verschlußleisten über allen Zellen. Bei ersteren, langsam aus der Mode kommenden Akkus, zieht man zur Kontrolle die sechs Stopfen gleichzeitig ab (oder die für mehrere Zellenöffnungen zugleich vorgesehenen Verschlußleisten). In den Batteriezellen muß der Säurestand etwa 1 cm über den Batterieplatten sichtbar sein. Man kann den Säurestand auch mit einem Streifen Karton nachmessen (wegen Kurzschlußgefahr kein Metall verwenden). Wenn der Säurespiegel schon so weit abgesunken ist, daß die Oberkante der Platten frei von Flüssigkeit ist, wird es zum Ergänzen des Inhalts höchste Zeit.

Ladezustand prüfen

Der Ladezustand einer Batterie hängt nicht unbedingt mit ihrem Säurestand zusammen. Auch eine Batterie, deren Säurestand (Niveau) in Ordnung ist, kann entladen sein. Das könnte folgende Gründe haben: 1. Sie mußte zu viele Verbraucher speisen, was ihre Kapazität übermäßig beanspruchte; 2. Lichtmaschine oder Reglerschalter arbeiten nicht richtig; 3. die Batterie war über geraume

Zeit ungenutzt, wodurch sich ihr Ladezustand verschlechterte; 4. ein Kurzschluß hat ihre Energie verbraucht.

Allgemein sollte man eine Batterie – auch wenn sie in ständigem Gebrauch ist – nach etwa zwei Jahren auf ihren Zustand hin, was Kapazität und Belastbarkeit anbelangt, überprüfen.

Bei jeder einzelnen Batteriezelle sollte man den Ladezustand prüfen. Die zuverlässigste Messung erhält man in der Werkstatt oder beim Autoelektrikdienst, wo man die Batterie auch gleich richtig laden kann (Heimladegeräte schaffen das nicht immer). Dort mißt man mit einem Säuredichtemesser (Säureheber), und die Meßergebnisse bedeuten:

Batterie voll geladen **Batterie halb geladen** **Batterie entladen**	spez. Gewicht 1,285 kg/l spez. Gewicht 1,20 kg/l spez. Gewicht 1,12 kg/l	Anm.: Die Messung ist auf + 20° C bezogen. Je 14° C Temperaturunterschied ändern das spez. Gewicht um 0,01 kg/l.

Gleichmäßig niedrige Säuredichte in jeder der sechs Zellen läßt vermuten, daß es noch mit Nachladen getan sein kann, falls die Batterie nicht schon zu alt ist. Sollte nur eine Zelle entladen sein, muß die Fachwerkstatt prüfen, ob die Batterie noch eine Weile brauchbar ist. Reicht der Schlamm unten in der Batterie bis an die Bleiplatten heran – bei den durchsichtigen Kunststoffbatterien können Sie das manchmal erkennen – stirbt die Batterie an innerem Kurzschluß.

Batterie sauber halten

Oxydationskristalle an den Batteriepolen und an den daran sitzenden Polklemmen schaden der Batterie wie auch allgemein jede Verschmutzung. Dadurch werden Kriechströme ermöglicht, die zur Selbstentladung führen (0,2–1 % pro Tag). Schmutzige Batterien zeugen überhaupt von Nachlässigkeit des Wagenhalters. Oxydationsschmutz läßt sich mit warmem Wasser und einer alten Bürste beseitigen. Säureschutzfett (z. B. »Ft 40 v 1« von Bosch), mit dem man die Polköpfe und die Klemmen nach dem Trocknen einfettet, verhindert neue Oxydbildung. Oxydation kann die Kabelklemmen derart fest mit den Polköpfen verkleben, daß sie nur mit kochendheißem Wasser oder besser Sodalösung aus dieser »Verklemmung« zu lösen sind. Keinesfalls darf die Klemme mit Gewalt gelöst werden, sonst brechen das Batteriegehäuse oder die Polköpfe.

Den Ausbau der Batterie beginnt man stets mit dem Abschrauben des Minus-Kabels (gerader Ringschlüssel SW 13). So werden Kurzschlußfunken durch versehentliches Berühren des Plus-Kabels mit Metallteilen vermieden. Umgekehrt wird beim Einbau das Minuskabel zuletzt angeschlossen. Am Boden ist die Batterie durch zwei Halterungen befestigt.

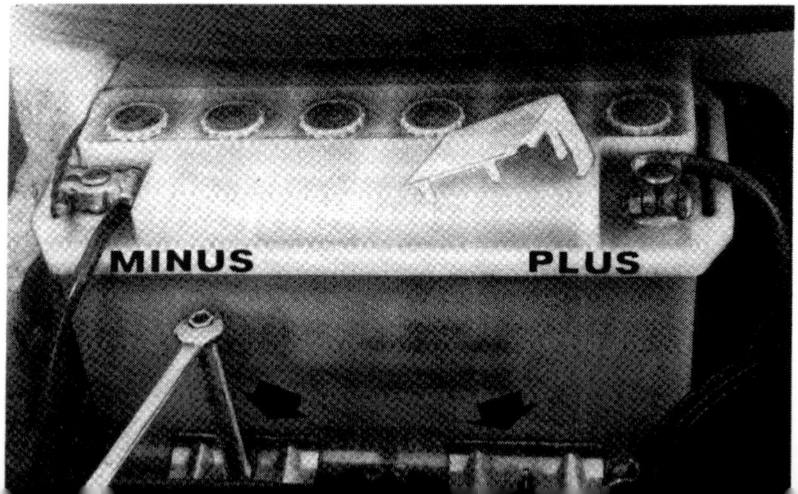

An ihrer Bodenplatte ist die Batterie von zwei Klemmblechen festgehalten. Die Befestigungsmuttern SW 10 lassen sich am besten mit einem Rohrschlüssel lösen.
Zum Schutz gegen unachtsames Hantieren im Motorraum besitzt der Plus-Pol der Batterie eine Abdeckung. Im Bild ist diese abgehoben und auf die Batterieoberseite gelegt.

Den 13-mm-Schlüssel für die Polklemmen sollte man eigentlich immer griffbereit im Wagen halten. Bei Kurzschluß in der elektrischen Anlage oder bei einem Kabelbrand kann man dann sofort die Stromversorgung unterbrechen. In solchem Fall muß man kaltblütig das Minuskabel an der Batterie abschrauben. Das läßt sich aber nur bei sauberer Batterie im Handumdrehen vollbringen.

So wird geladen

Auch in unbenutzten Batterien findet eine allmähliche Entladung statt – im Winter etwas langsamer als im Sommer. Nach etwa hundert Tagen ist eine vorher vollgeladene Batterie leer (über die Selbstentladung wurde schon geschrieben). Wenn man sie nicht zu anderweitigem Gebrauch verleihen kann, lohnt es sich, sie einem Elektrodienst in Pension zu geben und dort an ein Frischhaltegerät mit schwachem Ladestrom anschließen zu lassen. Bei tiefer Entladung oder gründlicher Batterieüberholung ist sie zweckmäßig an ein leistungsstarkes Ladegerät anzuschließen, wie es Werkstätten besitzen. Aber auch die kleinen handelsüblichen Ladegeräte sind zum Laden geeignet.

Vor dem Laden – und das gilt grundsätzlich – darf destilliertes Wasser nur bis zur Bedeckung der Platten eingefüllt werden, damit die Säure bei der Aufladung nicht »überkocht«. Der Anfangs-Ladestrom soll nicht mehr als 10 Prozent der Ah-Kapazität einer Batterie betragen, bei der 88-Ah-Batterie demnach knapp 9 Ampere. Mit zunehmender Batteriespannung muß man die Ladestromstärke verringern, was automatische Ladegeräte gewöhnlich selbst regulieren, sonst wird die Batterie überladen und geschädigt. Eigentlich ist es richtig, wenn sie die Werkstatt zuvor völlig entlädt. Der Gesamtvorgang dauert 10–15 Stunden. Die Batterieflüssigkeit (»Elektrolyt«) darf nicht wärmer als + 55° C werden, andernfalls muß man den Ladevorgang unterbrechen.

Das während dieser Zeit sich bildende Gas muß entweichen können, deshalb sind die Verschlußstopfen der Batteriezellen zu öffnen. Es handelt sich dabei um Wasserstoff und Sauerstoff, und in der Nähe dieses gefährlichen Knallgases darf man nicht mit Feuer hantieren. Der von den Gasblasen verursachte Sprühnebel schlägt sich um die Batterie herum nieder. Beim Laden der eingebauten Batterie muß man deren Umgebung mit Plastikfolie oder alten Zeitungen abdecken.

Die Batterie ist aufgeladen, wenn eine Zellenspannung von 2,6 bis 2,7 Volt erreicht ist und wenn innerhalb von zwei Stunden die Säuredichte nicht mehr ansteigt. Abschließend muß noch einmal der Säurestand überprüft werden.

Mit einem Transformator für Modelleisenbahnen läßt sich die Batterie auch laden, aber es muß sich um einen wenigstens 1 Ampere liefernden Gleichstrom-Transformator handeln. Die rote Transformatorenklemme wird mit dem Pluspol der Batterie und die blaue mit dem Minuspol durch üblichen isolierten Draht verbunden. Der Reglerknopf ist bis zur höchsten Stufe einzustellen.

Schadet die Schnelladung?

Manchmal reicht die Zeit nicht aus, stundenlang das Laden der Batterie abzuwarten. Schnelladen dauert statt dessen nur etwa eine halbe Stunde. Aber es ist eine Roßkur, die nur ganz gesunde Batterien ohne weiteres überstehen. Früher wurde dabei mit rund 40 Ampere geladen. Neuere Schnelladegeräte jedoch sind spannungsgeregelt, d. h. mit zunehmender Batteriespannung wird der Ladestrom kleiner.

Wenn sich eine einwandfreie Batterie beispielsweise über Nacht durch einen versehentlich eingeschalteten Stromverbraucher entladen hat, darf man sie ohne Bedenken an einem Schnelladegerät wieder aufputschen lassen, damit man mit seinem Auto weiterkommt. Aber das darf nicht die Regel sein.

Fabrikneue Batterien dürfen niemals an ein Schnelladegerät gehängt werden. Alle Batteriehersteller laden heute ihre Batterien trocken vor. Bei der Inbetrieb-

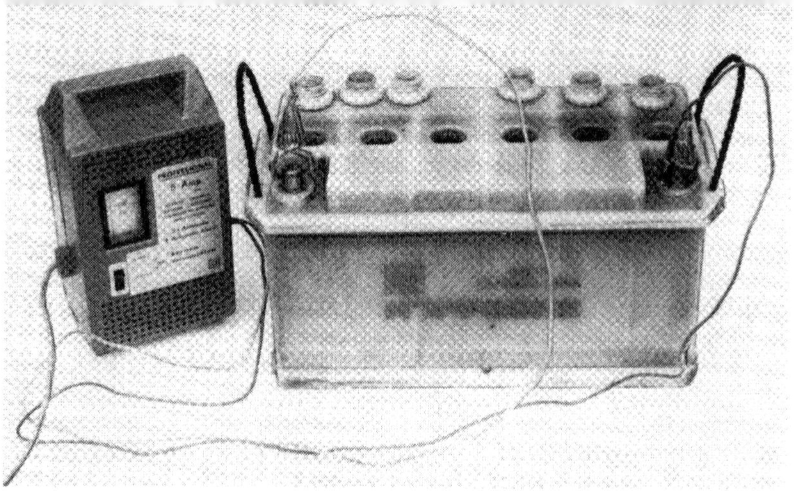

Zum Aufladen der Batterie gibt es einfache Garagengeräte, die für 12-V-Batterien etwa ab 60 Mark kosten. Beim Laden, das mehrere Stunden in Anspruch nimmt, sollen die Verschlußstopfen der Batteriezellen geöffnet werden.

nahme wird noch Säure eingefüllt und nach kurzer Wartezeit kann der Motor mit dieser Batterie gestartet werden. Allerdings muß sich sogleich eine längere Fahrt anschließen, damit die Lichtmaschine die neue Batterie aufladen kann. Wegen der Drehstrom-Lichtmaschine im Mercedes, die gegen Stromstöße äußerst empfindlich ist, und wegen des eventuell vorhandenen Radios mit Transistoren müssen vor der Schnelladung die Batteriekabel (bei abgestelltem Motor!) gelöst werden. Spannungsspitzen würden sonst die Dioden bzw. Transistoren zerstören.

Weitere wichtige Hinweise über die Drehstrom-Lichtmaschine sind im Kapitel »Lichtmaschine und Anlasser« enthalten.

Fingerzeig: *Batteriesäure und auch die Oxydationskristalle zerfressen alle Textilien. Nur sofortiges Auswaschen der Spritzer mit Sodalösung rettet dann den Anzug. Noch besser ist dafür das Spezialmittel »Neutralon« von Varta, das es als Spraydose im Zubehörhandel gibt.*

Starten mit leerer Batterie

Speziell der 200 D springt wegen seiner vergleichsweise kleinen Zylinder im Winter manchmal schlecht an. In der Bedienungsanleitung steht für diesen Fall geschrieben, daß man (nach dem Vorglühen) bei getretener Kupplung und mit Vollgas so lange starten soll, bis der Motor anspringt. Aber das kommt beim besten Auto vor: Man will starten, doch die Batterie ist leer. Vermutlich war irgendein Stromverbraucher eingeschaltet, der von der Kapazität der Batterie zehrte – und dies hoffentlich nicht tagelang. Da der Diesel nicht mit einer Andrehkurbel oder durch Anschieben in Schwung gebracht werden kann, müssen Maßnahmen anderer Art getroffen werden. Wenn die Batterie an sich noch gesund ist, kommt man aber bestimmt vom Fleck.

Anschleppen

Was hier gesagt wird, bezieht sich auf einen Diesel mit üblichem Schaltgetriebe. Bei einem Wagen mit automatischem Getriebe sind die auf Seite 33 enthaltenen Hinweise zu beachten.

Gleich zu Anfang eine Warnung: Wenn Sie keinerlei Erfahrung im Abschleppen bzw. Geschlepptwerden besitzen, sollten Sie sich ein paar Starthilfekabel besorgen – der Motorstart ist so einfacher und sicherer, denn die Bedienung der Feststellbremse beim Anschleppen ist nicht ganz unproblematisch. Soll dennoch angeschleppt werden, wird das Seil am Wagen des Helfers und am eigenen Auto so befestigt, wie es im Kapitel »Abschleppen und Ziehen« beschrieben ist. Dabei sollte es sich um ein ausreichend langes Seil handeln.

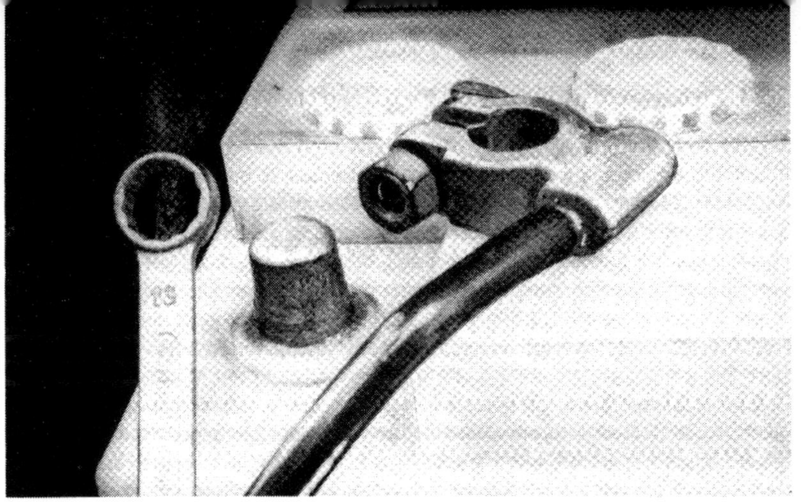

Bei allen Arbeiten an der elektrischen Anlage ist das Massekabel, das von der Batterie zur Karosserie führt, zu lösen und nur zu Kontrollzwecken aufzustecken. Auch bei Kurzschlüssen und eventuellen Kabelbränden soll man mit ruhiger Überlegung zuerst dieses Kabel abschrauben. Deshalb: Griffbereit einen Schraubenschlüssel SW 13 im Handschuhfach oder an einer anderen sofort zugänglichen Stelle halten! Umgekehrt wird beim Einbau der Batterie das Minus-Kabel zuletzt angeschlossen.

Falls es der Batteriezustand zuläßt, sollte man möglichst doch noch vorglühen. Das erleichtert das Anspringen des Motors beim Anschleppen.
Wenn kein Vorglühen zum Starten möglich ist, muß der Motor durch länger anhaltendes Drehen genügend Kompressionswärme sammeln, bis er von selbst anspringt. Die Anschleppstrecke ist dazu erheblich länger als bei einem Benzinmotor, den man auch mit einigen kräftigen Helfern anschieben kann. Je nach Außentemperatur ist eine Strecke von etwa 2 km oder noch mehr im Schlepp zurückzulegen. Das ist innerhalb einer Ortschaft meist nicht möglich, denn es muß zügig und ohne anzuhalten geschleppt werden.
Die Batteriekabel an der entladenen Batterie dürfen nicht gelöst und es darf auch keinesfalls ohne Batterie der Versuch zum Starten gemacht werden. Falls die Batterie im Wagen defekt ist (bei Kurzschluß: sehr warmes Gehäuse oder übergekochte Batteriesäure, bei Bruch: ausgelaufene Batteriesäure), muß sie ausgebaut und gegen eine intakte, wenn auch entladene, ersetzt werden.
Der Schlüssel im Lenkschloß ist auf Stellung »2« zu drehen. Nachdem der Schleppwagen das Seil vorsichtig straffgezogen und das Gespann ins Rollen gebracht hat, tritt man die Kupplung und legt den 2. Gang ein. Bei genügender Fahrt läßt man das Kupplungspedal langsam zurück. Wie schon erwähnt, muß der Schleppzug eine Weile – mit etwa 30 km/h – rollen, bis der kalte Motor Wärme für die Selbstzündung im Motor gesammelt hat.
Man muß darauf gefaßt sein, daß der Motor plötzlich anspringt. Dann ist sofort die Kupplung zu treten, also auszukuppeln, und Gas zu geben (Vorglüh-Anlaß-Schalter muß grundsätzlich auf Schnelleerlauf eingestellt sein), und man muß die Feststellbremse bedienen. Letzteres erfordert eigentlich Übung, denn der Auslöseknopf der Bremse ist noch mit der linken Hand zu lösen, damit das Abbremsen weich reguliert werden kann. Man wird also nach dem Treten der Kupplung blitzschnell den Gang herausnehmen, zugleich mit dem rechten Fuß Gas geben und in ungewohnter Weise mit dem linken Fuß das Feststellbremspedal – nicht zu hart! – niedertreten müssen. Manche Leute bedienen statt dessen Brems- und Gaspedal gleichzeitig mit Spitze und Ferse des rechten Fußes. Der Fahrer im Schleppwagen sollte bei dem Vorgang sein Fenster geöffnet haben, um das Anspringen des Dieselmotors akustisch zu vernehmen, da der mit Händen und Füßen beschäftigte Diesel-Lenker nicht auch noch Hup- oder Blinkzeichen zum Anhalten geben kann.

Starthilfekabel

Als wertvolle Hilfe erweisen sich im Fall einer Batteriepanne sogenannte Starthilfekabel. Mit ihnen wird von der Batterie eines anderen Autos der Startstrom

»geliehen«. Dazu braucht jene Batterie nicht ausgebaut zu werden, aber Voraussetzung ist es, daß auch sie eine Spannung von 12 Volt hat.
Bei der Anschaffung eines Starthilfekabels muß man auf dessen Kabelquerschnitt achten, er sollte wenigstens 16 oder besser 25 mm² betragen. Eine dicke Isolierschicht kann über zu schwachen Kabelquerschnitt hinwegtäuschen. Beim Gebrauch heizt sich das zu dünne Kabel auf und die Isolierung schmilzt.
Der Wagen, der den Strom spenden soll, fährt dicht an das startunwillige Auto heran, aber beide Fahrzeuge dürfen sich nicht berühren. Die Verschlußkappen beider Batterien werden abgenommen. Sodann werden zuerst die Pluspole (der Polschuh der Batterie trägt ein eingeprägtes +) mit einem Kabel verbunden. Achtung: Bei einigen ausländischen Fahrzeugen ist nicht der Minus-, sondern der Pluspol an Masse gelegt, in diesem Fall erfolgt das Anschließen natürlich umgekehrt. Als nächstes wird mit dem zweiten Kabel der Minuspol der Hilfsbatterie mit der Masse (z. B. gut leitendes, solides Karosserieteil im Motorraum) des zu startenden Fahrzeugs verbunden, nicht aber mit dem Minuspol der entladenen Batterie. (Diese manchem Praktiker etwas umständlich erscheinenden Handgriffe sollen jegliche eventuelle Explosionsgefahr durch Knallgasbildung ausschließen.)
Der Startvorgang wird wesentlich erleichtert, wenn man den Motor des »Hilfswagens« laufen läßt. Damit wird auch dessen Batterie geschont. Jetzt ist es möglich, den Wagen mit der entladenen Batterie in gewohnter Weise zu starten. Nachdem der Motor angesprungen ist, werden die Starthilfekabel in umgekehrter Reihenfolge des Anschließens abgeklemmt (Minuskabel also zuerst). Außerdem sind die Kappen der Batterien wieder aufzusetzen.

Kauf einer neuen Batterie

Häufige Müdigkeitserscheinungen beim Starten künden an, daß eine neue Batterie fällig ist. Früher war es nach vier Jahren soweit. Batteriehersteller rechnen heute mit einer Lebensdauer von 2–3 Jahren oder 250 Ladezyklen. An der dann notwendigen Geldausgabe kommt man leider nicht vorbei.
Bei der Entwicklungsarbeit an Autobatterien sind in den letzten Jahren einige Fortschritte erreicht worden. Allmählich verschwinden die dickwandigen Hartgummiumhüllungen und machen dem leichten Polypropylen Platz. In diesen Batterien sind die Platten und Separatoren zu einem festen Sitz verspannt. Somit ergeben sich neue DIN-Maße mit geringerer Höhe und Länge unter Beibehaltung der für die Bodenbefestigung genormten Breite. Eines konnte bislang nicht wesentlich verbessert werden, nämlich die begrenzte Lebensdauer der handelsüblichen Batterien. Eisen-Nickel-Batterien, die ein ganzes Autoleben mitmachen, sind viel zu schwer und ungefügig, um in einem normalen Wagen Platz zu finden.
Bisweilen angepriesene Aufputschmittel für Autobatterien taugen nichts. Chemisch defekte, also sulfatierte Batterien lassen sich unter Umständen jedoch mit »Cobalt-MG« wieder aufmuntern. In eine noch junge Batterie eingefüllt, kann das Präparat deren Lebensdauer erheblich verlängern. Wir gaben einmal dieses Mittel einer drei Jahre alten Gebrauchsbatterie bei, und erst nach weiteren vier Jahren versagte sie ihren Dienst. Der Vertrieb erfolgt über die Firma Krynen-Neuber GmbH, Jahnstraße 13, 5810 Witten, von wo es auch an Kaufhäuser und an den Fachhandel geliefert wird.

Energiebündel

Eine Lichtmaschine im Auto soll nicht nur wie ein Fahrraddynamo Licht erzeugen, sie muß vor allem die beim Dieselmotor stark beanspruchte Batterie ständig aufladen. Von ihrer ursprünglichen Aufgabe zeugt noch ihr Name. Wegen ihrer zusätzlichen Arbeit nennt man die Lichtmaschine aber heute meistens »Generator«. Sie muß nämlich für die Batterie Gleichstrom entwickeln, weil jene keinen Wechselstrom speichern kann.
Die Lichtmaschine mit Reglerschalter und Ladekontrolle bilden zusammen mit der Batterie und dem Anlasser eine Gemeinschaft, die nicht auseinandergerissen werden darf und bei der auf jedes Mitglied Verlaß sein muß. Von der Batterie handelt das vorige Kapitel, hier geht es nun um die anderen Partner dieses Teams.

Die Lichtmaschine

Der »Drehstrom-Generator«, wie er in den Mercedes-Benz-Modellen eingebaut wird, zeichnet sich gegenüber den früher gebräuchlichen konventionellen Gleichstrom-Lichtmaschinen dadurch aus, daß er bereits bei Motorleerlauf Leistung abgibt. Deshalb muß man nicht mehr fürchten, etwa bei einer nächtlichen Verkehrsstauung – die sich in Urlaubszeiten über weite Strecken ziehen kann –, von schwächer werdendem Scheinwerferlicht überrascht zu werden.
Die Gleichrichtung des erzeugten Drehstroms zu Gleichstrom erfolgt durch Halbleiterdioden und nicht, wie bei der alten Lichtmaschine, über Kohlebürsten und Kollektor, die den dort erzeugten Wechselstrom gleichrichten. Die Kohlebürsten der Gleichstrom-Lichtmaschine nutzen sich auf dem geriffelten Kollektor relativ schnell ab, da zudem über sie der gesamte erzeugte Strom fließt. Anders bei der Drehstrom-Lichtmaschine. Hier laufen die Kohlen auf glatten Schleifringen, und über die Kohlen fließt nur der sehr geringe Erregerstrom. Dementsprechend halten die Schleifkohlen rund 100 000 km durch.
Selbstverständlich muß die Leistung der Lichtmaschine auf die Menge und Größe der zu versorgenden Stromverbraucher abgestimmt sein. Der Generator wird jedoch allen Ansprüchen gerecht, auch bei Wagen mit elektrischen Zusatzgeräten aus dem Sonderprogramm. Die Vierzylindermotoren sind mit einer Bosch-Lichtmaschine von Typ K 1 – 14 V 35 A oder 55 A ausgerüstet. Diese Typenbezeichnung besagt nach der mit K 1 gegebenen Bauartkennzeichnung, daß der Generator in beiden Drehrichtungen (mit entsprechendem Lüfterrad) betrieben werden kann. Bei einer maximalen Spannung von 14 Volt liefert er 35 Ampere (= maximale Leistung: 490 Watt) und bei 2000 Umdrehungen pro Minute gibt er bereits zwei Drittel seiner Höchstleistung, etwa 23 Ampere = 325 Watt, ab. Die Lichtmaschine im 300 D liefert grundsätzlich 55 Ampere.
Das Übersetzungsverhältnis zwischen Kurbelwelle und Lichtmaschine beträgt 1 : 1,95, was bedeutet, daß die Lichtmaschine nahezu doppelt so schnell wie der Motor dreht. Die eben erwähnten 2000/min der Lichtmaschine werden demnach bei 1025/min des Motors erreicht, ein Wert, der nur wenig über der vorgeschrie-

benen Leerlaufdrehzahl liegt. Zu laden beginnt die Lichtmaschine jedoch schon bei 700 Umdrehungen der Kurbelwelle.
Die schon erwähnten Dioden sind elektronische Halbleiter, mit einem Ventil vergleichbar, das nur in einer Richtung durchlässig ist. Bei umgekehrter Polarität – weil Strom in verschiedenen Schaltungen in der Lichtmaschine statt nur in einer Richtung auch in die andere fließt – darf an bestimmten Schaltpunkten für den Strom keine ungehinderte Durchlässigkeit vorhanden sein. Solche Dioden unterliegen zwar keinem mechanischen Verschleiß, aber sie sind gegen hochgespannte Stromstöße (und gegen Hitze) empfindlich. Sie können durch diese Spannungspitzen, die sich beispielsweise beim Einschalten von Stromverbrauchern ergeben, zerstört werden. Deshalb hat bei der Drehstrom-Lichtmaschine die Batterie die Aufgabe, als Spannungsbegrenzer zu dienen, und deshalb ist sie mit der Lichtmaschine direkt durch Kabel verbunden.

Wichtige Vorsichtsmaßnahmen

Bei laufendem Motor dürfen die Kabelverbindungen zwischen der Drehstrom-Lichtmaschine und der Batterie niemals getrennt werden, was bei einer Gleichstrom-Lichtmaschine völlig harmlos ist. Batterie und Lichtmaschine (zusammen mit dem Spannungsregler) bilden, wie schon erwähnt, in diesem Fall eine fest zusammengehörende Einheit. Ebenso darf der Motor nicht gestartet (und demnach auch nicht angeschleppt) werden, ohne daß eine Batterie angeschlossen ist. Zu beachten ist weiter, daß die Anschlüsse von Batterie und Lichtmaschine keinesfalls verwechselt werden.
Wie schon im Kapitel über die Batterie vermerkt, ist es beim Schnelladen derselben im Wagen unumgänglich, vorher beide Batterieklemmen – also Plus- und Minus-Anschluß – von der Batterie zu lösen.
Diese Hinweise sollten Sie im eigenen Interesse befolgen, um nicht Gefahr zu laufen, daß die Dioden plötzlich ausfallen. Der vorher angedeutete Vergleich zu einem Ventil, das eine Diode sinngemäß darstellt, läßt sich nämlich fortführen: Übersteigt die Kraft aus der Gegenrichtung die Schließfähigkeit der nur in dieser Richtung wirkenden Sicherung, wird das »Ventil« zerstört. Tritt in die Diode aus der falschen Richtung eine zu hohe Stromspannung, versagt sie meist schlagartig ihren Dienst.
Um einen derartigen Ausfall zu vermeiden, ist möglichst kein Masseschluß an den stromführenden Kabeln zur Lichtmaschine herzustellen. Wenn unsachlich gebastelt wird, ist das aber schnell der Fall. Das bezieht sich ebenso auf die Innereien der Lichtmaschine und es läßt sich in der Fachwerkstatt sogar feststellen, welcher Fehler dem ungeübten Handwerker unterlaufen ist. Dann wird jegliche Garantieleistung abgelehnt.

Links: An der unteren Seite (im Bild verdeckt) ist die Lichtmaschine durch eine Befestigungsschraube mit Mutter an einem Träger angebracht. Die Mutter befindet sich in Fahrtrichtung hinten und muß wie die obere Mutter (2) gelockert werden, wenn die Keilriemenspannung nachgestellt werden soll. Dazu ist die Spannschraube (1) zu drehen. Anschließend die Muttern wieder festziehen. Zum Ausbau der Lichtmaschine zieht man Befestigungs- und Spannschraube ganz heraus, nachdem die Kabelanschlüsse (3) gelöst wurden. Rechts: Ein richtig gespannter Keilriemen muß sich unter Daumendruck etwa 10 mm durchbiegen lassen. Geübte Leute haben das im »Gefühl«. Wie die richtige Keilriemenspannung hergestellt wird, ist ab Seite 174 gesagt.

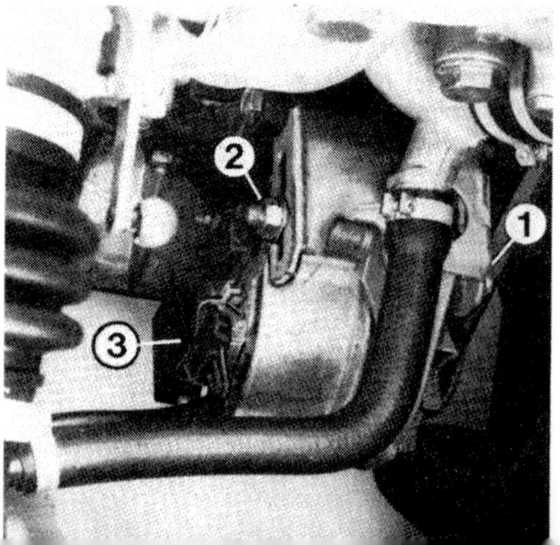

Wartung der Lichtmaschine

Von ihrer Anlage her ist die Drehstrom-Lichtmaschine wartungsfrei. Ärger hat man mit ihr kaum. Eventuell daran vorkommende Arbeiten sollte man einer Fachwerkstatt überlassen, denn dieser Stromerzeuger ist ein Aggregat mit empfindlichen Teilen. Bei der Kontrolle müssen die Schleifringe gereinigt werden; nach längerem Gebrauch verschmutzte oder beschädigte Schleifringe haben den Ausfall der Lichtmaschine zur Folge. Man muß auch prüfen, wie weit die Bürsten abgenutzt sind; gewöhnlich wird man sie bei dieser Gelegenheit zu ersetzen haben. Immerhin kann man mit einer wesentlich längeren Lebensdauer der Bürsten gegenüber einer Gleichstrom-Lichtmaschine rechnen.

Ungeschickte Bastelübungen eines übereifrigen Heimwerkers nimmt die Drehstrom-Lichtmaschine übel. Ihre Lager sind nur mit entsprechenden Abziehvorrichtungen zu lösen und vor allem sind etliche Bauteile sehr empfindlich gegen Hitze (beim unvermeidlichen Löten), gegen Verdrehen, ungenauen Zusammenbau und gegen das Berühren mit nicht zusammengehörenden Kontakten. Da kann der eigene Instandsetzungsversuch teuer werden. Besser vertraut man die Drehstrom-Lichtmaschine einem Bosch-Dienst an.

Bevor man die Lichtmaschine abbaut: Batterie abklemmen! Sodann löst man die Befestigungen der an der Lichtmaschine angeschlossenen Kabel. Der Generator ist an einer Halterung durch Bolzen mit Muttern festgehalten. Nach Lösen dieser Befestigungen und nach Abheben des (der) Keilriemen(s) von der Riemenscheibe kann die Lichtmaschine abgenommen werden, siehe Seite 174.

Der Spannungsregler

Je schneller die Lichtmaschine vom Motor angetrieben wird, um so mehr Strom liefert sie. Die Batterie als Stromsammler und die Stromverbraucher werden dagegen mit solchen schwankenden Leistungen nicht fertig. Besonders die Batterie muß gegen Überladen geschützt sein, und das Licht der Scheinwerfer wäre ja nach Geschwindigkeit einmal schwach und einmal hell. Drehstrom-Lichtmaschinen sind jedoch stromselbstbegrenzend und brauchen deshalb keinen Stromregler wie die Gleichstrom-Lichtmaschine. Auch der Rückstromschalter entfällt, da die Dioden den Strom nur für eine Richtung freigeben.

Zur Maßhaltung der Stromspannung ist ein elektronischer Spannungsregler an den Generator angeschlossen und in diesen eingebaut. Er läßt sich auch prüfen oder austauschen, was bei einem von der Lichtmaschine weggebauten Regler – wie noch bei vielen anderen Autos üblich – allerdings leichter ist.

Das ist bei dem Regler zur Lichtmaschine im Mercedes aber auch nicht erforderlich, denn er arbeitet kontaktlos und ist daher wartungs- und verschleißfrei. Seine sehr genaue elektronische Regelung der Ladespannung und besonders seine kontaktlose Arbeitsweise läßt ihn über den herkömmlichen Kontaktregler überlegen sein. In seltenen Fällen allerdings zeigen sich auch Nachteile, wenn die Elektronik nicht völlig schließt, was bei den Kontakten nachgestellt werden konnte. Aber bei hohem Energiebedarf während häufiger Nachtfahrten und mit vielen elektrischen Verbrauchern zeichnet sich dieser elektronische Regler aus.

Was sagt das rote Ladekontrollicht?

Das beim Einschalten des Lenkschlosses aufleuchtende rote Licht soll nach dem Anlassen des Motors verlöschen. Damit wird angezeigt, daß die Lichtmaschine Strom erzeugt. Über den Ladezustand der Batterie sagt dieses Verlöschen nichts aus und ebensowenig darüber, ob die Leistung der Lichtmaschine im Leerlauf zum Laden der Batterie ausreicht, weil vielleicht eine ganze Reihe von Verbrauchern eingeschaltet ist, zu deren Versorgung die Batterie ihre eigene Kapazität einsetzen muß. Zur genauen Beurteilung einer solchen, freilich sehr selten eintretenden Situation verhilft nur die nachträgliche Installation eines Amperemeters mit Plus- und Minus-Anzeige.

Bei Überprüfung des Schaltplanes (in der hinteren Buchklappe und auf Seite 225) läßt sich erkennen, daß die Ladekontrollampe einerseits Spannung erhält, wenn das Lenkschloß eingeschaltet ist. Der andere Anschluß an der Lampe führt zur Klemme D + an der Lichtmaschine. Steht die Lichtmaschine oder dreht sie unterhalb der Einschaltdrehzahl des Spannungsreglers, dann hat dieses Plus-Kabel der Lichtmaschine keine oder wenige »Plus«-Spannung, ist praktisch also »Minus«. Somit brennt die rote Lampe, die von der Batterie über das Lenkschloß »Plus« erhält. Dreht die Lichtmaschine schneller, liefert sie genügend Spannung und an beiden Anschlüssen der Ladekontrolle liegt »Plus«, weshalb sie nicht mehr brennen kann.

Im Verein mit der Drehstrom-Lichtmaschine hat die Ladekontrolle jedoch eine wichtigere Funktion. Beim Einschalten der Zündung muß sie durch Weiterleiten des Batteriestromes die Lichtmaschine vorerregen, damit diese bereits bei geringen Drehzahlen Strom abgeben kann. Bei ausgefallener Ladekontrolle schaltet die Drehstrom-Lichtmaschine erst etwa bei 1500 U/min anstelle sonst bei etwa 700 U/min ein. Deshalb muß auch stets die richtige Ladestrom-Kontrollampe (12 V/3 W) eingesetzt sein, und ein durchgebranntes Lämpchen ist baldigst zu ersetzen.

Wenn das rote Licht aufleuchtet

Wenn unterwegs plötzlich die rote Ladekontrolleuchte zu brennen beginnt, halten Sie unbedingt sofort an! Öffnen Sie die Motorhaube und prüfen Sie

■ ob der Keilriemen überhaupt noch vorhanden ist (er kann zerrissen und weggeflogen sein) oder

■ ob der Keilriemen eventuell zerfranst ist oder nur lose über die Riemenscheibe rutscht (300 TD mit Doppelriemen).

Die Lösung dieses Problems ist im Laufe dieses Kapitels beschrieben. Sollte sich am Keilriemen kein Mangel feststellen lassen, prüfen Sie

■ ob die Kabelverbindungen zwischen Batterie, Anlasser und Lichtmaschine in Ordnung sind.

■ Lichtmaschine oder eingebauter Regler können ausgefallen sein.

Sollte letzteres der Fall sein, ist es möglich, mit eigener Kraft bis zur nächsten Autoelektrik-Werkstatt weiterzufahren (siehe nächster Abschnitt).

Fahren ohne Lichtmaschine

Der Dieselmotor braucht zu seinem Lauf keinen Strom, nur zum Starten. Es ist also durchaus möglich, bei Ausfall der Lichtmaschine – angezeigt durch das Aufleuchten der roten Ladekontrolle bei laufendem Motor oberhalb der Leerlaufdrehzahl – ohne deren Wirksamkeit zu fahren. Jedoch nur bei Tage ist das ziemlich unproblematisch. Bei Dunkelheit und bei kühler oder regnerischer Witterung aber, wenn zusätzliche Verbraucher benötigt werden, ist der Fahrt ohne Lichtmaschine eine frühe Grenze gesetzt.

Ohne Mitwirkung der Lichtmaschine werden nämlich alle eingeschalteten Verbraucher ausschließlich von der Batterie versorgt. Das fängt schon beim Starten an: Der Strombedarf des Anlassers ist ganz erheblich und überhaupt weiß man nicht, wieviel Vorrat noch in der Batterie steckt. Deshalb ist eine Nachtfahrt nur mit der Batterie wie ein Lotteriespiel – mit viel Glück schafft sie es bis zum Ziel. Man kann sie dann unterstützen, indem nur die allernotwendigsten Verbraucher eingeschaltet sind.

Um sicherzugehen, daß ein eventuell vorhandener Kurzschluß innerhalb der Lichtmaschine sich nicht auf die Batterie negativ auswirkt, ist der Dreifachstecker an der Lichtmaschine bei stehendem Motor abzuziehen.

Selbstverständlich darf man nicht mit ausgebauter Lichtmaschine fahren. Der Keilriemen, der zu ihrem Betrieb dient, treibt zugleich die Wasserpumpe an. Die nicht funktionierende Lichtmaschine schadet dem Motor nichts, aber ohne den auf ihrer Riemenscheibe umlaufenden Keilriemen würde der Motor wegen aussetzender Kühlung in allerkürzester Zeit zerstört werden.

Störungsbeistand
Batterie und Lichtmaschine

Die Störung	– ihre Ursache	– ihre Abhilfe
A Rote Ladekontrollampe brennt nicht bei Motorstillstand und eingeschalteter Zündung	1 Anzeigelampe durchgebrannt	Neue Lampe einsetzen
	2 Batterie entladen	Batterie aufladen
	3 Batteriekabel lose oder gebrochen	Batteriekabel kontrollieren
	4 Kabel zwischen Klemme D + der Lichtmaschine und Lampe unterbrochen	Leitung überprüfen und instand setzen
	5 Kurzschluß einer Plusdiode	Sofort Kabelstecker an Lichtmaschine abklemmen, sonst Entladung im Stand, mit Batteriestrom zur Werkstatt
	6 Kohlebürsten abgenutzt	Austauschen
	7 Oxydschicht auf Schleifringen, Unterbrechung der Läuferwicklung	Lichtmaschine instand setzen lassen
B Ladekontrollampe brennt nach Ausschaltung der Zündung weiter	Reglerschalter defekt oder Kurzschluß in der Lichtmaschine	Kabel an Lichtmaschine lösen und mit Batteriestrom zur Werkstatt
C Ladekontrollampe erlischt bei höherer Drehzahl nicht	1 Keilriemen gerissen	Erneuern
	2 Leitung D + hat Masseschluß	Leitung überprüfen und instand setzen
	3 Gleichrichter schadhaft, Schleifringe verschmutzt, Masseschluß in Leitung DF oder Läuferwicklung	Lichtmaschine instand setzen lassen
D Ladekontrollampe brennt im Stand richtig, aber glimmt bei Motorlauf	1 Übergangswiderstände im Ladestromkreis oder in der Leitung zur Anzeigelampe	Leitung ersetzen, Anschlüsse festziehen
	2 Lichtmaschinendiode defekt	Kabelstecker an Lichtmaschine sofort abziehen und mit Batteriestrom zur Werkstatt
E Ladekontrollampe flackert bei mittlerer und hoher Drehzahl	1 Klemmen gelockert oder Kabel defekt	Kabel und Anschlüsse zwischen Lichtmaschine und Batterie prüfen
	2 Batterie defekt	Gegenprobe mit zuverlässiger Batterie
	3 Kurzschluß in der Lichtmaschine	Instand setzen lassen
F Ladekontrollampe verlischt erst bei hoher Drehzahl	Lichtmaschine nicht in Ordnung	Prüfen lassen
G Ladekontrollampe erlischt, leuchtet aber wieder schwach auf	Oxydierte oder verschmutzte Kontakte bewirken Spannungsabfall	Kontakte der Kabel säubern
H Batterie wird überladen (Säurekristalle an der Batterieoberseite)	Spannungsregelung in Lichtmaschine oder Reglerschalter funktioniert nicht	In Fachwerkstatt prüfen lassen

Keilriemen-Probleme

Die Motoren der Diesel-Modelle 200 D, 220 D und 240 D können außer dem obligatorischen Antrieb von Lichtmaschine und Wasserpumpe durch einen Keilriemen als Sonderausstattung noch über eine Servo-Lenkung verfügen, bei der die Lenkhelfpumpe von einem zweiten Keilriemen angetrieben wird. Das Modell 300 D besitzt diese Servo-Lenkung bereits in der Grundausstattung. Bei der möglicherweise eingebauten Klimaanlage kommt auch noch ein dritter Keilriemen zum Einsatz. Beim 300 Turbo Diesel werden Lichtmaschine und Wasserpumpe von zwei Riemen (Doppelriemen) angetrieben.Hier soll nur über den einfachen Keilriemen gesprochen werden, der zum Antrieb von Lichtmaschine und Wasserpumpe dient, weil bei dessen Ausfall eine für den Motor äußerst bedrohliche Situation entsteht. Ohne die beiden anderen Keilriemen für Hilfsaggregate kann man dagegen immer noch weiterfahren.

Es muß nicht unbedingt zu hören sein, wenn der Keilriemen abfliegt. Aber man sieht es am Aufleuchten der Ladekontrolleuchte bei laufendem Motor sofort (weil die Lichtmaschine nicht mehr angetrieben wird). Wenn der Keilriemen durchrutscht, brennt oder flackert die Lampe nicht, weil die Lichtmaschine ja auch bei niedrigster Drehzahl Spannung liefert. Doch der Verdacht auf einen gerissenen oder nicht genügend stramm sitzenden Keilriemen besteht, wenn plötzlich der Zeiger des Fernthermometers in bedrohliche Höhe klettert, weil die Wasserpumpe nicht mehr für die Umwälzung des Kühlmittels sorgen kann.

Zögern Sie keineswegs anzuhalten, wenn die rote Ladekontrolle aufleuchtet und besonders, wenn die Temperatur auffällig steigt. Schäden durch unbedachte Weiterfahrt treten unausweichlich am Motor auf, wenn der Keilriemen nur noch wenig oder überhaupt nicht seine Aufgabe erfüllt. Wegen unterbrochenen Kühlwasserumlaufs und damit zusammenhängender Hitzeausdehnung im Motor kommt es zu Kolbenklemmern, die unreparierbare Zerstörung zur Folge haben können (z. B. Abreißen der Pleuel). Im günstigsten Fall, wenn der Keilriemen gerade noch »mitnimmt«, liefert die Lichtmaschine zuwenig Ladestrom.

Aber ein zu stramm gespannter Keilriemen beansprucht die Lager der Lichtmaschine zu sehr. Vorzeitiger Verschleiß der Lager, besonders des hinteren, ist die Folge. Im Prinzip ist eine richtige Keilriemenspannung deshalb wichtig, weil der Riemen die doppelte Leistung des Generators vom Motor übertragen muß.

Beschaffen Sie sich aus vorstehenden Gründen einen Ersatz-Keilriemen und verstecken Sie ihn so lange im Kofferraum, bis Sie ihn – vielleicht – einmal brauchen. Einen solchen Keilriemen bekommt man bei jedem Mercedes-Benz-Service, in den Autoabteilungen vieler Kaufhäuser und an mancher Tankstelle. Die Abmessungen der einzelnen Keilriemen sind auf Seite 212 angeführt.

Keilriemenspannung prüfen

Pflegearbeit Nr. 12

Die Bedeutung der richtigen Keilriemenspannung wurde eben erläutert. Man kann mit einem verhältnismäßig einfachen Handgriff kontrollieren, ob die Spannung ungefähr stimmt: Drücken Sie von oben den Daumen auf halbem Weg zwischen den beiden Riemenscheiben von Lichtmaschine und Wasserpumpe kräftig auf den Keilriemen. Er soll sich etwa 10 mm durchbiegen lassen, wobei ein Druck von 10 kg (kp) gegeben werden muß.

In der üblichen Ausführung (ohne Klimaanlage) ist zum Nachstellen der Keilriemenspannung sowohl die Mutter SW 17 des oberen Bolzens an der Lichtmaschine zu lösen wie auch die untere Lagerung zu lockern. Dann setzt man den Ringschlüssel SW 17 vorn auf dem Bolzenkopf an, der sich oben am Spannbügel befindet, und dreht diesen im Uhrzeigersinn. Dadurch wird die Lichtmaschine nach außen versetzt und der Keilriemen spannt sich. Hervorgerufen wird diese Bewegung durch einen zahnradähnlichen Ansatz, der fest mit dem Bolzen verbunden ist und auf einer verzahnten Leiste am Träger der Lichtmaschine ablaufen kann. Nach erfolgter Einstellung der Riemenspannung müssen die vorher gelösten Muttern wieder fest angezogen werden. Löst man die beiden Befestigungen zum Einstellen nicht und dreht nur am Spannbolzen, dann wird dessen Verzahnung zerstört.

Bei Motoren mit Klimaanlage, deren Kältekompressor sich direkt über der Licht-

maschine befindet, sind an der Rückseite der Lichtmaschine die obere Schraube und die hintere Mutter (direkt am Kurbelgehäuse) zu lösen. Diese Mutter sitzt auf der Spannschraube, die in gleicher Weise wie eben beschrieben bedient werden muß. Anschließend wieder Mutter und Schraube festziehen.
Zum Auswechseln des Keilriemens sind die erwähnten Befestigungsschrauben für die Lichtmaschine an ihrem Träger vollkommen herauszudrehen. Bei gelöster Lichtmaschine läßt sich der alte Keilriemen abnehmen und der neue auflegen. Danach werden die Schrauben wieder eingesetzt und nach richtig erzielter Keilriemenspannung festgezogen.
Gleichzeitig mit der regelmäßigen Kontrolle der Keilriemenspannung ist der Zustand des Keilriemens zu überprüfen. Wenn die beiden Laufflächen und die nach außen gerichtete Seite des Riemens glatt und ohne Anrisse sind, ist er noch dienstbereit. Allerhöchste Zeit zum Wechseln wird es aber, wenn schon Teile des vulkanisierten Gummis oder des Gewebes abgelöst sind. Mit Fett oder Öl sind Keilriemen möglichst nicht in Berührung zu bringen.
Die vorstehenden Ausführungen über den Keilriemen für Lichtmaschine und Wasserpumpe treffen sinngemäß auch auf die Keilriemen für die Lenkhelfpumpe (siehe Seite 132) und für den Kältekompressor (siehe Seite 104) zu.

Befestigung der Lichtmaschine prüfen

Pflegearbeit Nr. 18

Von der Nachstellung des Keilriemens für Lichtmaschine und Wasserpumpe werden auch die Haltebolzen für die Lichtmaschine berührt. Die Lichtmaschine ist an ihrem Halter mit zwei Schrauben befestigt. Sie sollen mit 4 kpm angezogen sein. Gelegentlich überzeugt man sich von ihrem festen Sitz, indem man mit einem Ringschlüssel SW 17 unter Anwendung mittlerer Kraft versucht, sie weiter anzuziehen. Sie sollen jedoch nicht übermäßig festgezogen sein.

Der Anlasser

Der zum Starten dienende Elektromotor, der Anlasser, sitzt im Mercedes rechts hinten am Motor. Er leistet 2,5 PS, erheblich mehr als in anderen Personenwagen. Diese Kraft ist zum Drehen des hochverdichteten Dieselmotors nötig.
Ein derart kräftiger Anlasser ist ohne weiteres in der Lage, das Auto notfalls von der Stelle zu bringen. Es ist nämlich schon vorgekommen, daß durch irgendeinen unglücklichen Umstand der Motor ausgerechnet auf dem Bahnübergang abstirbt und in der Ferne schon der Zug naht. Ruhig Blut, eingelegter kleiner Gang und betätigter Anlasser retten aus solcher Situation. Aber für eine weiterreichende Reise eignet sich der Anlasser natürlich nicht, denn in seinem Innern verschmoren bei anhaltender Belastung die Wicklungen aus Draht (die Betriebsanleitung erlaubt allenfalls eine ununterbrochene Anlasserbetätigung von 30 Sekunden, doch in der Not ist das keine Grenze).
Der Anlasser stammt von Bosch und er trug ursprünglich die Bezeichnung JF 12 V 1,8 kW, später JF 12 V 2 kW (2,5 PS). Dabei handelt es sich um Schubschraubtrieb-Anlasser mit Magnetschalter. Das bedeutet, daß solch ein Anlasser beim Schließen des Stromkreises sein Antriebsritzel (Zahnrad) auf den Zahnkranz des Motorschwungrades schiebt und dieses erst dann – rechts herum – zu drehen beginnt. Ein Freilauf am Ritzel verhindert Belastungen des Anlassers, wenn der schnell startende Motor das Ritzel noch nicht gleich freigegeben hat und auf dem Schwungrad noch mitdreht. Natürlich schiebt sich das Anlaßritzel selbsttätig zurück, sowie der Lenkschloßschlüssel aus der Stellung »Starten« zurückgedreht wird. Der Anlasser hat Dauerschmierung.

Anlasser-Wartung

Der Aufbau des Anlassers ähnelt dem einer Gleichstrom-Lichtmaschine. Wegen seiner Bauart stellt er kaum höhere Ansprüche, er wird aber wegen der zum Überprüfen erforderlichen Demontage besser von der Werkstatt kontrolliert. Die

Kohlebürsten und der Kollektor sind dem Verschleiß unterworfen und müßten eigentlich nach zwei bis drei Jahren einmal überprüft werden. Das tut aber selten jemand. Bei Bedarf müssen sie eben ersetzt oder nachgearbeitet werden. Nach langer Betriebszeit haben sich die Kohlebürsten derart abgeschliffen, daß ihre Metallsockel Rillen in den Kollektor graben: Der Kollektor ist abzudrehen.
Diese Arbeit ist in einer Elektrowerkstatt billiger, als womöglich einen neuen Anlasser einbauen zu lassen. Aber Ihr Wagen steht dann ein paar Tage still. Zum Abschleifen des Kollektors muß die Ankerwelle in ein Backenfutter mit Kugellager in jeder Backe eingespannt werden, um sonst entstehende Unrundheit auszuschließen, damit die Bürsten im Betrieb nicht hüpfen. Das Abdrehen kann nur bis zu einem bestimmten Mindestmaß des Kollektors erfolgen. Mittels Kollektorsäge und Ziehstahl sind dann die Segmente nachzuschneiden. Abschließend wird der Kollektor mit Polierleinen bearbeitet.
Wenn der Anlasser sich beim Startversuch nicht dreht, dann ist zuerst eine schwache Batterie zu vermuten. Auch die Kabelverbindungen muß man auf guten, korrosionsfreien Sitz überprüfen.
Sind diese möglichen Störungsursachen beseitigt, wird der immer noch nicht funktionierende Anlasser einen Kurzschluß in seinen »Eingeweiden« oder in dem oben darauf sitzenden Magnetschalter haben. Der Wagen muß angeschoben oder angeschleppt werden. Bisweilen hilft es auch – besonders bei heißgefahrenem Motor – gegen den Magnetschalter oben auf dem Anlasser zu klopfen. Durch Gegenklopfen kann der hängengebliebene Schalter gelöst werden.
Fehlende Zähne am Antriebsritzel und am Zahnkranz des Schwungrades machen sich durch krachende Geräusche und ruckweises Durchdrehen bemerkbar. Abhilfe ist nur durch Austausch der defekten Teile in einer Werkstatt möglich. Zu langsames Durchdrehen des Anlassers bei einwandfreier Batterie weist auf abgenutzte Kohlen oder verschmorte Drahtwicklungen hin, ebenso kann es sich dabei um korrodierte oder lose Kabelanschlüsse, um einen verschmierten Kollektor oder um einen defekten Anker handeln.
Kohlebürsten müssen immer paarweise ersetzt werden, auch wenn nur eine verbraucht und die andere anscheinend noch in Ordnung ist. Sie werden von Federn innerhalb von Führungshülsen gegen den Kollektor gedrückt. Die Kohlelitzen sind an den Ankerwicklungen aus Aluminium angeschweißt, zum Ersatz muß man die Kohlen abschlagen. Die neuen Kohlen muß man auf das Kabelende stecken und anlöten, die Litzen selbst lassen sich nicht anlöten. Zur Reinigung des Kollektors eignet sich ein mit Tetrachlorkohlenstoff (Fleckenreinigungsmittel) getränktes Tuch, womit man über die Segmente des Kollektors reibt. Die Lager vorn und hinten an der Welle schmiert man mit Bosch-Fett »Ft 2 v 3«.

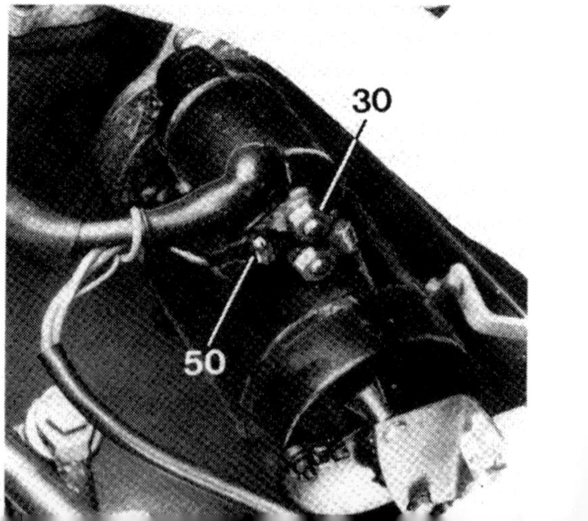

Der Anlasser ist rechts hinten am Motor unten zu finden. Der Anschluß der Klemme 30 (im Bild ist die Gummikappe darüber zurückgeschoben) ist ständig stromführend, da hier eine direkte Verbindung zum Plus-Pol der Batterie besteht. Der an Klemme 50 eintreffende Einschaltstrom setzt den Magnetschalter und damit den Anlasser in Tätigkeit.

Heißer Draht

Eine aufwendige – und daher nicht immer störungsfreie – Zündanlage hat der Dieselmotor nicht nötig. Wenn er einmal läuft, erwartet er nur eine ungehinderte Kraftstoffeinspritzung und Luft für die Verbrennung. Lediglich für den Start braucht der Dieselmotor Elektrizität: Für den Anlasser natürlich und für die zusätzliche Erhitzung der Ladung aus Luft und eingespritztem Kraftstoff bei kaltem Motor.

Schaltung der Glühkerzen

Technisch ausgedrückt sind bis August 1980 die Glühkerzen bei den Vier- und Fünfzylindermotoren hintereinandergeschaltet. Das bedeutet, daß der Strom der Reihe nach von der ersten zur letzten Glühkerze fließt. Erst diese letzte ist mit ihrer Ausgangsseite an Masse angeschlossen, wodurch der Stromkreis geschlossen ist. An jeder Glühkerze sind zwei Stromschienen angeschlossen, eine, die den Strom heranführt, und eine, die ihn weiterleitet. Daraus ergibt sich, daß der Vorglühvorgang nicht funktionieren kann, wenn auch nur eine Glühkerze ausgefallen ist. Man kann dieses System mit einer elektrischen Kerzenkette am Weihnachtsbaum vergleichen.

Die Spannung des Bordnetzes im Mercedes von 12 Volt muß auf die Glühkerzen gewissermaßen verteilt werden. Beispielsweise kann man auch zwei 110-Volt-Glühlampen hintereinanderschalten und mit dem üblichen 220-Volt-Haushaltstromnetz betreiben. In gleicher Weise ist die Vorglühanlage eingerichtet: In ihrer »Kette« besitzt sie vor den Glühkerzen eine Vorglühkontrolleuchte, und die Stromschienen sind zugleich als Vorwiderstand ausgelegt, um die 12 Volt Bordspannung an die Glühkerzen verteilen zu können, ohne sie zu belasten. So ist die einzelne Kerze auch nicht auf 12 Volt, sondern nur auf rund 0,9 Volt ausgelegt. Sie verspeist aber eine Stromstärke von maximal 59 Ampere. (Nicht die Spannung, sondern die Stromstärke läßt den Draht der Glühkerze glühen).

Anstelle des früher bekannten Glühüberwachers ist bei den Typen 200 D bis 240 D der Baureihe 123 eine Vorglühkontrolleuchte getreten, die in Vorglüh- und Startstellung aufleuchtet. Das tut sie allerdings nur bei ausreichend fließendem Vorglühstrom, bei dem sie über einen sogenannten Reedkontakt eingeschaltet wird. Mit dem Reedkontakt hat es folgende Bewandtnis: In einer stromdurchflossenen Kabelschleife in seinem Bereich bildet sich ein Magnetfeld, das vom Vorglühstrom abhängig ist. Von dem Magnetfeld werden zwei Metallstreifen im Stromkreis der Kontrolleuchte beeinflußt, so daß sie sich berühren. Dabei leuchtet die Vorglühkontrolle auf.

Diese Leuchte bringt es zusammen mit den Glühkerzen auf rund 6–7 Volt, je nach Zylinderzahl. Weil damit der Anschluß an die 12-Volt-Batterie noch nicht möglich ist, müssen die Vorwiderstandstromschienen die restliche Spannung aufnehmen. Der Widerstand in den Stromschienen der Vierzylindermotoren hat eine andere Größe als in den Stromschienen zum Fünfzylindermotor, da letzterer mit dem gleichen Glühkerzentyp ausgerüstet ist.

Die eben erfolgte Beschreibung bezieht sich auf die bis Juli 1977 gebauten Modelle 200 D, 220 D und 240 D. Diese drei Modelle besitzen ab 1. August 1977 eine Vorglühung mit Startbereitschaftsanzeige. Zu der Anlage gehört ein Thermozeitschalter, mit dem die Vorglühkontrollampe einerseits verbunden ist und ein Reedkontakt mit einem Anschluß zur anderen Seite der Kontrollampe.
Eine vereinfachte Bedienung bietet die Schlüsselanlassung, wie sie der 300 D ab Serienbeginn, der 240 D ab Oktober 1977 und der 200 D ab Februar 1979 besitzen. Zu dieser Anlage gehört ein Vorglührelais mit Elektronik für die Anzeige der Anlaßbereitschaft, die sich ebenfalls durch Aufleuchten der Vorglühkontrollampe äußert. Die Elektronik wird von einem Temperaturfühler gesteuert, der am Motor in der vorderen Höhe der Einspritzpumpe anstelle des sonst verwendeten Thermozeitschalters sitzt.
Die Elektronik ermöglicht beim Start, daß die günstigste Vorglühzeit angezeigt wird, unabhängig von den gegenwärtigen Temperaturen. Die Vorglühzeit ist von der Außentemperatur, von der Kühlmitteltemperatur und vom Stromfluß durch den ebenfalls vorhandenen Reedkontakt abhängig. Schaltpläne der Vorglühanlagen siehe Seiten 181 und 221.
Ab Augugst 1980 sind die Glühkerzen parallel geschaltet. Dabei wird jeder Stabglühkerze der Strom gesondert zugeführt, und sogar bei Ausfall mehrerer Glühkerzen ist dabei das Anlassen möglich.

Fingerzeig: *Bei Wagen mit Reihenschaltung der Glühkerzen kann man bei einer defekten Glühkerze den Motor dennoch starten. Dazu mit einem wenigstens 3 mm starken Kabel die defekte Glühkerze überbrücken, indem man die Kabelenden beiderseits dieser Glühkerze an die Stromschiene anklemmt. So kommt man bis zur nächsten Werkstatt, wo man eine neue Glühkerze erhalten kann.*

Die Sicherung

Im Abschnitt »Die Sicherungen« auf Seite 185 wird erwähnt, daß keine der im Sicherungskasten untergebrachten und dort angeschlossenen Sicherungen für eventuelle Startschwierigkeiten verantwortlich ist. Wenn jedoch der Anlasser den Motor durchdreht, aber der Motor nicht anspringen will, kann die für die Vorglühanlage bestimmte 50-Ampere-Sicherung (bei Schnellstart-Vorglühanlage: 80-Ampere-Sicherung) durchgebrannt sein. Sie ist in einer Zusatzsicherungsdose an der hinteren Wand des Motorraums untergebracht. Die Sicherung ist zwischen Vorglüh-Anlaß-Schalter beziehungsweise Vorglühzeitrelais und Glühkerzen geschaltet.
Welche Ursache das Durchbrennen der Sicherung haben kann, geht aus den hier folgenden Beschreibungen hervor.

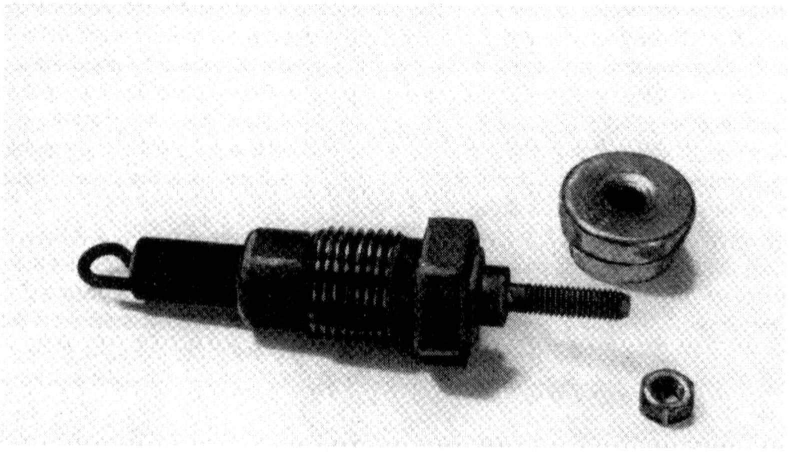

Die Glühkerzen lassen sich am bequemsten mit einem gekröpften Ringschlüssel SW 21, aus Platzmangel weniger gut mit einem Kerzenschlüssel, herausschrauben. Die Verrußung der Glühspirale und der in den Brennraum hineinragenden Kerzenhülse ist völlig normal.

Die Glühkerzen

Alle in diesem Buch bis Baujahr 1980 beschriebenen Dieselmotoren sind mit Glühkerzen vom Typ Bosch (Teile-Nr. 0250 001 016) oder Beru 382 GK ausgerüstet. Das sind zweipolige Glühkerzen, die den Strom weiterleiten und keine direkte Masseverbindungen besitzen. Um den Motor in Gang zu setzen, müssen sie auf eine Temperatur von rund 1000° C aufgeheizt werden. Während des Motorlaufs sind sie Dauertemperaturen von 600–800° C ausgesetzt. Die Glühkerzen in den Vierzylindermotoren haben einen Glühstrom von 50–55 Ampere, im Fünfzylinder einen solchen von 45–60 Ampere.

Es kann vorkommen, daß eine Kerze durchbrennt (dann ist ihre Drahtwendel verschmort). Ein solcher Defekt ist nicht von möglicherweise falscher Motortemperatur abhängig. Eher kann der Glühdraht durch mechanische Einwirkung (Erschütterung) brechen. Wenn eine Kerze durchgebrannt ist, müssen die davorgeschalteten Kerzen auf Masseschluß geprüft werden, da diese wegen der Reihenschaltung dann einen geringeren Widerstand empfangen haben.

Durch falschen Einspritzzeitpunkt kann der Motor schwingen und vibrieren. In solchem Fall ist es möglich, daß Glühkerzen einen Schwingungsriß bekommen. Gleiches ergibt sich auch beim sogenannten Einspritzversatz, wenn also die festgelegte Zeit der Einspritzung zwischen der ersten und letzten Glühkerze geändert ist. Bei den dazwischenliegenden Kerzen macht sich der Versatz nicht dermaßen bemerkbar.

Allgemein kann man daher sagen, daß die Lebensdauer der Glühkerzen sehr vom Zustand der Einspritzanlage abhängig ist. Neben dem falschen Einspritzbeginn wirkt sich auch zu geringer Einspritzdruck nachteilig aus, weil dies zu Verbrennungsrückständen am Glühdraht führt. Eine solche Verkokung, wenn sie umfangreich genugt wird, kann einen Masseschluß nach sich ziehen. Dagegen ist die Verrußung der Glühkerzen im Betrieb völlig normal.

Glühkerzen austauschen

Bei früheren Mercedes Diesel konnte man den Ausfall einer Glühkerze daran erkennen, daß die Vorglühkontrolleuchte heller als üblich aufleuchtete. Sie erhielt dann zuviel Strom, weil ihn eine der Kerzen nicht verbrauchte.

Wenn der Verdacht auf Kurzschluß in einer Glühkerze oder von der Stromschiene zur Masse besteht, löst man zur Kontrolle die Masse-Anschlußschiene des 1. Zylinders und hält eine Prüflampe, am letzten Zylinder beginnend, an jede Glühkerze zwischen Stromschiene und Masse. Ein Helfer muß den Vorglüh-Anlaß-Schalter auf Vorglühstellung bringen und die Lampe muß brennen. Wenn die Lampe an einer Stromschiene nicht mehr brennt, dann ist die Unterbrechung vor der geprüften Stelle gefunden.

Keinesfalls darf bei Wagen mit Schlüsselanlassung die früher sehr gebräuch-

Die im Bild herausgeschraubte Glühkerze saß in dem Gewindeloch (1) und zu ihr gehören auch die beiden Ösen (2) der Stromschienen. Zwischen diese Anschlüsse der Stromschienen gehört der Isolierring, um beide Stromschienen getrennt voneinander an der Glühkerze mit der Mutter SW 8 befestigen zu können.

liche Überbrückung einer Glühkerze mittels Schraubenzieher zur Kontrolle vorgenommen werden. Man machte das, um zu prüfen, ob eine Kerze »Durchgang« hat. Jetzt würde unweigerlich das Vorglührelais geschädigt werden.
Bei Kurzschluß innerhalb einer Glühkerze brennt die Prüflampe auch noch bei der Kontrolle der von Masse gelösten letzten Stromschiene. Dann muß man alle Glühkerzen herausschrauben und überprüfen.
Sollte die Vorglühkontrolle nicht aufleuchten, muß die Sicherung der Anlage geprüft werden. Es ist immerhin möglich, daß der Glühdraht einer Kerze gebrochen oder durchgebrannt ist, und dennoch erweist sich die 50-Ampere-Sicherung als intakt.
Bevor man eine Glühkerze herausschraubt, muß man die beiden an sie angeschlossenen Stromschienen lösen (das sind die blanken, teilweise auf und ab gewundenen Drähte): Mutter SW 8 abschrauben, die erste Stromschiene abziehen, Isolierstücke abnehmen und die zweite Stromschiene abziehen. Man kann die Stromschienen etwas nach unten drücken, damit sich der Schlüssel auf der Glühkerze ansetzen läßt, oder man lockert die Muttern der angrenzenden Stromschienenanschlüsse.
Zum Herausdrehen der Glühkerze eignet sich recht gut ein gekröpfter Ringschlüssel SW 21, bei dem man auch genügend Kraft anwenden kann, um eine fest sitzende Kerze zu lösen. Allerdings ist ein Ringschlüssel dieser Größe nicht überall vorhanden. Am vernünftigsten ist es, einen Spezialschlüssel anzuschaffen. Denn auch mit einem kurzen Zündkerzenschlüssel kommt man nicht so gut zum Zuge, besonders nicht an den Glühkerzen im Bereich der Einspritzpumpe.
Vor dem Einbau der neuen Glühkerze soll man den Kerzenkanal reinigen, weil sich in ihm mit der Zeit Ölkohle festsetzt. Zuviel Ölkohle bedeutet drohenden Masseschluß. In der Werkstatt macht man das mit einer Reibahle von 11 mm Durchmesser, deren Nuten mit Fett gefüllt werden. Sie darf aber nur bis zu 50–55 mm tief eingeführt werden, damit man den Kugelstift in der Vorkammer nicht beschädigt. Sicherheitshalber setzt man auf die Reibahle etwa 50 mm hinter ihrer Spitze einen Gummiring oder ähnliches als Markierung an. Außerdem wird das Gewinde der Glühkerze vor dem Einbau leicht mit Graphitöl benetzt.

Schnellstart-Glühkerzen

Ab März 1980 liefert Beru die Schnellstart-Glühkerzen SR-10, die bis zu –5° C Außentemperatur innerhalb 5–7 Sekunden die erforderliche Starttemperatur liefern. Zur Nachrüstung stehen Einbausätze über Werkstätten und den Fachhandel zur Verfügung.
Wie im Abschnitt »Schaltung der Glühkerzen« erwähnt, sind in Verbindung mit der Schnellstartanlage ab 1980 auch ab Werk neue Stabglühkerzen im Einsatz.
Zu der Anlage gehört ein geändertes Vorglühzeitrelais, angebracht im Motorraum am Radlauf links. Darin sind Leistungsrelais, Elektronikeinheit, Temperaturfühler sowie ein Reed-Relais eingebaut. Das Vorglühzeitrelais steuert die folgenden Funktionen: Schalten des Glühstroms, Startbereitschaftsanzeige und Sicherheitsschaltung, Fehleranzeige.

Die Starter-Schalter

In den Modellen 220 D bis 240 D war zunächst ein mehrstufiger Vorglüh-Anlaß-Schalter vorhanden. Seine vier Stufen erfüllen folgende Aufgaben:

■ Stopstellung: Der Knopf des Zug-Druckschalters ist ganz hineingedrückt, dadurch besteht keine Stromzufuhr für Glühkerzen und Anlasser. Außerdem ist über einen Drahtzug der Verstellhebel an der Einspritzpumpe ganz nach vorne gedrückt, so daß diese keinen Kraftstoff fördern kann. Darum bleibt der Motor wegen Absperrung der Kraftstoffzufuhr beim Hineindrücken des Knopfes in diese Stellung sofort stehen.

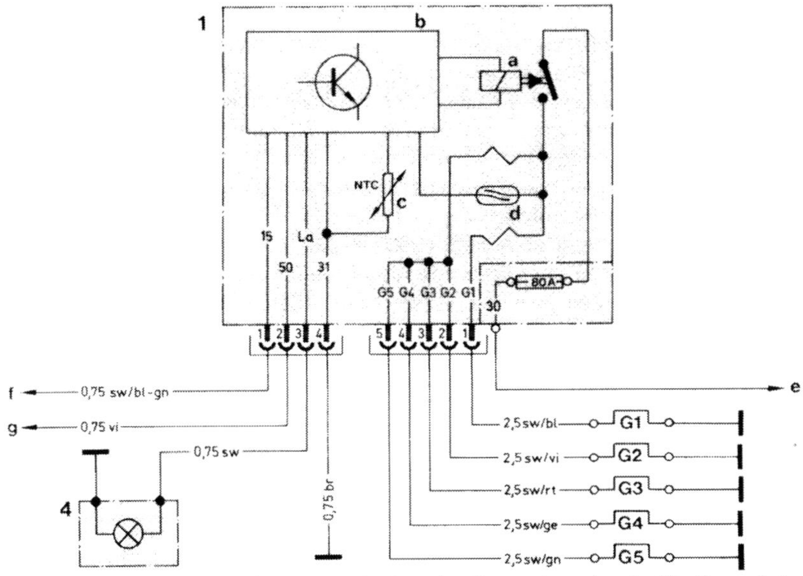

Schaltplan der Schnellstartanlage. Beim Vorglühen erhält das Vorglühzeitrelais Spannung über Klemme 15 (Buchse 1 an der vierpoligen Kupplung). Das Leistungsrelais (a) schließt den Stromkreis von Klemme 30 (Batterie +, Anschluß e) über die 80-A-Sicherung zu den Stabglühkerzen. Beim Starten (aus Stellung 2 des Schlüssels nach Stellung 3 geschaltet) bleibt das Relais (a) – angesteuert von Klemme 50 – weiterhin geschlossen, bis der Startvorgang beendet ist.
Es bedeuten: 1 – Vorglühzeitrelais, a – Leistungsrelais, b – Elektronik-Einheit, c – Temperaturfühlrer (NTC-Widerstand), d – Reed-Relais, 4 – Vorglühkontrolleuchte, e – zum Starter Klemme 30, f – zur Sicherungsdose Klemme 15, g – zur Steckverbindung Startsperr- und Rückfahrlichtschalter Klemme 50, G 1–G 5 – Stabglühkerzen.

■ Fahrstellung: In diese Stellung schwingt der Starterknopf selbständig zurück, wenn er nach Betätigen des Anlassers losgelassen wird. Der Drahtzug hält die Einspritzpumpe offen, so daß sie Kraftstoff fördern kann. Auch in dieser Stellung ist die Stromzufuhr unterbrochen. Außerdem verhindert eine Sperre, daß der Zündschlüssel des Lenkradschlosses abgezogen werden kann.

■ Vorglühstellung: Bei dieser Schaltstufe wird der vom Lenkschloß zufließende Strom (Klemme 15/54) über einen Schalterkontakt (Klemme 19) über die Sicherung an die Glühkerzen weitergeleitet. Der Drahtzug hält gleichzeitig die Einspritzpumpe »offen«.

■ Anlaßstellung: In dieser Stellung bleibt der Starterknopf wie in der vorhergehenden nur so lange stehen, wie er gezogen wird. Der zufließende Strom des Lenkschlosses (Klemme 15/54) wird nun einerseits weiter zu den Glühkerzen geleitet und andererseits erhält der Magnetschalter des Anlassers über eine jetzt berührte Kontaktzunge (Klemme 50 a) den Einschaltbefehl für den Anlasser. Beim Loslassen des Knopfes springt dieser selbständig in die Fahrstellung zurück.

Zusätzlich hat der Knopf noch die Funktion der Leerlaufverstellung: Wird er entgegen dem Uhrzeigersinn gedreht, erhöht sich die Leerlaufdrehzahl. Eine solche Stellung ist – je nach Temperatur mehr oder weniger auf schnelleren Leerlauf gedreht – beim Start vom Wichtigkeit. Bei betriebswarmem Motor soll der Knopf im Uhrzeigersinn bis zum Anschlag zurückgedreht sein. Die Leerlaufverstellung wird auf die Einspritzpumpe übertragen.

Im 300 D, im 240 D ab Oktober 1977 und im 200 D ab Februar 1979 ist dieser Leerlaufversteller als separater Drehschalter ausgebildet und die eben beschriebenen Funktionen des mehrstufigen Schalters werden mit der Lenkschloßverriegelung kombiniert. Im Prinzip ist diese mit einer Elektronik gekoppelte Anlage mit der eben beschriebenen vergleichbar. Sollte sich jedoch ein Fehler bei ihr dadurch bemerkbar machen, daß nicht vorgeglüht oder der Anlasser betätigt werden kann, muß der Mercedes-Service oder der Bosch-Dienst helfen.

Die Anlage ist aber ziemlich narrensicher. Wird die Vorglühautomatik mit dem Schlüssel eingeschaltet, setzt man damit eine temperaturabhängige Zeitsteuerung in Tätigkeit. Eine elektronische Schaltung im Vorglührelais zeigt durch Auf-

leuchten der Kontrollampe an, daß man den Motor starten kann. Wenn man den Schlüssel nach dem Start losläßt, schaltet die Vorglühautomatik nach einer gewissen Zeit die Glühkerzen aus. Die Vorglühung wird innerhalb von 90 ± 20 Sekunden abgeschaltet, wenn kein Startversuch erfolgte. Somit sorgt diese Sicherheitsschaltung dafür, daß nach der bestimmten Glühzeit die Batterie nicht entleert wird, also auch dann, wenn der Motor nach Einschalten der Vorglühautomatik nicht gestartet wurde.
Demgegenüber verfügen ab August 1980 alle Diesel-Modelle über eine Schnellstartanlage. Sie wird über das »Zündschloß« betätigt und reduziert den Vorglühvorgang auf einen Zeitraum von wenigen Sekunden. In Verbindung mit dieser Anlage werden neue Stabglühkerzen eingesetzt, dazu ein besonderes Glühzeitsteuergerät. Dabei ermöglicht die motortemperaturabhängige Glühzeitsteuerung bei warmem Motor den sofortigen Start.

Störungsbeistand

Starterschalter, Glühkerzen, Anlasser

Die Störung	– ihre Ursache	– ihre Abhilfe
A Vorglühkontrolleuchte leuchtet beim Vorglühen nicht auf	1 Sicherung durchgebrannt	Sicherung ersetzen, in der Werkstatt die weitere Ursache erforschen lassen
	2 Batterie fast leer, wenn Ladekontrolle dunkler wird	Batterie aufladen lassen
	3 Stromzufuhrkabel lose, wenn probeeingeschaltete Scheinwerfer beim Vorglühen verlöschen	Batteriekabel und Kabelanschlüsse an Anlasser, Lichtschalter und Lenkschloß prüfen
B Vorglühkontrolleuchte leuchtet beim Vorglühen auf, aber Anlasser dreht nicht	1 Magnetschalter des Anlassers erhält keinen Strom	Stromweg ab Klemme 50 a Starterschalter (bei 300 D, 240 D ab Oktober 1977, 200 D ab Februar 1979 Lenkschloßschalter) bis zum Magnetschalter des Anlassers prüfen
	2 Anlasser klemmt, wenn gleichzeitig Ladekontrolle dunkler wird	Abhilfeversuch: mit eingelegtem Gang Wagen etwas vorwärts rucken oder mit Hammerstiel auf Magnetschalter klopfen
	3 Kurzschluß im Anlasser oder Magnetschalter, wenn Ladekontrolle (beinahe) verlischt	Werkstatt-Instandsetzung
C Vorglühkontrolle und Anlasser funktionieren, Motor springt aber nicht an	1 Kraftstoffmangel	Tanken und Kraftstoffleitungen mit Handpumpe entlüften (Seite 108)
	2 Vor- oder Hauptfilter verstopft	Vor- und Hauptfilterdurchfluß prüfen und reinigen
	3 Drahtzug von Starterschalter (300 D: Leerlaufversteller zu Verstellhebel der Einspritzpumpe defekt	Drahtzug auf Funktion prüfen
	4 Kraftstoff bei Kälte gestockt	Kraftstoff mit Wagen im warmen Raum aufwärmen (Seite 54)
D Nur einzelne Zylinder springen an	Einzelne Glühkerze schadhaft: Kurzschluß durch Glühwendelüberbrückung	Nochmals Vorglühen ohne Anlasserbetätigung; Glühkerzen ausbauen, nasse oder verkohlte Kerzen defekt: Auswechseln

Die Masse muß es bringen

Beide Pole der Batterie – Plus und Minus – sind gewissermaßen Ausgang und Eingang für den elektrischen Strom. In den Plus-Leitungen fließt er zu den Verbrauchern, wobei natürlich jede Leuchte und jedes Gerät an eine gesonderte Zuleitung angeschlossen sein müssen. Damit ist aber der Kreislauf, den der Strom immer zur Bewältigung seiner Arbeit durchlaufen muß, nicht beendet. Wie er wieder zurückgelangt, wird hier anschließend veranschaulicht.

Die Masse-Leitung

Für den »Rückweg« des Stroms spart man sich allgemein im Auto die Leitung und verwendet gemeinsam leitende Metallteile – die Masse. Diese Gepflogenheit trägt zur Vereinfachung und Kostenersparnis für den Hersteller in der elektrischen Anlage bei. Motor, Fahrwerksteile und Karosserie sind immer irgendwie miteinander verbunden und werden als Masseleiter benutzt. Daher sind auch im Mercedes eine Reihe von Verbrauchern, einige Schalter und z. B. die Kennzeichenleuchte nur mit dem stromführenden »Hinweg«-Kabel verbunden, während sie durch ihre Befestigung – zumeist Schrauben – oder durch ein kurzes Massekabel direkten Massekontakt besitzen.

Lockerung und Korrosion können dazu führen, daß die notwendigen Verbindungen zwischen den einzelnen Geräten und der Masse im Laufe der Zeit den rechten Kontakt verlieren. Aber auch Steckverbindungen der Kabel und Anschlußkontakte der Aggregate, also kurz die Kabelklemmen, lockern sich bei steigendem Wagenalter und oxydieren. Wenn der Strom solche Anschlüsse nicht mehr ungehindert passieren kann, kommt es zum Spannungsabfall in den Leitungen. Macht sich dieser Mangel anfangs in z. B. immer müder leuchtenden Lampen bemerkbar, so reagiert der Stromverbraucher eines Tages auf sein Einschalten überhaupt nicht mehr.

Dann sind Kabelklemmen und Anschlüsse mittels Feile, Sandpapier oder auch mit dem Taschenmesser blank zu schaben. Auch die Umgebung der Klemme ist zu reinigen. Isolierspray, das man auf die Kontaktstellen sprüht, schützt diese blanken Stellen vor bald erneut einsetzender Korrosion und verhütet außerdem Kriechströme durch Feuchtigkeit. Die weißliche Schicht des im Winter angetrockneten Streusalzes ist ein böser Feind der Elektrik, denn diese Salzrückstände sind elektrisch leitend.

Bei Verdacht auf oxydierte Schalterkontakte, die im Schaltergehäuse nicht zugänglich sind, überbrückt man zur Probe den Stromeingang und -ausgang am Schalter mit einem kurzen Stück Draht. Zeigt sich beim Antippen der beiden Schalterklemmen mit dem Hilfsdraht eine verbesserte Leistung des dabei eingeschalteten Verbrauchers, liegt der Fehler eindeutig im korrodierten Schalter.

Im Interesse der Funktionssicherheit werden von Daimler-Benz einige Verbraucher mit separaten Massekabeln verbunden. Sie sind meistens an ihrer braunen Isolation erkenntlich. Diese Massekabel haben den Vorzug, daß der vorher beschriebene Spannungsschwund nahezu ausgeschlossen ist.

Normung der Anschlüsse

Eine nicht zu unterschätzende Hilfeleistung wird innerhalb der elektrischen Anlagen des Mercedes geboten: Damit man die Kabel im Auto zuverlässig verfolgen kann, sind sie von farbigen Isolierschichten umhüllt. Dabei kommen gewissen Farben wegweisende Bedeutungen zu. So hängt »weiß« mit dem Fernlicht zusammen, »gelb« mit dem Abblendlicht und »grau« mit dem Standlicht (siehe Schaltplan).
Zudem sitzen die meisten Kabel an numerierten Anschlüssen. Bei der Bezifferung folgt man einer in Deutschland und in verschiedenen europäischen Ländern gültigen Norm, die bei ausländischen Autos oft nicht so ausführlich praktiziert wird. Beispielsweise tragen stets stromführende Kabel, die also mit der Batterie ständig in Verbindung stehen, die Klemmenbezeichnung »30«. Die Zahl »15« sagt, daß durch das angeschlossene Kabel nur Strom bei eingeschalteter Zündung fließt.
Wie der Strom ausgenutzt werden kann, hängt schließlich von dem Querschnitt und der Länge eines Kabels ab. Zur Scheinwerferlampe mit 45 Watt oder 60 Watt Aufnahmemöglichkeit läuft ein Kabel mit größerem Querschnitt als zur 5-Watt-Handschuhkastenleuchte. Wo der Strom am anderen Ende wirklich etwas leisten soll, darf er sich nicht durch ein zu dünnes Kabel zwängen müssen. Sonst tritt Spannungsabfall ein und statt der planmäßigen 12 Volt kommen nur 11 oder gar 10 Volt an. Ein zu schwaches Kabel heizt sich außerdem auf und es kann zu einem Kabelbrand kommen. Nach deutschen Norm-Vorschriften soll für 4,5 bis 5,5 Ampere Dauerstrom ein Querschnitt von je 1 mm^2 vorhanden sein.

Einziehen neuer Kabel

Elektrische Leitungen im Auto dürfen unter keinen Umständen durch Kabel, wie sie im Haushalt üblich sind, hergestellt werden. Autokabel besitzen eine benzin- und ölfeste Isolation, die zudem scheuer- und hitzebeständig ist. Solche Kabel kauft man beim Mercedes-Service oder im Zubehörhandel und man verlangt gleich die vorgegebene Farbe und Stärke.
Die dazu passenden Flachstecker und Kabelschuhe, die das Festlöten am Kabel ersparen, erhält man dort auch. Die abisolierten und blankgeschabten Kabelenden sind in die entsprechenden Verbindungsstücke zu führen, wo man sie mehrmals kurz hintereinander festklemmt. Fachwerkstätten besitzen eigens dafür vorgesehene Quetschzangen, aber auch mit dem Schneideteil einer Kombizange lassen sich solche Verbindungen vorsichtig zusammenquetschen, ohne sie zu zertrennen. Zuverlässiger ist es natürlich, die Endstücke an die Kabel festzulöten.
Bevor man irgendeine Arbeit an der elektrischen Anlage beginnt, ist das Masse-(Minus-)Kabel der Batterie zu lösen, um Kurzschlüsse zu vermeiden. Das neue Kabel soll auf möglichst kurzem Wege verlegt werden (Spannungsabfall bei übermäßigen Längen), jedoch darf man es auch nicht zu straff ziehen, damit es bei Vibrationen nicht abreißt. Kabel dürfen nicht lose herumhängen, sondern sie sind mit Klebeband an schon vorhandenen Kabelsträngen zu befestigen.
Die Bedeutung der Kabelstärke wurde im vorangegangenen Abschnitt bereits erwähnt. Zu ergänzen ist noch, daß die Leitfähigkeit der Kabel von ihrem Material abhängt und Kupfer in dieser Beziehung die besten Voraussetzungen dazu bieten. Andere Metalle sind zu weich oder spröde (Blei, Aluminium) oder zu teuer (Silber, Wolfram). Es hat demnach seinen guten Grund, wenn in Autos ausschließlich Kupferkabel verwendet werden sollen.

Die Sicherungen

Zum Schutz vor Überlastung eines Stromverbrauchers und vor möglicherweise bösen Folgen durch Kurzschluß laufen nahezu alle Stromkreise im Mercedes über Sicherungen. Solche Sicherungen besitzen dünne Metallstreifen, die dann

schmelzen, wenn sie von einer zu hohen Stromstärke durchflossen werden. Man sieht es einer Sicherung sofort an, wenn sie keinen Strom mehr hindurchläßt: Ihre Metallbrücke ist dann unterbrochen.
Der Sicherungskasten befindet sich im Motorraum links an der Trennwand. Er wird von einem Deckel mit zwei Rändelschrauben verschlossen. Die Sicherungen sind numeriert und diese Bezifferung ist nahe der Sicherung vermerkt, wobei die obere Reihe mit ungeraden Zahlen und die untere Reihe mit geraden Zahlen versehen ist. Zu den serienmäßigen 14 Sicherungen können noch bis zu vier zusätzliche Absicherungen für Verbraucher der Sonderausstattung hinzukommen, die mit den Buchstaben a bis d bezeichnet sind. Diese Zusatzsicherungen können nach Ausbrechen der beiden seitlichen Abdeckungen auf besonderen Halterungen eingesetzt werden. In dem Deckel der Sicherungsdose sind die geschützten Stromkreise zu den einzelnen Sicherungen vermerkt. Am Ende dieses Kapitels finden Sie eine Sicherungstabelle für alle in den Diesel-Modellen möglichen Stromverbraucher.
Die Schaltungen zwischen Batterie, Lichtmaschine, Anlasser und Lenkschloßschalter sind nicht durch Sicherungen überwacht. Springt der Motor nicht an, ist das Suchen nach einer durchgebrannten Sicherung im Sicherungskasten zwecklos. Allerdings könnte die zu der Vorglühanlage gehörende 50-Ampere- bzw. 80-Ampere-Sicherung ausgefallen sein, und was in dieser Hinsicht zu wissen ist, finden Sie auf Seite 179.
Sicherungen im Auto sind so ausgelegt, daß sie eine Stunde lang das 1½ fache an Belastung des ihnen bestimmten Amperewertes verkraften können. Sollte eine Sicherung durchbrennen, muß das als Warnzeichen gelten, denn offensichtlich liegt ein Masseschluß vor. Dann hat es meist keinen Sinn, eine neue Sicherung einzusetzen, ohne nach der Ursache des Ausfalls geforscht zu haben. Mit einer Prüflampe läßt sich feststellen, ob vor der Sicherung und nach der Sicherung Spannung anliegt und ob diese bis zum Verbraucher gelangt.
Entweder ist ein an der betreffenden Sicherung angeschlossener Stromverbraucher defekt oder das Kabel ist beschädigt. Eine Überlastung der Sicherung ist nur möglich, wenn daran ein zusätzlicher, vom Werk nicht vorgesehener Verbraucher angeschlossen wurde. Für solche eventuell nachträglich eingebaute Verbraucher soll eine besondere Sicherung verwendet werden.
Durch vorläufiges Abklemmen des in der beschriebenen Weise eingekreisten Störenfrieds kann man die Arbeit der übrigen an die betreffende Sicherung angeschlossenen Verbraucher aufrechterhalten. Die gefundene Hemmung muß aber baldigst beim Elektrodienst oder Mercedes-Service behoben werden.
Derartige Störungen lassen sich mit einem Amperemeter aufspüren. Das Instrument wird statt der Sicherung an deren Kontaktklemmen angelegt und die an dieser Leitung hängenden Verbraucher schaltet man einzeln ein. Dabei wird abgelesen, wieviel Ampere jeweils beansprucht werden, und der Übeltäter läßt sich lokalisieren. Ein während der Fahrt durch Wackelkontakt eingetretener Kurzschluß ist auf diese Weise allerdings nicht zu erkennen.
Für alle Fälle muß man einige 8- und 16-Ampere-Sicherungen, wie sie im Mercedes verwendet werden, im Wagen als Ersatz mitführen. Die Störung soll man nicht – auch nicht provisorisch – versuchen mit einer stärkeren Sicherung zu überbrücken, da sich sonst die für die ursprüngliche Sicherung ausgelegten Kabel mit entsprechendem Querschnitt aufheizen könnten, wodurch ein Kabelbrand droht. Und statt der Sicherung einen Nagel oder eine Büroklammer einzusetzen ist tödlicher Leichtsinn. Die Versicherung zahlt keinen Pfennig, wenn sie das wegen Kurzschluß verbrannte Wagenwrack untersuchen läßt und die Schadensursache herausfindet.

Die im Motorraum links hinten untergebrachte Sicherungsdose wird von einem Deckel mit zwei Schrauben mit Rändelgriff verschlossen. Die 14 zur Grundausstattung gehörenden Sicherungen sind numeriert, wobei die obere Reihe die ungeraden und die untere Reihe die geraden Sicherungs-Nummern enthält. Nach Ausbrechen der beiden seitlichen Abdeckungen kann beim Einbau von Sonderausstattungen eine Erweiterung um zweimal 2 Zusatzsicherungen vorgenommen werden. In der Dose befindet sich auch Platz für Ersatzsicherungen.

Die in unserer Liste angegebenen Sicherungsnummern sind mit der Numerierung im Sicherungskasten identisch. Die größere Anzahl von Sicherungen gegenüber früheren Modellen ergibt sich aus der im Automobilbau üblichen, stets umfangreicher werdenden elektrischen Anlage mit immer mehr Stromverbrauchern. Deshalb war es nötig, die Sicherungen in zwei Reihen unterzubringen, wobei die schon erwähnte Einteilung der Nummernfolge zu beachten ist: oben ungerade Zahlen, unten gerade Zahlen. Beim Erneuern einer Sicherung bei Dunkelheit muß man eine Taschenlampe zu Hilfe nehmen, auch das Aufsetzen des Sicherungskastendeckels bereitet ohne ausreichende Beleuchtung Schwierigkeiten.

Sicherungstabelle

Sicherung Nummer	Ampere	Klemme	angeschlossene Stromverbraucher
1	8	58 R	Standlicht rechts, Schlußleuchte rechts, Kennzeichenbeleuchtung, Instrumentenbeleuchtung, Warnblinkschalter, Bedienungsanlage für Heizung und Lüftung, *Scheinwerferreinigungsanlage, Ganganzeige*
2	8	30	Zeituhr, Deckenleuchte, Kofferraumbeleuchtung, Warnblinkanlage, *Relais II der Fensterheber, Fensterheber Klemme 86/87, automatische Antenne*
3	8	58 L	Standlicht links, Schlußleuchte links
4	8 16	30	Zigarrenanzünder, Handschuhkastenleuchte, *Radio,* *Sitzheizung vorn*
5	8	58 N	Nebellicht, Nebelschlußleuchte
6	16	15 R	Scheibenwischer, Scheibenwascher, Lichthupe, *Relais Scheinwerferreinigungsanlage Klemme 86*

Kursivschrift: Sonderausstattung

Bei den T-Modellen erfolgt die Stromzuführung an die rechte Heckleuchte und von dort weiter an die linke über einen vierpoligen Stecker. Diese Steckverbindung ist nicht störanfällig.

Sicherung Nummer	Ampere	Klemme	angeschlossene Stromverbraucher
7	8	56 a	Fernlicht rechts, Fernlichtkontrolle
8	16 25	15 R	*Heizbare Heckscheibe,* *Sitzheizung hinten*
9	8	56 a	Fernlicht links
10	16	15	Gebläsemotor
11	8	56 b	Abblendlicht rechts
12	8	15	Bremsleuchten, Blinkleuchten, Kombiinstrumente (siehe Schaltplan: 4 b-f), *Relais Zusatzlüfter Klemme 86,* *Kältekompressor,* *Fensterheber Klemme 87 a,* *Geschwindigkeitsregelanlage*
13	8	56 b	Abblendlicht links
14	8	15	Rückfahrlicht, Horn, Fanfaren, *Automatisches Getriebe (Kick-down-Schalter, Magnetventil)*
a	16	15/30	*Fensterheber vorn rechts und hinten links*
b	16	15/30	*Fensterheber vorn links und hinten rechts*
c	16 (25)	15	*Zusatzlüfter,* *Zusatzheizung*
d	16	15	*Elektrisches Schiebedach*

Kursivschrift: Sonderausstattung

Bei den letzten Fahrzeugen des Baujahrs 1984 erfolgten geringfügige Änderungen der Stromlaufpläne (Seite 222–226) und damit auch der Sicherungsanordnung. Im Deckel des Sicherungskastens sind die Stromverbraucher der einzelnen Sicherungen vermerkt.

Gut belichtet

Für alle Leuchten am Wagen ist der Autofahrer selbst verantwortlich. Leider kann man sich aber auf die stets richtige Funktion der Beleuchtungsanlage nicht grundsätzlich verlassen, weil Glühlampen eine begrenzte Lebensdauer haben. Daneben können auch andere Ursachen zum Aufall einer Leuchte führen, wie im vorangegangenen Kapitel beschrieben wurde.
Meist sind nur wenige Handgriffe nötig, um einen entsprechenden Defekt zu beheben. Im Interesse der Sicherheit muß man im Straßenverkehr – zumal bei Dunkelheit – sehen können und gesehen werden.

Sicherheit durch Licht

Eine defekte Leuchte macht das Auto zur Gefahrenquelle, gleichgültig, ob es sich dabei um Standlicht oder Bremslicht oder um eine der anderen Beleuchtungseinrichtungen handelt. Wer mit nur einem brennenden Scheinwerfer daherkommt, dessen Auto wirkt auf den Gegenverkehr wie ein Motorrad. Das gleiche gilt für die Rückleuchten. Bedrohlich wird es, wenn das Licht vorne links am Wagen erloschen ist. Sollte man in diesem Fall wirklich keine Reservelampe zur Verfügung haben, dann setzt man wenigstens die noch intakte Birne von der rechten ausgebauten Lichtquelle in die linke. So ist – bei unserem Rechtsverkehr – zumindest die bei der Fahrbahnmitte zugewendete Seite des Wagens für den Gegenverkehr gesichert. Aber dann muß man wirklich zur nächsten Werkstatt oder Tankstelle fahren.
Sollte unterwegs wegen einer nicht funktionierenden Leuchte die Polizei zum Anhalten auffordern, wird man nur dann ohne Strafmandat davonkommen, wenn die Ersatzbirne griffbereit ist. Ein so vorsorglicher Autofahrer ist nach der Rechtssprechung glaubwürdig, wenn er behauptet, die Lampe müsse »gerade eben« durchgebrannt sein. Dafür kann er nicht verantwortlich gemacht werden.
Die Lichtstärke kann bei ungünstiger Witterung durch verschmutzte Streuscheiben bis zur Hälfte der ursprünglichen Helligkeit abfallen. Wenn der Mercedes

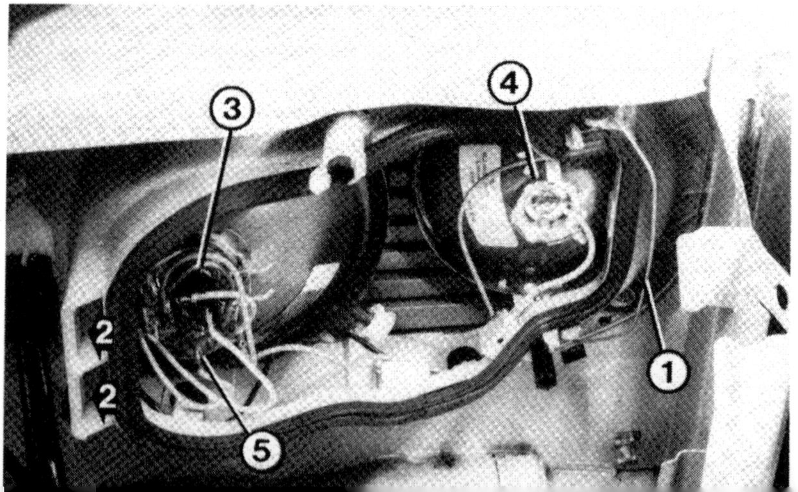

Scheinwerfer-Einheit links ohne Abdeckung. Die Abdeckung wird entnommen, indem man den Verschlußbügel (1) nach innen schwenkt und danach die Abdeckung aus der Halterung (2) herauszieht. 3 – Abblendlicht- und Fernlichtscheinwerfer, 4 – Nebelscheinwerfer, 5 – Standleuchte.

nicht mit einer Scheinwerfer-Reinigungsanlage ausgestattet ist, muß man immer für saubere Scheinwerfergläser sorgen. Das gleiche gilt für die anderen Außenleuchten am Wagen, und bei den Rückleuchten soll man sich nicht völlig auf ihre speziell profilierten Deckgläser verlassen, deren mit Sicken versehene Oberflächen am Heck weniger empfindlich gegen Verschmutzung sind als eine glattflächige Verglasung.
Schließlich behindern noch beschlagene Reflektoren und geschwärzte Glaskolben der Glühlampen eine optimale Lichtausbeute. Halogen-Lampen bekommen manchmal einen weißlichen Kolben; eine solche Lampe hat Luft gezogen und das mindert ebenfalls die Lichtstärke. Weiterhin führen oxydierte Kabelverbindungen zu Spannungsabfall.

Ersatzlampen-Vorrat

Wer weiß, welche Lampe am Auto als nächste durchbrennt? Die Hersteller geloben z. B. für den Abblendfaden in den Hauptscheinwerferlampen eine Lebensdauer von 150 Brennstunden. Eine Garantie gibt es aber nicht. Deshalb ist es vorteilhaft, wenn Sie sich für Ihren Mercedes zu jeder der vorhandenen Beleuchtungseinrichtungen wenigstens eine Ersatzlampe kaufen. In einem stabilen Kästchen, ausgelegt mit Watte, Schaumstoff oder Papiertaschentüchern, nehmen diese Lampen kaum Platz weg.
Praktische Lampenkästchen von Osram und Philips, die vorsortierte Ersatzlampen als Vorrat enthalten, bekommt man beim Zubehörhandel oder in Kaufhäusern. Tankstellen bieten oft weniger preiswerten Einkauf. Wir lassen eine Aufstellung der Lampen aller äußeren Beleuchtungseinrichtungen folgen, die für alle hier beschriebenen Diesel-Modelle gültig ist. Selbstverständlich handelt es sich dabei um Lampen mit 12 Volt Spannung.

Hauptscheinwerfer		
Konventionelle Scheinwerfer:	Zweifaden-Kugellampe	45/50 Watt
Halogen-Scheinwerfer:	H 4-Lampe	60/55 Watt
Nebelscheinwerfer		
Konventionelle Scheinwerfer:	Kugellampe	35 Watt
Halogen-Scheinwerfer:	H 3-Lampe	55 Watt
Standleuchten	Kugellampe	4 Watt
Blinkleuchten vorn	Kugellampe	21 Watt
Blinkleuchten hinten	Kugellampe	21 Watt
Schlußleuchten	Kugellampe	10 Watt
Bremsleuchten	Kugellampe	21 Watt
Rückfahrleuchten	Kugellampe	21 Watt
Nebelschlußleuchten	Kugellampe	21 Watt
Kennzeichenleuchte	Soffittenlampe	5 Watt

Die Innenraumleuchten und die Kofferraumleuchte sind mit 10-Watt-Soffittenlampen bestückt, in der Handschuhkastenleuchte sitzt eine Soffitte mit 5 Watt.

Funktion aller Leuchten prüfen

Teil der Pflegearbeit Nr. 41

Ohne fremde Hilfe kann man die einzelnen Lampen der Außenbeleuchtung vor einer Wand prüfen und kontrollieren, ob zwei Lichtflecke nebeneinander vorhanden sind. Wenn ja, brennen beide Scheinwerfer, und durch Auf- und Abblenden erhält man zugleich Gewißheit über die Funktion von Fern- und Abblendlicht. Diese Methode kann man auch bei den vorderen Blinkern anwenden. Wenn man den Wagen dann wendet und rückwärts dicht an die gleiche Wand heranfährt, hat man mit Hilfe des Innenspiegels in gleicher Weise die Möglichkeit, das Aufleuchten aller hinteren Leuchten (auch des Bremslichts) zu beobachten. Beim Einlegen des Rückwärtsganges müssen die Rückfahrleuchten brennen.
Die Lampe einer ausgefallenen Leuchte muß nicht unbedingt defekt sein, manchmal ist auch trotz intakter Sicherung die Stromzufuhr irgendwo gestört. Dann brennt vielleicht auch die neue Birne nicht, weil Lampenfassung oder

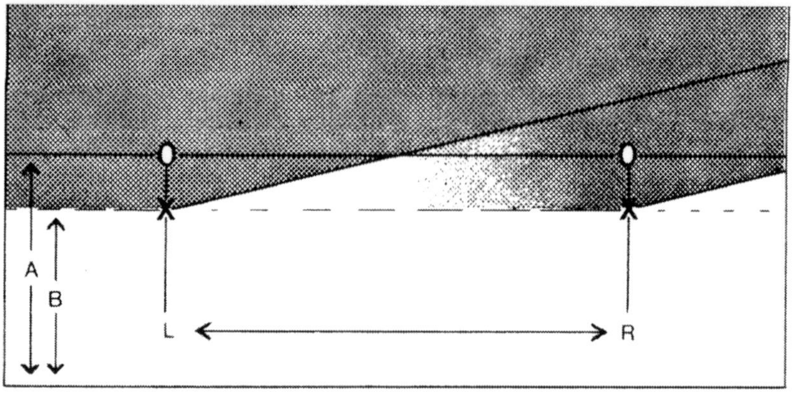

Von der Wand, auf der Sie die im Text beschriebenen Markierungen zum Einstellen der Scheinwerfer anbringen, müssen Sie etwas über 13 m ebene Fläche haben, damit auch die Hinterräder des Wagens noch darauf stehen, wenn das Auto 10 m zurückgerollt wird. Die beiden senkrechten Linien L und R zeigen die Entfernung der beiden Scheinwerfer voneinander, die bei O in einer Waagerechten in der Höhe A zu markieren sind. Danach rollt man das Auto 10 m von dieser Wand zurück, wo jetzt das Abblendlicht in der Höhe B (= 10 cm unter der Höhe A) erscheinen soll. An den Knickpunkten X verläuft die Hell-Dunkel-Grenze des asymmetrischen Lichtes.

Kabelverbindungen keinen Strom weiterleiten. Das kann bei einem schon älteren Wagen vorkommen.
Abhilfe: Birne bei eingeschaltetem Schalter leicht hin- und herdrehen; flackert sie auf, Strom ausschalten und Lampenfassung und inwendige Kontaktzungen mit Taschenmesser vorsichtig blank schaben. Gleiches Verfahren bei der entsprechenden Schmelzsicherung (welche zuständig ist, kann im Kapitel »Elektrische Leitungen« nachgesehen werden). Bleiben beide Versuche erfolglos, kann nur eine Kabelverbindung lose oder oxydiert sein. Beim Verfolgen der Kabel ist der Schaltplan hinten in diesem Buch behilflich.
In diesem Zusammenhang sei vermerkt, daß das Auswechseln von Glühbirnen, von einer Werkstatt vorgenommen, von dieser auch – neben dem Glühlampenneupreis – berechnet wird.
Bei dieser Gelegenheit kann man gleich die Kontrollampen im Kombi-Instrument nachprüfen. Beim Einschalten des Standlichts, des Fernlichts, der Blinker, der Warnlichtanlage, des Lenkschloßschalters, der Vorglühanlage, der heizbaren Heckscheibe und beim Treten der Feststellbremse müssen die entsprechenden Kontrollichter aufleuchten.

Scheinwerfereinstellung überprüfen

Die Hauptscheinwerfer müssen so eingestellt sein, daß ihr Abblendlicht auch bei extremer Belastung des Wagens im vorschriftsmäßigen Winkel auf die Straße strahlen (siehe dazu auch den nächsten Abschnitt). Bei etwas Übung kann man selbst während der Fahrt beurteilen, ob die Fahrbahn nicht mehr richtig ausgeleuchtet wird.
Für die Einstellung sind einige Vorbereitungen zu treffen: Der Luftdruck der Reifen ist zu prüfen und gegebenenfalls richtigzustellen. Der Wagen muß mit einer Person oder 70 kg auf dem Rücksitz belastet werden, der Tank ist zu füllen und Reserverad, Werkzeug und die sonst im Betrieb auch mitgeführten Ausrüstungsteile sind im Wagen unterzubringen. Danach rollt man das Auto langsam auf den Einstellungsplatz und betätigt die Feststellbremse möglichst nicht, um keine Änderung der Federeinstellung hervorzurufen. Bei Fahrzeugen mit Niveau-Regulierung läßt man den Motor ca. 30 Sekunden mit mittlerer Drehzahl laufen und rollt dann den Wagen aus. Bei den bis 1979 gebauten Wagen muß die Scheinwerfer-Höhenverstellung auf »normal« eingestellt sein (Bild Seite 191). Die danach gebauten Modelle haben pneumatische Leuchtweitenregulierung: Der Regulierschalter in der Mittelkonsole muß in Grundstellung »0« stehen, und statt auf dem Rücksitz muß eine Person auf dem Fahrersitz Platz nehmen.
Für eine genaue Einstellung benötigt man eine senkrechte glatte Wand, beispielsweise in der Garage. Man rollt den Wagen bis dicht vor die Wand und kennzeichnet auf dieser die Mittelpunkte der Scheinwerfer. Werden die Punkte durch eine Linie verbunden, muß dieselbe waagerecht sein. Danach ist der Mer-

cedes um 10 m zurückzuschieben, wobei er auf dem neuen Platz auch noch exakt waagerecht stehen muß.
Wenn das Abblendlicht (äußere Scheinwerfer) eingeschaltet wird, müssen die durch das asymmetrische Licht erzeugten Knickpunkte 10 cm unterhalb der vorher eingezeichneten Markierungspunkte erscheinen. Der von den beiden Mittelpunkten nach rechts ansteigende Lichtwinkel hat etwa 15° zu betragen. Stimmen die Lichtgrenzen nicht, ist die Stellung der Scheinwerfer entsprechend zu verändern. Da Abblendlicht- und Fernlicht von demselben Scheinwerfer ausgestrahlt werden, bezieht sich die Einstellung des Abblendlichtes zugleich auf das Fernlicht.
Das Einstellen geschieht mittels der im Motorraum zugänglichen Sechskantschrauben, die im Bild unten gezeigt sind. Grundsätzlich dient die obere Stellschraube für die Höheneinstellung der Einheit Abblend-Fernlicht-Scheinwerfer und Nebelscheinwerfer, die beiden unteren, seitlich der Einheit angeordneten Stellschrauben gehören jeweils zu ihrem besonderen Scheinwerfer und sind für die Seiteneinstellung derselben da.
Daraus ergibt sich, daß jeweils eine Scheinwerfereinheit so eingestellt werden muß, daß die beiden Leuchten in einem Arbeitsgang überprüft werden. Nach der Einstellung des Abblendlichts wird das Nebellicht eingestellt und anschließend muß das Licht des ersteren nochmals überprüft und eventuell korrigiert werden. Auch beim Nebellicht muß in 10 m Entfernung die Mitte des Lichtbündels 10 cm unterhalb der vorher markierten Nebelscheinwerfermitte erscheinen.

Höhenverstellung bei Belastung

Die Scheinwerfer lassen sich unabhängig von der Grundeinstellung in zwei Positionen einstellen, die man nach dem Belastungszustand des Wagens wählt. Bei stark belastetem Auto senkt sich das Hinterteil der Karosserie derart, daß der Lichtschein des Abblendlichts nicht mehr im vorgeschriebenen Winkel auf die Straße fällt.
An den im Motorraum zugänglichen Scheinwerfern sitzen die Hebel für die Korrektureinstellung auf den Schrauben der Höheneinstellung. Somit wirkt sich die Einstellung sowohl auf die Hauptscheinwerfer mit Abblend- und Fernlicht wie auch auf die Nebelscheinwerfer aus. Unterhalb des Handverstellhebels, auf der Scheinwerferabdeckung, sind die Worte »Normal« und »Bei Hecklast« aufgeprägt. Sie dienen als Markierung zum Ausrichten des Hebels für die Leuchtweitenregulierung.
Von August 1979 an sind alle Modelle mit einer pneumatischen Leuchtweitenregulierung ausgestattet. Sie wird über den Regulierschalter in der Mittelkonsole betätigt. Bei Limousinen und Coupés ohne Niveauregulierung kann die Leucht-

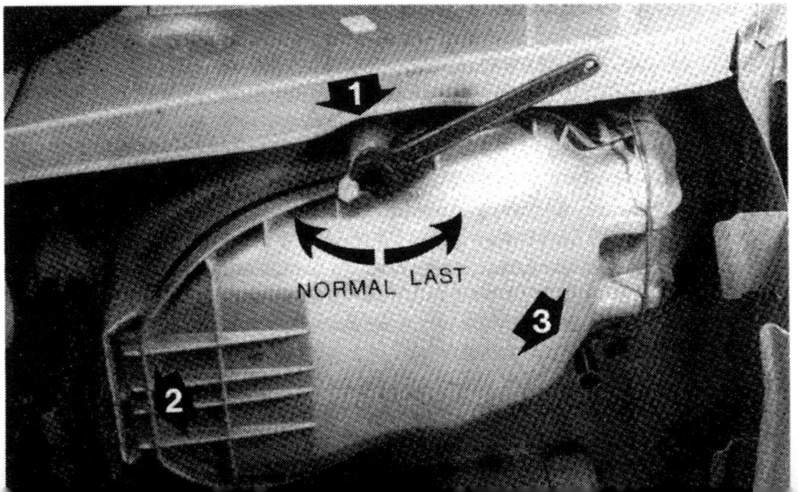

Einstellschrauben der linken Scheinwerfer-Einheit: 1 – Schraube für Scheinwerfer-Höhenverstellung, 2 – Schraube für Scheinwerfer-Seitenverstellung, 3 – Schraube für Nebelscheinwerfer. Die Schrauben sind mittels Schlüssel SW 11 zu bedienen. Oben, an der Schraube -1-, befindet sich auch der Hebel für die Leuchtweitenregulierung. Bei stark beladenem Wagen soll der Hebel in Richtung Last gedreht werden.

Zum Auswechseln der Lampe für Abblend- und Fernlicht ist zunächst der Stecker (1) vom Lampensockel abzuziehen. Federnde Klammern zum Halt der Lampe aushängen und zur Seite drehen (schwarze Pfeile). Danach Lampe (2) entnehmen. Glaskolben der neuen Lampe nicht berühren! Das gilt ganz besonders für die im Bild gezeigte Halogen-Lampe.

weite in 3 Stufen nach unten korrigiert werden, bei Wagen mit Niveauregulierung und bei den T-Modellen ist dazu noch eine zusätzliche Verstellmöglichkeit nach oben (bei voll besetzter Fondsitzbank) gegeben.

Scheinwerfergläser

Durch Steinschlag oder Unfall können die Scheinwerfergläser zerstört werden. Ein defektes Glas sollte umgehend ersetzt werden, solange die Reflektoren durch Witterungseinflüsse noch nicht Schaden genommen haben, sonst ist auch die komplette Leuchteinheit auszuwechseln.

Beim Kauf eines neuen Scheinwerferglases ist der Hersteller der Scheinwerfereinheit (Bosch oder Hella) anzugeben und zu berücksichtigen, ob es sich um konventionelles oder Halogen-Licht handelt. Die Gläser haben entsprechend unterschiedliche Daimler-Benz-Teilenummern.

Zum Auswechseln des Glases ist zunächst die Blinkleuchte, danach die Scheinwerfer-Leuchteinheit auszubauen. Die Befestigungsklammern für das Scheinwerferglas lassen sich mit einem schmalen Schraubenzieher abdrücken und können nach Einsetzen des neuen Glases wieder verwendet werden.

Bei Reisen in Ländern mit Linksverkehr blendet das für Rechtsverkehr eingerichtete asymmetrische Abblendlicht den Gegenverkehr. Beim Grenzübertritt müssen deshalb die Prismensektoren auf den Scheinwerfergläsern mit in entsprechender Form ausgeschnittenen Klebestreifen abgedeckt werden.

Lampenwechsel

Scheinwerfer: Abblend- und Fernlicht, Standlicht, Nebellicht

In der Grundausstattung besitzen alle Diesel-Modelle bis Frühjahr 1977 Scheinwerfer für konventionelle Lampen (Kugellampen). Auf Wunsch gab es die Wagen auch mit Halogen-Scheinwerfern, die für jene Art von Lampen mit höherer Lichtleistung eingerichtet sind und auch über Streuscheiben mit anderer Riffelung verfügen. Ab dem genannten Datum sind alle Modelle mit Halogen-Scheinwerfern ausgerüstet. Diese Unterscheidung von »konventionell« und »Halogen« bezieht sich auf die komplette Scheinwerfereinheit mit Abblend-, Fern- und Nebellicht.

In der einen wie in der anderen Version werden Abblendlicht und Fernlicht von einer einzigen Lampe mit zwei getrennten Glühfäden ausgestrahlt. Falls nur ein Faden einer solchen Zweifaden- oder »Bilux«-Lampe ausgefallen ist, wenn also nur Fernlicht oder Abblendlicht brennt, muß die Lampe ersetzt werden. Denn der Defekt wird kaum an der Stromzufuhr liegen. Brennen dagegen beide Fäden nicht, besteht entweder kein Massekontakt oder die Ansteuerung ist defekt oder die Lampe ist gänzlich geschädigt.

Die Lampen der Scheinwerfer sind zugänglich, wenn man im Motorraum den

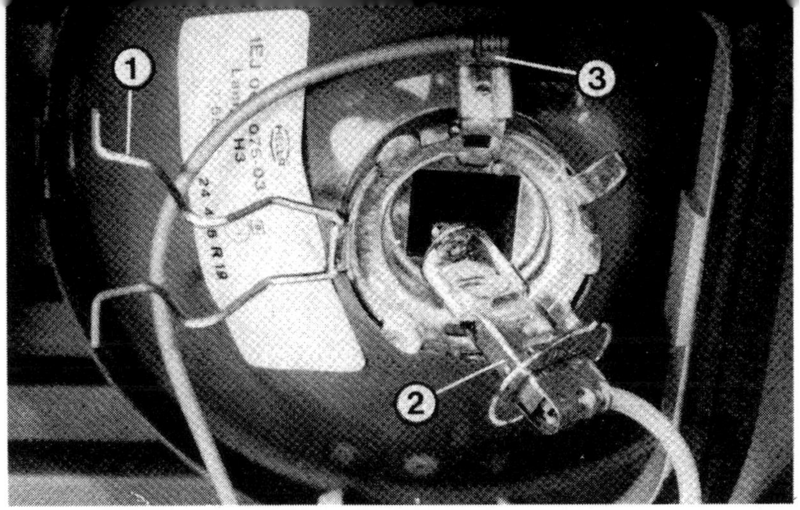

Das Auswechseln der Halogen-Lampe des Nebelscheinwerfers geschieht ähnlich wie beim Hauptscheinwerfer: Klammer (1) aushaken und Lampe (2) entnehmen. Diese H-3-Lampe ist direkt mit einem Kabel verbunden, dessen Ende aus dem Steckkontakt gezogen werden muß. Das Massekabel (3) besitzt eine gleichartige Steckverbindung.

an der Innenseite der Scheinwerferabdeckung eingerasteten Verschlußbügel in Richtung Kühler drückt. Dann läßt sich die Abdeckung aus ihrem Sitz schwenken und am äußeren Rand aus der Halterung nehmen.
Die Abblend- und Fernlichtlampe in konventioneller Art wird entnommen, indem man den Kabelstecker vom Lampensockel abzieht, den Lampenhalter etwas andrückt, nach links dreht und aus dem Sitz ausrastet. Beim Einsetzen der neuen Lampe achte man auf die am Rande des Lampensockels angebrachten Aussparungen, die – wie ein Schlüssel in sein Schloß – nur in einer Richtung in die Fassung passen. Dabei befindet sich die mittlere Kontaktzunge des Lampensockels oben. Ähnlich verhält es sich bei Halogen-Licht: Die H 3-Lampe für Nebellicht wird jedoch von einem federnden Bügel festgehalten, der sich aushängen und nach außen schwenken läßt.
Die Lampe für Standlicht (und für Parklicht) sitzt unterhalb der eben erwähnten Abblend- und Fernlichtlampe im gleichen Reflektor. Bei konventionellen Scheinwerfern sitzt die Lampe in einem Halter, der in den Sitz eingerastet ist, bei Halogen-Scheinwerfern wird die Lampe nach Herausziehen ihres Halters in diesen hineingedrückt und gedreht und läßt sich dann entnehmen.
Die Nebellichtlampe in konventionellen Scheinwerfern wird von einer Haltefeder fixiert. Nach Lösen derselben nimmt man den Lampenhalter von seinem Sitz, drückt die Glühlampe darin nieder und kann sie nach Linksdrehen entnehmen. Die Halogen-Lampe dagegen besitzt ein mit dem Lampensockel fest verbundenes Kabelstück mit Steckkontakt am anderen Kabelende. Diese Verbindung ist zu trennen, der Haltebügel wird ausgehängt, und die Lampe läßt sich entnehmen.
Der Einbau der Lampen geschieht jeweils in umgekehrter Reihenfolge.

Fingerzeig: *Jede neue oder eventuell weiter zu verwendende Scheinwerfer-Glühbirne darf keinesfalls an ihrem Glaskolben berührt werden. Man faßt die Lampe nur mit einem Papiertaschentuch an. Durch Anfassen mit bloßen Händen sind Schweißspuren auf der Lampe unvermeidbar, die bei eingeschalteter Lampe durch die entstehende Hitze verdunsten und Glaskolben wie besonders Reflektor trüben.*

Vorderes Blinklicht

Zum Lampenwechsel muß das Blinklichtgehäuse nach außen abgenommen werden. Dazu ist im Motorraum die seitlich am Innenblech befindliche Rändelmutter loszudrehen. Das Gehäuse wird nach vorn aus dem Karosserieumfang gedrückt und dadurch aus dem Halt von zwei Laschen befreit.
Das Blinklichtgehäuse kann zweierlei Bauarten von Lampenhaltern aufweisen: Entweder ist der Halter eingesteckt, dann zieht man ihn an der breiten Nase her-

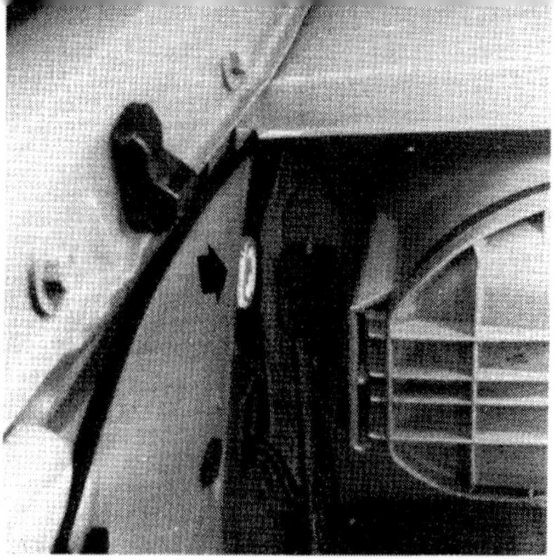

Zum Erneuern einer vorderen Blinklichtlampe im Motorraum die Rändelmutter (schwarzer Pfeil im Bild links) abschrauben. Am Gewindestift (schwarzer Pfeil im Bild rechts) drückt man das Gehäuse nach außen, Unterlegscheibe nicht verlieren! Den Lampenhalter aus der Fassung drehen, dann die Lampe entnehmen. Durchbrochene Pfeile: Gehäusezapfen und -führungen.

aus. Oder er verfügt über eine Art Bajonettverschluß, der durch Drehen links herum gelöst wird. Nach Entnahme des Halters mit Lampe wird letztere in ihren Sitz gedrückt, nach links gedreht und herausgenommen.

Bei abgebautem Blinklichtgehäuse ist zu beachten, daß die gezähnte Federscheibe auf dem Gewindestift für die Rändelmutter nicht verlorengeht. Sie sitzt zwischen Blinkleuchte und Gehäuse und darf mit der Rändelmutter nicht in Berührung kommen, da sich diese sonst nicht mehr lösen läßt. Wenn das Gehäuse wieder angebaut wird, sind die beiden Führungshaken an der Flachseite in die rechteckigen Halterungen einzubringen. Das Gehäuse muß von außen gut in die Karosserieaussparung gedrückt werden, zugleich schraubt man im Motorraum die Rändelmutter fest.

Rückleuchten

Die Heckleuchteneinheit verfügt – von außen nach innen aufgezählt – über Blinkleuchte, Schlußleuchte (Parkleuchte), Bremsleuchte und Rückfahrleuchte, in der linken Einheit zudem noch über eine Nebelschlußleuchte.

Zum Lampenwechsel ist der Kofferraum zu öffnen. Dort werden zwei Rändelmuttern abgeschraubt, wonach sich der Lampenträger für alle Rückleuchten abnehmen läßt. Der Kabelverbinder braucht dabei nicht vom Lampenträger gelöst zu werden. Die Lampen sitzen auf einer gemeinsamen Platte und sie haben einen Bajonettverschluß: hineindrücken und nach links drehen, dann entnehmen.

Kennzeichenleuchten

Zur Beleuchtung des hinteren Kennzeichens dienen zwei Leuchten, die am Rand der Kofferraumhaube befestigt sind. Soll eine Lampe ersetzt werden, ist der Kof-

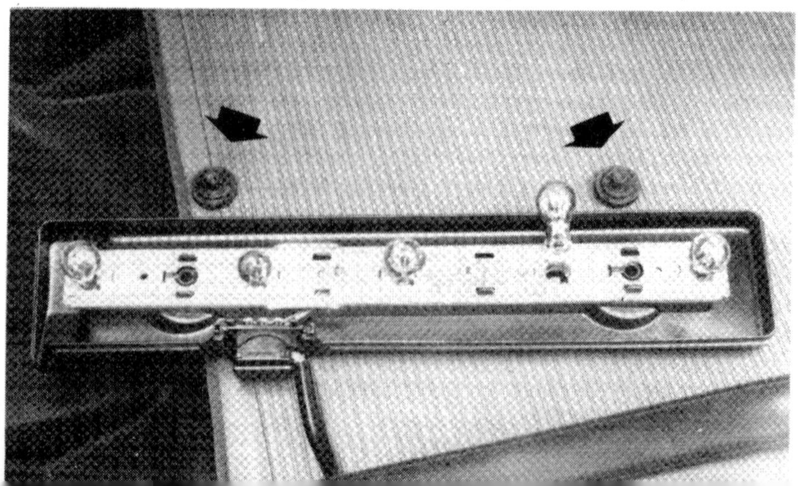

Um eine der Lampen der Rückleuchten zu erneuern, sind im Kofferraum zwei Rändelmuttern abzuschrauben. Aus dem danach abgenommenen Lampenträger können die Lampen entnommen werden. Die Kabelverbindung ist mit zwei Haken am Rand des Lampenträgers arretiert und jedes Kabel ist außerdem mit einer Schraube mit seinem Lampenkabel verbunden; diese Verbindungen braucht man nicht zu trennen.

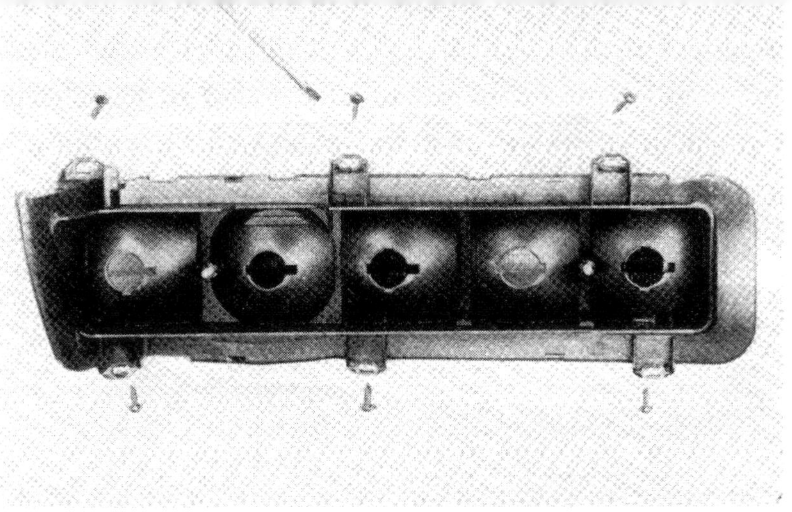

Wenn die Verglasung einer Heckleuchte erneuert werden muß, kann man nach Abschrauben des Lampenträgers das Gehäuse zusammen mit der Verglasung (Lichtfenster) entnehmen, indem man sechs Blechschrauben SW 8 herausgedreht hat. Zwischen Gehäuse und Lichtfenster ist eine Dichtung angebracht.

ferraumdeckel zu öffnen. Zwei Kreuzschlitzschrauben zur Befestigung der Leuchten werden herausgedreht, danach läßt sie sich herausnehmen.
Die Soffittenlampe ist zwischen zwei Kontaktzungen eingeklemmt. Vor dem Einsetzen der neuen Lampe biegt man die beiden Kontaktzungen etwa zueinander, damit die Lampe von ihnen stramm gehalten wird und zugleich eine gute Stromaufnahme gesichert ist. Sollten beide Lampen gleichzeitig ausgefallen sein und die zuständige Sicherung ist in Ordnung, besteht der Verdacht, daß der gemeinsame Masseanschluß – wahrscheinlich an der rechten Lampe – defekt ist.

Innenleuchten

Die Innenleuchte ist in der Aussparung des »Himmels« nur festgeklemmt. Wenn man sie dort etwas nach links drückt und am rechten Rand mittels Schraubenzieher vom den Sitz abhebt, kann man sie nach rechts herausziehen.
Wenn die Innenbeleuchtung nicht funktioniert, ist womöglich der Türkontaktschalter der Übeltäter. Jede Vordertür besitzt einen eigenen Schalter im Türholm, der die Leuchte einschaltet. Ein solcher Schalter ist nur im Blech eingesteckt. Mit einem Schraubenzieher läßt er sich herausdrücken.
Kabelanschlüsse und Leichtgängigkeit des Kontaktstiftes prüfen und eventuell vorhandene Verschmutzung entfernen. Ein defekter Schalter muß ausgetauscht werden.
Als Sonderausstattung gibt es auch eine Deckenleuchte hinten mit dazugehörenden Kontaktschaltern an den Hintertüren. Diese Anlage ist mit der vorderen vergleichbar.

Die rechte Heckleuchteneinheit der T-Modelle. Zum Lampenwechsel sind von innen zwei Hutmuttern (1) mittels Schraubenzieher abzuschrauben, dann läßt sich das Gehäuse (2) nach außen abziehen. Die Fassung (3) mit den drei Lampen ist zu entnehmen, wenn man gegen die Nase (4) oben am Sitz der Fassung drückt. Bei der linken Leuchte muß man das Reserverad herausnehmen und anstelle der Hutmuttern sind zwei Muttern SW 10 anzuschrauben.

Die Kennzeichenleuchten sind am Rand des Kofferraumdeckels von unten angeschraubt. Nach Herausdrehen der beiden Schrauben zieht man die Lichtscheibe mit dem Gehäuse aus dessen Sitz. Die Soffittenlampe ist nur in den beiden Kontaktzungen eingeklemmt; vor dem Einsetzen einer solchen Lampe drückt man die Kontaktzungen etwas gegeneinander.

Kofferraumleuchte

Beim Öffnen des Kofferraumdeckels schließt der dann unbelastete Stift des Kofferraumleuchtenschalters den Stromkreis und die Lampe leuchtet auf. Diese Soffittenlampe besitzt keine Verglasung, vielmehr ist sie durch eine Aussparung im Innenblech des Kofferraumdeckels erreichbar. Die besonders beim Schließen des Deckels unvermeidbaren Erschütterungen können auf die Dauer die Lampe in ihrem Halt lockern. Die dem Schalter gegenüberliegende Kontaktzunge muß daher gut gegen die Lampe drücken.

Bei den T-Modellen sitzt die Nebelschlußleuchte links und der Rückfahrscheinwerfer rechts unterhalb der Stoßstange. Diese von den Heckleuchteneinheiten getrennten Lampen besitzen eine rote bzw. farblose Lichtscheibe, die mit zwei Schrauben befestigt ist.
Wie das Bild zeigt, kann der Reflektor durch eingedrungene Feuchtigkeit verrosten, falls die Lichtscheibe nicht gut angeschraubt wurde oder die Dichtung zwischen Lichtscheibe und Gehäuse brüchig, gerissen oder geknickt ist.

Die Kofferraumleuchte wird beim Öffnen des Kofferraumdeckels über den sich dann nachschiebenden Schalterstift eingeschaltet. Diese Soffittenlampe wird nur von der in Pfeilrichtung drückenden Kontaktzunge festgehalten. Wenn deren Klemmwirkung nachläßt, besteht die Möglichkeit, daß der Kontakt zur Lampe unterbrochen ist. Abhilfe: Lampe entnehmen, Kontaktzunge in Pfeilrichtung drücken und Lampe wieder einsetzen.

Verständigungsbereit

Der Autofahrer muß den übrigen Verkehrsteilnehmern Signale geben können. Alle entsprechenden Einrichtungen müssen natürlich einsatzbereit sein. Im vorherigen Kapitel wurde beschrieben, wie man auf einfache Weise feststellt, ob Blinker und Bremsleuchten beim Einschalten aufleuchten. In jenem Kapitel ist auch der Lampenwechsel dieser Leuchten erklärt. Hier schließt sich die Beschreibung dieser elektrischen Anlagen an, damit Störungen schnell behoben werden können.

Die Blinkanlage

Blinkerschalter (links an der Lenksäule als Kombischalter), Blinkerrelais (zugleich Warnblinkrelais), je zwei vordere und hintere Blinkleuchten sowie zwei Blinklichtkontrollampen (für linke und rechte Wagenseite) sind die Bestandteile der Blinkanlage. Sie erhält Strom über die Sicherung Nr. 12, wo unter der Klemmenbezeichnung 15 dieser Strom bei eingeschaltetem Lenkschloß zum elektronischen Warnblinkschalter fließt, der zugleich die Funktion der Blinker auslöst. Bei Betätigung des Kombischalters zum Blinken links oder rechts wird im Schalter ein entsprechender Kontakt zwischen Klemme L oder R zur Klemme 49 a im Relais hergestellt. Ab Kombischalter verlaufen zu den Blinkleuchten jeder Wagenseite getrennte Kabel.
Eine Hilfe bei eventueller Fehlersuche an der Blinkanlage ist die Kenntnis von den Kabelfarben. Zu den Blinkern der rechten Seite führen schwarz-grüne Kabel, die der linken Wagenseite sind mit schwarz-weißen Kabeln verbunden. Überhaupt ist die schwarze Farbe bei der Verdrahtung der Blinkanlage maßgeblich im Spiel. Aber man fühle sich nicht so sicher: Auch z. B. die Scheibenwischerschaltung und elektrische Zusatzgeräte enthalten eine teilweise schwarze Verkabelung.
Das Aussetzen einer vorderen oder hinteren Blinkleuchte macht sich durch wesentlich schnelleres Aufleuchten des Kontrollichtes als üblich bemerkbar, oder

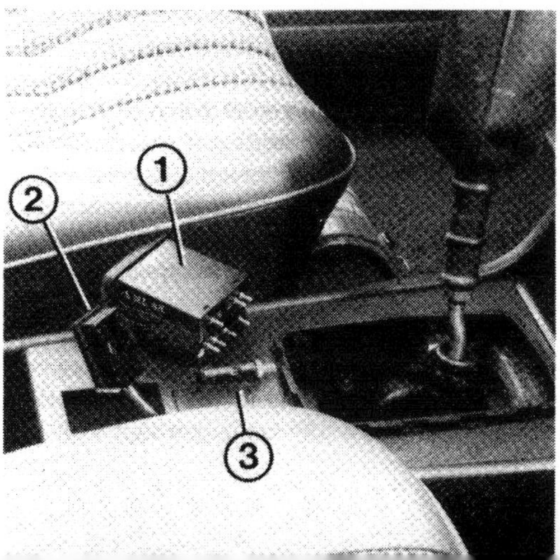

Der Warnblinkschalter (1) ist in der Mittelkonsole eingeklipst. Er läßt sich gewöhnlich mittels Schraubenzieher aus seinem Sitz hebeln. Sollte das nicht möglich sein, muß die Gummihülle des Schalthebels gelöst werden und man kann durch die entstehende Öffnung den Schalter nach oben drücken. Er ist mit dem Kabelstecker (2) verbunden. An der Unterseite des Schalters ist die Lampenfassung (3) ereichbar. Sie läßt sich herausziehen, wenn man beide Plastikhebelchen zusammengedrückt hat. Die neue Lampe muß beim Einsetzen bis zum Anschlag eingeschoben werden.

die Kontrolleuchte blitzt nur einmal auf und bleibt dann dunkel. Eine ausgefallene Blinkerlampe muß baldmöglichst ersetzt werden. Es kann jedoch sein, daß die betreffende Lampe nur locker in ihrer Fassung sitzt oder einen oxydierten Sockel hat oder daß korrodierte Kabelanschlüsse den Strom hemmen. Von der vorgeschriebenen Wattzahl der Birnen hängt auch der richtige Schaltrhythmus des Blinkgebers ab. Schalten alle Blinkerlampen auf »Dauerlicht«, so liegt der Defekt wahrscheinlich im Blinkerrelais.
Dieses elektronische Relais, das zugleich als Warnblinkschalter ausgebildet ist, sitzt in der Konsole zwischen den Vordersitzen.

Die Warnblinkanlage

Nach der Zulassungsordnung muß eine Warnblinkanlage installiert sein. Im Mercedes wird sie durch Schaltbetätigung der soeben erwähnten Blinker- und Warnblinkeinrichtung auf der Mittelkonsole in Funktion versetzt. Auch bei ausgeschalteter Zündung muß die Warnblinkanlage einschaltbar sein, deshalb ist sie mit der an der stets stromführenden Klemme 30 angeschlossenen Sicherung Nr. 2 verbunden.
Der Warnblinkschalter trägt die DB-Nummer 123 820 00 05. An seinen Schmalseiten besitzt er federnde Klemmen, die ihn in der Aussparung der Konsole festhalten. Er läßt sich nach oben herausziehen. Sollte er zu stramm sitzen, kann man beim Schalthebel die Gummihülle am unteren Rand lösen und nach oben stülpen, wonach es möglich ist, durch die entstandene Öffnung zu greifen und von unten den Warnblinkschalter herauszudrücken. Ein Siebenfach-Stecker stellt die Verbindung mit dem Kabelsatz her.
An der Unterseite des Schalters ist die Lampenfassung zugänglich. Zum Lampenwechsel werden die beiden Plastikhebelchen zusammengedrückt und die Fassung mit der Glassockellampe läßt sich herausziehen. Diese Lampe in der Taste leuchtet beim Einschalten der Warnlichtanlage im Blinkrhythmus auf. Sie brennt aber auch schwach bei eingeschaltetem Standlicht, weil sie dann über die Klemme 58 über den Reglerwiderstand der Instrumentenbeleuchtung Strom erhält.
Wenn das Auto nachträglich für Anhängerbetrieb ausgerüstet wird, muß der Warnblinkschalter gegen einen anderen mit zusätzlichem Kontakt für die Anhängerkupplung ausgetauscht werden (Nr. 123 820 01 05 kZ).

Das Bremslicht

Ein Kabel am Bremslichtschalter ist mit der Sicherung Nr. 12 verbunden. Das andere Kabel an dem Schalter führt zunächst zum Anschluß der linken Bremsleuchte, sodann zur rechten Bremsleuchte.
Falls die betreffende Sicherung verschmort ist, kann auch einer der anderen dort angeschlossenen Verbraucher den Defekt ausgelöst haben. An der Sicherung liegt Spannung nur bei eingeschaltetem Lenkschloßschalter (Klemme 15). Falls Sie einmal abgeschleppt werden, müssen Sie daher das Lenkschloß in Stellung »2« bringen, damit der nachfolgende Verkehr es sehen kann, wenn Sie bremsen. Da die Leuchten über einen gemeinsamen Anschluß am Bremslichtschalter verfügen, muß man beim Aufleuchten nur einer Lampe vermuten, daß die andere durchgebrannt ist. Eventuell hat sie aber nur mangelhaften Massekontakt oder ihre Fassung hat sich gelockert. Wenn beide Bremsleuchten bei Betätigung der Bremse nicht ansprechen und die Sicherung ist in Ordnung, kontrolliert man zunächst mit einer Prüflampe, ob bei eingeschaltetem Lenkschloßschalter an einer Klemme des Bremslichtschalters Spannung vorhanden ist. Die andere Klemme führt nur bei getretenem Bremspedal Strom. Man kann die beiden Klemmen am Schalter auch einfach mit einem Stück Draht überbrücken, um herauszufinden, ob der Fehler im Schalter oder in den Kontakten oder Leitungen liegt. Dabei ist

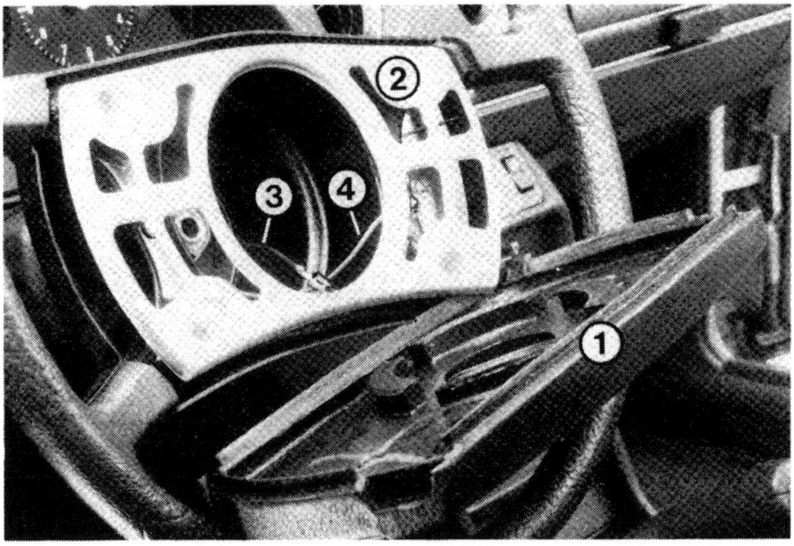

Die elastische Abdekkung (1) der Hupenplatte (2) läßt sich abnehmen, indem man mit einem Schraubenzieher an ihrem Rand entlangfährt. Die Hupenplatte ist mit vier Kreuzschlitzschrauben so befestigt, daß die zugleich mit den Schrauben angebrachten Federn die Platte ständig zum Fahrer hin drücken. An die Platte ist das schwarze, bei eingeschalteter Zündung stromführende Kabel (3) angeschlossen, und der Stromkreis wird beim Niederdrücken der Hupenplatte über das braune Massekabel (4) geschlossen.

die Anordnung der Kabel an den Schalteranschlüssen gleichgültig; Massekontakt benötigt der Schalter nicht. Fett macht einen schwergängigen Schalterstift wieder beweglicher.
Der Zugang zu dem Bremslichtschalter, der über dem Hebel des Bremspedals angebracht ist, wird von der Verkleidung über den Pedalen verdeckt. Diese zweiteilige Verkleidung läßt sich abnehmen, wenn man an ihrem oberen Teil zu beiden Seiten unten je eine Kreuzschlitzschraube herausdreht. Dann werden oben drei Klammern ausgehängt. Beide abgenommenen Verkleidungsteile sind durch drei Plastikhaken verbunden.
Den Austausch des Bremslichtschalters nimmt man folgendermaßen vor: Nachdem man beide Kabel abgezogen hat, löst man die Muttern SW 17 beiderseits der Befestigungsplatte mit einem Gabelschlüssel und schraubt die untere ab. Jetzt läßt sich der Schalter nach oben herausziehen.
Beim Einbau wird der Schalter probeweise mit angeschlossenen Kabeln und bei eingeschaltetem Lenkschloßschalter in die Bohrung der Halteplatten eingeführt, währenddessen ein Helfer das Aufleuchten und Verlöschen der Bremslichter beobachtet. Der Schalterstift muß durch den Hebel des in Ruhestellung befindlichen Pedals in den Schalter gedrückt werden und soll nach etwa 1 cm Pedalweg – an Pedalmitte gemessen – die Bremsleuchten in Funktion setzen. Die obere Mutter dient zum Justieren des Schalters, die untere Mutter wird nach gefundener Einstellung festgezogen.

Das Signalhorn

Die Hupe ist hinter dem Vorbau links angebracht und dort weitgehend gegen Verschmutzung geschützt. In der Selbsthilfe ist sie am besten zugänglich, wenn man den Wagen links hochbockt, sichert und das linke Vorderrad abnimmt.
Eine tonlose oder krächzende Hupe tauscht man aus. Versuche, sie wieder normal zum Tönen zu bringen, sind meistens zwecklos.
Über eine direkte Verbindung (schwarz-gelbes Kabel) ist das Signalhorn an die Sicherung Nr. 14 angeschlossen. Diese ist, da es sich wie beim Bremslicht um einen Klemme-15-Anschluß handelt, nur bei eingeschaltetem Lenkschloßschalter stromführend. Das muß man beachten, sollte man einmal abgeschleppt werden und dem Zugfahrer sollen akustische Zeichen gegeben werden.
Der andere Anschluß am Signalhorn ist über das schwarz-gelb-rosa Kabel mit

Die Hupe ist unter dem Vorbau des Wagens mit einer Mutter (2) befestigt. Die Kabel sind über zwei Steckverbindungen (1) an der Hupe angeschlossen.

der Hupenplatte im Lenkrad verbunden. Beim Niederdrücken der Platte ergibt sich ein Kontakt zu einem an Masse angeschlossenem braunen Kabel. Der einfache Aufbau innerhalb der Hupenplatte ist zu erkennen, wenn man deren Abdeckung aus Weichplastik ringsherum von der Platte aushängt, siehe auch die Abbildung der vorangegangenen Seite.

Die Lichthupe

Mit Betätigung der Lichthupe werden vorhandene Teile der Beleuchtungsanlage benutzt. Während jedoch für den üblichen Gebrauch das Fernlicht links durch die Sicherung Nr. 9 und rechts durch Nr. 7 geschützt ist und über den Lichtdrehschalter eingeschaltet wird, erfolgt die Einschaltung der Lichthupe über den Kontaktschalter und diese Leitung ist durch die Sicherung Nr. 6 geschützt.

Dienstbare Geister

Durch die Anzeigegeräte und Kontrolleuchten erhält man während der Fahrt Aufschluß über Zustand und Arbeitsbedingung des Motors und seiner angeschlossenen Aggregate. Die Instrumente dienen somit der Sicherheit. Zu den treuen Gehilfen des Autofahrers gehören überdies noch einige andere Geräte wie etwa Scheibenwischer oder heizbare Heckscheibe, auf die ebenfalls Verlaß sein muß.

Das Kombi-Instrument

Die Anzeigeinstrumente sowie die Kontroll- und Warnlampen sind in einem gemeinsamen Gehäuse untergebracht, daher die Bezeichnung »Kombi-Instrument«.
In dem linken Ziffernblatt sind gleich drei Instrumente vertreten: Kühlmitteltemperatur-Anzeige, Kraftstoffvorrats-Anzeige mit Warnleuchte und Öldruckmesser. In der Mitte sitzt das Tachometer mit Gesamt- und einstellbarem Tageskilometerzähler. Rechts davon befindet sich die Zeituhr. Oberhalb zwischen diesen drei runden Anzeigen sind die Blinkerkontrolleuchten untergebracht. Über den ganzen unteren Rand der Kombi-Instrumente verläuft eine Leiste, die auf der linken Seite die Fernlichtkontrolleuchte, die Ladekontrolleuchte, die Warnleuchte für Bremsbelagverschleiß und die Warnleuchte für die getretene Feststellbremse sowie gleichzeitig für zu geringen Stand der Bremsflüssigkeit. Es folgen nach rechts der Knopf für Instrumentenbeleuchtung und Tageskilometer, dann der Verstellknopf für die Zeituhr und schließlich, rechts außen, die Vorglühkontrolleuchte. Bei Wagen mit automatischem Getriebe und Lenkradschaltung befindet sich in der Mitte unter dem Tachometer zusätzlich die Anzeige der Wählhebelstellungen.

Kombi-Instrument ausbauen

Wie man das Instrumentengehäuse aus seinem Sitz herauslöst, muß man besonders dann wissen, wenn eine durchgebrannte Kontrolleuchte ersetzt werden muß. Andere Arbeiten an den Instrumenten sind im Do-it-yourself-Verfahren so gut wie nicht durchführbar – gewöhnlich wird der Daimler-Benz-Service das betreffende der drei Geräte im Kombi-Instrument bei einem Schaden daran ausbauen, austauschen und neu in das Kombi-Instrument einsetzen.
Zunächst muß man die Verkleidung über den Pedalen herauslösen; diese Arbeit wurde im Abschnitt »Das Bremslicht« bereits beschrieben.
Von unten her ertastet man danach den Anschluß der Tachowelle am Tachometer, um die Rändelmutter dieser Verbindung loszudrehen. Sollte das nicht möglich sein, muß die Tachowelle etwas aus der Trennwand gezogen werden, um dadurch von hinten das Kombi-Instrument in Richtung Lenkrad drücken zu können. (In der Werkstatt zieht man das Instrumentengehäuse an dessen seitlichen Aussparungen mit zwei Haken aus seinem Sitz.) Wenn das Gehäuse weit genug abgehoben ist, kann man die Rändelmutter seitlich von oben ergreifen und lösen.

Rechts und links am Gehäuse des Kombi-Instrumentes befinden sich Aussparungen, in die man einen Haken einrasten kann, um das Gehäuse herauszuziehen. Andernfalls ist so vorzugehen, wie in dem betreffenden Abschnitt beschrieben. An der Rückseite des Kombi-Instrumentes sind diese Anschlüsse zu entfernen: 1 – Mehrfachstecker, 2 – Einfachstecker (für Zeituhr), 3 – Tachowelle, 4 – Lampenfassung der Vorglühanzeige, 5 – Öldruckleitung.

Jetzt läßt sich das Kombi-Instrument noch um ein weiteres Stück aus der Hutze im Armaturenbrett herausziehen. Der runde Mehrfachstecker, der kleine Einfachstecker des rot-gelben Kabels für die Zeituhr und die Lampenfassung mit dem schwarzen Kabel für die Vorglühkontrolleuchte werden abgezogen. Mit einem Gabelschlüssel SW 10 ist die Mutter der Öldruckleitung am Öldruckmesser loszuschrauben. Dann ist das Kombi-Instrument frei und es kann herausgenommen werden.

Leuchten des Kombi-Instruments wechseln

Das Auswechseln der Kontroll-, Warn- und Beleuchtungslampen ist nach dem erfolgten Ausbau der Instrumententafel problemlos. Diese sogenannten Glassockellampen sitzen in herausnehmbaren Fassungen, die in der Rückseite des Gehäuses eingesteckt sind. Dabei handelt es sich um 6 kleine Lämpchen mit viereckigem und 3 größere Lämpchen mit rundem Sockelgriff.
Bei dem erforderlichen Lampentausch ist auf die Leistungsangabe der Lampen zu achten (0,4, 1,2 und 3 Watt, siehe auch Seite 172).
Beim Einbau des Instrumentengehäuses muß man darauf achten, daß die Kabelstecker fest in ihren Anschluß gedrückt werden. Sofort danach unterrichte man sich durch Einschalten des Lenkschloßschalters, der Scheinwerfer und der Blinker von der Funktion der Anzeigen, um nicht eventuell die Prozedur des Ausbaus wiederholen zu müssen. Erst im Anschluß daran ist die Öldruckleitung festzuschrauben. Das Gehäuse wird in seinen Sitz gedrückt und von unten greift man nach rechts neben dem Lenkschloß hindurch, um zuletzt die Tachowelle einzuführen und die Verschlußschraube festzudrehen. Die Tachowelle ist so weit wie

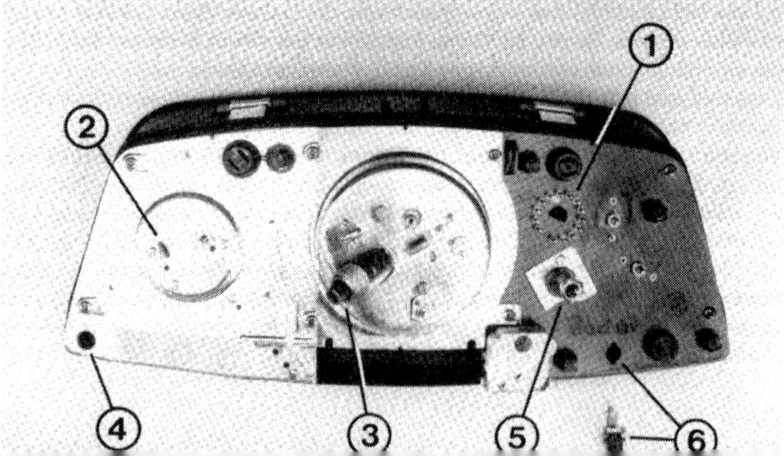

Rückseite des ausgebauten Kombi-Instrumentes. 1 – Anschluß für Mehrfachstecker, 2 – Anschluß des Einfachsteckers an der Zeituhr, 3 – Gewinde für die Rändelmutter der Tachowelle, 4 – Führung für die Lampenfassung der Vorglühanzeige, 5 – Anschluß für die Öldruckleitung der Öldruckanzeige, 6 – aus ihrem Sitz entnommene Kontrollampe mit Fassung.

möglich wieder durch die Spritzwand zurückzudrücken (rechts neben der Lenksäule).

Die Öldruckanzeige

Bei dem Mercedes wird der im Motor herrschende Öldruck traditionsgemäß durch eine direkte Rohrleitung auf das Anzeigeinstrument, das Öldruckmanometer, übertragen. Dadurch ergibt sich eine genauere Kontrollmöglichkeit als bei den in anderen Autos meist üblichen elektrischen Anzeigegeräten, die unterhalb eines bestimmten Minimaldruckes als Warnung eine Lampe aufleuchten lassen.
Die Schmierstellen im Motor müssen ständig mit Öl versorgt werden. Je nach Motordrehzahl ist der Druck, mit dem das Öl herangeführt wird, unterschiedlich hoch. Bei kaltem Motor und daher zähem Öl ist der Öldruck höher als nach strammer Autofahrt. Fällt der Öldruck unterwegs plötzlich auffallend, sollte man schnellstens anhalten und den Ölstand im Motor kontrollieren – immerhin ist es schon vorgekommen, daß sich eine nachlässig eingedrehte Ölablaßschraube in der Ölwanne lockerte und der für den Motor lebenswichtige Schmierstoff auslief. Ebenso ist es nicht ganz unwahrscheinlich, daß der Anschluß der Druckleitung am Manometer nicht sicher befestigt wurde. In diesem Fall würde das Öl von der Rückseite des Kombi-Instruments hinter die Verkleidung über den Pedalen tropfen.
Sollte der Verdacht bestehen, daß die Öldruckanzeige nicht funktioniert, muß das Kombi-Instrument einem Mercedes-Service oder einer VDO-Vertretung zur Überprüfung gegeben werden. Zu diesem Zweck kann man es selbst ausbauen, wie es vorher beschrieben wurde.

Die Kraftstoffanzeige

Die Kraftstoffanzeige besteht aus dem Geber im Tank und der Anzeige im Kombi-Instrument. Parallel dazu, vom Tank zur Reserve-Warnleuchte, verläuft ein zweites Kabel. Beide erhalten bei eingeschaltetem Lenkschloß Strom über die Sicherung Nr. 12 über ein schwarz-blaues Kabel.
Im Geber der Kraftstoffanzeige (»Tauchrohrgeber«) befinden sich elektrische Widerstände und ein Schwimmer mit Schleifkontakten. Da dieser Tauchrohrgeber genau senkrecht in dem Tank hängt, bewegt sich der Schwimmer mit der Veränderung des Kraftstoffniveaus ebenso in senkrechter Richtung und wandert dabei an zwei Widerstandsdrähten und an einem Massedraht entlang. Bei vollem Tank ist der Widerstand gering und wenn das Niveau im Tank absinkt, erhöht sich der Widerstand entsprechend. Die auf diese Weise vom Schwimmer freigegebene Strommenge wird an das Anzeigeinstrument weitergeleitet.
Sehr kleine Belüftungslöcher am Tauchrohrgeber bewirken, daß der Schwimmer nicht ruckartig auf und ab pendelt, wenn während der Fahrt der Tankinhalt umherplätschert.
Unten im Geber dient ein Kontakt zum Aufleuchten der Warnlampe, den der Schwimmer erreicht und schließt, wenn noch 9 bis 10 Liter Kraftstoff im Tank sind.

Falsche Kraftstoffanzeige

Mit ziemlicher Sicherheit kann man nur bei leerem oder vollem Tank am Zeigerausschlag erkennen, ob Kraftstoffstandanzeige und Geber richtig arbeiten. Im Zwischenbereich ist die Menge des Kraftstoffvorrates auch recht genau abzulesen. Wenn jedoch die Angabe bei leerem oder vollem Tank nicht stimmt oder die Meßuhr zeigt gar nichts an, so kann der Fehler sowohl im Anzeigegerät wie auch im Geber stecken. Man sollte dann auch die Kabelverbindungen überprüfen. Ist nichts daran zu entdecken, müßten Instrumententafel oder Geber ausgebaut werden, wie es auf Seite 106 beschrieben wird.

Zum Auswechseln der Wischerblätter diese zusammen mit dem Wischerarm von der Windschutzscheibe abklappen, die Arretierungsfeder des Wischerblattes aus dem Ausschnitt des Wischerarmes drücken und das Wischerblatt in Richtung auf die Scheibenwischerwelle aus dem Wischerarm aushängen. Der Einbau des neuen Wischerblattes erfolgt sinngemäß umgekehrt.

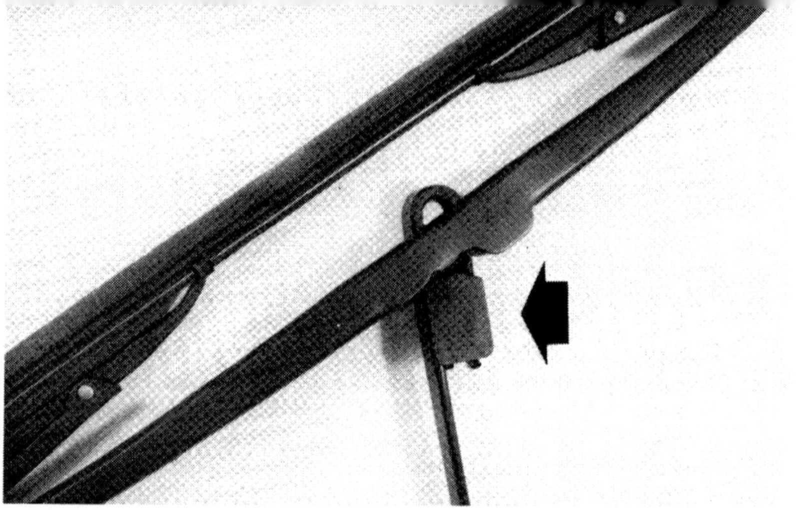

Die Kühlwasseranzeige

Der Motor besitzt einen Wärmefühler zum Registrieren der Kühlwassertemperatur. Er befindet sich an der linken Motorseite zwischen der 1. und 2. Glühkerze. Dieser Temperaturfühler gibt seine Meldung über ein grünes Kabel dem Anzeigeinstrument weiter. Über seinen Gewindesitz hat das Gerät Masseanschluß. Wenn die Anzeige nicht funktioniert und die zuständige Sicherung Nr. 12 ist in Ordnung, können der Fühler, die Kabelanschlüsse oder das Gerät der Temperaturanzeige defekt sein.
Zeigt das Kühlmittel-Fernthermometer falsche Werte an, läßt es sich mit Heimwerkermitteln nicht prüfen, woran der Fehler liegt. Im übrigen ist es aber Werkstattsache, dem Übel auf den Grund zu gehen. Ein neuer, auch als Geber bezeichneter Fühler, darf nur mit einem neuen Dichtungsring eingebaut werden, damit kein Wasserverlust eintritt; Dichtungsmasse soll man dort nicht verwenden.

Das Tachometer

Im Tachometer sind Geschwindigkeitsmesser und Kilometerzähler vereinigt. Das Gerät wird zwar nicht elektrisch betrieben, doch beruht die Wirkung des Geschwindigkeitsmessers auf den erzeugten Wirbelströmen eines ringförmigen Magneten, von der Tachowelle angetrieben, die ihrerseits die Tachonadel mit sich zu ziehen versuchen.
Die Tachowelle kann durch äußere Einwirkung brechen. Macht sie durch eine zitternde Tachonadel darauf aufmerksam, daß sie bereits einen Knick hat und bald brechen wird (Ursache für die zitternde Tachonadel kann aber auch eine verschlissene Antriebsschnecke am Getriebe sein), muß die Welle baldmöglichst ausgetauscht werden. Das sollte man der Werkstatt überlassen, denn bei ungeübtem Einbau wird sie leicht geknickt, was bereits der Anfang zum erneuten Bruch ist. Sie darf beim Einbau auch nicht gezerrt oder in zu engem Radius verlegt werden.
Fällt außer der Tachonadel auch der Kilometerzähler aus, liegt die Schuld sicher an der Tachowelle. Es ist dann zu konrollieren, ob der Anschluß der Welle am Instrument richtig eingerastet ist, ob die Befestigungsmutter der Welle am Tachometer gelockert ist oder ob sich eventuell die Welle am Getriebe gelöst hat. Die Kilometerangabe im Tacho wird beim Verkauf des Wagens als Dokument gewertet und soll über die zurückliegende Beanspruchung des Wagens aussagen. Deshalb darf man natürlich nicht mit gelöster Tachowelle fahren. Auch den Umtausch eines eventuell defekten Tachometers läßt man sich mit den entsprechenden Kilometerangaben von der Werkstatt bestätigen. Plombiert ist die Welle im Mercedes nicht.

Die Zeituhr

Die elektronisch arbeitende Zeituhr wird von der stets stromführenden Sicherung Nr. 2 mit Strom versorgt. Daher muß ihre Anzeige reguliert werden, wenn einmal die Batterie abgeklemmt war. Ihr Ausfall kann natürlich auch bei einem Sicherungsdefekt den Schaden an den dort angeschlossenen Stromverbrauchern anzeigen.

Der Scheibenwischer

Teil der Pflegearbeit Nr. 41

Durch Alterung verhärtete Wischerblätter können nur noch schlecht für einwandfreie Sicht sorgen. Ebenso unangenehm macht sich eine verschmierte Windschutzscheibe bemerkbar, die mit einem verfetteten Fensterleder bearbeitet wurde. Silikonhaltige Lackpflegemittel hinterlassen auf dem Glas die vor allem bei Dunkelheit störenden Schlieren, die das Licht brechen. Eine solche Scheibe kann man versuchen mit Spiritus oder Sidol zu reinigen, brüchige Wischerblätter müssen erneuert werden.

Die Wischerblätter sind auch regelmäßig von Qualm- und Insektenrückständen zu befreien. Man reibt die Wischerblätter am besten mit einer festen Nylonbürste (Nagelbürste) und einer starken Waschmittellösung oder auch Brennspiritus ab. Dazu müssen sie von ihrem Arm ausgehängt werden. Wenn der Gummi der Wischerblätter brüchig geworden ist, wird es höchste Zeit zur Erneuerung. Man kann dann neue Wischergummis einziehen. Es ist also nicht nötig, komplette Wischerblätter anzuschaffen. Der Austausch der Wischergummis sollte wenigstens einmal im Jahr stattfinden.

Der Scheibenwischermotor wird über die 16-Ampere-Sicherung Nr. 6 bei eingeschaltetem Lenkschloßschalter mit Strom versorgt. Im Schaltplan läßt sich verfolgen, welche Kabel für die Scheibenwischer-/Scheibenwaschanlage zuständig sind. Die Anlage hat eine Dreistufen-Schaltung, die einmal den Intervallbetrieb und zweitens den Dauerbetrieb in zwei Geschwindigkeiten ermöglicht. Nach dem Ausschalten des Wischermotors wird bewirkt, daß die Wischerblätter nicht sofort stehenbleiben, sondern in ihre Ausgangsstellung zurücklaufen. Auf der Welle des Wischermotors sitzen Nocken für den Befehl zum Rücklauf, auf denen Schleifkontakte ablaufen. Im Wischermotor liegt bei eingeschaltetem Lenkschloßschalter dauernd Spannung an. Zusätzlich ist noch eine Nachwisch-Elektronik vorhanden und das Relais zu dieser Anlage sitzt unter dem Armaturenbrett links.

Bleiben jedoch die Wischerblätter, etwa bei Schneetreiben, außerhalb ihrer Ruhestellung stehen, während der Lenkschloßschalter eingeschaltet ist, verschmort womöglich die Ankerwicklung des Wischermotors, auch wenn der Wischerschalter ausgeschaltet wurde. Denn durch den Endstellungs-Schalteffekt bleibt der Wischermotor trotzdem unter Strom, kann sich aber nicht drehen. Abhilfe: Wischerblätter sofort von der Windschutzscheibe abheben, damit sie in Ruhestellung laufen können.

Der Scheibenwischermotor befindet sich unter dem Abdeckblech vor der Windschutzscheibe. Von ihm führt das Wischergestänge zu den Lagern der Wischerarme. Wenn man gerade einmal ein Ölkännchen zur Hand hat, kann man den – an und für sich wartungsfreien – Lagern zwischen Wischerkurbel und -gestänge einen Tropfen Öl gönnen.

Der Ausbau des Wischermotors ist, wie man sehen wird, einfach. Beim Einbau jedoch muß die Wischeranlage eingestellt werden. Dazu läßt man den befestigten Motor ohne Kurbel in die Endstellung laufen. Dann wird die Kurbel mit den beiden Wischergestängen in eine Flucht gebracht. Dabei muß die Kurbel vom Wischermotor wegzeigen. Motor erneut ein- und auschalten, damit er wieder in die Endstellung läuft. Schließlich wird das vorher abgenommene Abdeckblech wieder befestigt und die Wischerarme können festgeschraubt werden.

Die Scheibenwaschanlage

Teil der Pflegearbeit Nr. 41

Im Kapitel »Winterschutz« wird die Füllung der Scheibenwaschanlage behandelt. Diese Anlage besteht aus der elektrischen Wasserpumpe, dem Wasserbehälter, den Verbindungsschläuchen und den Spritzdüsen. Zur Verbindung zwischen Scheibenwaschschalterkontakt und Pumpe dient das grün-schwarze Kabel; Masseanschluß zur Pumpe gelangt über das braune Kabel. Der Kontakt wird durch Eindrücken des Schalterhebels in Richtung Lenkrad hergestellt, wobei die Stellung des Hebels in bezug auf die Scheibenwischertätigkeit ohne Bedeutung ist.

Die Scheibenwaschdüsen können durch Verschmutzung von außen oder durch unreine Waschfüllung verstopfen. Man reinigt sie durch Einführen einer passenden Nadel oder besser mit einem Stück dünnen Drahtes; ihre Bohrung darf dabei nicht vergrößert werden. Wenn die Pumpe Schmutz ansaugt, ist deren Schädigung möglich, daher ist stets auf eine reine Waschfüllung zu achten.

Die Scheinwerfer-Reinigungsanlage

Das vorstehend Gesagte trifft sinngemäß auch auf die als Sonderausstattung mögliche Reinigungsanlage für die Scheinwerfer zu. Sie wird zugleich mit dem Betätigen der serienmäßigen Scheibenwaschanlage bei eingeschaltetem Licht in Betrieb gesetzt.

Zu jedem Scheinwerfer gehört ein Wischermotor mit Arm und Wischerblatt, eine Wascherpumpe und Spritzdüsen unterhalb der Scheinwerfergläser. Die Stromaufnahme über Sicherung Nr. 6 bewirkt, daß die Reinigungsanlage nur bei eingeschaltetem Licht und nicht unnötig arbeitet. Von der Sicherung führt ein graurotes Kabel zu dem besonderen Relais dieser Anlage. Dieses Relais sitzt in einem auf dem linken Radlauf im Motorraum angeschraubten Halter unter einer Kunststoffhaube. Am Leitungsstrang trägt es die Kennzahl 13.

Die heizbare Heckscheibe

Die auf Wunsch eingebaute heizbare Heckscheibe ist durch ein schwarzes Kabel direkt mit Klemme 87 an ihrem Relais verbunden. Der Heizdraht der Scheibe hat Massekontakt. An der Klemme 15 R erhält das Relais über das schwarz-rote Kabel von der 16-Ampere-Sicherung Nr. 8 Strom. Das Relais ist links unter dem Armaturenbrett befestigt, steht mit dem Schalter für die Heckscheibe über je ein blaues und schwarzes Kabel in Verbindung und an Klemme 31 liegt jeweils Masse an. Der Schalter steht mit der erwähnten Sicherung ebenfalls über ein schwarz-rotes Kabel in Verbindung.

Da die Heizscheibe viel Strom verbraucht (230–250 Watt), sollte sie nur so lange eingeschaltet bleiben, wie sie tatsächlich gebraucht wird. Sicherheitshalber wird die Beheizung nach spätestens 30 Minuten automatisch abgeschaltet. Das bewirkt ein elektronischer Schalteffekt im Relais.

Die Scheinwerferwischer, kombiniert mit der Waschanlage (Wascherdüsen auf dem Stoßfänger), sorgen bei schlechter Witterung für beste Lichtausbeute. Diese Anlage läßt sich als Sonderausstattung auch nachträglich einbauen.

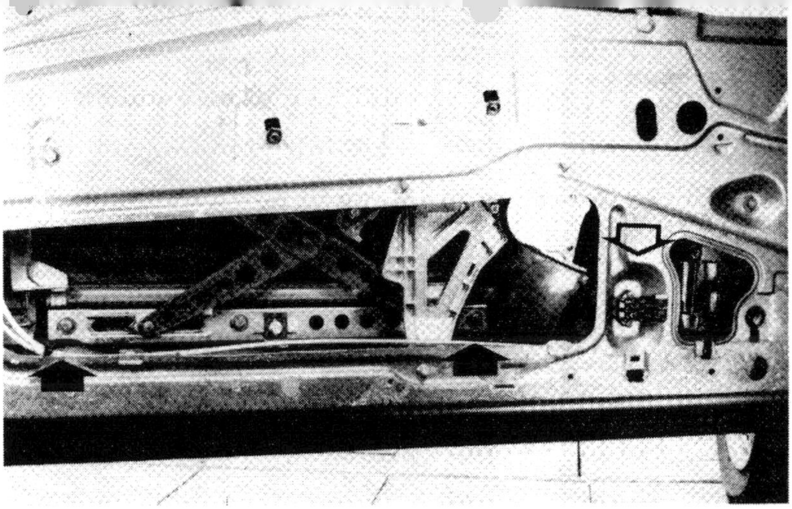

Sollte ein elektrischer Fensterheber ausfallen, muß die Türverkleidung abgebaut werden (siehe Seite 38). Dann löst man die Fensterhebeschiene (schwarze Pfeile) und das Fenster läßt sich mit den Händen nach oben schieben. Durchbrochener Pfeil: Kabelanschlüsse zu dem Fensterhebermotor.

Es kann vorkommen, daß der Anschluß zu einem Heizfaden am Rand der Heckscheibe durch äußere Einflüsse beschädigt wird und somit der Stromkreis an dieser Stelle unterbrochen wird. Solche Schäden lassen sich wieder instand setzen; reparieren kann man das mit Leitsilberlack z. B. von der Fa. DODUCO, Postfach 480, 7530 Pforzheim.

Elektrische Fensterheber

Im Kapitel »Karosserieteile« sind die Türen mit den von Hand zu bedienenden Fensterhebern beschrieben. Als Sonderausstattung steht eine elektrische Bedienungseinrichtung für die Fenster zur Verfügung.

Die Anlage besitzt für jedes Türfenster einen Motor. In der Mittelkonsole zwischen den Vordersitzen sind – zu jedem Motor gehörend – vier Wippschalter eingebaut, die über die Stellungen »öffnen« und »schließen« verfügen. Mit einem dort noch vorhandenen Sicherheitsschalter (nur links, rechts: Attrappe) kann der Stromkreis zwischen den für die Rückfenster bestimmten Schaltern zu den zwei zusätzlichen Fensterschaltern an den hinteren Türen freigegeben werden.

Jeder der vier vorn untergebrachten Fensterbetätigungsschalter erhält über ein separates Kabel bei eingeschaltetem Lenkschloßschalter Strom, und zwar die Schalter für die Fenster vorn rechts und hinten links von der Sicherung a, die Schalter für die Fenster vorn links und hinten rechts von Sicherung b. Daneben sind die beiden Relais dieser Anlage noch über die Sicherung Nr. 2 geschützt. Das eine Relais sorgt bei ausgeschaltetem Lenkschloßschalter dafür, daß die Betätigung über den zusätzlichen Schalter erfolgen kann: Damit die Fenster

Die Abdeckung über der Mittelkonsole wird folgendermaßen ausgebaut: Aschenbecher entnehmen, 2 Kreuzschlitzschrauben der Ascherhalterung herausdrehen, Kabelstecker (1) von der Ascherhalterung abziehen, 2 Kreuzschlitzschrauben zur Befestigung der Abdeckung (2) herausdrehen, Abdekkung nach rückwärts aus dem hinteren Zapfenloch schieben und ablegen (3). Auf diese Weise wird der Schalter, für die Rückfahrleuchten (4) zugänglich. Er läßt sich mittels Maulschlüssel SW 22 herausdrehen.

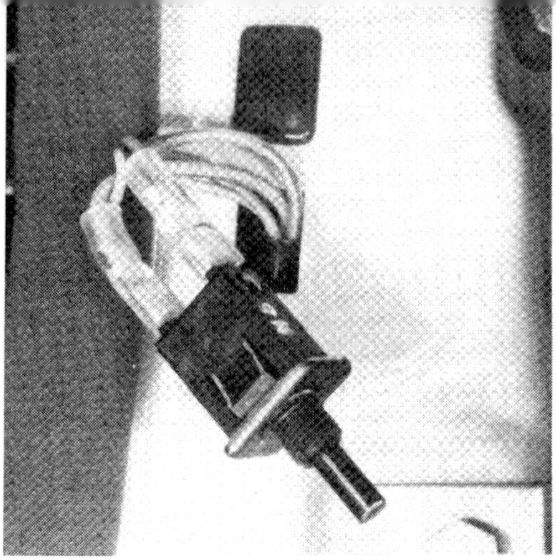

Die Türkontaktschalter werden von seitlichen Klammern an ihrem Gehäuse in der Aussparung der Karosserie festgehalten, mittels Schraubenzieher lassen sie sich heraushebeln. Ebenso läßt sich die Innenraumleuchte aus ihrem Sitz hebeln. Wie z. B. die Kofferraumleuchte verfügt sie über eine Soffittenlampe.

auch bei abgezogenem Schlüssel (oder in Lenkschalterstellung »0« oder »1«) betätigt werden können, ist zwischen der ständig stromführenden Sicherung Nr. 2 und dem Relais II noch ein Schalter eingefügt. Er schaltet, wie ein üblicher Türkontaktschalter arbeitend, beim Öffnen der Fahrertür ein, womit gesagt ist, daß er im vorderen Türholm links (direkt über dem Kontaktschalter für die Innenbeleuchtung) eingesetzt ist.

Wenn ein im Augenblick nicht auffindbarer Schaden die Betätigung behindert, kann eventuell ein geöffnetes Fenster geschlossen werden, indem man bei eingeschaltetem Lenkschloßschalter und betreffendem Fensterheberschalter das Fenster mit der Hand hochschiebt. Dazu beiderseits gegen die Scheibe drücken und sie hochziehen. Sollte das nicht gelingen, muß man die Türverkleidung ausbauen (siehe Seite 38), die beiden Sechskantschrauben SW 10 an der Fensterhebeschiene herausdrehen und dann das Fenster nach oben drücken. Die Scheibe bleibt in der geschlossenen Stellung, wenn man zwischen Glas und unterem Fensterausschnitt einen Keil (Holzkeil; keilförmig zugeschnittener Radiergummi) klemmt.

Schalter und Relais

Im Abschnitt »Die Masse-Leitung« auf Seite 183 wurde beschrieben, wie man die Funktion eines Schalters überprüfen kann, wenn man seiner Wirkungsweise nicht mehr sicher ist. Ferner sind Vorglüh-Anlaß-Schalter wie Licht- und Geräte schalter innerhalb der betreffenden Kapitel abgebildet oder erläutert. Man muß aber unterscheiden zwischen der Einsatzbereitschaft eines Stromverbrauchers und des für ihn zuständigen Schalters. Allerdings ist es nicht schwer, sich von

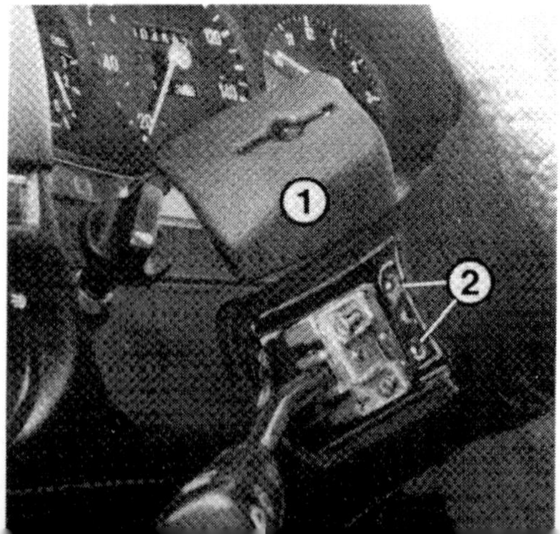

Der Kombischalter an der Lenksäule wird von einer Abdekkung (1) verschlossen. Der Schalter kann ausgebaut werden, wenn man seine beiden Befestigungsschrauben aus den Gewindebohrungen (2) herausgedreht hat.

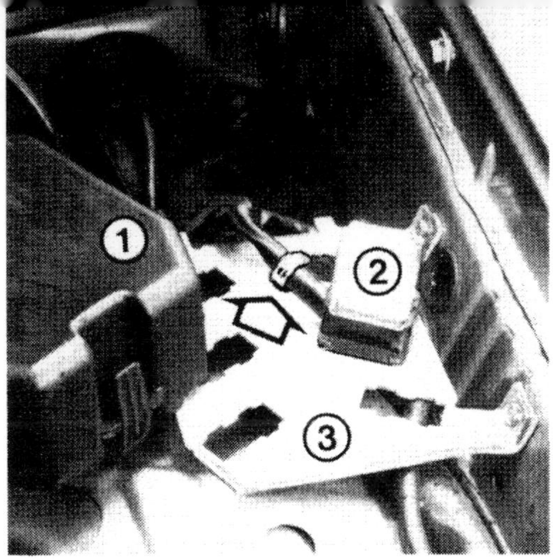

der Arbeit der Schalter zu vergewissern: Bei seiner Betätigung muß unmittelbar damit die entsprechende Reaktion eintreten.

Übliche Schalter besitzen einen oft einfachen und überschaubaren Aufbau. Entweder sind sie direkt an das zu schaltende Gerät angeschlossen oder sie dienen zur Weiterleitung des Stroms über Kabel mit geringem Querschnitt.

Ein Relais ist ein elektromagnetisch arbeitender Schalter für Verbraucher mit großer Leistungsaufnahme. Sein Steuerstrom ist sehr gering, deshalb ist es möglich, an die Relais-Wicklung ein schwach bemessenes und langes Kabel zu führen. Das Relais läßt sich daher besser in Verbrauchernähe unterbringen.

Die Relais für heizbare Heckscheibe, Intervall-Nachwisch-Elektronik der Scheibenwischer und für die Fensterheber (I und II) sind – in dieser Reihenfolge von links nach rechts – unter dem Armaturenbrett befestigt.

Weitere Relais können auf dem Halter vor der Sicherungsdose sitzen. Sie können für die Scheinwerferreinigungsanlage, für den Zusatzlüfter und (als Relais I und II) für die Klimaanlage bestimmt sein.

Ein zu der übrigen Sonderausstattung gehörendes Relais ist im Motorraum links, unter der Abdeckung auf besonderem Halter, zu suchen. Eine bei den Mercedes allgemeingültige Kennzeichnung der Relais-Funktionen erleichtert die Identifikation eines dieser Relais, die auf dem Halter nur eingesteckt sind: Am Leitungsstrang in Relaisnähe ist ein Klebeband mit Kennziffer angebracht. Hier die im Diesel möglichen Relais-Kennzeichnungen:

Links: Auf dem rechten Radlauf kann ein Relaisträger (3) angeschraubt werden, der Platz für 6 Wechselkontaktrelais bietet. Ein Relais (2) wird in die vorgesehenen Öffnungen des Trägers eingesetzt. Am Leitungsstrang zum Relais ist die entsprechende Kennzahl angebracht (Pfeil). Die Kunststoffhaube (1) verfügt an ihrem Rand über Halteklammern. Rechts: Die Relais für die heizbare Heckscheibe (1). Für die Intervall-Nachwisch-Elektronik (2) und für die elektrischen Fensterheber (3 und 4) befinden sich unter dem Armaturenbrett links.

Kennziffer	Relais-Funktion
6	Relais Zusatzlüfter
12	Relais Klimaanlage
13	Relais Scheinwerfer-Reinigungsanlage
20	Relais Zusatzheizung

Der Drehzahlmesser

Einen Drehzahlmesser, wie ihn die 123er Modelle mit Ottomotor besitzen, gibt es für die Diesel-Baureihe ab Werk nicht. Als nachträglich einzubauendes Zubehör gibt es aber von der Firma VDO, Gräfstraße 103 in 6000 Frankfurt 90 einen elektronischen Drehzahlmesser, dessen Anzeige bis 6000/min reicht. Mit Hilfe der beigefügten Montageanleitung kann das Gerät unschwer selbst eingebaut werden.

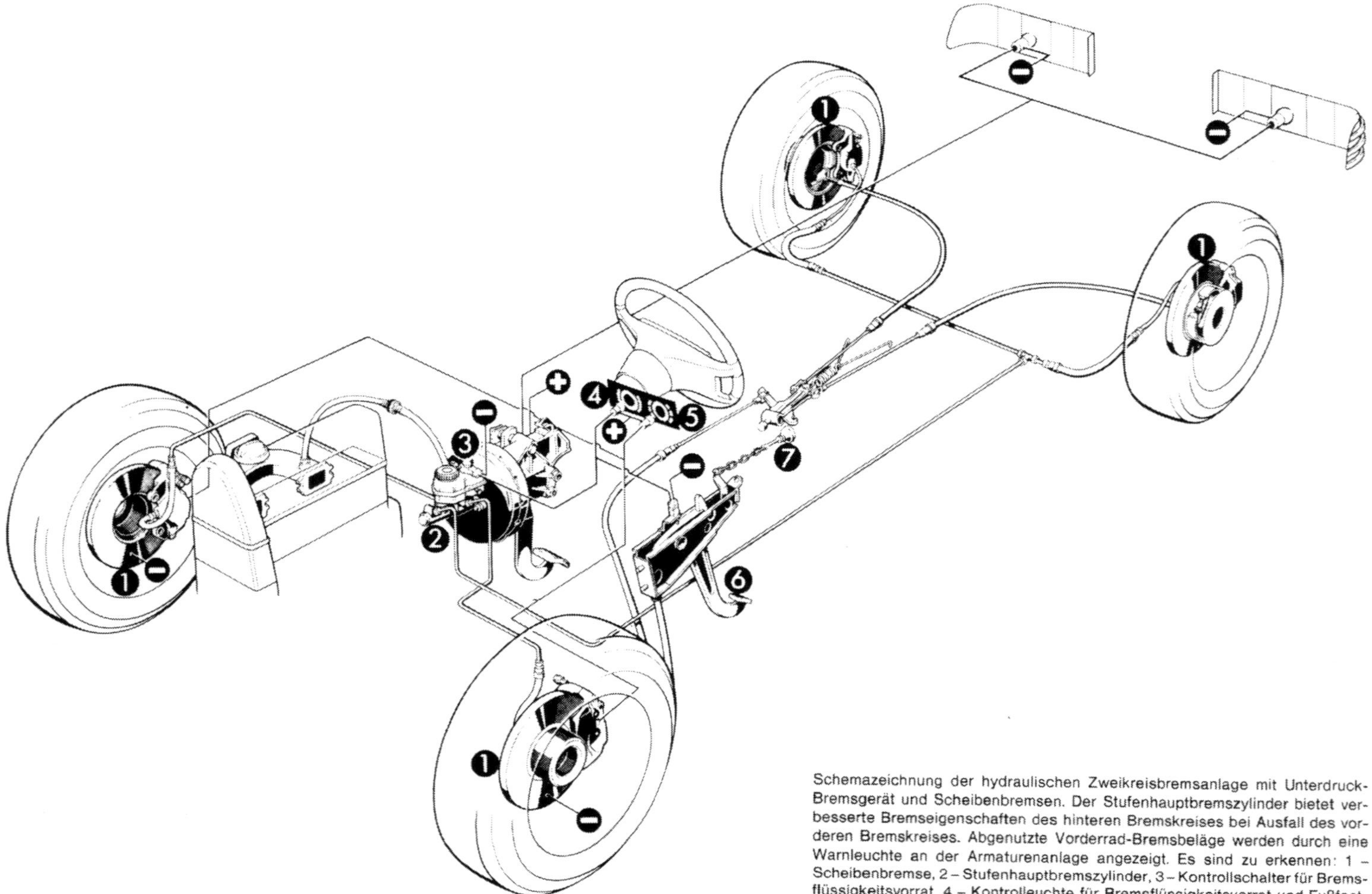

Schemazeichnung der hydraulischen Zweikreisbremsanlage mit Unterdruck-Bremsgerät und Scheibenbremsen. Der Stufenhauptbremszylinder bietet verbesserte Bremseigenschaften des hinteren Bremskreises bei Ausfall des vorderen Bremskreises. Abgenutzte Vorderrad-Bremsbeläge werden durch eine Warnleuchte an der Armaturenanlage angezeigt. Es sind zu erkennen: 1 – Scheibenbremse, 2 – Stufenhauptbremszylinder, 3 – Kontrollschalter für Bremsflüssigkeitsvorrat, 4 – Kontrolleuchte für Bremsflüssigkeitsvorrat und Fußfeststellbremse, 5 – Warnleuchte der Bremsbelagverschleißanzeige, 6 – Fußfeststellbremse, 7 – Löseknopf der Fußfeststellbremse. Die Symbole + (Plus) und – (Minus) kennzeichnen die Polarität der elektrischen Anschlüsse, die mit der Anlage verbunden sind.

Zählwerk

Bei den »Technischen Daten« handelt es sich um Werte in international gültigen Maßeinheiten, die von Kurzbeschreibungen für Teile des Motors, des Fahrwerks und der Karossie ergänzt werden. Solche Bekundungen sind zugleich Bestandteil der Allgemeinen Betriebserlaubnis (ABE) und diesbezügliche Veränderungen am Wagen sind nicht oder nur unter besonderen Bedingungen erlaubt. Die Daten geben Aufschluß über den Charakter der in diesem Buch beschriebenen Modelle und bieten einen Vergleich zu anderen Automobilen. (Abweichungen der auf den nachstehenden Seiten gemachten Angaben auf Grund von werksseitigen Änderungen vorbehalten.)

Werksinterne Typ-Bezeichnungen:
Mercedes-Benz 200 D = 123.120
Mercedes-Benz 220 D = 123.126
Mercedes-Benz 240 D = 123.123
Mercedes-Benz 240 D lang = 123.125
Mercedes-Benz 300 D = 123.130
Mercedes-Benz 300 D lang = 123.132
Mercedes-Benz 240 TD = 123.183
Mercedes-Benz 300 TD = 123.190
Mercedes-Benz 300 TD Turbo Diesel = 123.193

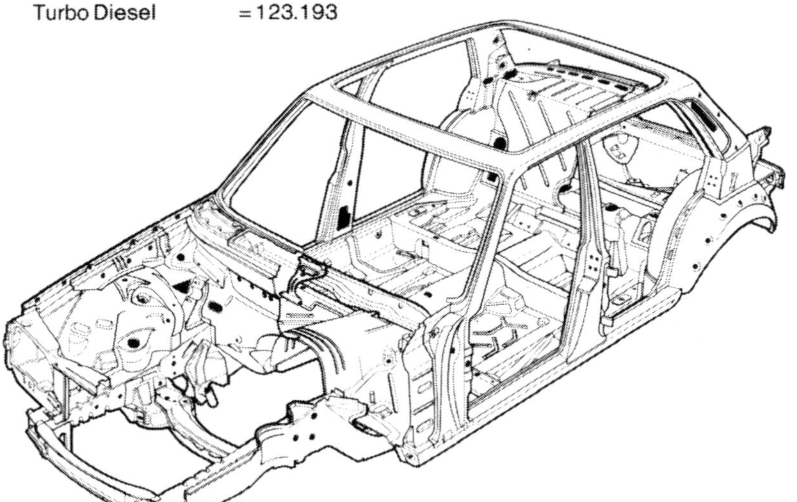

Diese Zeichnung stellt die Rohbau-Karosserie dar. Selbstverständlich ist der viertürige Aufbau als Ganzstahlkarosserie ausgeführt. Die Fahrgastzelle verfügt über eine hohe Biege- und Verwindungssteifigkeit, und auch die Seiten- und Dachteile bieten wegen der großen Profilquerschnitte ein besonderes Maß an Sicherheit. Vorbau und Heck sind so konstruiert, daß sie bei einem Aufprall in berechneter Weise deformiert werden, ohne daß die Fahrgastzelle in Mitleidenschaft gezogen wird.

Motor

		200 D (ab 2.79 in Klammern)	220 D	240 D (ab 8.78 in Klammern)	300 D (ab 9.79 in Klammern)	300 TD Turbo Diesel
Bezeichnung		615.940	615.941	616.912	617.912	617.952
Kurzbezeichnung		615	615	616	617	617
Bauart		Reihenmotor mit obenliegender Nockenwelle				
Arbeitsverfahren		Viertakt-Diesel-MB-Vorkammer-Verfahren				
Zylinderzahl		4	4	4	5	5
Zylinderanordnung		stehend in Reihe				
Hubraum effektiv	cm³	1988	2197	2404 (2399)	3005	2998
Bohrung	mm	87,0	87,0	91,0 (90,90)	91,0	90,9
Hub	mm	83,6	92,4	92,4	92,4	92,4
Leistung	PS	55 (60)	60	65 (72)	80 (88)	125
	kW	40 (44)	44	48 (53)	59 (65)	92
	bei 1/min	4200 (4400)	4200	4200 (4400)	4000 (4400)	4350
Höchstdrehzahl	1/min	5200 (5300)	5200	5200 (5300)	5100 (5300)	5100
Leerlaufdrehzahl	1/min	700–800	700–800	700–800	700–800 (650–750)	700–800
Höchstdrehmoment	Nm/1/min	113/2400	126/2400	137/2400	172/2400	250/2400
Mittlerer Arbeitsdruck						
max. bar Überdruck		7,2	7,2	7,3	7,1	
Verdichtungsverhältnis		21:1	21:1	21:1	21:1	21,5:1
Mittlere Kolbengeschwindigkeit						
bei Höchstleistung	m/s	11,7 (12,3)	13,0	13,0 (13,6)	12,3	
Kolbenringe						
Verdichtungsringe/Ölabstreifringe		2/1	2/1	2/1	2/1	2/1
Zylinderlaufbuchsen		ja	ja	ja	ja	ja
Kurbelwellenlager		5	5	5	6	6
Ventiltrieb		eine Nockenwelle, obenliegend, Antrieb durch Doppelrollenkette				
Ventilanordnung		hängend				
Ventilsteuerzeiten					(neu/ab 20000 km)	neu/ab 20000 km
Einlaß öffnet nach OT		13,5° (11°)	13,5°	13,5° (11°)	13,5° (9°/11°)	9°/11°
Einlaß schließt nach OT		13,5° (17°)	15,5°	15,5° (17°)	15,5° (15°/17°)	15°/17°
Auslaß öffnet vor UT		19° (25°)	19°	19° (25°)	19° (27°/25°)	27°/25°
Auslaß schließt vor OT		17° (14°)	17°	17° (14°)	17° (16°/14°)	16°/14°
Ventilspiel (kalt)						
Einlaß	mm	0,10	0,10	0,10	0,10	0,10
Auslaß	mm	0,30	0,30	0,30	0,30	0,35
Ventilspiel (warm)						
Einlaß	mm	0,15	0,15	0,15	0,15	0,15
Auslaß	mm	0,35	0,35	0,35	0,35	0,40
Ventilkegelwinkel		30°	30°	30°	30°	30°
Schmierung		Öldruckumlaufschmierung durch Zahnradpumpe				
Öldruck						
im Leerlauf	bar	0,5	0,5	0,5	0,5	0,5
bei 3000/min	bar	3	3	3	3	3
Ölkühlung		keine	keine	Luftölkühler mit thermostatischer Zulaufsteuerung		
Ölfilter		kombinierter Haupt- und Nebenstromfilter				
Kühlung		Wasserumlauf durch Flügelradpumpe, thermostatisch geregelt, mit Kurzschlußleitung				
Lüfter		starr	starr	starr	Visco-Lüfter, temperaturgeregelt	Visco-Lüfter temperaturgeregelt
Kühlmitteltemperatur						
bis maximal	°C	126	126	126	126	126
Keilriemen						
Lüfter-Generator		9,5 × 940	9,5 × 940	9,5 × 970	9,5 × 980	2 × 12,5 × 1030
Lenkhelfpumpe		12,5 × 1150	12,5 × 1150	12,5 × 1150	12,5 × 1150	12,5 × 1145
Kältekompressor		12,5 × 1350	12,5 × 1350	12,5 × 1350	12,5 × 1350	12,5 × 875

Normverbrauch

		200 D	220 D	240 D	300 D	300 TD
nach DIN 70 030 bis 1980						
Kraftstoff	l/100 km	8,3	9,0	9,5	10,8	–
nach ECE-Zyklus ab 1980						
Kraftstoff						
mech. Getriebe	l/100 km	7,1/10,2/9,5	–	7,2/9,9/9,5	7,8/10,4/9,7	–
autom. Getriebe	l/100 km	7,8/10,8/9,6	–	7,7/10,6/9,5	8,1/11,0/9,8	8,0/11,1/10,5
Motoröl maximal	l/100 km	0,25	0,25	0,25	0,25	0,25

Kraftstoffanlage

		200 D	220 D	240 D	300 D, 300 TD (ab 9.79 in Klammern)
Kraftstoffpumpe, Typ		Bosch	Bosch	Bosch	Bosch
		FP/K 22 M 14	FP/K 22 M 14	FP/K 22 M 14	FP/K 22 MW 7
		ab Februar 1979:		ab Ende 1977:	
		FP/K 22 M 101		FP/K 22 MW 7	
Einspritzpumpe		Vierstempelpumpe	Vierstempelpumpe	Vierstempelpumpe	Fünfstempelpumpe
Typ		Bosch	Bosch	Bosch	Bosch
		PES 4 M 50	PES 4 M 55	PES 4 M 55	PES 4 MW 55
		C 320 RS 59	C 320 RS 60	C 320 RS 60	/320 RS 12
		(... RS 103)			(PES 5 M 55 c 320 RS 105)
Regler		Bosch	Bosch	Bosch	Bosch
		EP/MN 60 M 45 DR	EP/MN 60 M 44 DR	EP/MN 60 M 46 DR	RW 350/2200 MW 15
Art der Regelung		pneumatisch	pneumatisch	pneumatisch	mechanisch
				ab Ende 1977:	
				Bosch	
				RW 350/2200 MW 15	
				mechanisch	
Einspritzdüse		Bosch	Bosch	Bosch	Bosch
		DNO SD 1510	DNO SD 220	ND/SD 220	DNO SD 220 (DNO SD 240)
Förderbeginn vor OT		26°	26°	24°	24°
Einspritzdruck	bar	115–123	115–123	115–123	115–123
Luftfilter		Ölbaddämpfer-	Ölbaddämpfer-	Ölbaddämpfer-	Trockenluftfilter
		filter	filter	filter	mit Papierpatrone
		ab 1979:		ab 1977:	
		Trockenluftfilter		Trockenluftfilter	
Vollast-Abgaswert	% CO	0,1–0,3	0,1–0,3	0,1–0,3	0,05–0,25

Elektrische Anlage

Netzspannung	V	12	12	12	12
Batteriekapazität	Ah	66 (88)	88	88	88
Anlasser	Typ	Bosch	Bosch	Bosch	Bosch
		JF 12 V 2,0 kW	JF 12 V 2,0 kW	JF 12 V 2,0 kW	JF 12 V 2,0 kW
Leistung	PS	2,5	2,5	2,5	2,5
Drehstrom-Generator	Typ	Bosch	Bosch	Bosch	Bosch
		K 1–14 V 55 A	K 1–14 V 55 A	K 1–14 V 55 A	K 1–14 V 55 A
Leistung	W	770	770	770	770
Ladebeginn bei	l/min	700	700	700	700
Regler	Typ	Bosch	Bosch	Bosch	Bosch
		0 192 052 004	0 192 052 004	0 192 052 004	0 192 052 004
		EE 14 V 3	EE 14 V 3	EE 14 V 3	EE 14 V 3
Glühkerzen		Beru 382 GK	Beru 382 GK	Beru 382 GK	Beru 382 GK
		oder	oder	oder	oder
		Bosch	Bosch	Bosch	Bosch
		0 250 001 016	0 250 001 016	0 250 001 016	0 250 001 016
Schnellstart-Stabglühkerzen		siehe Seite 180			
Glühlampen		siehe Seite 189			

Kraftübertragung

Art		Antrieb auf Hinterräder über geteilte Kardanwelle			
Kupplung		Einscheiben-Trockenkupplung			
Betätigung		hydraulisch			
Schaltgetriebe		mechanisches Viergang-Synchron-Getriebe mit Mittelschaltung			
Übersetzungsverhältnisse					
1. Gang		3,90 3,82	3,90	3,90 3,82	3,90 3,82
2. Gang		2,30 2,20	2,30	2,30 2,20	2,30 2,20
3. Gang		1,41 1,40	1,41	1,41 1,40	1,41 1,40
4. Gang		1,00 1,00	1,00	1,00 1,00	1,00 1,00
5. Gang		0,81		0,81	0,81
Rückwärtsgang		3,66 3,71	3,66	3,66 3,71	3,66 3,71
Automatisches Getriebe		automatisches Viergang-Getriebe mit Wandler, Mittelschaltung oder Lenkradschaltung			
Übersetzungsverhältnisse					
1. Gang		3,98	3,98	3,98	3,98
2. Gang		2,39	2,39	2,39	2,39
3. Gang		1,46	1,46	1,46	1,46
4. Gang		1,00	1,00	1,00	1,00
Rückwärtsgang		5,47	5,47	5,47	5,47
Hinterachse		hypoidverzahntes Ausgleichsgetriebe			
Hinterachsübersetzung		3,92	3,92	3,69	3,46
Motordrehzahl bei 100 km/h					
im 4. Gang	1/min	3470	3470	3275	3090

Fahrwerk

		200 D	220 D	240 D	300 D	300 TD/ 300 TD Turbo Diesel
Vorderachse		Einzelradaufhängung, Doppel-Querlenker, Schraubenfedern, Gasdruck-Stoßdämpfer, Drehstabstabilisator				
Lenkung		Kugelumlauflenkung mit Lenkungsdämpfer				
Servolenkung		auf Wunsch	auf Wunsch	auf Wunsch	serienmäßig	serienmäßig
Keilriemen Servolenkung	mm	12,5 × 1150	12,5 × 1150	12,5 × 1150	12,5 × 1150	12,5 × 1150
Wendekreis	m	11,25	11,25	11,25/11,29	11,25/11,29	11,25/11,29
Radeinschlag						
innen bis		43°	43°	43°	43°	43°
außen bis		33°	33°	33°	33°	33°
Vorspur		0° 25′ ± 10′ = 3 ± 1 mm				
Sturz		0° ± 10′				
Nachlauf		8° 45′ ± 30′				
Spurdifferenzwinkel		1° 10′ ± 40′				
Hinterachse		Diagonal-Pendelachse, Schräglenker, Schraubenfedern, Gasdruck-Stoßdämpfer, Drehstabstabilisator				
Niveauregulierung		auf Wunsch	auf Wunsch	auf Wunsch/ serienmäßig	auf Wunsch/ serienmäßig	
Vorspur		0° 35′ ± 15′ = 3,5 ± 1,5 mm (ab Mai 1977)				
Sturz		0° 15′ ± 30′ (ab Mai 1977)				
Bremsanlage		hydraulische Zweikreisbremse mit Unterdruckverstärker				
Bremsscheiben-Durchmesser						
vorn	mm	278 ± 0,2	278 ± 0,2	278 ± 0,2	278 ± 0,2	278 ± 0,2
hinten	mm	279 ± 0,2	279 ± 0,2	279 ± 0,2	279 ± 0,2	279 ± 0,2
Feststellbremse		Fußfeststellbremse, mechanisch auf Hinterräder wirkend				
Felgengröße serienmäßig		5½ J × 14 H 2	5½ J × 14 H 2	5½ J × 14 H 2/ 6 J × 14 H 2	5½ J × 14 H 2/ 6 J × 14 H 2	6 J × 14 H 2/ 5½ J × 15 H 2
Sonderausrüstung		6 J × 14 H 2	6 J × 14 H 2	6 J × 14 H 2/–	6 J × 14 H 2/–	
Reifengröße serienmäßig		175 SR 14	175 SR 14	175 SR 14/ 195/70 SR 14	175 SR 14/ 195/70 SR 14	175 HR 14 88 H 195/70 SR 14 89 S
Sonderausrüstung		195/70 SR 14 M+S	195/70 SR 14 M+S	195/70 SR 14 M+S/ 185 HR 15	195/70 SR 14 M+S/ 185HR 15 195/70 HR 14 89 H	195/70 HR 14 89 H
Reifendruck für mittlere Geschwindigkeit						
vorn	bar	2,0	2,0	2,0,	2,0	2,0
hinten	bar	2,2	2,2	2,2	2,2	2,2
Reifendruck für maximale Geschwindigkeit						
vorn	bar	2,3	2,3	2,3	2,3	2,3
hinten	bar	2,5	2,5	2,5	2,5	2,5
Reifendruck für Winterreifen						
vorn	bar	2,0	2,0	2,0	2,0	2,0
hinten	bar	2,2	2,2	2,2	2,2	2,2

Füllmengen

Tankinhalt	l	65	65	65/70	65/70	65/70
Reserve	l	9,5	9,5	9,5/11	9,5/11	9,5/11
Kühlsystem mit Heizung	ca. l	10	10	10	11	11
Motor						
Neubefüllung	ca. l	7,0	7,0	7,5	7,5	7,5
bei Öl- und Filterwechsel	ca. l	6,5	6,5	6,5	6,5	6,5
Ölfilter	l	1,5	1,5	1,5	1,5	1,5
Ölwanne bis zu den Ölmeßstabmarkierungen						
Maximum	l	5	5	5	5	5
Minimum	l	3,5	3,5	3,5	3,5	3,5
Ölkühler	l	–	–	0,5	0,7	0,7
Mechanisches Getriebe	ca. l	1,6	1,6	1,6	1,6	1,6
Automatisches Getriebe						
Neubefüllung	ca. l	6,1	6,1	6,1	6,1	6,1
Ölwechsel	l	4,8	4,8	4,8	4,8	4,8
Hinterachse	ca. l	1,0	1,0	1,0	1,0	1,0
Mechanische Lenkung	ca. l	0,4	0,4	0,4	–	–
Servolenkung	ca. l	1,4	1,4	1,4	1,4	1,4
Bremsanlage und Kupplungsbetätigung	ca. l	0,5	0,5	0,5	0,5	0,5
Ölbadluftfilter	l	0,35	0,35	0,35	–	–
Niveauregulierung	l	3,5	3,5	3,5	3,5	3,5
Scheibenwaschanlage	ca. l	3	3	3	3	3
mit Scheinwerfer-Reinigungsanlage	ca. l	5	5	5	5	5

Maße und Gewichte

		200 D	220 D	240 D/240 TD	300 D/300 TD2/ 300 TD Turbo Diesel (300 D ab 9. 79)
Radstand	mm	2795	2795	2795/2795	2795/2795/2795
Spurweite					
vorn	mm	1488	1488	1488/1488	1488/1488/1483
hinten	mm	1446	1446	1446/1453	1446/1453/1453
Länge	mm	4725	4725	4725/4725	3725/4725/4725
Breite	mm	1786	1786	1786/1786	1786/1786/1786
Höhe unbelastet	mm	1438	1438	1438/1425	1438/1425
mit Dachreling	mm			/1470	–/1470/1470
Bodenfreiheit belastet	mm	164	164	164/150	164/150/150
Überhangwinkel					
vorn		24°	24°	24°	24°
hinten		16°	16°	16°	16°
Überhang					
vorn	mm	795	795	795/795	795/795
hinten	mm	1135	1135	1135/1135	1135/1135
Sitztiefe					
vorn	mm	495	495	495/495	495/495
hinten	mm	501	501	501/490	501/490
Kopffreiheit					
vorn	mm	973	973	973/975	973/975
hinten	mm	948	948	948/952	948/952
Sitzbreite					
vorn	mm	1476	1476	1476/1476	1476/1476
hinten	mm	1480	1480	1480/1480	1480/1480
Laderaum					
Breite	mm			/1410	–/1410/1410
Höhe	mm			/800	–/800/800
Tiefe normal	mm			/1232	–/1232/1232
Tiefe bei umgeklappter Rückenlehne	mm			/1784	–/1784
Leergewicht, fahrfertig	kg	1375	1380	1385/1485	1445/1545/1610
bei erhöhter Zuladung	kg			/1500	–/1560/1625
Zulässiges Gesamtgewicht	kg	1895	1900	1905/2045	1965/2105/2220
bei erhöhter Zuladung	kg			/2200	–/2260/2315
Zulässige Achslast					
vorn	kg	915	920	925	980/985/1020
hinten	kg	980	980	980	985/1200/1200
Zulässige Dachlast	kg	80	80	80	80/100/100
Zulässiges Anhängegewicht					
gebremst	kg	1200	1200	1200	1200
ungebremst	kg	125	725	730	750

Fahrwerte (Werksangaben)

		200 D	220 D	240 D/240 TD	300 D/300 TD2/ 300 TD Turbo Diesel
Höchstgeschwindigkeit in der Ebene					
Mechanisches Getriebe	km/h	130 (135)	135	138/138 (143)	148/148 (153)
Automatisches Getriebe	km/h	125 (130)	130	133/133 (138)	143/143(148)/165
Geschwindigkeiten bei zulässiger Motordrehzahl					
Mechanisches Getriebe					
1. Gang	km/h	33 (37)	33	35 (39)	38/47 (42)
2. Gang	km/h	56 (60)	56	60 (63)	64/67 (67)
3. Gang	km/h	92 (98)	92	98 (103)	104/110 (110)
4. Gang	km/h	130 (135)	135	138 (143)	155/155 (155)
Automatisches Getriebe					
1. Gang	km/h	32 (32)	32	34 (34)	36/36/43 (36)
2. Gang	km/h	56 (60)	56	60 (63)	64/67/75 (67)
3. Gang	km/h	92 (98)	92	98 (103)	104/110/122 (110)
4. Gang	km/h	125 (130)	130	133 (138)	143/150/165 (150)
Steigfähigkeit					
Mechanisches Getriebe					
1. Gang (Rutschgrenze)	%	34	39	41	41/43
2. Gang	%	19	21	22	24/23
3. Gang	%	10	11,5	12	13,5/13
4. Gang	%	6	7	7,5	8,5/8
Automatisches Getriebe					
1. Gang (Rutschgrenze)	%	36	42	42	41/44/45
2. Gang	%	26	31	36	41/44/45
3. Gang	%	11	13	14	17/16/24
4. Gang	%	5,5	6,5	7	9/8,5/13
Beschleunigen mit Durchschalten 0–100 km/h					
Mechanisches Getriebe	s	31,0 (27,4)	28,1	24,6 (22,0)	19,9 (18,9)
Automatisches Getriebe	s	33,2 (29,4)	29,1	27,4 (24,7)	20,8/15,0 (20,4)

Änderungen in der Baureihe

Reifezeit

In der Serienherstellung werden an den Autos gelegentlich Änderungen vorgenommen, die in der laufenden technischen Entwicklung begründet sind. An dieser Stelle wird – In Ergänzung des vorangegangenen Kapitels – eine chronologische Übersicht jener Verbesserungen geboten. Sie ist für Käufer und Gebrauchtwagenhändler gleichermaßen wertvoll und sie enthält wichtige Anhaltspunkte für professionelle und private Handwerker.

1976

Januar: Präsentation der neuen Baureihe W 123. Zu ihr gehören neben den in diesem Buch behandelten Diesel-Modellen 200 D, 220 D, 240 D und 300 D auch die Modelle 200 bis 280 E mit Ottomotor, für die ein anderes Buch dieser Buchreihe bestimmt ist.
Neue Karosserie mit erhöhter Steifigkeit, Doppelscheinwerfer (innen Nebelleuchten) mit Leuchtweitenregelung. Automatiksicherheitsgurte am Sitzbeschlag angebracht, dadurch konstanter Gurtwinkel bei allen Sitzstellungen. Rundinstrumente unter gemeinsamer Abdeckscheibe. Kombischalter zugleich für elektrische Scheibenwaschanlage.
Neue Vorderachse ohne Achsträger, Achsteile über elastische Lager mit Rahmenbodenanlage bzw. Aufbau verbunden. Kugelumlauflenkung, 300 D mit Servolenkung (sonst auf Wunsch). Hydraulische Zweikreisbremse mit Bremsbelagverschleißanzeige. Fußfeststellbremse mit um 30 % höherer Bremswirkung bei gleicher Fußkraft gegenüber Vorgängermodellen. Übertragung vom Auslöseknopf zur Sperreinrichtung durch Kette.
Motoren aus dem bestehenden Programm übernommen. Neuerungen: Ölwechsel mittels Absaugung durch Ölmeßstab-Führungsrohr möglich; Ölfilterwechsel von oben; Auspuffanlage mit verlängerter Haltbarkeitsdauer, Rohrende um 30° nach unten geneigt.

Juli: Preissenkung für Diesel-Tauschmotoren, Kostenersparnis zwischen DM 600,– und DM 700,–.

1977

Februar: Alle Modelle serienmäßig mit Halogen-Scheinwerfern (vorher auf Wunsch).

August: Vorglühung bei den Modellen 200 D – 240 D mit Startbereitschaftsanzeige (Thermozeitschalter).
240 D mit Anschlagbegrenzung für Hinterachsträger wie beim 300 D.
Auslieferungsbeginn der Modelle 240 D, 300 D (und 250) mit langem Radstand, 4 Türen, 8 Sitzplätze.

Dezember: Modell 240 D mit Zündanlaßschalter (Schlüsselanlassung) wie beim 300 D, dazu statt pneumatisch geregelter eine mechanisch geregelte Einspritzpumpe ähnlich der im 200 D.
Produktionsende der seit 1968 gebauten Modellreihe.

1978

Januar: Auf Wunsch Sonderausstattung mit Leichtmetallfelgen 5½ × 14.

April: Im Werk Bremen Produktionsbeginn der T-Reihe innerhalb der Baureihe 123: Modelle 240 TD und 300 TD (auch 230 T, 250 T und 280 TE) als fünftüriger Kombiwagen mit verschiedenen Sonderausstattungen. Niveauregulierung serienmäßig.

August: TD-Modelle serienmäßig mit Dachreling.
Modelle 240 D mit angehobener Leistung von 53 kW (72 PS).
Alle Motoren mit um 1 mm verkürzten Ventilführungen.

1979

Februar: Modell 200 D erscheint mit mehr Leistung (44 kW/60 PS) und erhält die Vorglühautomatik der beiden stärkeren Dieselmodelle. Alle Modelle mit mechanischem Regler und mit Trockenluftfilter ausgerüstet.
Modell 220 D aus dem Programm genommen.

Juli: 1 000 000 Wagen der Baureihe 123 fertiggestellt, darunter 530 000 Fahrzeuge mit Dieselmotor.

September: Alle Modelle mit dickeren Bremsklötzen an der Vorderachse, dazu geänderte Festsättel. Pneumatische Leuchtweitenregulierung der Scheinwerfer. Um 10 mm kleineres Lenkrad.
Verschiedene Änderungen am Motor des Typ 300 D, u. a.: Kolben mit sternförmiger Brennraummulde, Vorkammern mit 6 Brennerbohrungen anstelle vorher 5, Nockenwelle mit geändertem Ventilhub, Schwinghebel mit Hartmetallauflage, Einlaßventile ohne Kalotte, Ventilschaftabdichtungen mit weiter nach unten angeordneter Dichtlippe, Ventilfedern mit erhöhter Federkraft.
Einführung des 300 Turbo Diesel.

1980

August: In Deutschland Auslieferungsbeginn des Modells 300 TD (Turbo Diesel).
Bei allen Modellen Einsatz der Schnellstartanlage mit parallelgeschalteten Stabglühkerzen. Verbesserte Heizungs- und Lüftungsanlage, Klimaanlage mit elektronischer Temperaturregelung.

Oktober: Neues Viergang-Getriebe GL 68/20 wie in Verbindung mit den Vierzylinder Ottomotoren.
Auf Wunsch Anti-Blockier-System (ABS) erhältlich.
Schmierintervalle von 5000 auf 7500 km erweitert.

1981

Auf Wunsch Airbag für Fahrer und Gurtstrammer für Beifahrer.

1982

Juli: Fünfgang-Getriebe für die Modelle 200 D, 240 D und 300 D verfügbar.

September: Alle Modelle mit Servolenkung und mit Gasdruck-Stoßdämpfern, Rechteckscheinwerfer für die gesamte Modellreihe. Verschiedene Ausstattungsverbesserungen.

1984

November: Vorstellung der Nachfolger-Baureihe W 124. Die neuen Modelle mit leichterer, windschlüpfigerer Karosserie gibt es mit Vier-, Fünf- und Sechs-Zylinder-Dieselmotoren.
Dezember: Die Produktion der millionenfach verkauften Limousinen der 123er-Serie wird eingestellt. Die Kombimodelle werden noch weiter gebaut.

1986

Die Produktion der T-Modelle lief offiziell bis Ende 1985. Im Januar 1986 wurden noch 63 Exemplare hergestellt.

Wegweiser

	Seite
Abblendlicht	192
Abschleppen	31
Abschleppseile	31
Anhängerbetrieb	34
Anlasser	175
Anschleppen	33, 166
Aufbocken des Wagens	68
Arbeitspreise	19
Armaturenbrett	201
Auspuffanlage	94
Austauschteile	21
Automatisches Getriebe	125
Auto-Shampoo	49
Batterie-Alter	168
Batterie ausbauen	164
Batterie-Kapazität	161
Batterie laden	162
Batterieladezustand prüfen	163
Batteriepflege	164
Batterie-Säurestand prüfen	163
Batterie, Störungsbeistand	173
Beleuchtungskontrolle	189
Beleuchtungsanlage, Stromverbrauch	162
Bereifung	150
Blinkerlampen auswechseln	193
Blinkanlage	197
Blinker-Kontrollampe	197
Blinker-Relais	197
Bordwerkzeug	25
Bosch-Einspritzpumpe	109
Bremsanlage, Funktion	138, 210
Bremsbeläge prüfen	144
Bremsanlage prüfen	138
Bremsanlage Störungsbeistand	149
Bremse entlüften	141
Bremsflüssigkeit	139
Bremsleitungen	140, 210
Bremsleuchten	194
Bremskraftverstärker	142
Bremslichtschalter	198
Bremsscheiben	147
Chrompflege	62
Diagonal-Reifen	56
Diesel-Prinzip	85
Drehstromlichtmaschine	169
Drehzahlen	88
Drehzahlmesser	209
Eimerwäsche	47
Einfahren	95

	Seite
Einspritzanlage	106
Einspritzdüsen	117
Einspritzpumpe	109, 116
Elektrische Leitungen	183
Entlüften der Kraftstoffleitung	109
Ersatzlampen	189
Ersatzteile	21
Ersatzteile bei Auslandsreisen	30
Fahren ohne Lichtmaschine	172
Fahrgestell-Konservierung	60
Felgen	155, 157
Fenster	42
Fensterbetätigung	39
Fensterheber, elektrische	207
Fernscheinwerfer	192
Feststellbremse	148
Filter des Motoröls	73
Filter des Kraftstoffs	107
Förderpumpe	108
Frostschutz	53
Frostschutz für Scheibenwascher	54
Fußbremse	138
Geberzylinder der Kupplung	120
Gelenkwelle	126
Getriebe-Automatik	125
Getriebe, Funktion	124
Getriebeöl	78
Getriebeölstand prüfen	78
Getriebeölwechsel	79
Getriebesynchronisierung	124
Gleitschutzketten	58
Glühkerzen	177
Glühkerzen-Vorwiderstand	177
Glühlampenwechsel	192
Gürtel-Reifen	56, 157
Hauptstrom-Ölfilter	75
HD-Öl	70
Heckleuchten	194
Heizbare Heckscheibe	206
Heizöl	15
Heizung	103
Heizungsventil	103
Heizgebläse	103
Hinterachsantrieb	127
Hinterachse	134
Hilfsmittel unterwegs	29, 59
Höchstgeschwindigkeit	15
Höhenverstellung der Scheinwerfer	191
Hohlraumversiegelung	62
Hupe	199

	Seite
Innenbeleuchtung	195
Inspektionsarbeiten	67
Instrumente	203
Instrumentenbeleuchtung	202
Karosserieteile	35
Keilriemenspannung	102, 174
Kennzeichenbeleuchtung	195
Klappenstutzen	111
Klappergeräusche	35
Klemmenbezeichnungen	184
Klimaanlage	104
Kofferraumleuchte	196
Kofferraumhaube	36
Kolben	87
Kombi-Instrument	201
Kompressionsdruck	93
Konservierungsmittel	60
Kontrollampen	202
Kostenvoranschlag	19
Kraftstoffanlage	106
Kraftstoffanzeige	203
Kraftstoffpumpe	108
Kraftstoff-Filter	107
Kraftstoff-Reservewarnung	203
Kraftstoff-Tank	106
Kraftstoff-Verbrauch	13
Kraftstoffschwierigkeiten	15, 54
Kreuzgelenke	135
Kühler	99
Kühlerverschlußdeckel	100
Kühlsystem	97
Kühlflüssigkeit	53, 98
Kühlwasser-Thermometer	204
Kupplung	119
Kupplung entlüften	120
Kupplungsunarten	121
Kupplung, Störungsbeistand	123
Kurbelwelle	87
Lackpflege	49
Lackpflegemittel	49
Lackschäden ausbessern	50
Ladekontrollampe	171
Lagerschäden	89
Lampen auf Funktion prüfen	189
Lampen auswechseln	192
Leerlauf	114
Leerlaufversteller	114
Lenkgetriebe	130
Lenkung	130
Lenkungsspiel	131
Leuchtweitenregelung	191
Lichthupe	200
Lichtmaschine	169

	Seite
Luftfilter	113
Luftdruck der Reifen	150
Masse	183
Mehrbereichsöle	72
Mietwerkstätten	23
Motorblock	87
Motor, Funktion	84
Motorhaube	12, 36
Motorleerlauf	114
Motoröle	55
Motorölwechsel	73
Motorölstand prüfen	69
Motorwäsche	28, 48
Motorraum-Schaubild	83
Motorreiniger	48
Motorschmierung	95
Motor starten	181
M + S-Reifen	57
Nebelscheinwerfer	192
Niveau-Regulierung	137
Nockenwelle	88
Notdienst	21
Nummernschildbeleuchtung	195
Ölbad-Luftfilter	76
Öldruck-Anzeige	90, 203
Ölkreislauf	95
Ölpeilstab	70
Ölfilter wechseln	73
Ölpumpe	95
Ölsorten	70
Ölviskosität	72
Ölwechselprobleme	74
Ölzusätze	73
Parklicht	194
Pflegeplan	67
Pflegeplatz	68
Poliermaschine	50
Poliermittel	50
Probefahrt	10
Prüfen im Stand	9
Prüflampe	185
Räder austauschen	154
Räder auswuchten	154
Radwechsel	151
Radial-Reifen	56, 157
Radlagerspiel	129
Regler der Lichtmaschine	171
Reifenabmessungen	157
Reifendruck	150
Reifengröße	157

	Seite
Reifenpflege	48
Reifenpreise	159
Reifen-Runderneuerung	159
Reifen-Unwucht	154
Reifenzustand prüfen	153
Reklamationen	18
Relais	208
Reparaturaufträge	17
Reparaturpreise	19
Reserveteile	30
Rostlösemittel	28
Rostschutz	28
Rückleuchten	194
SAE-Klassen	71
Säuredichte der Batterie	163
Säurestand der Batterie	163
Schadenersatz	18
Schaltgetriebe	124
Scheibenbremsen	123
Scheibenwascher	206
Scheibenwischer	205
Scheibenwischermotor	205
Scheinwerferlampen wechseln	192
Scheinwerfer einstellen	190
Scheinwerfer-Reinigungsanlage	206
Schiebedach	42
Schlösser pflegen	81
Schlüsselweiten	24
Schlußleuchten wechseln	194
Schneeketten	58
Schnelladung der Batterie	165
Schnellstart-Glühkerzen	180
Schwingsaugrohr	114
Servolenkung	132
Sicherheitsgurte	45
Sicherungen	184
Signalhorn	199
Sitze ausbauen	43
Shampoo-Wäsche	49
Spitzengeschwindigkeit	15
Spritzversteller	116
Spurstangengelenk	133
Standlicht	192
Stabilisator	128, 134
Standheizung	105
Starterschalter	182
Startprobleme	166
Starten mit leerer Batterie	166
Stillegung	62
Stoßdämpfer	135
Stoßfänger	37
Stromverbrauch	161
Tachometer	204
Tachometer eichen	16

	Seite
Tankstellen	22
Technische Daten	211
Temperaturanzeige	204
Temperatureinfluß auf die Batterie	162
Temperaturfühler	111
Tempomat	115
Thermostat	100
Transmission Fluid	79
Trommelbremsen	148
Turbo Diesel	96
Türen	37
Türverkleidung	38
TÜV	11
Unterbodenschutz	61
Unterdruckpumpe	142
Unwucht der Reifen	154
Ventilator	102
Ventile	90
Ventilsteuerung	88
Ventilspiel	91
Verbrauchsmessung	13
Verkehrssicherheit	9
Vorderachse	128
Vorderradlager schmieren	129
Vorglüh-Anlaß-Schalter	181
Vorglühen	178
Vorkammer	85
Vorspur	133
Vorwiderstand	178
Wagenheber ansetzen	68
Wagenpflege-Hilfsmittel	27
Wagenwäsche	46
Warnblinkanlage	198
Wartungsarbeiten	64
Wartungsplan	67
Waschkonservierer	49
Wasserpumpe	101
Werkstattprobleme	17
Werkzeug	24
Winterschutz	53
Winterhilfsmittel unterwegs	59
Winter-Reifen	56, 159
Winterstartprobleme	55
Zeituhr	205
Zentralverriegelung	40
Zubehör für den Winter	59
Zubehör für Auslandsreisen	30
Zusatzmittel für Motoröle	73
Zylinderkopf	92
Zylinderkopfschrauben anziehen	92
Zylinderlaufbuchsen	88

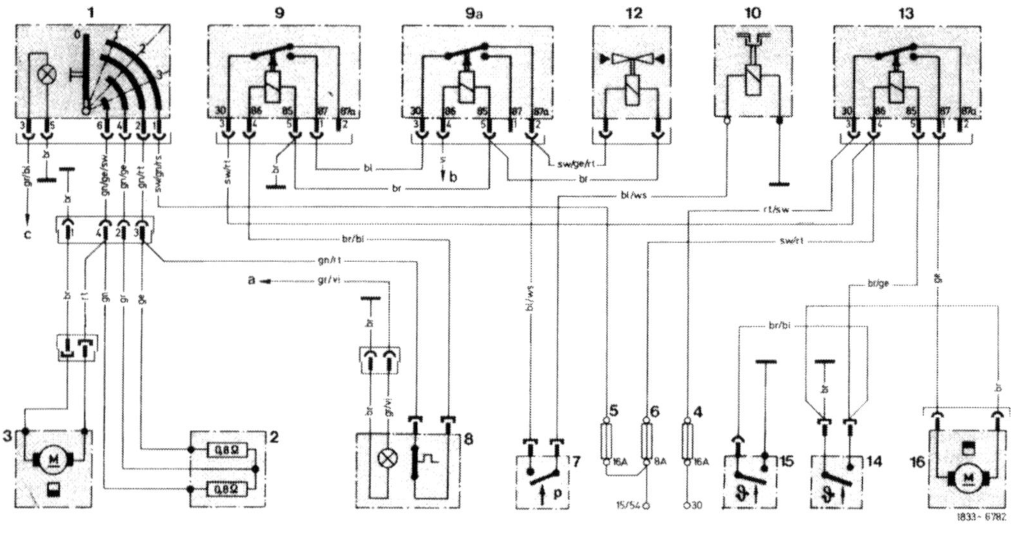

Schaltplan der zur Sonderausstattung gehörenden Klimaanlage

a – Lichtdrehschalter Klemme K,
b – Anlasser bzw. Kabelverbinder Klemme 50 (2. Ausführung, Kupplung für Zusatzleitungssatz Rückfahrlichtschalter – Getriebetunnel Klemme Nr. 4),
c – Kombi-Instrument Klemme 58 d,
1 – Gebläseschalter mit Beleuchtung,
2 – Vorwiderstände,
3 – Gebläse,
4 – Hauptsicherungsdose Sicherung Nr. 2 (16 Ampere),
5 – Hauptsicherungsdose Sicherung Nr. 10 (16 Ampere),
6 – Hauptsicherungsdose Sicherung Nr. 12 (8 Ampere),
7 – Druckschalter Flüssigkeitsbehälter (Kupplung Kältekompressor),
8 – Temperaturschalter mit Beleuchtung,
9 – Relais I Klimaanlage (Kennzahl 12),
9a – Relais II Klimaanlage (ohne Kennzahl),
10 – Elektromagnetische Kupplung,
12 – Umschaltventil für Drehzahlstabilisierung (nur Typ 280 E),
13 – Relais Zusatzlüfter (Kennzahl 6),
14 – Temperaturschalter (4-Zylinder-Typen 52° C, übrige Typen 62° C),
15 – Temperaturschalter (100° C),
16 – Zusatzlüfter.

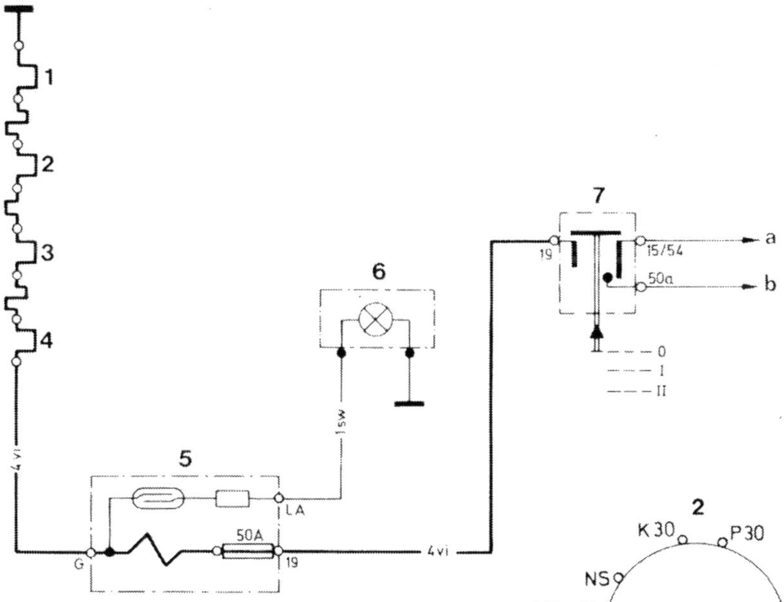

Oben: Schaltplan der Vorglühanlage zu den Motoren 615 und 616: 1 bis 4 – Glühkerzen und Widerstandsschienen, 5 – Sicherung und Reedkontakt, 6 – Vorglühkontrolleuchte, 7 – Vorglüh-Anlaß-Schalter, a – Kabel von Klemme 15 am Lenkschloßschalter, b – Kabel von Klemme 50 am Anlasser.

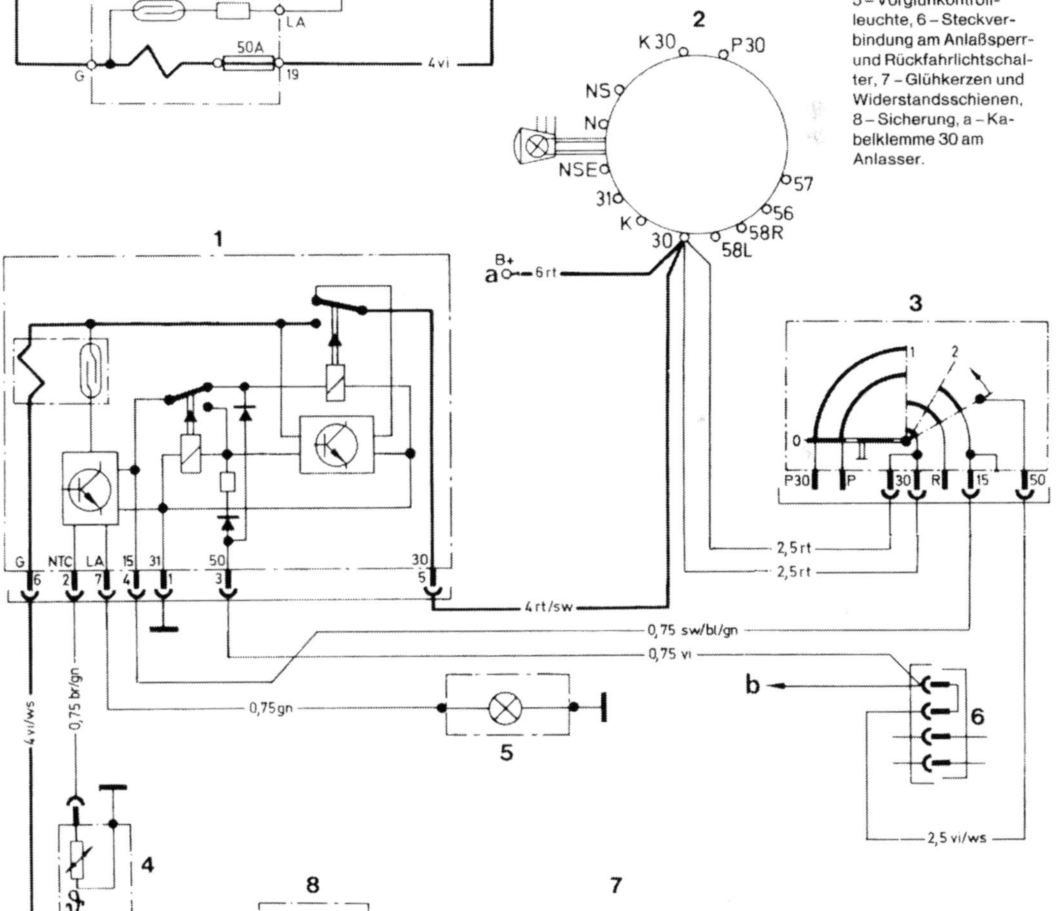

Unten: Schaltplan der Vorglühanlage zum Motor 617: 1 – Vorglühzeitrelais, 2 – Lichtdrehschalter, 3 – Vorglüh-Anlaß-Schalter, 4 – Temperaturfühler, 5 – Vorglühkontrollleuchte, 6 – Steckverbindung am Anlaßsperr- und Rückfahrlichtschalter, 7 – Glühkerzen und Widerstandsschienen, 8 – Sicherung, a – Kabelklemme 30 am Anlasser.

Erläuterungen zum nebenstehenden Schaltplan

Elektrischer Schaltplan Typ 300 D (123.130)

1 – Leuchteinheit, links
 a Fernlicht
 b Abblendlicht
 c Standlicht/Parklicht
 d Nebellicht
 e Blinklicht
2a – Kontaktfühler Bremsbeläge, vorn rechts
2b – Kontaktfühler Bremsbeläge, vorn links
3 – Beleuchtung Schaltkulisse
4 – Kombi-Instrument
 a Blinkerkontrolle, links
 b Kontrolle Bremsbelagverschleißanzeige
 c Kontrolle Bremsflüssigkeit und Feststellbremse
 d Kraftstoffreserve-Warnung
 e Kraftstoffanzeige-Instrument
 f Temperaturanzeige Kühlmittel
 g Instrumentenbeleuchtung
 h Regelwiderstand Instrumentenbeleuchtung
 i Ladekontrolle
 j Fernlichtkontrolle
 k Blinkerkontrolle, rechts
 l Elektronische Uhr
 m Vorglühkontrolleuchte
5 – Zigarrenanzünder mit Ascherbeleuchtung
6 – Leuchteinheit, rechts
 a Fernlicht
 b Abblendlicht
 c Standlicht/Parklicht
 d Nebellicht
 e Blinklicht
7 – Automatische Antenne*
8 – Schalter Feststellbremskontrolle
9 – Regelgerät*
10 – Steuergerät Tempomat*
11 – Schalter Bremsflüssigkeitskontrolle
12 – Temperaturfühler Kühlmittelanzeige
13 – Deckenleuchte, vorn mit Schalter
14 – Geber Tempomat*
15 – Türkontaktschalter,links
16 – Türkontaktschalter,rechts
17 – Signalhorn
18 – Warnblinker/Elektronik
19 – Signalkontakt
20 – Kombi-Schalter
 a Blinkerschalter
 b Lichthupenschalter
 c Abblendschalter
 d Wascherschalter
 e Schalter Wischgeschwindigkeit
  I Intervallwischen
  II Langsames Wischen
  III Schnelles Wischen
21 – Schalter Handschuhkastenleuchte
22 – Handschuhkastenleuchte
23 – Sicherungsdose
24 – Radio*
25 – Relais I Fensterheber*
26 – Relais II Fensterheber*
27 – Türkontaktschalter Fensterheber*
28 – Schiebedachmotor*
29 – Schalter elektrisches Schiebedach*
30 – Magnetventil automatisches Getriebe*
31 – Kick-down-Schalter*
32 – Lichtdrehschalter
33 – Lenkschloßschalter
34 – Intervall-Nachwisch-Elektronik
35 – Tastschalter Tempomat*
 A Ausschalten
 V Verzögerung/Fixieren
 SP Speicher
 B Beschleunigen/Fixieren
36 – Wischermotor
37 – Wischermotor Scheinwerfer, rechts*
38 – Wischermotor Scheinwerfer, links*
39 – Wascherpumpe
40 – Bremslichtschalter
41 – Relais Scheinwerferreinigungsanlage*
42 – Wascherpumpe Scheinwerfer*
43 – Temperaturfühler Vorglühkontrolle
44 – Vorglühzeitrelais
45 – Gebläseschalter mit Beleuchtung
46 – Beleuchtung
 a Luftweichenbedienung
 b Heizungsregulierung
 c Schalter*
47 – Relais Klimaanlage I*
48 – Relais Klimaanlage II*
49 – Anlaßsperr- und Rückfahrlichtschalter*
50 – Temperaturschalter 62° C Flüssigkeitsbehälter Klimaanlage
51 – Temperaturschalter 100° C
52 – Zusatzlüfter*
53 – Relais Zusatzlüfter*
54 – Druckschalter Kältekompressor
 Ein 2,6 bar, Aus 2,0 bar
55 – Elektromagnetische Kupplung Kältekompressor*
56 – Temperaturregler mit Beleuchtung Klimaanlage*
57 – Vorwiderstand Gebläsemotor
58 – Gebläsemotor
59 – Sicherungsdose, Glühkerzen
60 – Fensterhebermotor, hinten links*
61 – Schalter Fenster, hinten links*
62 – Schaltergruppe Fensterheber*
 a Schalter Fenster, hinten links
 b Sicherheitsschalter
 c Schalter Fenster, vorn links
 d Schalter Fenster, vorn rechts
 e Schalter Fenster, hinten rechts
63 – Glühkerzen und Vorwiderstand
64 – Fensterhebermotor, vorn links*
65 – Fensterhebermotor, vorn rechts*
66 – Kofferraumleuchte
67 – Schalter Fenster, hinten rechts
68 – Fensterhebermotor, hinten rechts
69 – Geber Kraftstoffanzeige
70 – Steckverbindung Schlußlampenleitungssatz
71 – Deckenleuchte, hinten
72 – Zeitrelais heizbare Heckscheibe*
73 – Schalter heizbare Heckscheibe
74 – Türkontaktschalter, hinten links*
75 – Schalter deckenleuchte, hinten*
76 – Türkontaktschalter, hinten rechts*
77 – Drehstromlichtmaschine mit elektronischem Regler
78 – Batterie
79 – Anlasser
80 – Schlußleuchte, rechts
 a Blinklicht
 b Schlußlicht/Parklicht
 c Rückfahrlicht
 d Bremslicht
81 – Heizbare Heckscheibe
82 – Kennzeichenleuchte
91 – Schlußleuchte, links
 a Blinklicht
 b Schlußlicht/Parklicht
 c Rückfahrlicht
 d Bremslicht
 e Nebelschlußlicht

* – Sonderausstattung

Kabelfarben siehe Seite 226

Schaltplan Typ 300 D

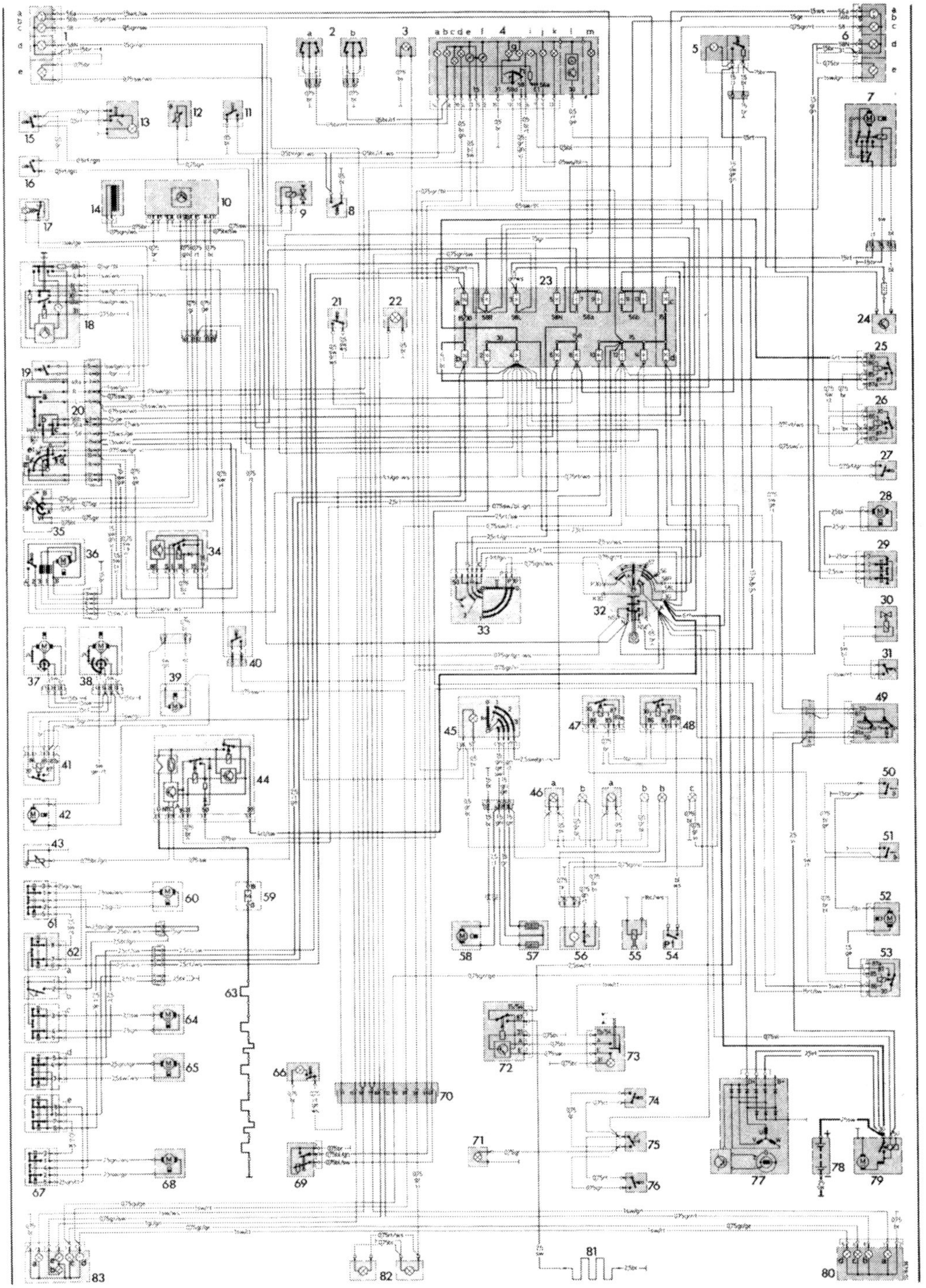

Erläuterungen zum nebenstehenden Schaltplan

Elektrischer Schaltplan Typ 240 TD (123.183) und 300 TD (123.190)

1 – Leuchteinheit, links
- a Fernlicht
- b Abblendlicht
- c Standlicht/Parklicht
- d Nebellicht
- e Blinklicht

2 – Schalter Bremsflüssigkeitskontrolle
3 – Kontaktfühler Bremsbeläge, vorn links
4 – Kontaktfühler Bremsbeläge, vorn rechts
5 – Kombi-Instrument
- a Blinkerkontrolle, links
- b Fernlichtkontrolle
- c Temperaturanzeige Kühlmittel
- d Kraftstoffanzeige-Instrument
- e Kraftstoffreserve-Warnung
- f Ladekontrolle
- g Kontrolle Bremsbelagverschleißanzeige
- h Kontrolle Bremsflüssigkeit und Feststellbremse
- i Instrumentenbeleuchtung
- j Regelwiderstand und Instrumentenbeleuchtung
- k Warnsummer
- l Blinkerkontrolle, rechts
- m Elektronische Uhr
- n Vorglühkontrolleuchte

6 – Zigarrenanzünder mit Ascherbeleuchtung
7 – Radio*
8 – Leuchteinheit, rechts
- a Fernlicht
- b Abblendlicht
- c Standlicht/Parklicht
- d Nebellicht
- e Blinklicht

9 – Automatische Antenne*
10 – Schalter Feststellbremskontrolle
11 – Temperaturfühler, Kühlmittelanzeige
12 – Warnsummerkontakt
13 – Deckeleuchte, vorn mit Schalter
14 – Türkontaktschalter, vorn rechts
15 – Türkontaktschalter, vorn links
16 – Zweiklang-Signalanlage
17 – Geber Tempomat*²)
18 – Steuergerät Tempomat*²)
19 – Regelgerät Tempomat*²)
20 – Warnblinkschalter/Elektronik
21 – Signalkontakt
22 – Tastschalter Tempomat*²)
- A Ausschalten
- V Verzögern/Fixieren
- Sp Speicher
- B Beschleunigen/Fixieren

23 – Schalter Handschuhkastenleuchte
24 – Handschuhkastenleuchte
25 – Sicherungsdose
26 – Relais I Fensterheber*
27 – Relais II Fensterheber*
28 – Türkontaktschalter Fensterheber*
29 – Kombi-Schalter
- a Blinkerschalter
- b Lichthupenschalter
- c Abblendschalter
- d Wascherschalter
- e Schalter Wischgeschwindigkeit
  - I Intervallwischen
  - II Langsames Wischen
  - III Schnelles Wischen

30 – Wischermotor
31 – Intervall-Nachwisch-Elektronik
32 – Lenkschloß-Startschalter
33 – Lichtdrehschalter
34 – Schiebedachmotor*
35 – Schalter elektrisches Schiebedach
36 – Magnetventil automatisches Getriebe*
37 – Kick-down-Schalter*
38 – Startsperr- und Rückfahrlichtschalter
39 – Relais Klimaanlage I*
40 – Relais Klimaanlage II*
41 – Gebläseschalter mit Beleuchtung
42 – Bremslichtschalter
43 – Wascherpumpe
44 – Wischermotor Scheinwerfer, rechts*
45 – Wischermotor Scheinwerfer, links
46 – Relais Scheinwerferreinigungsanlage*
47 – Wascherpumpe Scheinwerfer*
48 – Temperaturfühler Vorglühkontrolle
49 – Vorglühzeitrelais
50 – Beleuchtung
- a Luftweichenbedienung
- b Heizungsregulierung
- c Schalter

51 – Temperaturschalter 62° C Flüssigkeitsbehälter Klimaanlage
52 – Temperaturschalter 100° C
53 – Zusatzlüfter*
54 – Relais Zusatzlüfter*
55 – Druckschalter Kältekompressor
Ein 2,6 bar, Aus 2,0 bar
56 – Elektromagnetische Kupplung
Kältekompressor*
57 – Temperaturregler mit Beleuchtung Klimaanlage*
58 – Vorwiderstand Gebläsemotor
59 – Gebläsemotor
60 – Sicherungsdose
61 – Fensterhebermotor, hinten links*
62 – Schalter Fenster, hinten links*
63 – Schaltergruppe Fensterheber*
- a Schalter Fenster, hinten links
- b Sicherheitsschalter
- c Schalter Fenster, vorn links
- d Schalter Fenster, vorn rechts
- e Schalter Fenster, hinten rechts

64 – Fensterhebermotor, vorn links*
65 – Fensterhebermotor, vorn rechts*
66 – Glühkerzen und Vorwiderstand¹)
67 – Rastschalter Deckenleuchte, hinten
68 – Steckverbindung Schlußlampenleitungssatz
69 – Zeitrelais heizbare Heckscheibe
70 – Schalter heizbare Heckscheibe
71 – Wischermotor Hecktür
72 – Starter
73 – Batterie
74 – Drehstromgenerator mit elektronischem Regler
75 – Türkontaktschalter, hinten links
76 – Türkontaktschalter, hinten rechts
77 – Geber Kraftstoffanzeige
78 – Deckenleuchte, hinten
79 – Fensterhebermotor, hinten rechts
80 – Schalter Fenster, hinten rechts
81 – Schlußleuchte, links
- a Blinklicht
- b Schlußlicht/Parklicht
- c Bremslicht

82 – Nebelschlußlicht
83 – Wascherpumpe Hecktür
84 – Rastschalter wischerpumpe Hecktür, Tastschalter Wascherpumpe Hecktür
85 – Kennzeichenleuchte
86 – Hecktürkontaktschalter/Heckschloß
87 – Heizbare Heckscheibe
88 – Beleuchtung Schaltkulisse
89 – Massestelle Hecktür
90 – Rückfahrlicht
91 – Schlußleuchte, rechts
- a Blinklicht
- b Schlußlicht/parken
- c Bremslicht

* Sonderausstattung
¹) 240 TD, 4 Glühkerzen
²) Nur beim 300 TD

Kabelfarben siehe Seite 226

Schaltplan Typen 240 TD und 300 TD

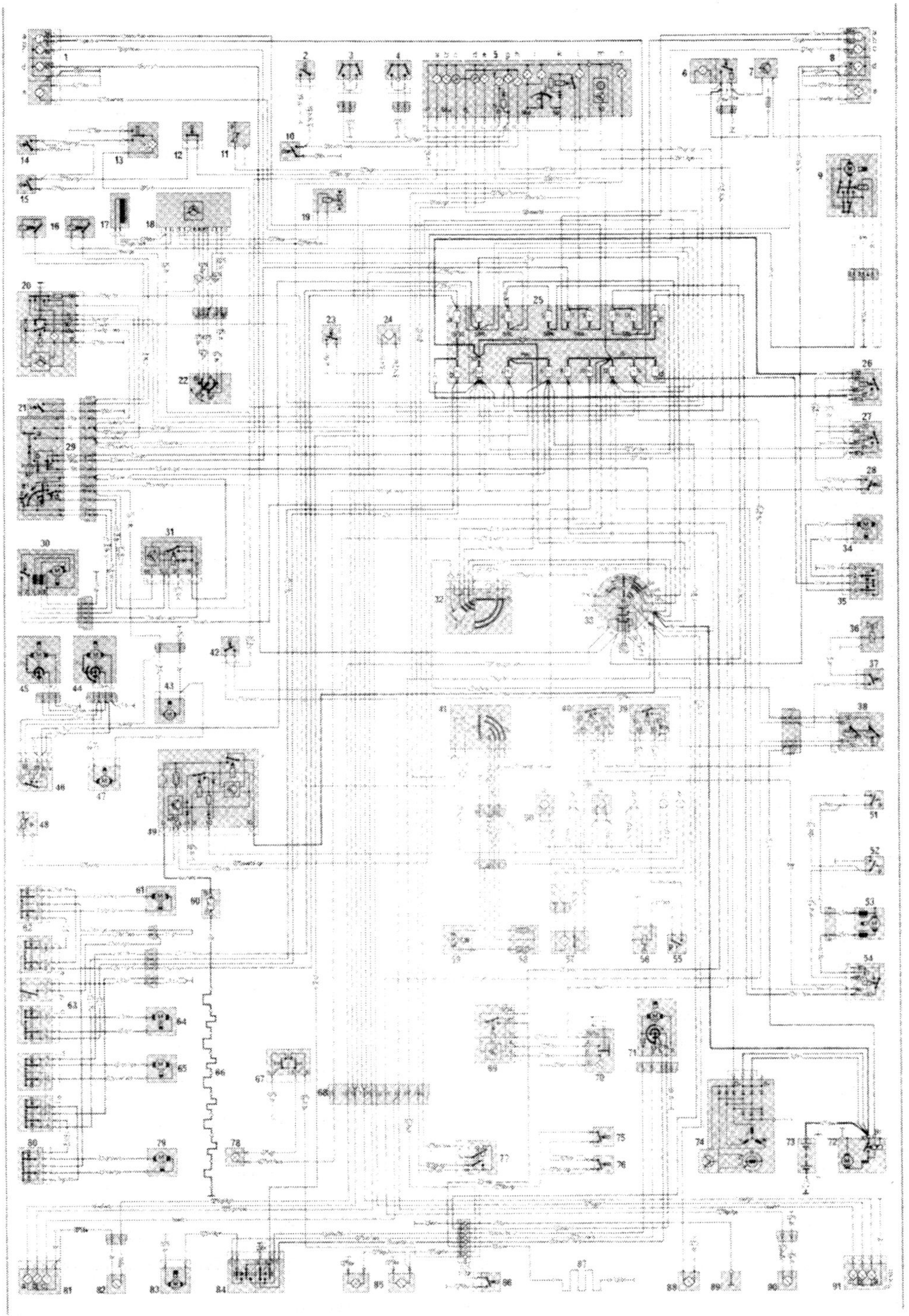

Erläuterungen zum Schaltplan in der hinteren Buchklappe

Kabelfarben

bl = blau
br = braun
el = elfenbein
ge = gelb
gn = grün
gr = grau
nf = naturfarben
rs = rosa
rt = rot
sw = schwarz
vi = violett
ws = weiß

Beispiel:
Leitungsbezeichnung 1,5 gr/rt
Grundfarbe gr = grau
Kennfarbe rt = rot
Leiterquerschnitt 1,5 = 1,5 mm²

Elektrischer Schaltplan Typ 200 D (123.120), 200 D (123.126), 240 D (123.123)

1 – Leuchteinheit, links
 a Fernlicht
 b Abblendlicht
 c Standlicht/Parklicht
 d Nebellicht
 e Blinklicht
2 a – Kontaktfühler Bremsbeläge, vorn rechts
2 b – Kontaktfühler Bremsbeläge, vorn links
3 – Beleuchtung Schaltkulisse*
4 – Kombi-Instrument
 a Blinkerkontrolle, links
 b Kontrolle Bremsbelagverschleißanzeige
 c Kontrolle Bremsflüssigkeit und Feststellbremse
 d Kraftstoffreserve-Warnung
 e Kraftstoffanzeige-Instrument
 f Temperaturanzeige Kühlmittel
 g Instrumentenbeleuchtung
 h Regelwiderstand Instrumentenbeleuchtung
 i Ladekontrolle
 j Fernlichtkontrolle
 k Blinkerkontrolle, rechts
 l Elektronische Uhr
 m Vorglühkontrolleuchte
5 – Zigarrenanzünder mit Ascherbeleuchtung
6 – Leuchteinheit, rechts
 a Fernlicht
 b Abblendlicht
 c Standlicht/Parklicht
 d Nebellicht
 e Blinklicht
7 – Automatische Antenne*
8 – Schalter Feststellbremskontrolle
9 – Schalter Bremsflüssigkeitskontrolle
10 – Temperaturfühler Kühlmittelanzeige
11 – Deckenleuchte, vorn, mit Schalter
12 – Türkontaktschalter, links
13 – Türkontaktschalter, rechts
14 – Signalhorn
15 – Warnblinkschalter/Elektronik
16 – Signalkontakt
17 – Kombi-Schalter
 a Blinkerschalter
 b Lichthupenschalter
 c Abblendschalter
 d Wascherschalter
 e Schalter Wischgeschwindigkeit
  I Intervallwischen
  II Langsames Wischen
  III Schnelles Wischen
18 – Schalter Handschuhkastenleuchte
19 – Handschuhkastenleuchte
20 – Sicherungsdose
21 – Radio*
22 – Relais I Fensterheber*
23 – Relais II Fensterheber*
24 – Türkontaktschalter Fensterheber*
25 – Schiebedachmotor*
26 – Schalter elektrisches Schiebedach*
27 – Magnetventil automatisches Getriebe*
28 – Kick-down-Schalter*
29 – Lichtdrehschalter
30 – Lenkschloßschalter
31 – Intervall-Nachwisch-Elektronik
32 – Wischermotor
33 – Wischermotor Scheinwerfer, rechts*
34 – Wischermotor Scheinwerfer, links*
35 – Wascherpumpe
36 – Bremslichtschalter
37 – Relais Scheinwerferreinigungsanlage*
38 – Wascherpumpe Scheinwerfer*
39 – Sicherungsdose, Glühkerzen
40 – Vorglüh-Anlaß-Schalter
41 – Gebläseschalter mit Beleuchtung
42 – Beleuchtung
 a Luftweichenbedienung
 b Heizungsregulierung
 c Schalter*
43 a – Relais Klimaanlage I*
43 b – Relais Klimaanlage II*
44 – Anlaßsperr- und Rückfahrlichtschalter*
45 – Temperaturschalter 62° C Flüssigkeitsbehälter Klimaanlage
46 – Temperaturschalter 100° C*
47 – Zusatzlüfter*
48 – Relais Zusatzlüfter*
49 – Druckschalter, Kältekompressor*
 Ein 2,6 bar, Aus 2,0 bar
50 – Elektromagnetische Kupplung Kältekompressor*
51 – Temperaturregler mit Beleuchtung Klimaanlage*
52 – Vorwiderstand Gebläsemotor
53 – Gebläsemotor
54 – Fensterhebermotor, hinten links*
55 – Schalter Fenster, hinten links*
56 – Schaltergruppe Fensterheber*
 a Schalter Fenster, hinten links
 b Sicherheitsschalter
 c Schalter Fenster, vorn links
 d Schalter Fenster, vorn rechts
 e Schalter Fenster, hinten rechts
57 – Fensterhebermotor, vorn links*
58 – Fensterhebermotor, vorn rechts*
59 – Glühkerzen und Vorwiderstand
60 – Kofferraumleuchte
61 – Steckverbindung Schlußlampenleitungssatz
62 – Zeitrelais heizbare Heckscheibe*
63 – Schalter heizbare Heckscheibe*
64 – Türkontaktschalter, hinten links*
65 – Anlasser
66 – Batterie
67 – Drehstromlichtmaschine mit elektronischem Regler
68 – Schalter Deckenleuchte, hinten*
69 – Türkontaktschalter, hinten rechts*
70 – Deckenleuchte, hinten*
71 – Geber Kraftstoffanzeige
72 – Fensterhebermotor, hinten rechts*
73 – Schalter Fenster, hinten rechts*
74 – Schlußleuchte, links
 a Blinklicht
 b Schlußlicht/Parklicht
 c Rückfahrlicht
 d Bremslicht
 e Nebelschlußlicht
75 – Kennzeichenleuchte
76 – Heizbare Heckscheibe*
77 – Schlußleuchte, rechts
 a Blinklicht
 b Schlußlicht/Parklicht
 c Rückfahrlicht
 d Bremslicht

* – Sonderausstattung

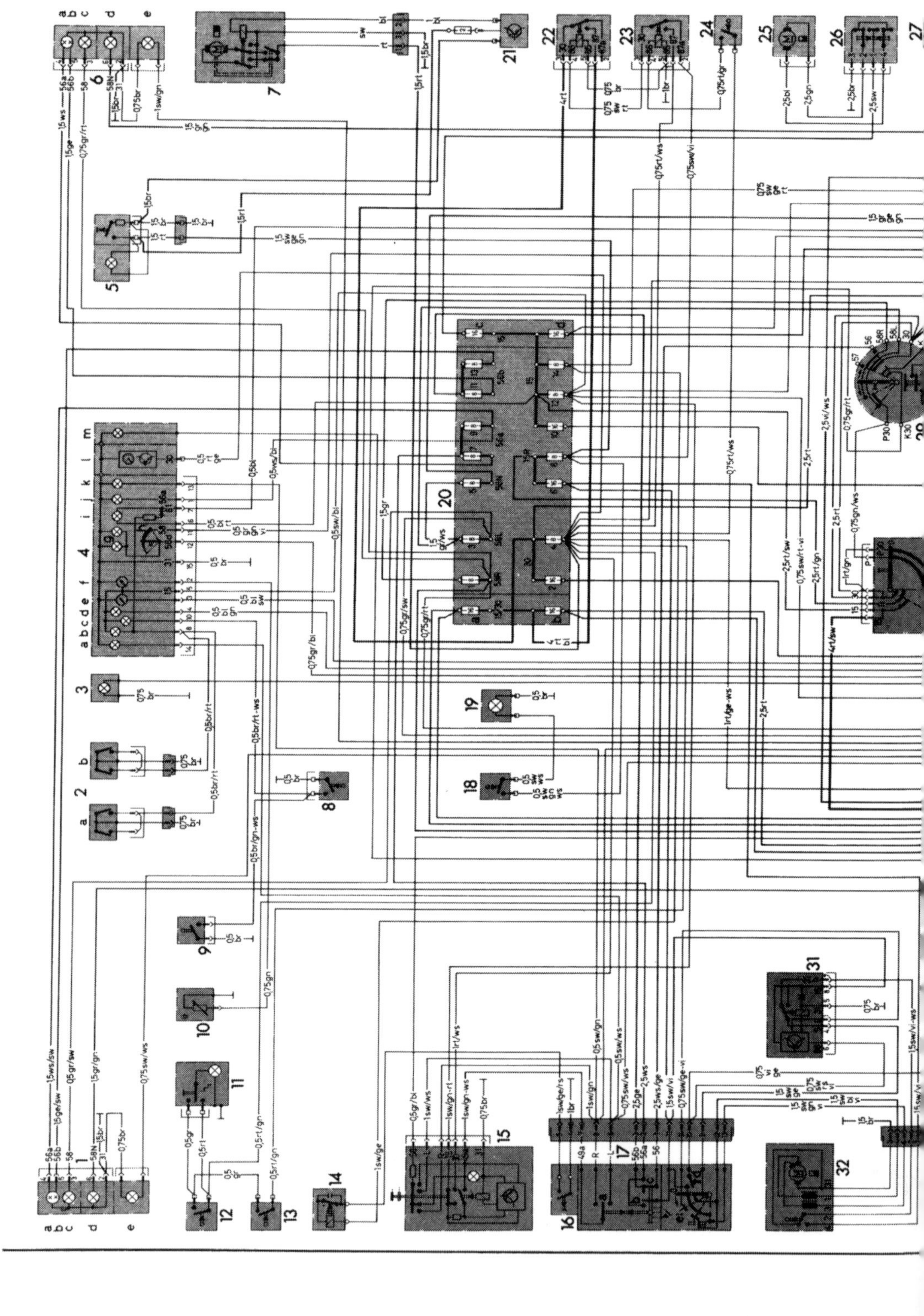
1
2
3
4
5
6
7
8
9
10
11
12
13
14
15
16
17
18
19
20
21
22
23
24
25
26
27
28
31
32

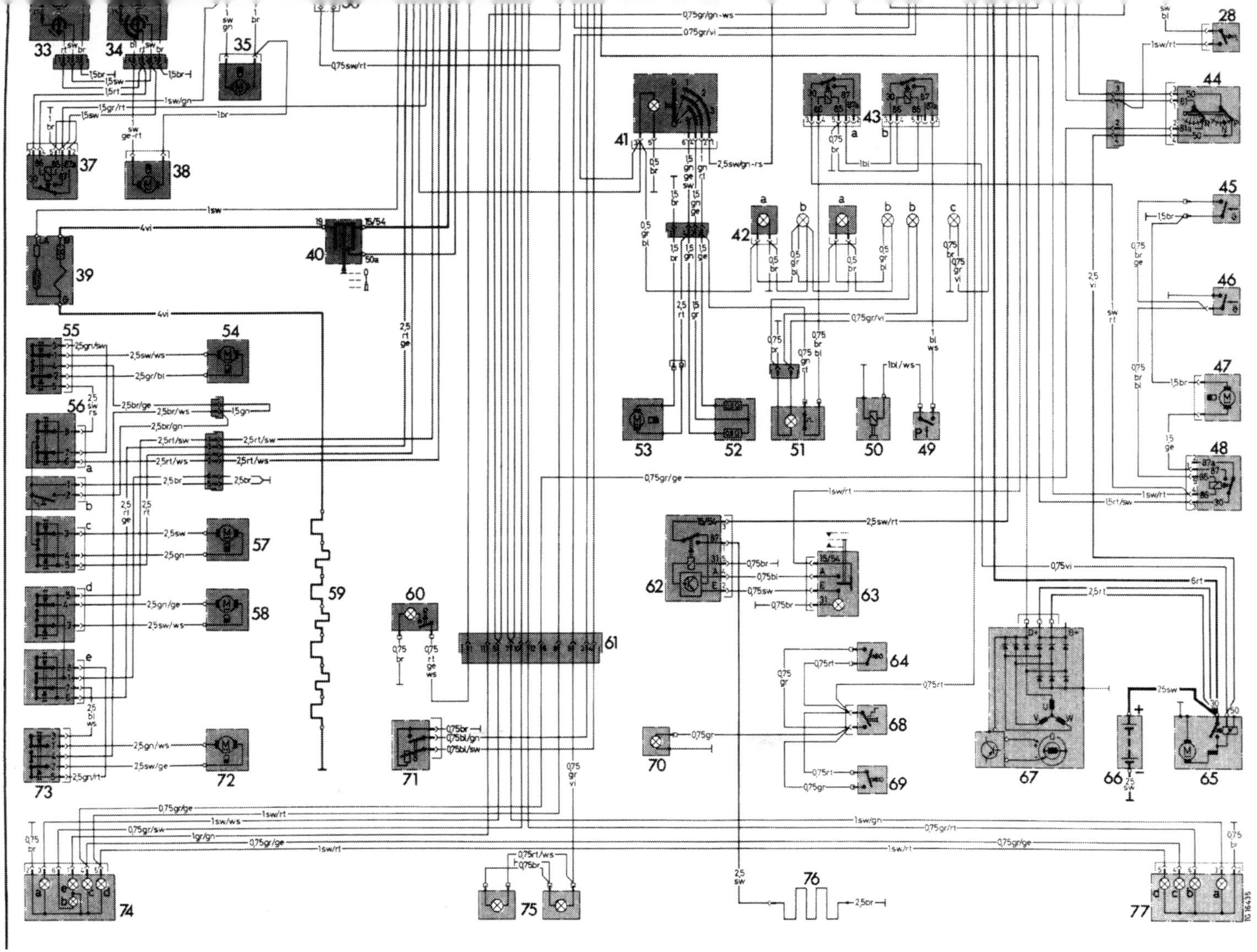
28
33
34
35
37
38
39
40
41
42
43
44
45
46
47
48
49
50
51
52
53
54
55
56
57
58
59
60
61
62
63
64
65
66
67
68
69
70
71
72
73
74
75
76
77
TG 16435

Kolibri 360 GmbH
Ferdinand-Jühlke-Straße 7
99095 Erfurt, Deutschland
produktsicherheit@kolibri360.de